工程材料科學

洪敏雄、王木琴、許志雄、蔡明雄

呂英治、方冠榮、盧陽明　編著

全華圖書股份有限公司

國家圖書館出版品預行編目(CIP)資料

工程材料科學 / 洪敏雄等編著. -- 三版. -- 新北
市：全華圖書，2020.03
　　面；　公分
　　ISBN 978-986-503-341-5 (平裝)

　1.CST：工程材料

440.3　　　　　　　　　　　　　　109001384

工程材料科學

作者／洪敏雄、王木琴、許志雄、蔡明雄、呂英治、方冠榮、盧陽明

發行人／陳本源

執行編輯／楊煊閔

出版者／全華圖書股份有限公司

郵政帳號／0100836-1 號

印刷者／宏懋打字印刷股份有限公司

圖書編號／0593102

三版三刷／2023 年 8 月

定價／新台幣 600 元

ISBN／978-986-503-341-5(平裝)

全華圖書／www.chwa.com.tw

全華網路書店 Open Tech／www.opentech.com.tw

若您對本書有任何問題，歡迎來信指導 book@chwa.com.tw

臺北總公司(北區營業處)
地址：23671 新北市土城區忠義路 21 號
電話：(02) 2262-5666
傳真：(02) 6637-3695、6637-3696

南區營業處
地址：80769 高雄市三民區應安街 12 號
電話：(07) 381-1377
傳真：(07) 862-5562

中區營業處
地址：40256 臺中市南區樹義一巷 26 號
電話：(04) 2261-8485
傳真：(04) 3600-9806(高中職)
　　　(04) 3601-8600(大專)

序言

　　材料是產業發展的基礎，也是帶動技術升級的火車頭，因此工程材料已成為工學院各學系必修的課程之一，只是各領域著重的方向不盡相同。有感於工程材料的重要性，作者特別規劃此一專書，希望以由淺入深，循序漸進方式介紹工程材料，使莘莘學子能一窺堂奧。希望讀者能藉此建立深厚的材料科學基礎，並且對於各種工程材料實務上的應用，亦能深入瞭解。使學生未來不論是進入研究所深造，或投身產業界工作，皆能勝任愉快。

　　全書完整介紹材料的結構、性能、製程與應用，並且涵蓋金屬、陶瓷、半導體、高分子及複合材料，對於材料的各種物理及化學性質的介紹也是本書的重點項目。另外，材料的基礎熱力學、動力學，以及實務上的製程加工技術，皆編列相當篇幅。本書的程度定位於材料科學及工程的入門書，因此可做為大學、科技大學及技術學院理工學院材料科學導論課程之用書，尤其是材料系、化工系及電機系相關課程之用，亦可作為機械系之機械材料或工程材料的用書。

　　本書之撰寫工作由數位國內學者擔綱，以其學術專長進行分工。包括國立成功大學材料系方冠榮教授、國立聯合大學材料科學工程學系許志雄教授、高雄醫學大學香妝品系王木琴教授、國立台南大學光電所盧陽明教授、南台科技大學化工及材料工程學系蔡明雄教授及國立台南大學材料系呂英治教授等人戮力投入使得以順利完成。

　　此專書撰寫過程，作者群們參考國內外專門書籍，並加入個人教學研究的心得，以期能掌握工程材料發展趨勢。下筆之際對於用字遣詞，再三斟酌，希望能盡可能減少誤繆。書中或有錯誤或不妥之處，還請告知，以便讓本書更臻於完善。本書如能對讀者專業知識的提昇有所助益，是作者們所期盼的。

洪敏雄
謹識於台南成大

編輯部序

「系統編輯」是我們的編輯方針，我們所提供給您的，絕不只是一本書，而是關於這門學問的所有知識，它們由淺入深，循序漸進。

全書完整介紹材料的結構、性能、製程與應用，並且涵蓋金屬、陶瓷、半導體、高分子及複合材料，對於材料的各種物理及化學性質的介紹也是本書的重點項目。另外，材料的基礎熱力學、動力學，以及實務上的製程加工技術，皆編列相當篇幅。本書的程度定位於材料科學及工程的入門書，因此可做為大學、科技大學及技術學院理工學院材料科學導論課程之用書，尤其是材料系、化工系及電機系相關課程之用，亦可作為機械系之機械材料或工程材料的用書。

同時，為了使您能有系統且循序漸進研習相關方面的叢書，我們列出各有關圖書的閱讀順序，已減少您研習此門學問的摸索時間，並能對這門學問有完整的知識。若您在這方面有任何問題，歡迎來函聯繫，我們將竭誠為您服務。

相關叢書介紹

書號：033007
書名：工程材料學(精裝本)
編著：楊榮顯

書號：05615
書名：工程材料科學
編著：劉國雄、鄭晃忠、李勝隆、
　　　林樹均、葉均蔚

書號：01979
書名：材料工程實驗與原理
編著：林樹均、葉均蔚、劉增豐、
　　　李勝隆

書號：01577
書名：機械材料實驗
編著：陳長有、許禎祥、
　　　許振聲、陳伯宜

書號：03507
書名：非破壞檢測
編著：陳永增、鄧惠源

書號：05867
書名：圖解高分子材料最前線
日譯：黃振球

書號：10216
書名：粉末冶金技術手冊
編著：汪建民

◎上列書價若有變動，請以
　最新定價為準。

流程圖

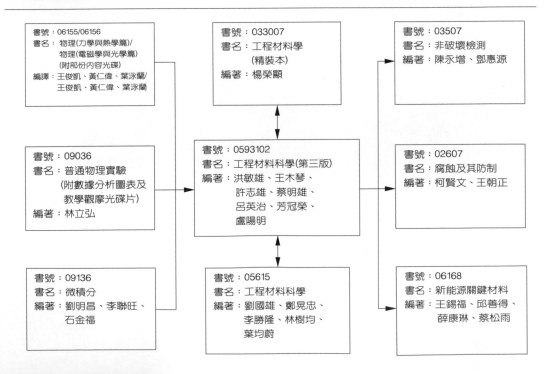

目　錄

vii

第 3 章　晶體缺陷及固體中的缺陷 ·································· 3-1

第6章　變形 ·· 6-1

第 12 章　陶瓷材料之結構與成型 …………………………… 12-1

第 15 章　複合材料 ······································· 15-1

第 16 章　材料之電性 ·································· 16-1

第 17 章　材料的磁性 ……………………………………………………… 17-1

導論

▶ 1.1 簡介

在現代科學領域中，材料科學與工程被列為三大科學支柱之一。在 21 世紀的科技發展中，具有高性能、多用途之技術將會更加突顯出材料特有的重要性，繼續成為科學和工程研究的重點。長期以來，工業化國家皆十分重視與其自身生存及發展關係密切的戰略材料與關鍵性材料。戰略材料是指國家在發展國防工業時，不可或缺的武器原料，而在國際貿易中的取得則有一定的限制性。而關鍵性材料係支撐國家邁向工業化及發展高科技所必備的原料，因此這些關鍵材料在大部分的國際貿易中皆為非常熱門的商品。

材料是所有工程的核心，由工程與科技年鑑(The Accreditation Board for Engineering and Technology)中的工程定義：「工程是一種藉由反覆研究、練習與經驗累積所獲得的數學與自然科學知識，能夠有效地導引材料與自然力量去造福人群的一種專業」。可知材料在工程上的重要性。

近年來，材料工程的發展亦發生重大的轉變，最明顯的特點之一是原本與傳統材料科學無關或關係很少的學科，亦發展成新材料的重要製程。例如：自 80 年代中期以後，利用生物工程技術所生產的材料就達 100 多種，其中約三分之一已進入商品化生產。如由美國某生物技術公司利用海洋細菌的分泌物，經過發酵過程，將其製成高強度生物粘膠而使用於船舶、航太、耐蝕設備等工程領域，甚至可用於臨床醫學上。

材料的製造生產，佔有相當大的經濟活動比例。例如工程師所設計出產品，產品是由材料所製成，因而設計師應對所使用材料的之構造及性質有所了解，方能選擇最適宜的材料予以使用，並發展出最佳的製程。材料的取代也是材料科學與工程中重要的一環，例如：以鋁合金取代鋼因而製造出較輕及較省油的車子。但由於鋁與鋼的製程並不同，故須改變其設備，因此在設計上也必須一併考慮。而為使橋樑和船隻有更長的使用期，以不鏽鋼取代普通的碳鋼或是必要的，但若考慮到成本、製造性、及原料來源的複雜性時，則自亦不同。

至 20 世紀末期，由於奈米科學技術(nano-science technology)的崛起，亦使材料科學的發展進入另一個新的里程碑。目前美國在奈米結構與自組裝技術、奈米粉體、奈米管、奈米電子元件及奈米生物技術；德國在奈米材料、奈米量測、及奈米薄膜技術；日本則在奈米電子元件、無機奈米材料等領域分具優勢。科學家預測，在五至十年內，將出現應用奈米技術的高功能材料，而其機械性、電性、光性、物性、化性、磁性、聲學特性等，將會超乎對傳統材料之預期。台灣在近年來，於奈米科技的發展，亦投入相當大的人力及財力，希望在 21 世紀中能開花結果，而與美歐日等先進國家並駕其驅。

▶ 1.2　材料科學與工程

　　材料是由一些元素或化合物製造而成，而其製程(processing)則與結構(structure)，性質(properties)及功能(performance)具有密切的關係，而交織成如圖 1-1 所示之研究材料科學與工程(materials science and engineering，簡稱 MSE)的四面體[1]。

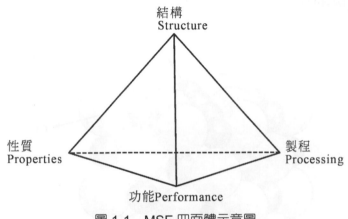

圖 1-1　MSE 四面體示意圖

　　材料的化學組成雖相同，但如結構不同，其性質自亦不同，如 SiO_2，在室溫下為三斜(trigonal)晶體，稱為 "低石英"。但將 SiO_2 熔融後快速冷卻而產生稱為玻化矽石(glass，是一種非結晶體)，兩者雖然化學成份完全相同，但如表 1-1 所列的性質卻有很大的差異。

表 1-1　比較低(溫型)石英及玻化矽石的性質[2]

種類 ＼ 特性	化學成份	密度 (g/cm^3)	熱膨脹係數 $(10^{-6}/k)$	折射係數
低(溫型)石英	SiO_2	2.65	$\alpha_1 = 13$ $\alpha_3 = 8$	$n_1 = 1.553$ $n_3 = 1.544$
玻化矽石	SiO_2	2.20	0.5(異向性)	1.459(等向性)

　　光學石英玻璃具有光學雙折射性(optically birefringent)，但是低石英則是等向性折射，此乃因光線進入材料中，由於結晶與非晶的原子排列不同，光的行進速度就不同，因此折射性亦不同。故研究材料科學，除須瞭解材料的組成外，對其原子排列的瞭解與探討亦非常重要。

探討材料之晶體結構(structure)，常涉及到龐大的原子或離子外的排列，如圖 1-2 所示之邊長 0.1 mm 的一顆微小食鹽晶體(table salt，NaCl)[3]為例，約會有 10^{20} 個離子，若這些 Cl^- 離子及 Na^+ 離子是以完美且週期性的(periodic)排列而則可用分別由一個 Cl^- 離子及 Na^+ 離子所構成的單位晶胞(unit cell)來代表整個食鹽的晶體。因但真實的晶體材料中，原子或離子的排列，並非絕對地完美，而有一些缺陷(imperfection)穿插其中，缺陷所佔的部份雖很少，但卻對材料之特性具有相當大之影響[4]。因此材料的缺陷，亦是材料科學所欲探討之重要項目。

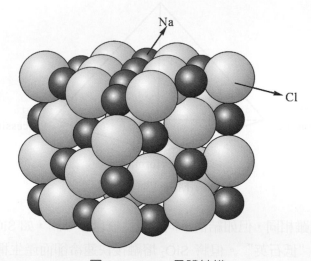

圖 1-2　NaCl 晶體結構

除「結構」與「性質」外，「功能」與「製程」為另外兩個材料工程相關的重要因素[5]。如何利用製程技術以改善及提升材料的功能，在材料工程學上亦為一關鍵問題。茲以齒輪的設計而言，即須將材料的性質加以考慮，例如其硬度必須可以由機械切削，但使用在汽車或是重機械結構設備的動力傳動時，則須具有高硬度且耐磨。因此了解所用之材料的性質是一重要的工作。若材料之內部結構並無任何變化，將可維持其性質不變；但若外在環境致使材料之內部結構改變，則其性質亦將隨之改變。此即何以橡膠曝露在陽光及空氣中會逐漸變硬；而金屬在週期性的負荷下會發生疲勞(fatigue)[6]。故而一個設計工程師不但要明瞭最初的要求，也要對日後材料的內部結構可能發生之變化加以了解。

▶ 1.3　材料的分類

工程材料的主要分類有：(1)金屬，(2)陶瓷，(3)高分子及(4)複合材料，茲簡述如下。

● 1.3.1　金屬材料(metals)

金屬材料係指工業上在製造各種構造或零件時所使用之金屬或合金(metals or alloys)。金屬材料由金屬元素所形成，具有大量的自由電子，通常為電及熱的良導體金屬雖係不透光，但拋光的金屬表面具有光澤。此外，金屬可利用塑膠加工方式變形。

合金(alloy)只在金屬中添加一種或一種以上的合金元素，且具有金屬特性之材料。例如：鐵及鋼(iron and steels)、鋁基合金、銅基合金、鎳基合金、鈦基合金等。

● 1.3.2　高分子材料(polymers)

高分子包括塑膠和橡膠等材料，有機化合物是以碳、氫和其他非金屬元素為基礎而組成的，具有非常大的分子結構此類材料具有低密度及柔軟性。例如：聚乙烯(PE)、聚甲基丙烯酸甲酯(PMMA)、聚苯乙烯樹脂(PS)、聚胺酯(PU)、聚氯乙烯(PVC)、橡膠等。

● 1.3.3　陶瓷材料(ceramics)

陶瓷材料是金屬和非金屬元素所成的化合物，最常見的有氧化物、氮化物和碳化物陶瓷。包括黏上礦物，水泥和玻璃陶瓷材料氧化物陶瓷大多為電和熱的絕緣體，且比金屬和高分子更耐高溫和嚴苛環境。此外陶瓷材料亦具有高硬度及脆性。

● 1.3.4　複合材料(composites)

複合材料是由兩種以上的材料所組合而成。如常用之玻璃纖維複合材(glass-fiber reinforced polymers)即是將玻璃纖維埋進高分子材料中。複合材料的設計是以呈現每一種成分材料之最佳特性為依歸，如 GFRP 所需的強度係來自玻璃纖維，而所需軟性則來自高分子，目前許多材料是朝複合材料的方向發展。例如：碳纖強化高分子(carbon-fiber reinforced polymers)、填料高分子、陶金等皆是。

習 題　　　　　　　　　　　　　　　　　　EXERCISE

1. 工程的定義為何？

2. 工程材料主要分成哪幾類？

3. 何謂複合材料？

4. 比較陶瓷材料、金屬材料及高分子材料的優缺點。

5. 除結構與性質外，另外還有哪兩種因素為材料工程相關的重要因素？

6. 探討材料結構須考慮哪些因素？

參考文獻：

1. "The structure of materials" by Samuel M Allen，Edwin L Thomas，1999，John Wiley & Sons，Inc 620.11 A154

2. "Engineering Materials：An introduction to their properties and applications" by Michael F Ashby & David R.H Jones, 1980，Pergamon Press, 620.11 As34c

3. 材料科學與工程／William F. Smith 原著；李春穎、許煙明、陳忠仁譯

4. 材料科學與工程／顏秀崗編譯

5. 材料科學工程／William D. Callister, JS. 原著；陳文照、曾春風、游信和譯

6. 材料科學導論(機械材料)／Schaffer 等原著；龔吉合等譯

2

原子鍵結與晶體構造

■ 本章摘要

材料的結構不但包含了原子的排列方式，亦包含組成原子間的作用力，材料的結構影響了材料的基本物理特性；例如：碳(carbon)原子可為三度空間(3-D)的鑽石結構或片狀的石墨結構，前者為硬度高、導熱良好的電絕緣體，後者則為硬度低的導體。由於材料性質的不同所導致之功能及應用的方向亦不同。此外，由於應用方向及材料外觀形狀的不同，使其所用之製程方式亦因而不同。所有的材料皆由原子堆疊而成，故原子間相互的作用力及堆疊的方式亦影響材料的結構，進而影響材料的性質、功能、及製程。在研習任何一種材料的過程中，對材料內之原子間的鍵結方式與種類，及原子堆疊所造成的結構種類及特性必先有所認識。

▶2.1 原子結構與鍵結

每個原子由內含質子(protons)及中子(neutrons)的原子核(nucleus)與在原子核四周環繞運動的電子所組成。電子及質子為帶電的粒子，所帶的電量各為 1.6×10^{-19} 庫侖(Coulomb，C)，其中電子所帶的電荷為『負』，質子所帶的電荷為『正』，而中子則為電中性。電子與原子核之間有極大的空間，質子與中子集中於極小空間的原子核內，每個質子與中子的質量為 1.6×10^{-27} kg，每個電子的質量為 9.11×10^{-31} kg，因此原子之大部份的質量係集中於原子核內。一般而言，原子的質量約為原子核內之質子與中子的質量總和。相較於一般物質於標準狀態下的密度，如；石英的密度為 2.65 g/cm^3，水的密度為 1 g/cm^3，但原子核的密度則可高達 10^{13} g/cm^3 的範圍。然而原子的特性卻與原子內之帶電粒子相關，如質子與電子。原子內質子或電子的數目稱為原子序，對於一元素而言其質子或電子的數目為固定，而中子的數目可以變異。中子數目的改變將造成元素質量的變化，相同的元素(具有相同的質子)具有不同質量者稱為同位素(isotopes)。

● 2.1.1 原子模型

在早期，原子內的電子被假設以固定的軌道環繞原子核旋轉，稱為波爾原子模型，其示意結構如圖 2-1。電子分佈在由內向外的不同軌道且圍繞著原子核旋轉，愈接近原子核之電子的能量愈低且呈現穩定的狀態，在最低能量狀態的電子稱為基態(ground state)，當電子受到外力影響而被激發至較高能量位置時稱為激態(excited state)。

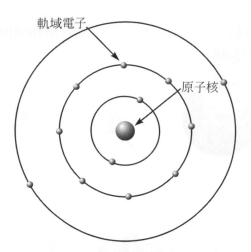

軌域電子

原子核

圖 2-1　波爾原子模型

　　至十九世紀後期，因許多電子在固體內的瞬間運動行為無法以傳統的力學原理解釋，遂有量子理論的形成，用於解釋電子在原子與結體內的運動行為。在量子理論內，電子的能階被數量化，原子內每一個電子皆有其特殊符合的能階，電子在能階的轉換過程中須以數量式跳躍至任一許可的能量狀態(energy state)，而不能停留在相鄰能階的中間位置。電子在原子內的行為以一波動力學模型解釋，其運動方式已不再為單一的運轉軌道，而是一種機率的分佈狀態，此種分佈稱為軌域。電子的軌域因所在能階的不同而呈現不同的形狀，並非單純的球型狀態。利用波動力學原理，在原子內的每一個電子能階皆可用主量子數，角動量子數，磁量子數及旋轉量子數等四個量子數來表示，故其軌域的大小、形狀、及旋轉方向皆可以量子化。

(一) 主量子數(principal quantum number，n)

　　主量子數所代表的是在原子核周圍電子所存在的電子層數目，如同波爾原子模型所示者，電子層由內向外命名為 K、L、M、N、O........等。在量子力學中，每一電子層由一主量子數"n"表示，n 之值可為 1、2、3、4、5........等。主量子數決定主要的能量值，在內層電子結構能量為不連續值，當 n 趨近於無窮大時，電子能量不再量子化而呈現連續性。每一電子層可容納電子的數目為 $2n^2$，例如 $n = 1$ (K 層)之電子數目為 2，而 $n = 2$ (L 層)之電子數目則為 8。

(二) 角動量量子數(angular momentum quantum number，l)

　　角動量量子數 l 可為 0、1、2、3、........、n-1 等，以小寫英文字母 s、p、d、f 等表示，代表不同形狀的次電子層。角動量量子數用以描述角動量的形式及其對能量的影響，各次層之間的能量大小關係為；$s < p < d < f$。在各電子層的主量子數即為各電子層內所具有的

次層數目；例如：當 $n = 3$ 時，$l = 0，1，2$，其具有的次層類別即為 s、p 及 d 軌域。圖 2-2 顯示 s、p 及 d 軌域的外觀形狀。

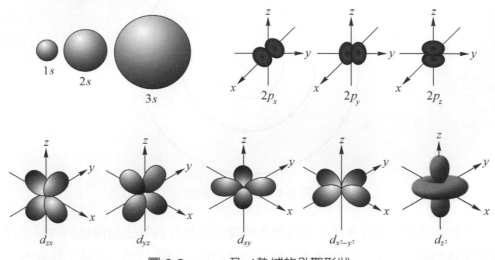

圖 2-2　s、p 及 d 軌域的外觀形狀

(三) 磁量子數(magnetic quantum number，m)

磁量子數(m)代表角動量(電子層)的方向，m 等於 0、± 1、± 2、……、$\pm l$。電子在原子內運動的位置無法確定，只可推測其在各電子層內的可能出現機率，綜合以上三個量子數可得知電子所在的軌域形狀及其出現的機率。

(四) 旋轉量子數(spin quantum number，s)

旋轉量子數代表電子在層內的旋轉方向，s 等於 $\pm \dfrac{1}{2}$。

原子內的電子能階可用 n、l、m 量子數代表，當二個電子具有相同的 n、l、m 量子數時即代表此二個電子存在於相同的能階且具有相同的能量。在原子內的每一個電子皆具有四個量子數 n、l、m、s，在相同的原子內沒有二個電子具有相同的量子數，即在任一電子能階中不能存在有二個以上的電子，此現象稱為鮑立(Pauli)不相容原理。

依據上述的基本量子原理，在原子內有不同的電子層及其次層。當主量子數 $n = 1$ 時，則 $l = 0$，電子層內只具有 s 軌域。當主量子數 $n = 2$ 時，則 $l = 0$、1，電子層內具有 s 及 p 電子軌域。外層電子軌域具有較高的能量，而內層電子軌域之能量則較低，呈現較穩定的狀態。原子的電子組態為電子在原子外圍能階所處的位置，故電子在填入原子內的電子層時需從最低能量能階開始填入，且須遵守鮑立(Pauli)原理。圖 2-3 顯示在各不同主量子數之電子層內的次電子層的數目，及其能量大小的相對值。表 2-1 為原子序從 1 至 30 原子的電子組態，電子從低能階的電子層開始填充直至該電子層能階被填滿為止。在最外層未填滿電子軌域中的的填充電子稱為價電子(valence electrons)，若最外層電子層被填充電子完全填滿則呈現穩定的電子組態(如：惰氣)。

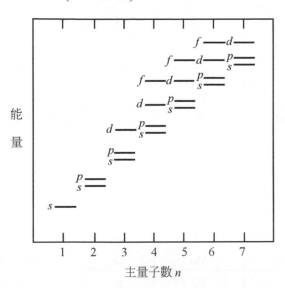

圖 2-3　不同主量子數之電子層內次電子層的數目及其相對能量大小示意圖

表 2-1　原子序從 1 至 30 原子的電子組態

元素	符號	原子序	電子組態
氫(hydrogen)	H	1	$1s^1$
氦(helium)	He	2	$1s^2$
鋰(lithium)	Li	3	$1s^2 2s^1$
鈹(beryllium)	Be	4	$1s^2 2s^2$
硼(boron)	B	5	$1s^2 2s^2 2p^1$
碳(carbon)	C	6	$1s^2 2s^2 2p^2$
氮(nitrogen)	N	7	$1s^2 2s^2 2p^3$
氧(oxygen)	O	8	$1s^2 2s^2 2p^4$
氟(fluorine)	F	9	$1s^2 2s^2 2p^5$
氖(neon)	Ne	10	$1s^2 2s^2 2p^6$
鈉(sodium)	Na	11	$1s^2 2s^2 2p^6 3s^1$
鎂(magnesium)	Mg	12	$1s^2 2s^2 2p^6 3s^2$
鋁(aluminum)	Al	13	$1s^2 2s^2 2p^6 3s^2 3p^1$
矽(silicon)	Si	14	$1s^2 2s^2 2p^6 3s^2 3p^2$
磷(phosphorus)	P	15	$1s^2 2s^2 2p^6 3s^2 3p^3$

表 2-1　原子序從 1 至 30 原子的電子組態(續)

元素	符號	原子序	電子組態
硫(sulfur)	S	16	$1s^2 2s^2 2p^6 3s^2 3p^4$
氯(chlorine)	Cl	17	$1s^2 2s^2 2p^6 3s^2 3p^5$
氬(argon)	Ar	18	$1s^2 2s^2 2p^6 3s^2 3p^6$
鉀(potassium)	K	19	$1s^2 2s^2 2p^6 3s^2 3p^6 4s^1$
鈣(calcium)	Ca	20	$1s^2 2s^2 2p^6 3s^2 3p^6 4s^2$
鈧(scandium)	Sc	21	$1s^2 2s^2 2p^6 3s^2 3p^6 3d^1 4s^2$
鈦(titanium)	Ti	22	$1s^2 2s^2 2p^6 3s^2 3p^6 3d^2 4s^2$
釩(vanadium)	V	23	$1s^2 2s^2 2p^6 3s^2 3p^6 3d^3 4s^2$
鉻(chromium)	Cr	24	$1s^2 2s^2 2p^6 3s^2 3p^6 3d^4 4s^2$
錳(manganese)	Mn	25	$1s^2 2s^2 2p^6 3s^2 3p^6 3d^5 4s^2$
鐵(iron)	Fe	26	$1s^2 2s^2 2p^6 3s^2 3p^6 3d^6 4s^2$
鈷(cobalt)	Co	27	$1s^2 2s^2 2p^6 3s^2 3p^6 3d^7 4s^2$
鎳(nickel)	Ni	28	$1s^2 2s^2 2p^6 3s^2 3p^6 3d^8 4s^2$
銅(copper)	Cu	29	$1s^2 2s^2 2p^6 3s^2 3p^6 3d^9 4s^2$
鋅(zinc)	Zn	30	$1s^2 2s^2 2p^6 3s^2 3p^6 3d^{10} 4s^2$

2.1.2　週期表

　　所有的原子依據其電子組態可分配於 8 行中，而再次循環排列形成如圖 2-4 所示的週期表。在同一行的元素具有類似的電子組態稱為同一族，同族的元素具有類似的物理化學性質，元素的特性沿著各族漸次改變。第 VIII 族為鈍氣族，具有填滿的電子層組態，第 VIIA 族為鹵素(halogen)族，其最外電子層缺少一個電子達到填滿的狀態，第 VIA 族最外電子層缺少二個電子達到填滿的狀態。第 IA 族為鹼金(alkali)族，其最外電子層多出一個電子；第 IIA 族為鹼土金屬(alkali earth metal)族其最外電子層有二個自由電子。第 IIIA、IVA、VA 族介於金屬與非金屬特性之間。第 IIIB 至 IIB 族為過渡金屬族。

　　由於外圍電子層具有未填滿電子組態時，容易以得到或失去電子之方式以達到電子層填滿的穩定結構。IA、IIA 族等金屬元素容易失去外圍電子以達到穩定的電子層結構，但 VIA 及 VIIA 族等非金屬元素則容易以獲取電子而達到穩定的結構。原子失去外圍束縛最鬆之電子的能力稱為正電游離能(electropositive ionization potential)，而獲得電子，以填充於外圍電子層則稱為電負度(或稱陰電性)(electronegative)，其值愈大即對電子的親和力愈大，在週期表中愈靠近右邊元素的電子親和力愈大。電負度愈強的原子其與電子結合的能力也愈強，而愈容易形成陰離子。

▶ 2.2　鍵結(bonding)

　　在材料的結構中，原子或離子因相互接近而產生吸引或排斥力，此相互間的力量造成原子結合的鍵結，鍵結的種類有主要(primary)鍵結及次要(secondary)鍵結。鍵結種類將影響許多材料的物理化學性質。

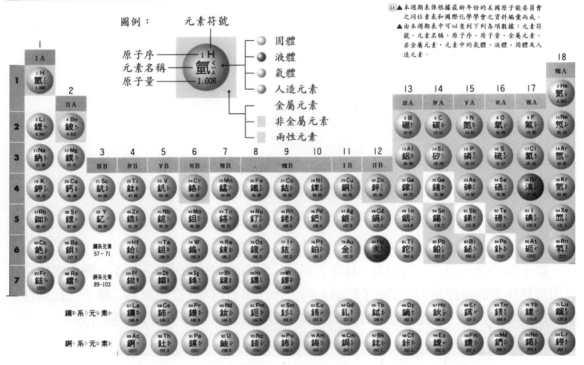

圖 2-4　元素週期表

● 2.2.1　主要鍵結

(一) 離子鍵(ionic bonding)

　　電負度大的原子(例如：Cl、O、N、F 等)與電負度小的原子相遇時因外圍電子的移轉而造成陰陽離子，並因陰陽離子的相互吸引而形成離子鍵。離子鍵為一庫倫靜電吸引力，離子間電負度相差愈大時其離子鍵的特性愈明顯。例如：氯(Cl)與鈉(Na)的電負度分別為 3.0 及 0.9，相差 2.1，所以 NaCl 為離子晶體，此時 Na^+ 及 Cl^- 離子外層電子皆呈現填滿狀態。由於陽離子可由各方向吸引陰離子而形成離子鍵，因此離子鍵不具方向性，且其鍵能的大小在各方向亦皆相同，此種鍵結常見於陶瓷材料中。

當二個離子相互靠近時，由於離子內正電及負電粒子與相鄰離子內的正電及負電粒子相互作用而具有相互間的吸引力(F_A)及排斥力(F_R)，其淨作用力(F_N)爲吸引力及排斥力的總和

$$F_N = F_A + F_R \qquad (2.1)$$

其中

$$F_A = -\frac{Z_1 Z_2 e^2}{r^2} \qquad (2.2)$$

r 爲原子間的距離

$$F_R = \frac{k}{r^n}, \quad n = 3\sim12$$

k 爲常數 $\qquad (2.3)$

吸引力與排斥力在平衡狀態時，其淨作用力(F_N)爲零，即

$$F_N = F_A + F_R = 0 \qquad (2.1)$$

離子間的淨作用力、吸引力、排斥力與離子間距的關係如圖 2-5 所示。圖中實線爲吸引力與排斥力的淨作用力，在離子距離 r_0 時之淨作用力爲零，此距離爲二離子在此條件下的鍵結距離或長度。當離子間的距離小於其平衡位置時，排斥力將大於吸引力。

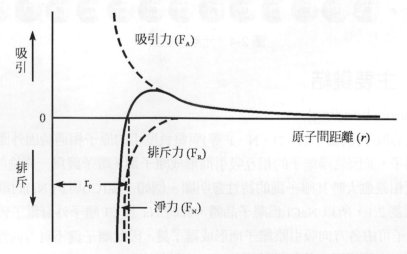

圖 2-5　離子間之淨作用力、吸引力、排斥力與離子間距大小的關係示意圖

通常在二離子或原子間所形成的鍵結強度可表示成式(2.4)之鍵結能量(E)的大小

$$E = \int F dr \tag{2.4}$$

對在二個離子之間的鍵結能則可表示為

$$
\begin{aligned}
E_N &= \int_\infty^r F_N dr \\
&= \int_\infty^r F_A dr + \int_\infty^r F_R dr \\
&= E_A + E_R
\end{aligned}
\tag{2.5}
$$

其中，E_N、E_R、E_A 分別為二離子間的淨結合能、排斥能及吸引能。

在不同距離狀態下，離子間的距離與 E_N、E_R、及 E_A 的關係如圖 2-6 所示。圖中實線代表其淨結合能，由於 E_A 與 E_R 分別與 r 及 r^{n-1} 成反比，因此 E_R 曲線在 $r < r_0$ 時之斜率較 E_A 為陡峭，最低淨結合能之離子間距即為離子在平衡時的位置，其所具有的能量即為離子間的鍵結強度。因形成離子鍵結之電子不易移動且結合力強，因此由離子鍵所形成的固體通常具有高硬度、脆性、電及熱絕緣等特性。

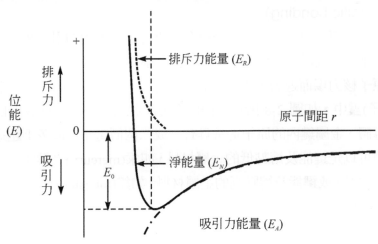

圖 2-6　二離子間的淨結合能量、排斥能及吸引能量與離子間距之關係示意圖

(二) 共價鍵(covalent bonding)

共價鍵發生在電負度高，但原子間之電負度卻相差不多(或相同)的原子間，例如：H_2、O_2、N_2、CH_4、GaAs、InSb、SiC 等非金屬元素間。由於二原子對電子的吸引力相差無幾，故無法形成陰陽離子而結合在一起，此時原子間之鍵結係源自外層電子共用所形成的共價鍵，如圖 2-7 所示，而形成共價鍵的引力則需以量子力學計算。因為外層電子軌域(例如：

p 軌域)具有方向性,使得因共用外層電子所形成的共價鍵也具有方向性。如鑽石以 sp^3 鍵結的方式結合,而石墨則以 sp^2 的方式結合。以共價鍵結合的元素或材料可以是鍵結非常強且具有高熔點或氣化點、高硬度、高熱傳導性的材料,如:鑽石(熔點>3550℃),但亦可以是鍵結弱的材料,如:鉍(bismuth,熔點 270℃),而高分子材料則為長鏈狀的共價鍵。

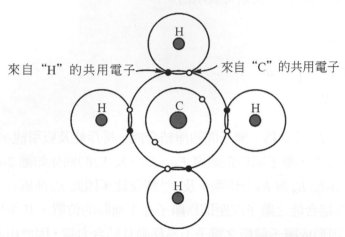

來自 "H" 的共用電子←　　　→來自 "C" 的共用電子

圖 2-7　在甲烷分子(CH_4)內所形成之共價鍵的示意圖

(三) 金屬鍵(metallic bonding)

　　金屬鍵係由金屬原子集結而成,為一般金屬或合金晶體內的引力來源。因為金屬原子間的電負度相差不大,且電負度值低,所形成的金屬鍵結屬於弱的共價鍵。金屬原子之價電子容易逃脫原子核力場而逸去,因此金屬晶體可視為帶正電的金屬原子群(離子群)沉浸在(帶負電的電子)雲中,如圖 2-8 所示。由於金屬晶體內的原子可釋放出自由電子,故此為電及熱的良導體。金屬鍵內的原子通常具有一或二個價電子,最多不超過三個。由金屬鍵所形成的固體可以是鍵能及熔點低的金屬材料,如汞(mercury)之鍵能:僅為 68 kJ/mol;而熔點則低於 −39℃,或鍵能及熔點高的金屬材料,如鎢(tungsten)之鍵能:為 850 kJ/mol,而熔點則高達 3410℃。

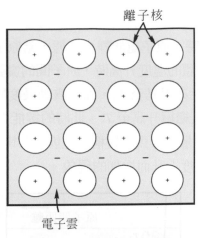

圖 2-8　金屬鍵的示意圖

● 2.2.2　鍵結種類與材料物理特性關係實例

(一) 脆性及延展性

　　當材料內部之鍵結以離子鍵為主時，如陶瓷材料，在陰離子及陽離子的周圍各有其相反電性的離子圍繞，如圖 2-9(a)。當材料受外力作用時，離子沿著受力的平面產生位移，如圖 2-9(b)，故使得相同電性的離子互相接觸，而材料則因產生小位移而破裂，因而呈現脆性。反之，若材料內部的鍵結為金屬鍵，當材料受外力作用時，金屬原子雖沿著受力的平面產生位移，但位移後的金屬原子與周圍原子結合的方式仍與發生位移前相同，如圖 2-9(c)，因此不產生破裂，而呈現延展性。

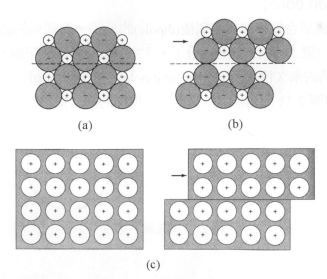

(a)　　　　　　　　(b)

(c)

圖 2-9　離子鍵材料受到外力作用(a)前、(b)後之離子間相對位置變化，及(c)金屬鍵材料受到外力作用前、後之原子間位置之相對變化

(二) 熱膨脹

　　由圖 2-10 可知，在 0 K 時，原子處於靜止狀態，當原子間的距離爲 r_0，其淨結合能位於位能曲線的最低點。當物體的溫度升高時，原子間的震動現象加劇，其鍵能亦隨之提昇。當溫度提昇至 T_1 時，鍵能亦提昇至 E_1，而以震動長度的平均值作爲原子間的鍵結長度則如圖 2-10 中的 r_1。當溫度繼續升高至 T_5，此時的鍵能提昇至 E_5，而原子間的鍵結長度則如圖 2-10 中的 r_5。由於能量曲線爲非對稱的型態，當其鍵結長度隨溫度升高而增加，並造成材料的外觀尺寸隨著溫度上升而增加的現象。

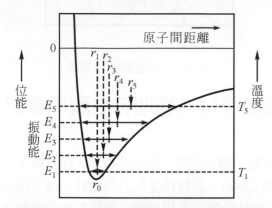

圖 2-10　不同溫度下原子能量與間距關係

2.2.3　次要鍵結

(一) 氫鍵(hydrogen bond)

　　原子經由共價鍵結合常形成具有偶極(dipole)的分子，在偶極的結構中正電中心與負電中心並不在同一位置上，例如氟化氫分子，負電中心位於氟離子端，而正電中心位則於氫離子端，造成結構的永久性偶極(permanent dipole)。正電極(H 離子)可吸引其他 HF 上的負電極(F 離子)，如圖 2-11 所示。此種具永久性偶極的鍵結稱爲氫鍵。

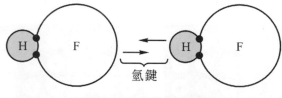

圖 2-11　氫鍵示意圖

(二) 凡德瓦鍵(van der Walls bond)

　　不具永久性偶極的分子如 O_2、H_2、N_2、CH_4 等，其正電中心與負電中心正好重疊。但上述的分子亦可能在瞬間發生正電與負電中心不重疊的現象，稱爲瞬間偶極(instantaneous dipole)。瞬間偶極爲一誘發式偶極，可在瞬間產生偶極間的吸引力，形成較弱的鍵結，稱爲凡德瓦鍵。凡德瓦鍵亦屬於庫倫靜電引力。

▶2.3　晶體構造(crystal structure)

　　固體材料可依其原子或離子排列的規則性分類爲晶體材料與非晶質材料。結晶性(crystalline)材料爲原子或離子在一長距離內具有重複性的規則排列，此現象又稱爲長序化或長程有序(long range order)，在固化(solidification)的過程中原子或離子會自動的重複排列而形成三度空間的立體結構。在正常的固化過程中，幾乎所有的金屬材料、大部份的陶瓷材料、及某些高分子材料具有結晶構造。結晶體又可分爲單晶(single crystal)材料及複(多)晶(poly-crystalline)材料。不具有長序化的結構則不具結晶性，稱爲非晶質(non-crystalline or amorphous)材料。在正常的固化條件下幾乎所有的金屬皆爲結晶材料。

● 2.3.1　晶格(lattice)

　　固體材料的結晶構造是由小晶格重複出現且堆積而成，晶格中原子或離子所在的位置稱爲晶格點(lattice point)。在晶體構造中由三個不共平面的向量所圍成之六面體或柱狀空間稱爲晶胞(unit cell)，如圖 2-12 所示。單晶胞(primitive unit cell)爲晶胞只包含一晶格點，而包含多於一個晶格點者則稱爲複晶胞，最小晶胞(reduced unit cell)則是由三個最小直移向量所決定的晶胞。

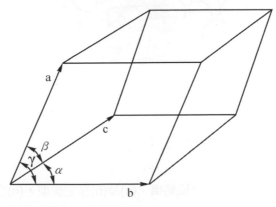

圖 2-12　單位晶胞，晶格常數(lattice parameters) a, b, c, α, β, γ

2.3.2 對稱(symmetry)

在結晶物質中，原子或晶胞一再重複出現稱爲對稱，對稱的方式有 0-D、1-D、及 2-D 等。晶格具有最少直移對稱的性質，晶格中的各點皆相同，其空間相對位置亦相同。基本的對稱單元有：(1)中心對稱(center of symmetry)，0-D；(2)平移對稱(translational symmetry)，1-D；(3)旋轉對稱(rotational symmetry)，1-D；及(4)鏡面對稱(reflectional symmetry)，2-D。結晶固體材料即是以小單位的晶胞經由對稱重複產生立體結構。

2.3.3 金屬結構

在金屬材料中，由於鍵結並無方向性，因而對於相鄰原子數目及位置亦無限制，故可以最密堆積的型態結合。金屬材料常見的結晶構造有三種，分別爲面心立方(face-centered cubic，FCC)、體心立方(body-centered cubic，BCC)、六方最密堆積(hexagonal close-packed，HCP)，其結構示意圖分別如圖 2-13 至 2-15 所示。常見之金屬材料之結晶構造及原子半徑如表 2-2 所列。

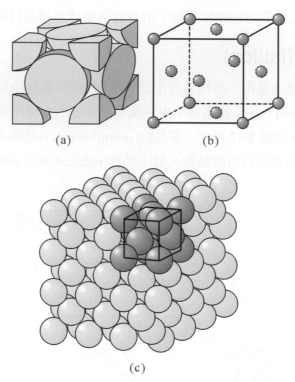

(a)　　　　(b)

(c)

圖 2-13　面心立方最密堆積結構：(a)及(b)晶胞模型，(c)立體結構圖

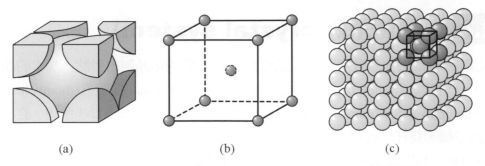

(a)　　　　　　　　　(b)　　　　　　　　　(c)

圖 2-14　體心立方結構：(a)及(b)晶胞模型，(c)立體結構圖

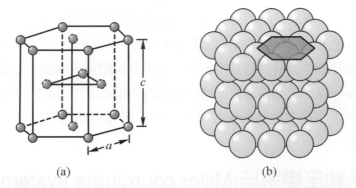

(a)　　　　　　　　　(b)

圖 2-15　六方最密堆積結構：(a)晶胞模型及(b)立體結構圖

表 2-2　常見的十六種金屬材料之結晶構造及其原子半徑

金屬	結晶構造	原子半徑(nm)	金屬	結晶構造	原子半徑(nm)
鋁	FCC	0.1431	鉬	BCC	0.1363
鎘	HCP	0.1490	鎳	FCC	0.1246
鉻	BCC	0.1249	鉑	FCC	0.1387
鈷	HCP	0.1253	銀	FCC	0.1445
銅	FCC	0.1278	鉭	BCC	0.1430
金	FCC	0.1442	鈦	HCP	0.1445
鐵	BCC	0.1241	鎢	BCC	0.1371
鉛	FCC	0.1750	鋅	HCP	0.1332

▶2.4 晶體系統(crystal system)

　　由晶胞所構成的向量長度與夾角(晶格常數)可以定義出晶胞的形狀，基本的晶胞有七大系統，分別為立方(cubic)、正方(tetragonal)、六方(hexagonal)、菱方(rhombohedral)、斜方(orthorhombic)、單斜(monoclinic)、及三斜(triclinic)晶系等，如表 2-3 所列。立方晶系具有等長的三軸，且任二軸間的夾角為 90°，為對稱性最高的結晶系統。三斜晶系之三軸皆不等長，且任二軸間的夾角皆不為 90°，為對稱性最低的結晶系統。上述金屬結構中的 FCC 與 BCC 結構屬於立方晶系，HCP 則屬於六方晶系。

　　在七大晶系中，考慮原子(離子或分子)在晶格內的堆積狀態，則可得到十四種不同的堆積型態，稱為布拉維(Bravais)晶格，如表 2-3 所列。對於任一晶體之結晶系統歸屬的認定以最小晶格常數與最佳對稱性為原則，如面心正方晶體可分割成二個體心正方晶體，新的體心正方晶體具有較小的晶格常數，且其對稱性與面心正方晶體同屬相同晶系，因此，正方晶系只有簡單正方晶體與體心正方晶體二種。若考慮晶格的對稱因素，則晶格共有230 種不同的型態。

◯ 2.4.1　米勒座標系統(Miller coordinate systems)

　　在晶體學中，使用米勒座標系統來定位晶體中原子在晶格內的位置、結晶方向及結晶平面的方向。使用米勒座標系統，可將標示的結晶方向與結晶平面以簡單的向量內積(dot product)與外積(cross product)的方式運算。

表 2-3　七大晶系的晶格常數關係，及其外觀形狀

結晶系統	結晶軸	結晶軸夾角	結晶幾何圖形
立方晶系 (cubic)	a = b = c	$\alpha = \beta = \gamma = 90°$	
六方晶系 (hexagonal)	a = b ≠ c	$\alpha = \beta = 90°$ $\gamma = 120°$	
正方晶系 (tetragonal)	a = b ≠ c	$\alpha = \beta = \gamma = 90°$	

表 2-3　七大晶系的晶格常數關係，及其外觀形狀(續)

結晶系統	結晶軸	結晶軸夾角	晶室幾何圖形
菱方晶系 (rhombohedral)	a = b = c	$\alpha = \beta = \gamma \neq 90°$	
斜方晶系 (orthorhombic)	a ≠ b ≠ c	$\alpha = \beta = \gamma = 90°$	
單斜晶系 (monoclinic)	a ≠ b ≠ c	$\alpha = \gamma = 90°$ $\beta \neq 90°$	
三斜晶系 (triclinic)	a ≠ b ≠ c	$\alpha \neq \beta \neq \gamma \neq 90°$	

註：P－基本型，I－體心，F－面心，A－單面心。

(一) 晶體點座標(coordinates of points)

　　由表 2-3 得知，結晶系統所呈現的立體結構系統除立方晶系外，並不屬於幾何學中的卡迪扇式座標(Cartesian coordinate)系統，故須將其座標系統作一介紹，由於每一個結晶皆由無數個晶格所組成，在晶格中之任一晶格點皆可作為座標的原點，再依據晶格點對原點的相對關係定出其結晶點座標。圖 2-16 顯示體心正方晶格，在晶格的八個角各有一個原子(或離子)，在晶格的體中心另有一個原子(或離子)。若以"O"位置的原子為原點，其座標為 0，0，0。"A"原子位於晶格 x 軸方向，一個 x 軸單位長度的位置，其座標為 1，0，0。"D"原子位於一個 x 軸單位長度與一個 y 軸單位長度與一個 z 軸單位長度的位置，其座標為 1，1，1。而"H"原子位於 1/2 個 x 軸單位長度與 1/2 個 y 軸單位長度與 1/2 個 z 軸單位長度的位置，其座標為 1/2，1/2，1/2。

(二) 晶體方向(crystallographic direction)

　　晶體方向為晶格內的二點所決定的方向，為一向量，以下述方法決定：

1. 將向量之一端通到原點。

2. 將向量在各軸投影的長度，以各軸長度方式表示。

3. 將所得投影長度，乘或除以一數值使成為最小的整數值。

4. 將簡化後的指示值以 [ ] 括弧，如 [u v w]，括弧內的數字不須以逗點分開，若有負號，則在負號之數字的上方加一短槓表示負號。

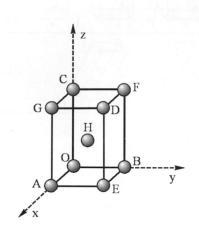

位置	座標
O	0，0，0
A	1，0，0
B	0，1，0
C	0，0，1
D	1，1，1
E	1，1，0
F	0，1，1
G	1，0，1
H	$\frac{1}{2}$，$\frac{1}{2}$，$\frac{1}{2}$

圖 2-16　體心正方晶格內原子的座標

例題 2-1　請決定在圖 2-17 中之晶體的結晶方向。

解

　　以 O 點為原點，$\overline{OA}$ 在 x 軸方向的投影長度為一個單位長度，在 y 及 z 軸的投影長度為 0，因此其結晶方向的表示法為[1 0 0]。$\overline{OB}$ 在 x 及 y 軸方向的投影長度為各一個單位長度，在 z 軸的投影長度為 0，因此其結晶方向的表示法為[1 1 0]。$\overline{OC}$ 在 x、y 及 z 軸方向的投影長度為各一個單位長度，因此其結晶方向的表示法為[1 1 1]。$\overline{OD}$ 在 x 及 y 軸方向的投影長度為各 $\frac{1}{2}$ 個單位長度，在 z 軸的投影長度為 1，因此其結晶方向的表示法為[$\frac{1}{2}$ $\frac{1}{2}$ 1]，將此數值化為最小整數數值而成為[1 1 2]。$\overline{OE}$ 在 y 軸方向的投影長度為負的一個單位長度，在 x 及 z 軸的投影長度為 0，在晶體學中向量負值的表示方法為在數值上加一短槓，因此 $\overline{OE}$ 結晶方向的表示法為$[0\,\bar{1}\,0]$。

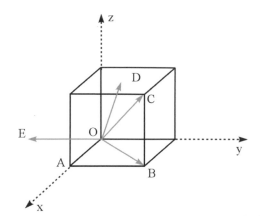

方向	[u v w]
$\overline{OA}$	[1 0 0]
$\overline{OB}$	[1 1 0]
$\overline{OC}$	[1 1 1]
$\overline{OD}$	[1 1 2]
$\overline{OE}$	$[0\ \bar{1}\ 0]$

圖 2-17　立方晶體結構

2.4.1.1　六方晶系之結晶方向

六方晶系可視爲具有四個結晶軸，其中 a_1、a_2、a_3 三軸在同一平面，任二軸的夾角爲 $120°$，C 軸與 a_1、a_2、a_3 垂直，其方向可表示爲 [u v t w]。六方晶系之結晶方向亦可用三軸表示法寫成 [u' v' w']，且

$$u' = u - t \text{，} v' = v - t \text{，} w' = w \tag{2.6}$$

則三軸表示法與四軸表示法可用下列公式轉換

$$u = \frac{1}{3}(2u' - v')$$
$$v = \frac{1}{3}(2v' - u') \tag{2.7}$$
$$t = -(u + v)$$
$$w = w'$$

如 $[010] \rightarrow [\bar{1}2\bar{1}0]$。

● 2.4.2　晶體平面之米勒指數(Miller indices)

在晶體學中，由原子所構成的平面可由三個數字代表其方向，稱爲結晶平面的米勒指數，任意兩平行的平面具有相同的米勒指數，其決定方法如下：

1. 若平面通過原點，則必需選擇另外一個與此平面平行的面，或選擇單位晶胞的另一角作爲原點。

2. 求取平面與各結晶軸的交點(截距)。

3. 將所得的截距取倒數。

4. 將所得倒數值乘或除以一數值使其成為一最簡單的整數比。

5. 以(h k l)方式表達此面，數字間不須以逗點分開。如同結晶方向指數的訂定方法，平面指數若有負數時在數字上方加以一短橫表示之。

6. 在立方晶系中，平面與其相同數字的結晶方向垂直，但其他結構則不然。

例題 2-2　請標示圖 2-18 中之平面 1 及平面 2 的平面米勒指數。

解

平面 1：

步驟 1： 依據上述原則，以 O 為原點，$\overline{OA}$ 為 x 軸的正方向，$\overline{OB}$ 為 y 軸的正方向，$\overline{OC}$ 為 z 軸的正方向。平面 1 與座標軸 x 交於 1 的位置，與 y 軸交於 1 的位置，與 z 軸交於 $\frac{1}{2}$ 的位置。

步驟 2： 將所得的截距取倒數，可得

$$h = \frac{1}{x} = \frac{1}{1} = 1 \text{ , } k = \frac{1}{y} = \frac{1}{1} = 1 \text{ , } l = \frac{1}{z} = \frac{1}{\frac{1}{2}} = 2 = 2$$

步驟 3： 平面的米勒指數(h k l)為(1 1 2)。

平面 2：

步驟 1： 平面 2 與座標軸 x 平行，其交點為∞，與座標軸 y 平行，其交點為∞，與座標軸 z 交於 1 的位置。

步驟 2： 將所得的截距取倒數，可得

$$h = \frac{1}{x} = \frac{1}{\infty} = 0 \text{ , } k = \frac{1}{y} = \frac{1}{\infty} = 0 \text{ , } l = \frac{1}{z} = \frac{1}{1} = 1$$

步驟 3： 平面的米勒指數(h k l)為(0 0 1)。

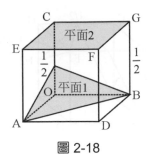

圖 2-18

例題 2-3　請標示圖 2-19 中之平面 1 及平面 2 的平面米勒指數。

解

平面 1：

步驟 1：依據上述原則，平面 1 通過原點 O，因此設定 C 點為新的原點，則 $\overline{CE}$ 為 x 軸的正方向，$\overline{CG}$ 為 y 軸的正方向，$\overline{CO}$ 為 z 軸的負方向。平面 1 與新的座標軸 x 平行，其交點為 ∞，與新的 y 軸交於 $\frac{1}{2}$ 的位置，與新的 z 軸交於 −1 的位置。

步驟 2：將所得的截距取導數，可得

$$h = \frac{1}{x} = \frac{1}{\infty} = 0 \text{，} k = \frac{1}{y} = \frac{1}{\frac{1}{2}} = 2 \text{，} l = \frac{1}{z} = \frac{1}{-1} = -1 = \bar{1}$$

步驟 3：平面的米勒指數(h k l)為 $\left(0\ 2\ \bar{1} \right)$。

平面 2：

步驟 1：依據上述原則，設定 G 點為新的原點，則 $\overline{GF}$ 為 x 軸的正方向，$\overline{GC}$ 為 y 軸的負方向，$\overline{GB}$ 為 z 軸的負方向。平面 2 與新的座標軸 x 交於 1 的位置，與新的 y 軸交於 $-\frac{1}{2}$ 的位置，與新的 z 軸交於 $-\frac{1}{2}$ 的位置。

步驟 2：將所得的截距取倒數，可得

$$h = \frac{1}{x} = \frac{1}{1} = 1 \text{，} k = \frac{1}{y} = \frac{1}{-\frac{1}{2}} = -2 = \bar{2} \text{，} l = \frac{1}{z} = \frac{1}{-\frac{1}{2}} = -2 = \bar{2}$$

步驟 3：平面的米勒指數(h k l)為 $\left(1\ \bar{2}\ \bar{2} \right)$。

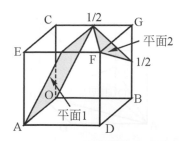

圖 2-19　結晶面$(02\bar{1})$及$(1\bar{2}\bar{2})$

　　結晶面上原子的排列對構成材料的特性具有重要的影響，如結晶滑移平面(slip plane)，及晶癖平面(crystal habit)的形成等。在不同面上的原子排列的方式也各異，在結晶體上不同平面指數的結晶平面也可能具有相同的原子堆積方式，如立方晶系中的(111) $(\bar{1}\bar{1}\bar{1})$ $(\bar{1}11)$ $(1\bar{1}\bar{1})$ $(11\bar{1})$ $(\bar{1}\bar{1}1)$ $(1\bar{1}1)$ $(\bar{1}1\bar{1})$平面，這些平面稱為同族(family)平面，同屬(111)族的平面。如圖 2-20 所示者為(010)與(111)的對等平面。

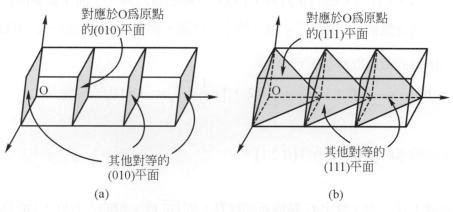

圖 2-20　(a) (010)與(b) (111)的對等平面

● 2.4.3 原子堆積係數

　　原子堆積係數(atomic packing factor，APF)為晶胞內原子體積與晶胞體積比

$$APF = \frac{原子體積}{晶室體積} \tag{2.8}$$

　　簡單立方體(simple cubic)、面心立方、體心立方、及六方最密堆積結構之原子堆積係數分別為 0.52、0.74、0.68 及 0.74。

例題 2-4　計算 BCC 結構之 APF。

解

若構成 BCC 結構之原子半徑為 R，BCC 結構之晶格常數為 a，則

$$\sqrt{3}a = 4R \Rightarrow a = \frac{4R}{\sqrt{3}}$$

$$BCC晶胞體積 = a^3 = \left(\frac{4R}{\sqrt{3}}\right)^3$$

在每一個 BCC 的晶胞中包含有二個原子，其體積為

$$BCC晶室內原子體積 = \frac{3}{4}\pi R^3$$

則

$$APF = \frac{2 \times \left(\frac{4}{3}\pi R^3\right)}{\frac{4^3}{3\sqrt{3}}R^3} = \frac{2 \times \sqrt{3}\pi}{4^2} = \frac{\sqrt{3}\pi}{8} = 0.68$$

2.4.4　密度

對於一已知結構的金屬材料之密度可由式(2.9)予以計算

$$\rho = \frac{nA}{V_C N_A} \tag{2.9}$$

其中：n 為單位晶胞內的原子數目，A 為原子量，V_C 為晶胞的體積，N_A 為 Avogadro 常數(6.02×10^{23} 原子／莫耳)

例題 2-5　計算銅金屬的密度。

解

若已知銅金屬為 FCC 結構，其原子半徑為 0.128 nm，且其原子量為 63.5 g/mol。
則

$$\rho = \frac{nA_{Cu}}{V_C N_A} = \frac{nA_{Cu}}{\left(16R^3\sqrt{2}\right)N_A}$$

$$= \frac{(4\ \text{atoms/unit cell})(63.5\ \text{g/mol})}{\left[16\sqrt{2}\left(1.28\times10^{-8}\ \text{cm}\right)^3/\text{unit cell}\right]\left(6.023\times10^{23}\ \text{atoms/mol}\right)}$$

$$= 8.89\ \text{g/cm}^3$$

▶ 2.5　液晶(liquid crystal)

　　液晶是由澳洲植物學家 F.Reinitzer 在 1888 年所發現，至今已超過一世紀。最近幾年由於半導體的發展，積體電路應用的普遍，使得電子產品越來越輕巧，由液晶原理所應用發展的液晶顯示器在近年來更廣為流行。液晶材料通常為棒狀的分子結構，其分子軸向具有堅硬特性及強的電偶極，分子容易被極化且排列至相同的方向。液體中的分子排列不具有方向性，固體中的分子(原子或離子)排列方向具有長序(long-range order)特性，在液晶中分子排列方向具有一取向的特性，成為如晶體內分子的排列方式，如圖 2-21 所示。當液晶體排列成取向性方式，光於液晶體內的行進方向產生變化，利用此一特性使得液晶可用於顯示器功能。

固體　　　　　　液晶　　　　　　液體

圖 2-21　固體分子、液晶分子、液體分子的排列方式示意圖

▶ 2.6　碳結構

　　碳元素具有多種的同素異型體(polymorphic)結構，而因結構之不同其性質亦有極大的差異。本節介紹不同結構型態的碳材料，及其基本性質。碳具有從零維至三維同素異形體

的結構，其結構與碳原子 sp^n 混成鍵結關係密切，sp 混成鍵結形成一維的鏈狀結構，sp^2 混成鍵結形成二維的石墨結構，sp^3 混成鍵結則形成具有規則四面體的三維鑽石結構。

　　鑽石爲碳在室溫及常壓狀態下之半穩定態(metastable)同素異型體。鑽石具有與閃鋅礦相似的結構，在結構中所有原子的位置皆由碳原子所佔據，其單位晶格如圖 2-22(a)所示。結構中每一個碳原子與其他四個碳原子結合形成σ 鍵，爲 sp^3 混成鍵結所形成的完全共價鍵，此結構亦稱爲鑽石立方體結構，在其他 IV A 族中的元素亦具有類似的結構，如鍺(germanium)、矽(silicon)及灰錫(gray tin)等。鑽石的特性包括；最高的硬度，最高的導熱率，最高的磨耗抵抗力，最高的壓縮強度，高折射率(2.42)，低熱膨脹率及低導電率。比較鑽石和玻璃：用舌尖舔鑽石會有涼意感，玻璃則無；對鑽石呵氣，水珠散得快，玻璃則慢；將鑽石放進水裏依然清晰，玻璃則扭曲模糊。

　　石墨係由 sp^2 所形成的平面結構，在其各層平面中之碳原子的鍵結呈現正六方形，在平面上相互共價連結形成石墨結構的基面(basal plane)，如圖 2-22(b)所示。在基面層中碳原子與同層中另外三個碳原子以σ 鍵結合，各層間則以剩下的第四個電子(π電子)結合，而形成凡德瓦鍵結。石墨結構在室溫及常壓的環境中較鑽石爲穩定，硬度 1~2，比重 2.23，顏色由灰至黑而呈現金屬至土狀之光澤，不透明，條痕爲黑色，解理完全，有良好的導電性與導熱性，且具潤滑性及耐火性，不易和氧化合，不受任何酸類的影響，在極高溫度下，亦不發生變化，熔點高達 3000℃。

　　平面狀的碳基面結構含有懸鍵(dangling bonds)，爲了減少懸鍵數，層狀碳基面結構捲起形成彎曲結構，邊緣的六元環有收縮成五元環的趨勢，而形成封閉的籠狀碳簇結構，如富勒烯(fullerenes)和奈米碳管(carbon nano-tube，CNT)。富勒烯含有不同碳環，其中以含有 20 個六元環和 12 個五元環所拼接成 C_{60} 的 20 面體分子結構最爲穩定，其分子形狀有如足球的表面，如圖 2-22(c)所示。當碳環數目增加就會形成更大的籠形分子，目前已發現 C_{960} 分子的存在。在富勒烯分子中，碳原子的鍵結主要爲 sp^2，在彎曲殼面亦具有一些 sp^3 的鍵結，C_{60} 的混成軌道爲 $sp^{2.28}$，介於石墨 sp^2 與鑽石 sp^3 之間。

　　於 1991 年，日本電氣(NEC)筑波基礎實驗室研究員飯島澄男(Sumio Iijima)博士在弧光放電法合成碳簇(C_{60})的過程中，意外發現碳原子於奈米尺寸的管狀結構。奈米碳管可視爲由層狀石墨結構捲曲而成的奈米圓桶，其二端由富勒烯半球形封帽而成。石墨層在捲曲成管狀結構時也形成了少量的 sp^3 鍵結，其特性較爲接近石墨。依據石墨層結構，奈米碳管可分爲單層及多層碳管，單層奈米碳管(single wall carbon nanotube，SWNT)由具 sp^2 鍵結石墨層沿著某一方向捲曲而成，使之成爲無縫中空圓柱狀結構，如圖 2-22(d)所示。多層奈米碳管(multi wall carbon nanotube，MWNT)則由多片的石墨層依同心軸捲曲密合而成。

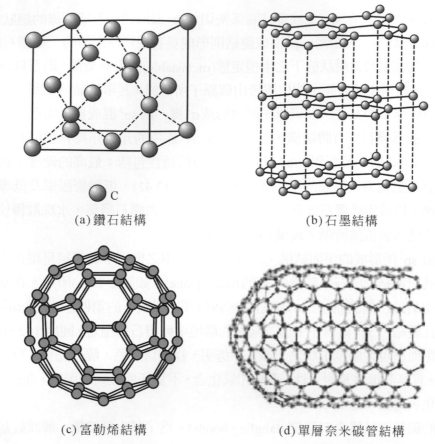

(a) 鑽石結構　　　　　　　　　　　　(b) 石墨結構

(c) 富勒烯結構　　　　　　　　(d) 單層奈米碳管結構

圖 2-22　各種不同的碳結構示意圖

▶2.7　單晶與複晶

　　固態結晶體材料內的原子(或晶格)具有規則性排列，若在固態結晶體內原子的排列呈現有秩序性的規則排列，晶格排列方向與相互結合方式相同，且其晶格連續性未中斷者稱為單晶(single crystal)。單晶體可在自然界中發現(如：石英單晶)，或者在控制良好的條件下進行單晶的合成(如：半導體用之矽晶圓)。圖 2-23 為十二吋矽晶圓片，單一片矽晶圓片即為一單晶體。大部份的固態晶體是由許多小晶體形成，每個小晶體內原子的排列有規則性，但在整體固態晶體內，眾多個小晶體的方向並不相同，我們則稱此固態晶體為複晶體或多晶體(polycrystalline)。圖 2-24 為銀金屬在光學顯微鏡下所呈現的顯微結構，銀金屬的晶粒明顯呈現，由晶界包圍。

圖 2-23　十二吋矽晶圓片

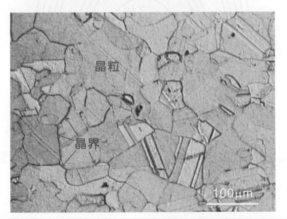

圖 2-24　銀金屬在光學顯微鏡下的顯微結構(周兆民，義守大學)

▶2.8　晶格系統與晶格常數之決定方法

　　材料結構對於材料特性有決定性的影響，因此，決定材料的結構為材料使用者或研究者的重要工作項目之一。晶體由週期性規則排列的原子所形成，其規則排列原子所構成的線與平面具有繞射光柵的效果，假設入射光的波長與光柵的間距相近，則此入射光可被光柵所繞射。一般結晶體所形成的平面間間距極小，只有數個 Å，一般可見光(波長 400 nm 至 700 nm)無法應用於晶體繞射，但金屬元素之 X 光與電子顯微鏡之電子波長因具有適當大小的晶體繞射波長，可應用於晶體繞射分析。經由繞射分析可得知晶體的結晶構造，決定晶體的晶格常數，亦可決定單晶體的結晶方向。在本節將介紹最常使用於晶體鑑定的 X 光繞射分析法。

　　X 光爲電磁波的一種，產生原因爲高速加速電子碰撞金屬靶材，使靶材的內層電子因獲得能量而脫離其電子軌域，此時外層電子向內補充內層電子所留下的空缺所放出電磁波。由最內層所產生的電磁輻射稱爲 K 層輻射。當電子由 L 層補充至 K 層時，其所產生的輻射稱爲 K_α 輻射，如圖 2-25 所示。而電子由 M 層補充至 K 層的輻射稱爲 K_β 輻射。所產生的 X 光能量爲 $E = h\nu = h\dfrac{c}{\lambda}$，其中 h 普朗克常數，6.62×10^{-27} erg-sec，c(光速)=3×10^{10} cm，λ 爲 X 光的波長。表 2-4 列出一般常使用於繞射分析的 X 光波長及其靶材種類。

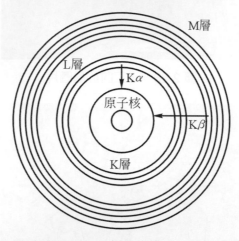

圖 2-25　X 光之 K_α 與 K_β 射線生成電子能階遷移示意圖

表 2-4　各種靶材所產生的 X 光波波長

靶材	波長 (Å)	
	K_α	K_β
鉬	0.7107	0.63225
銅	1.5418	1.39217
鈷	1.7902	1.62073
鐵	1.9373	1.75653
錳	2.1031	1.91016
鉻	2.2909	2.08479

　　當 X 光照射於晶體內的原子時，將產生散射效應，若彼此間爲彈性碰撞，則散射後的 X 光特性不會變化，與散射前的 X 光具有相同波長的繞射光，且繞射光的反射角等於

X 光與晶體相接觸的入射角，如圖 2-26 所示。由晶體內不同層原子所散射的 X 光彼此間將產生干涉的效應，若繞射後的 X 光具有相同相位(in phase)，如圖 2-26 中的繞射光，則各平行層間的繞射光將產生建設性(constructive)干涉，即各平行層間的繞射光強度將有加成效應，使得繞射光強度可被偵測到。若各平行層散射光間為不同相位，則各層間的繞射光將產生破壞性(destructive)干涉，即各平行層間的繞射光強度將有相減效應，使得繞射光強度無法被偵測到。

繞射分析時所使用的入射光必須為單一波長的平行光，入射平行光與各平行平面層產生散射作用，在圖 2-26 中 A 層散射光與 B 層繞射光具有路徑行程的波程差，其差距為 $\overline{SQ} + \overline{QT}$。由於不同層的繞射光必須為同相位的建設性干涉才可被偵測到，因此 A 層與 B 層繞射光的波程差必須為 X 光波長的整數倍 n，即

$$\overline{SQ} + \overline{QT} = n\lambda$$

而

$$\overline{SQ} = \overline{QT} = d_{hkl} \sin\theta$$

因此

$$n\lambda = 2d_{hkl} \sin\theta \tag{2.10}$$

式(2.10)稱為布拉格(Bragg)方程式，使用 X 光繞射分析技術所鑑定之平行平面間距之精確度可達埃(angstroms，Å，10^{-10} m)，在繞射鑑定的過程中常以 n=1 的一階繞射作為代表，即

$$\lambda = 2d_{hkl} \sin\theta \tag{2.11}$$

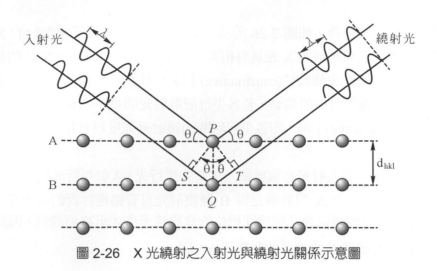

入射光

繞射光

圖 2-26　X 光繞射之入射光與繞射光關係示意圖

　　圖 2-27 顯示 X 光繞射儀的裝置概念圖，X 光經光源生成器產生後通過濾光金屬膜及光柵，將 X 光調整成特殊波長且平行的 X 光射線，形成分析時的入射光。入射光以一入射角(θ)照射樣品，入射光與樣品產生彈性碰撞，並以一相同大小的角度(θ)產生繞射光。繞射光經由光柵進入檢測器，檢視其強度。在一結晶系統中，任一結晶平面(h k l)具有其特殊的間距(d_{hkl})，因此有一特殊的入射角(或散射角，θ_{hkl})與此間距對應。若入射角與樣品內某一平面間距的關係符合布拉格方程式，繞射光內的 X 光呈現建設性干涉，檢測器可偵測到繞射的 X 光強度。反之，任一入射角在樣品內若無法尋求一平面間距與之對應，即布拉格方程式無法成立，其繞射光呈現破壞性干涉，檢測器將只能偵測到非常低的 X 光強度，此低 X 光強度為少量非彈性碰撞 X 光所造成的雜訊。

　　在一般樣品進行 X 光繞射分析時，可改變入射光與樣品間的角度，做連續掃描式的偵測，以檢測在那一角度時由檢測器可測得 X 光強度。所使用的分析樣品可為粉末、多晶塊材、或單晶塊材。當檢測器在某一角度測得 X 光強度時，即表示在樣品的結構內存在一特殊平面間距(d_{hkl})與入射 X 光波長及入射角間的關係符合布拉格方程式。將掃描分析結果以檢測器所測得繞射偵測強度與二倍入射角的關係繪圖，即為粉(多)晶 X 光繞射分析的結果，其中二倍繞射角(2θ)稱為分析繞射角(diffraction angle)。圖 2-28 所顯示為多晶石英塊材之 X 光繞射圖譜，若檢測器偵測到 X 光強度，則在繞射圖譜中顯現出具有強度的繞射峰，每一繞射峰代表在此繞射角度上布拉格方程式成立，代表有一特殊的晶面間距與之相對應，即代表晶體內存在某一特殊結晶面，圖譜中繞射峰的數目代表所能偵測到結晶平面的數目。

　　在結晶構造中，平行平面的間距為平面米勒指數與晶格常數的函數，例如：在立方晶體中 h k l 平面間距 d_{hkl} 為

$$d_{hkl} = \frac{a}{\sqrt{h^2 + k^2 + l^2}} \tag{2.12}$$

其中，a 為立方晶體的晶格常數，其他結晶系統的晶面距離計算與立方晶系相似但較為複雜。

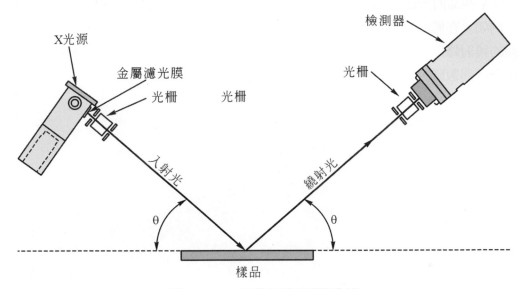

圖 2-27　X 光繞射儀裝置概念圖

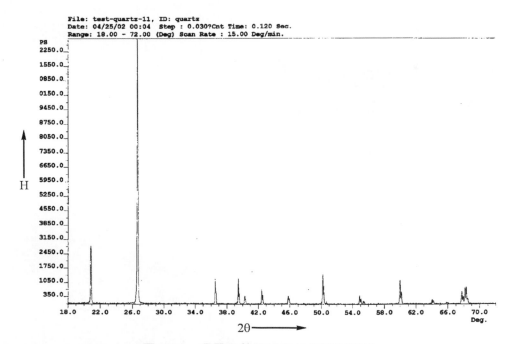

圖 2-28　多晶石英塊材之 X 光繞射圖譜

布拉格方程式為滿足繞射生成條件的必要但非充分條件，由於布拉格方程式只探討原子在各種晶格角時的狀態，並不考慮原子存在其他的位置，如面心或體心等位置。這些不在晶格角落的原子將對 X 光產生繞射效果，且與其他原子繞射結果產生向量加成的效果，亦可能與其他層的繞射結果產生破壞性干涉，而使得繞射波強度被抵消，繞射峰強度消失，造成某些晶面無法被測得。對每一種晶體而言皆可能具有消失的繞射峰，並有其規則可循，例如：在體心立方結構中，當其平面米勒指數的總和為奇數時，$h+k+l=2n+1$，此平面的繞射峰即不呈現於繞射圖譜上。而對面心立方而言，其平面的米勒指數必須全為奇數或全為偶數時，其繞射峰方呈現於繞射圖譜中。

習 題　　　　　　　　　　　　　　EXERCISE

1. 原子中的(1)質子，(2)中子，(3)電子的質量與帶電量各為多少？

2. 每個銀原子的質量為多少？在 1 g 銀金屬的內部含有多少個銀原子？

3. 有一銀金屬線其直徑為 0.70 mm，長度為 8.0 mm，試問有多少個銀原子包含於此銀金屬線內？

4. 證明 BCC 的原子堆積因子為 0.68。

5. 證明 HCP 的原子堆積因子為 0.74。

6. 計算鈀原子(Pd)的半徑，已知 Pd 具有 FCC 的結晶構造，其密度為 12.0 g/cm^3，且原子量為 106.4 g/mol。

7. 某一金屬材料具有簡單立方體的晶體構造，若其原子量為 70.4 g/mol，且原子半徑為 0.126 nm，計算其密度。

8. 錫(Sn)具有正方晶系結構，其晶格常數 a 及 b 分別為 0.583 和 0.318 nm。若其密度、原子量和原子半徑分別為 7.3 g/cm^3、118.69 g/mol 和 0.151 nm，試計算其原子堆積因子。

9. 鈦(Ti)具有 HCP 晶體結構，其晶格常數 c/a 之比值為 1.58，若鈦的原子半徑為 0.1445nm；試求：(1)決定單位晶胞的體積，(2)計算其密度。

10. 在一正方晶系的單位晶胞中繪出 $\left[2\,\bar{1}\,1\right]$ 方向與 $\left(0\,2\,\bar{1}\right)$ 平面。

11. 在一單斜晶系的單位晶胞中繪出 $\left[\bar{1}\,0\,1\right]$ 方向與 $(2\,0\,0)$ 平面。

12. 試決定出下列立方單位晶胞內的方向指數。

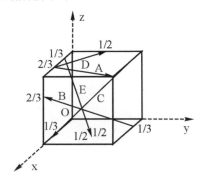

13. 試決定下列立方單位晶胞內的平面米勒指數。

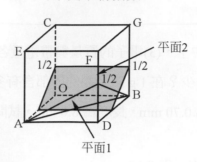

14. 在一立方晶體中，試計算下列成對平面交線之方向指數：(1) (1 1 0) 和 (1 1 1)，(2) (1 1 0) 和 $(1\,\bar{1}\,0)$，(3) $(1\,0\,\bar{1})$ 和 (0 0 1)。

15. 利用表 2-2 所列的數據，計算銅(Cu)晶體(1 1 1)平面族之平面間距。

16. 使用波長為 0.1542 nm 的 X 光光源做材料繞射分析，試決定 FCC 銀(Ag)(2 2 0)平面之繞射角。

17. 對 BCC 鐵(Fe)而言，使用 0.0711 nm 的 X 光光源做材料繞射分析，那一組平面的第一階繞射峰會發生於 46.21°之繞射角。

18. 使用波長為 0.1542 nm 的 X 光光源做材料繞射分析，有一具立方晶系金屬之(1 1 1)繞射峰發生於繞射角 $2\theta = 22.62°$的位置，試問此金屬可能為鋁(Al)、鉻(Cr)或銅(Cu)？

晶體缺陷及固體中的缺陷

■ **本章摘要**

　　第二章所討論的晶體結構是以在原子尺度上的原子排列皆是完美無缺為前提,但此種理想的結晶狀態於實際的晶體結構中並不存在,反而於材料內部之原子排列存有不同種類的缺陷或不完整性。這些缺陷對材料的行為雖具有深遠的影響,但卻未必是不利的,因藉由某些特定之晶格缺陷種類或數量的控制,則可獲得有關機、電、光、磁等特殊性質。在某些實際的應用上,可在材料內部以刻意製造缺陷的方式而控制材料的性質,如在矽晶中加入 0.01%的砷(As)原子,可使其導電度增加 10000 倍;而玻璃若不含有微小裂縫,其破斷強度可達 10^6 psi,但若有 1μm 大小的裂縫存在,則強度大幅降至 10^4 psi。

　　依據原子排列之錯位情形,材料內的晶格缺陷可分為四大類,包括:(1)點缺陷(point defect):一個或多個原子的排列不完美,如晶體中的空位、外來原子等都屬於此類。(2)線缺陷(line defect):以直線、曲線或環線出現於晶體中,沿此線附近之原子排列偏離原來規則的排列,亦稱之為差排(dislocation)。(3)面缺陷(interfacial defect):為材料不同區域的邊界,在此一邊界,其結晶方位、構造、成份或性質會有所改變。(4)體缺陷(volume defect):為材料內部巨觀的不連續區域,如孔洞、裂縫、夾雜物等。上述缺陷的存在致使晶體的晶格產生扭曲,並給予晶體多餘的能量,因而造成晶體內部自由能的增加。

▶ 3.1　點缺陷(point defects)

　　點缺陷為若干原子排列的不完美,它可能包含一個或多個原子,如圖 3-1 所示。這些缺陷可能係因原子的移動、導入雜質、或故意添加之合金元素所致。因點缺陷的存在而使其周圍原子排列遭致破壞,並將晶格扭曲;而由此扭曲所產生之應變能的影響範圍可達數百個原子之大,因此影響材料之物理性質。點缺線可以單一種類或多種複合的方式存在晶體內,一般而言其濃度低於 0.01 mol%。點缺陷一般可分為本質點缺陷(intrinsic defect)及異質點缺陷(extrinsic defect)。

● 3.1.1　本質點缺陷

　　晶體內的原子或離子在較高的溫度狀態下,可能具有足夠的能量,使得部份原子或離子因具有足夠的能量可脫離其在晶體結構中原有的位置,而造成缺陷。此類缺陷的形成因無外加物質的影響,故稱為本質點缺陷。本質點缺陷又可再分為空位(或空孔)(vacancy)及自占間隙缺陷(self-interstitial defects)。

(一) 空位

　　空位缺陷為正常的晶格位置失去一個原子所產生,如圖 3-1(a)所示。空位缺陷經常發生於凝固期間,或是在高溫因原子振動導致其偏離正常晶格位置所致,為最簡單之點缺陷。材料中空位的數目與溫度之關係可依阿瑞尼斯(Arrhenius)方程式來表示

$$N_v = N \exp\left(\frac{-Q_v}{RT}\right) \qquad\qquad (3.1)$$

N_v 為特定溫度下每單位體積所含之空位的數目，N 為每單位體積中之晶格位置的總數，Q_v 為形成空位的活化能(activation energy)，T 表絕對溫度 K，R 為氣體常數或波滋曼常數(Boltzmann's constant)。以每莫耳原子之能量來表示時，R 為氣體常數，其值為 R =8.31 J/mol·K 或 1.987 cal/mol·K；以每個原子之能量來表示時，R 為波滋曼常數(或表為 k)，此時 R = 1.38x10^{-23} J/atom·K 或 8.62×10^{-5} eV/atom·K。將空位形成的數目與晶格位置數目相比，則可定義空位的濃度，

$$C_v = \left(\frac{N_v}{N}\right) = \exp\left(\frac{-Q_v}{RT}\right) \qquad\qquad (3.2)$$

空位的數目隨著溫度增加而以指數方式增加。對大部份金屬而言，在接近熔點溫度時，空位濃度約為 10^{-4}，亦即每 10000 個晶格位置會有一個是空的。

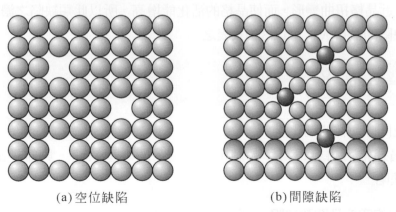

(a) 空位缺陷　　　　　　　(b) 間隙缺陷

圖 3-1 材料中的空位與間隙缺陷

例題 3-1　計算銅(Cu)在室溫(25℃)及接近熔點(1000℃)時每立方米的空位數目。其空位形成之活化能為 836 kJ/mole。

解

銅為 FCC 結構，晶格常數 0.36151 nm，因此其每 m³ 中的銅原子數為

$$N = \frac{4 \text{ atoms/cell}}{(3.6151 \times 10^{-10} \text{ m})^3} = 8.47 \times 10^{28} \frac{\text{atoms}}{\text{m}^3}$$

在室溫時，T = 25+273=298 K

$$N_v = (8.47 \times 10^{28}) \exp\left(-\frac{83600}{8.31 \times 298}\right) = 1.85 \times 10^{14} \quad \frac{\text{vacancies}}{\text{m}^3}$$

在 $1000^\circ C$ 時，$T=1000+273=1273 \text{ K}$

$$N_v = (8.47 \times 10^{28}) \exp\left(-\frac{83600}{8.31 \times 1273}\right) = 3.13 \times 10^{25} \quad \frac{\text{vacancies}}{\text{m}^3}$$

$$\frac{3.13 \times 10^{25}}{1.85 \times 10^{14}} \approx 1.69 \times 10^{11}$$

因此當溫度從室溫升至接近熔點時，銅的空位數增加了約 1.69×10^{11} 倍。

(二) 間隙缺陷

當結晶構造內的原子被擠到非晶格位置即可形成如圖 3-1(b)所示之間隙缺陷。由於晶體結構中的間隙位置大小一般皆小於在晶格點之原子的體積，因此當原子被擠到間隙位置時，會造成附近晶格扭曲變形，而使晶格的活化能增高。所以此類缺陷之濃度較空位缺陷為低。間隙缺陷的數目 N_i，可以(3.3)式表之

$$N_i = N \exp\left(\frac{-Q_i}{RT}\right) \tag{3.3}$$

Q_i 為形成間隙所需的活化能。

間隙缺陷通常可再分為離子晶體中的空位及間隙型缺陷，與離子晶體中的錯位(misplace)點缺陷。

1. 離子晶體中的空位及間隙缺陷

由於離子晶體中至少包含二種離子，其點缺陷之形成係伴隨著陰離子及陽離子的小族群，並且保持系統的電中性(electroneutrality)，故並不發生單一的空位或間隙缺陷。在離子化合物中空位及間隙缺陷的組合可以有蕭基(Schottky)缺陷及佛蘭克(Frenkel)缺陷二種方式。

離子鍵結材料為了要保持電中性，必須同時失去帶等量電荷的陰離子與陽離子，而形成一組空位缺陷，稱之為蕭基缺陷(Schottky defect)，這類缺陷普遍存在以離子鍵結為主的陶瓷材料內部中。蕭基缺陷的產生必須符合晶體結構的化學計量式(stoichiometry)比例，材料方能保持其電中性。圖 3-2 為 NaCl 與 $MgCl_2$ 中之蕭基缺陷的例子，為了維持晶體電中性，在 NaCl 晶體中，一個 Na^+ 的空位將搭配一個 Cl^- 的空位，即陰、陽離子的空位數是

相等的(圖 3-2(a))。而在 $MgCl_2$ 中，每個 Mg^{2+} 空位會伴隨兩個 Cl^- 空位以達到電性平衡(圖 3-2(b))。

　　佛蘭克缺陷(Frenkel defect)是一對空位－間隙的缺陷，為一個離子由正常的格子點跳到一間隙位置而留下一個空位所形成。圖 3-3 為 AgCl 離子材料之佛蘭克缺陷，Ag^+(圖 3-3(a))或 Cl^-(圖 3-3(b))離子脫離結晶位置形成一間隙缺陷，且在原來位置留下一 Ag^+ 的空孔缺陷，形成空位－間隙的佛蘭克缺陷對。由於陽離子的半徑通常較小，故陽離子間隙之形成較陰離子間隙為易。

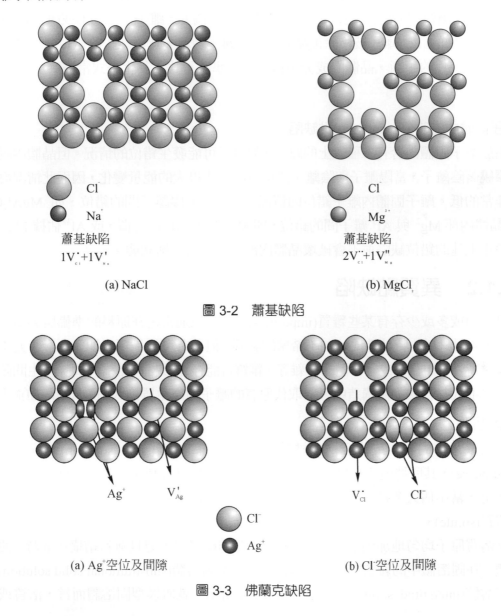

Cl^-

Na^+

蕭基缺陷
$1V_{Cl}^{\cdot}+1V_{Na}^{'}$

(a) NaCl

Cl^-

Mg^{2+}

蕭基缺陷
$2V_{Cl}^{\cdot\cdot}+1V_{Mg}^{''}$

(b) $MgCl_2$

圖 3-2　蕭基缺陷

Ag^+　　　$V_{Ag}^{'}$

$V_{Cl}^{\cdot}$　　　Cl^-

Cl^-

Ag^+

(a) Ag^+ 空位及間隙

(b) Cl^- 空位及間隙

圖 3-3　佛蘭克缺陷

在晶體結構中，若所含的陽離子與陰離子的比值為簡單的整數比與其化學式所預測的一樣，稱為化學計量式成份。例如晶體中 Mg^{2+} 離子與 Cl^- 離子之比值正好是 1：2 時，符合 $MgCl_2$ 化學計量式。任何偏離此簡單整數比的離子化合物稱為非化學計量式 (non-stoichiometric) 成份。非化學計量式關係常見於某些陶瓷材料，其中部分離子可能存在二種的鍵價。氧化鐵(FeO)為具有非化學計量式的物質，特別是其中鐵離子可以 Fe^{2+} 和 Fe^{3+} 的狀態存在；其比率與所在的環境溫度及氧氣分壓有關。每產生一個 Fe^{3+} 離子使晶體內部多一個正價的電荷，而破壞晶體內部電中性的平衡狀態，因而必須藉由其他種類的缺陷加以補償；例如：每產生二個 Fe^{3+} 離子及伴隨著一個 Fe^{2+} 離子空位的形成(或 Fe^{2+} 離子的移除)。晶體中的 Fe^{2+} 離子被移除後晶體內的氧離子數目多於鐵離子的數目，但晶體內仍然維持其電中性的平衡，晶體的成分不再符合化學計量式，其化學式常被寫為 $Fe_{1-x}O(x<1)$。

2. 離子晶體中的錯位(misplace)點缺陷

由於離子固體內含有二種以上的離子，故離子可能發生錯位的情況。但晶體內陽離子周圍環繞著陰離子，當陽離子與陰離子錯位時將造成很大的能量變化，因而此情況發生的機率非常的低。離子固體內離子錯位的情況可能發生於陽離子間的錯位，如 $MgAl_2O_4$(尖晶石)晶體內部 Mg^{2+} 與 Al^{3+} 離子間的錯位，即 Mg^{2+} 佔據 Al^{3+} 的位置，或 Al^{3+} 佔據 Mg^{2+} 的位置。發生上述的錯位缺陷並不會破壞晶體內部電中性的平衡狀態。

● 3.1.2　異質點缺陷

材料中或多或少存有某些雜質(impurities)，其來源通常是在原料的準備與製造過程中所引入，並對材料的特性造成一些不希望的影響。但亦有可能是刻意加入之合金元素以獲得所欲之特性，如合金或半導體的摻雜等。雜質可能存在於材料結構的間隙產生間隙型的缺陷，或進入材料的晶體構造中，並取代原有的離子而產生置換式(substitutional)缺陷。

(一) 固溶體

外來或添加的元素或化合物在材料中會形成一固溶體(solid solution)或新的第二相(second phase)，其所造成的結果視溶質種類與濃度，及與溶劑間的關係及材料的製造處理過程而定。當中佔大多數的元素或化合物稱之為溶劑(solvent)，而較少的元素或化合物則稱為溶質(solute)。

當溶質原子均勻地加到基地中，母材的晶體結構維持不變且無新結構形成時，便形成固溶體。在固溶體中的雜質點缺陷有兩種：置換型固溶體(substitutional solid solution)和間隙型固溶體(interstitial solid solution)，如圖 3-4 所示。就置換型固溶體而言，溶質或雜質原子進入基地的結晶構造並取代了原有的原子；而間隙型固溶體，則由雜質或溶質原子填充在基地晶格原子的間隙位置而成。

形成置換型固溶體有一些條件，稱之為 Hume-Rothery 原則：

1.　原子尺寸因素(atomic size factor)
　　溶劑與溶質的原子半徑相差小於~15%以內時，方可形成置換型固溶體，否則會因溶質原子的加入太多而使溶劑之晶格產生巨大之晶格扭曲，其固溶體存在的可能性降低，並使得結構產生相變化。

2.　晶體結構(crystal structure)
　　溶劑與溶質的晶體結構必須相同。

3.　電負度(electronegativity)
　　溶劑與溶質的原子必須有相似的電負度，否則較易形成金屬化合物。

4.　價數(valence)
　　若其他因素相同，則溶質元素固溶於具有較高價數元素的傾向比固溶於較低價數元素的傾向大。

銀鈀(Ag-Pd)合金為常見的置換型固溶體，銀原子與鈀原子皆為 FCC 結構，且銀與鈀的原子半徑分別為 0.144 nm 及 0.138 nm，而電負度則分別為 1.9 及 2.2。由上述數據顯示，銀與鈀金屬具有相同的結晶構造，其原子半徑差別小於 15%，且具有相近的電負度，符合 Hume-Rothery 原則，可形成置換型的固溶體。

金屬材料的結構通常為最密堆積的型態，其所造成的間隙型固溶體一般是由半徑較小的雜質原子填入晶格空隙，如圖 3-4(a)所示。由於間隙型固溶體內的雜質原子的尺寸通常較晶格空隙大，因此會對鄰近原子產生排擠現象，形成的間隙型固溶體之雜質的固溶量低於 10%。碳原子溶入金屬鐵的結構時即形成間隙型的固溶體，碳原子在鐵中的最大添加量約為 2%，碳原子與鐵原子的半徑分別為 0.071 nm 及 0.124 nm，由於其半徑的差別過大故無法形成置換型的固溶體。

在金屬的 BCC、FCC 及 HCP 結構中，分別有正四面體與正八面體的間隙形成。正八面體間隙是由 6 個相鄰原子所構成，在 FCC 晶體的中心即有一個正八面體的間隙形成，如圖 3-5(a)所示。在 FCC 晶胞的各邊中心亦有正八面體的間隙形成，於此位置所形成的間隙與相鄰的三個晶胞共享，每個晶胞佔有正八面體間隙的四分之一空間，晶胞於各邊所含的正八面體間隙共有三個，因此每個 FCC 結構中含有四個正八面體間隙。而正四面體間隙則為四個相鄰原子所構成的四面體中心位置，在 FCC 結構中，正四面體的間隙由晶胞角落的原子與相鄰三個平面中心原子所構成，如圖 3-5(b)所示，因此在 FCC 結構中共有八個四面體間隙。表 3-1 為 BCC、FCC 及 HCP 三種晶胞中所含四面體間隙及八面體間隙數目。

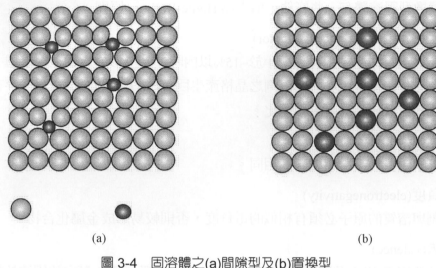

(a)　　　　　　　　　　　　　(b)

圖 3-4　固溶體之(a)間隙型及(b)置換型

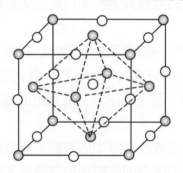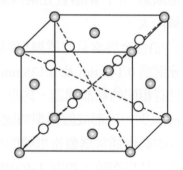

○　原子位置　　　　　　　　　　○　原子位置

○　八面體間隙位置　　　　　　　○　四面體間隙位置

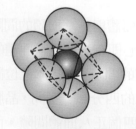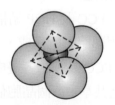

(a) 八面體之間隙　　　　　　　　(b) 四面體之間隙

圖 3-5　FCC 晶格中之間隙

表 3-1　常見三種金屬晶格之間隙型態及數量

晶格結構	晶格間隙	
	正四面體間隙	正八面體間隙
BCC	12	6
FCC	8	4
HCP	12	6

(二) 離子晶體

在離子鍵結的材料中，陰離子通常因離子半徑太大而不能進入間隙的位置，因此主要以置換型缺陷的形式存在；反觀陽離子則可以進入間隙位置而形成間隙式缺陷或形成置換型缺陷。鐵橄欖石($FeSiO_3$)與鎂橄欖石($MgSiO_3$)為存在於自然界的離子置換型固溶體，鐵橄欖石與鎂橄欖石具有相同的結晶構造，Fe^{2+} 與 Mg^{2+} 離子的半徑分別為 0.077 nm 與 0.072 nm，符合形成置換型固溶體的條件。

在離子材料中最重要者為須保持材料內部電性的平衡，即維持電中性，因此當所取代之離子的價數不同時，必須有帶相反電荷的位置出現，以補償因取代離子價數不同所造成的帶電現象。例如：一個二價的 Mg^{2+} 若存在於 NaCl 中，則由 Mg^{2+} 取代 Na^+ 並造成一個多餘的正電荷，而為了達到電性的平衡，通常會有一個帶有一個負電荷量的 Na^+ 離子空位出現，如圖 3-6 所示。

在離子晶體內，各種現象所形成的點缺陷可同時存在，例如因為外在環境改變所造成的本質缺陷與因為雜質添加所造成的異質缺陷皆可同時存在於晶體內，因此在上述的 Mg^{2+} 添加的 NaCl 晶體中，除了一般出現的本質空位缺陷外，亦有一些為達電荷平衡的額外異質空位缺陷呈現。

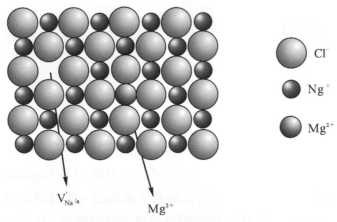

圖 3-6　NaCl 中 Na 被 Mg 取代

例題 3-2　有一 NaCl 試樣含有重量百分比 0.2 之 $MgCl_2$ 雜質，計算其因雜質所增加的空位。

解

首先假設試樣之重量為 100 g，再計算 NaCl 及 $MgCl_2$ 的莫耳數。

$$MgCl_2 \text{的莫耳數} = \frac{(MgCl_2\text{克數})}{[(Mg\text{莫耳重量})+2(Cl\text{莫耳重量})]}$$

$$= \frac{0.2 \text{ g}}{24.305 \text{ g/mol} + 2 \times 35.453 \text{ g/mol}} = 2.1 \times 10^{-3} \text{ 莫耳}$$

所以試樣中有 2.1×10^{-3} 莫耳的 Mg^{+2} 和 $2(2.1 \times 10^{-3}) = 4.2 \times 10^{-3}$ 莫耳的 Cl^-。

$$NaCl \text{ 的莫耳數} = \frac{99.8 \text{ g}}{22.99 \text{ g/mol} + 35.453 \text{ g/mol}} = 1.71 \text{ 莫耳}$$

所以試樣中 Na^+ 和 Cl^- 的莫耳數分別皆為 1.71 莫耳。

因此各元素及總莫耳數為

$N_{Na} = 1.71$ 莫耳

$N_{Mg} = 2.1 \times 10^{-3}$ 莫耳

$N_{Cl} = 1.71 + 4.2 \times 10^{-3} = 1.7142$ 莫耳

$N_T = N_{Na} + N_{Mg} + N_{Cl} = 3.4263$ 莫耳

當每個 Mg^{+2} 取代 Na^+ 時，將會多產生一個正電荷空位，因此其增加之空位數為

$N_{NaO} = N_{Mg} = 2.1 \times 10^{-3}$ 莫耳

所以 Na 的空位濃度為

$$\frac{N_{NaO}}{N_T} = \frac{2.1 \times 10^{-3}}{3.4263} = 6.13 \times 10^{-4}$$

(三) 半導體材料

　　在半導體材料內，添加與半導體材料價數不同的離子，可在半導體材料內創造出帶正電價或帶負電價的缺陷位置。如於矽半導體內添加電價為+5 的磷(phosphorus，P)原子，當磷原子取代矽原子位置，此時，磷原子將比矽原子多放出一帶負電之電子並在矽晶格內形成自由電子，磷原子取代矽原子的位置則帶有一正電荷的電量。在矽內添加磷原子而形成

自由電子導電之半導體，稱為 n-型半導體。若在矽半導體內添加電價為+3 的硼(boron，B)原子，在硼原子進入矽半導體晶格取代並佔據矽原子位置，硼原子則較矽原子少放出一個電子在矽晶格內形成電一單位正電荷的電洞，硼原子取代矽原子的位置則帶有一負電荷的電量。因硼原子之添而使矽形成由電洞導電的半導體，稱為 p-型半導體。

● 3.1.3　點缺陷表示法

　　欲有系統的描述點缺陷之型態及其反應，須使用有效描述點缺陷的方法，通常以 Kröger Vink 符號法最常被使用。在 Kröger Vink 符號法中，缺陷或元素的種類以英文字母寫出，而將缺陷於晶格位置標示於右缺陷或元素的下方，將其對應於完美晶體的電荷量差(電價)標示於右上方，即

　　例如：在 MgO 的晶體中，若 Mg^{2+} 離子在其預定的晶格位置，則將其 Kröger Vink 符號寫成 $Mg_{Mg}^{\times}$，大 Mg 代表離子元素的類別，右下方之小 Mg 則代表離子在晶格中 Mg^{2+} 離子的位置，右上方『×』的符號表示此位置並未帶電荷。當缺陷位置帶有負價電荷時，在電價的位置上以『´』符號表示，『´』符號的數目代表所帶電荷數的數目，如 $V_{Mg}^{''}$ 代表缺陷的型態為空位(vacancy)，其所在的位置為晶格內 Mg^{2+} 離子的位置，且此空位帶有二個負價的電荷。當缺陷位置帶有正價電荷時，則在電價的位置上以『•』符號表示，『•』符號的數目代表所帶正電荷數的數目，如 $V_{O}^{••}$ 代表缺陷的型態為空位(vacancy)，其所在的位置為晶格內 O^{2-} 離子的位置，且此空位帶有二個正價的電荷。表 3-2 列出在氧化物 MO 中可能存在的缺陷種類及其 Kröger Vink 符號表示法。其中電洞(electron hole)為電子脫離原子後在原有位置所留下的電子空孔，可被視為帶有一個單位正電價的粒子，但不具有質量。

　　缺陷位置所帶的電荷種類及電荷量可以缺陷(或元素)的帶電量減去晶格位置的理想帶電量即可獲得，如氧空位缺陷 $V_{O}^{••}$，空位本身不帶電(0)，氧離子帶二個負電荷(−2)，則以空位所帶的電荷數目減去氧離子所帶的電荷數目得到+2 的結果，即為 $0-(-2)=2$。若在 $MgAl_2O_4$(尖晶石)晶體內部 Mg^{2+} 與 Al^{3+} 離子間的錯位，即 Mg^{2+} 佔具 Al^{3+} 的位置，則其 Kröger Vink 符號為 $Mg_{Al}^{'}$，由 Mg^{2+} 及 Al^{3+} 所帶的電荷數可計算此一取代式缺陷所帶的電荷量為−1，即 $2-3=-1$。其餘點缺陷的 Kröger Vink 符號所帶的電荷數目可由上述方法類推而得。

表 3-2　氧化物 MO 中所可能存在的缺陷種類及其 Kröger Vink 符號表示法

缺陷種類	Kröger Vink 符號
自由電子	e'
電洞	h$^{\bullet}$
空位	V
在金屬離子 M 上的空位	V_M
在氧屬離子上的空位	V_O
帶不同電荷的空位	$V_M^{''}$，$V_O^{\bullet\bullet}$
在間隙的離子	M_i，O_i
帶電荷的間隙離子	$M_i^{\bullet\bullet}$，$O_i^{''}$
金屬離子 M^{2+}為 L^{4+}離子取代	$L_M^{\bullet\bullet}$
於晶格間隙的正價 L^{4+}離子	$L_i^{\bullet\bullet\bullet\bullet}$
晶格內正常位置	M_M^{x}，O_O^{x}
組合缺陷	$\left(V_M^{''} V_O^{\bullet\bullet} \right)$

　　陶瓷材料的點缺陷對於材料的電性質有重大的影響，例如點缺陷的存在可使陶瓷材料呈現半導體的特性，材料內之缺陷種類與濃度可影響陶瓷材料的導電機構與導電能力。從缺陷方程式可以明瞭陶瓷材料內之缺陷反應，而由反應平衡常數之計算則可得知缺陷濃度。在平衡缺陷方程式時須遵循下列規則，分別為：(1)陽離子與陰離子位置的比例必須保持不變，(2)新位置的生成必須符合陽離子與陰離子位置的比例，(3)質量守恆，(4)電量守恆。例如：MgO 陶瓷生成 Schottky 缺陷的缺陷方程式可寫成

$$\text{null} \rightleftarrows V_{Mg}^{''} + V_O^{\bullet\bullet} \tag{3.4}$$

　　null 代表無缺陷的完美晶體。在方程式中 $V_{Mg}^{''}$ 與 $V_O^{\bullet\bullet}$ 為新生成的位置，其數量比率為 1：1，與陶瓷體內 Mg：O 的比率相同。方程式的反應物與生成物的二端皆無質量，則反應前後質量守恆。方程式的二端所帶的電量總合皆為零，電量守恆亦成立。因此，方程式 3.4 為平衡的缺陷方程式。

　　將 Li_2O 添加進入 MgO 陶瓷晶體中，Li^+ 離子進入 MgO 晶格的 Mg^{2+}位置，Li_2O 的 O^{2-}離子進入 MgO 晶格的 O^{2-}位置，其缺陷方程式可寫為

$$Li_2O \xrightarrow{MgO} 2Li_{Mg}^{'} + V_O^{\bullet\bullet} + O_O^{\times} \tag{3.5}$$

將 Li_2O 添加進入 MgO 陶瓷晶體中的缺陷方程式亦可寫為

$$Li_2O + MgO \rightarrow 2Li_{Mg}^{'} + Mg_i^{\bullet\bullet} + 2O_O^{\times} \tag{3.6}$$

　　方程式(3.5)與(3.6)皆可代表 Li_2O 添加進入 MgO 陶瓷晶體中的缺陷反應方程式，何者發生的機率較高則與其所存在的環境有關。在方程式(3.5)中 MgO 晶體創造出二個 Mg^{2+} 離子與二個 O^{2-} 離子的晶格點位置，以容納添加的 Li_2O，其中添加的二個 Li^+ 離子進入所創造出的 Mg^{2+} 離子晶格點位置，添加的 O^{2-} 離子進入 O^{2-} 離子晶格點位置，仍有一個 O^{2-} 離子晶格點位置以空孔的型態存在於晶體內。方程式(3.6)中一個 Li_2O 與一個 MgO 分子在晶體中創造出二個 Mg^{2+} 離子與二個 O^{2-} 離子的晶格點位置，以容納 Li^+ 離子進入晶體的 Mg^{2+} 離子位置，二個 O^{2-} 離子進入 O^{2-} 離子晶格點位置，多餘的 Mg^{2+} 離子則存在晶體的間隙。由於 Mg^{2+} 離子進入晶體間隙需要有較高能量，方程式(3.6)的反應須於較高的能量，或較高的溫度條件下方可進行。在室溫環境下，由方程式(3.5)反應產生 $V_O^{\bullet\bullet}$ 空孔缺陷的機率較高。

> **例題 3-3**　將 MgO 加入 Al_2O_3 晶體中，其可能的缺陷方程式為何？

解

　　若將 Mg^{2+} 離子置入 Al_2O_3 晶體中的 Al^{3+} 離子位置，產生帶有負電荷的 $Mg_{Al}^{'}$ 缺陷，其電荷平衡的補償元素可為 $V_O^{\bullet\bullet}$ 或 $Al_i^{\bullet\bullet\bullet}$。因此其缺陷方程式可為

$$2MgO \xrightarrow{Al_2O_3} 2Mg_{Al}^{'} + V_O^{\bullet\bullet} + 2O_O^{\times}$$
或
$$Al_{Al}^{\times} + 3MgO \rightarrow 3Mg_{Al}^{'} + Al_i^{\bullet\bullet\bullet} + 3O_O^{\times}$$

▶ 3.2　擴散(diffusion)原理

　　原子、離子、或缺陷等在固體內可以移動而不會被侷限於固定的晶格位置上，探討移動機制的現象即稱為擴散原理。擴散現象在日常生活中常可看到，例如：滴一滴墨水至一杯清水中，過一段時間後杯子內水的顏色即轉變成為與墨水相似的顏色。擴散為一種質量傳遞的過程，為原子移動所造成，可視為原子的跳躍運動，因此可想見在較高溫的環境下，

原子因具有較高熱能而跳得愈快。材料結構的緊密程度亦為決定擴散速率的因素之一，較鬆散的結構較寬敞，原子在其內部擴散的速率愈快。

固體材料內的擴散現象可藉由擴散偶(diffusion couple)而得知，將二種不同的金屬材料緊密接合在一起即形成擴散偶，如圖 3-7 的銅–鎳擴散偶，在熱處理前銅–鎳成分分布於擴散偶接合面的二邊。擴散偶經由熱處理後，在接合面二邊的原子由於相互擴散(inter-difussion)使銅原子經由接合面進入鎳金屬區域，而鎳原子亦擴散進入銅金屬區域，二種金屬原子在接合面區域形成 Cu-Ni 合金。在熱處理過程中，擴散偶所形成的合金區域隨著熱處理時間的增加而向外擴張，其純鎳與純銅金屬區域逐漸減小。相互擴散亦被稱為雜質擴散(impurity diffusion)，銅或鎳原子從高濃度區域向低濃度區域跳躍或飄移，擴散偶中銅與鎳在各位置的原子濃度隨熱處理時間而改變。

在固體構造內，空孔提供了原子(離子)在固體內移動擴散的空間形成原子(離子)在固體內移動的路徑。當原子(離子)移動進入結構的空孔時，相對地使空孔往反向運動，如圖 3-8 所示。原子在移動的過程中需具有足夠的能量以克服對其他原子推擠所產生的彈性應變能(elastic strain energy)，此移動所需的能量 E_m，亦可稱為活化能(activation energy)。原子在固體內擴散所需的能量包含原子移動與空孔形成能量，其大小約為 2 eV，如表 3-3 所列。

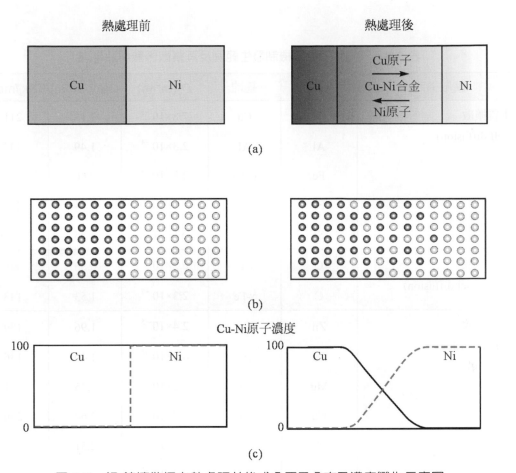

圖 3-7　銅-鎳擴散偶在熱處理前後成分原子分布及濃度變化示意圖

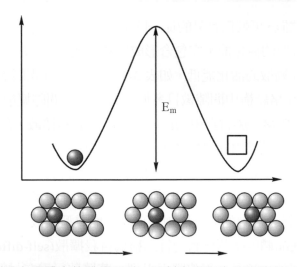

圖 3-8　原子或離子在晶體內的跳躍運動，及其在過程中所需能量(E_m)位置關係示意圖

表 3-3　不同原子擴散機制發生範例及其擴散係數與活化能

擴散機制	溶質	基地	$D_0(m^2 \times s)$	Q[eV/atom]	Q[kj/mole]
本質擴散 (self diffusion)	Cu	Cu	7.8×10^{-5}	2.18	211
	Al	Al	2.3×10^{-4}	1.49	144
	Fe	α-Fe	2.8×10^{-4}	2.60	251
	Fe	γ-Fe	5.0×10^{-5}	2.94	284
	Si	Si	32×10^{-5}	4.25	
間隙擴散 (interstitial diffusion)	C	α-Fe	6.2×10^{-5}	0.83	80
	C	γ-Fe	2.3×10^{-5}	1.53	148
相互擴散 (interdiffusion)	Zn	Cu	2.4×10^{-5}	1.96	189
	Cu	Al	6.5×10^{-5}	1.40	136
	Mg	Al	1.2×10^{-4}	1.35	131
	Cu	Ni	2.7×10^{-5}	2.64	256
	Ni	Cu	2.7×10^{-5}	2.51	
	Al	Si	8.0×10^{-5}	3.47	

　　當原子佔據間隙位置，可較為容易的從一間隙位置跳躍至另一間隙位置而不需要另外形成空孔，因此其所需要的活化能不需包含形成空孔的能量。一般而言，利用間隙擴散所需的活化能較利用空孔擴散的活化能低，如表 3-3 所列，特別是間隙原子的大小遠較基地(matrix)原子為小者。晶格結構中間隙數目多於空孔數目為間隙擴散具有較低活化能的另一個原因。碳或氫原子於鐵金屬材料中的擴散行為即為間隙擴散，在不致對晶格造成太大扭曲的狀態下，陶瓷材料晶體內亦可能產生間隙型擴散。

　　當間隙原子大小與基地原子大小相近時，間隙原子可將與其相鄰原子推擠出原本在的晶格位置，並取而代之以進行擴散，此種擴散的型態稱為間隙堆填機制(interstitialcy mechanism)。銅原子於鐵金屬內的擴散機制即為間隙堆填型擴散。

　　構成材料的原子在晶體內跳躍移動的行為稱為自我擴散(self-diffusion)，其擴散行為的觀察可藉由原子放射同位素移動路徑追蹤而得到。若擴散行為在材料的塊材(bulk)內進行則稱為體擴散。

原子在晶格內跳躍或擴散速率，f，可由阿瑞尼斯(Arrhenius)公式定義如下

$$f = f_0 \exp\left(-\frac{Q}{k_B T}\right) \tag{3.7}$$

其中，f_0 為由原子振動頻率與對等配位數所決定的常數，一般約為 $10^{13}\,\text{s}^{-1}$，Q 為擴散活化能。擴散頻率深受樣品溫度之影響，例如碳原子在室溫狀態下的擴散頻率為 $0.04\,\text{s}^{-1}$，碳原子在鐵的熔化溫度 1538℃時的擴散頻率則急速地增加為 $2\times10^{11}\,\text{s}^{-1}$。

將擴散速率的阿侖尼亞斯(Arrhenius)公式(3.7)，以自然對數的型態表示則可以得到下列公式

$$\ln f = \ln f_0 + \left(-\frac{Q}{k_B}\cdot\frac{1}{T}\right) \tag{3.8}$$

將上式中之 $\ln f$ 對 $\frac{1}{T}$ 作圖則可獲得如圖 3-9 所示之線性關係的結果。將直線延伸至 $\ln f$ 軸可以求得 f_0 的數值，而直線的斜率等於 $\frac{-Q}{k_B}$，利用斜率的量測可以得到原子擴散所需的活化能。

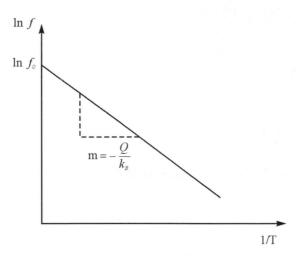

圖 3-9　原子在晶格內跳躍或擴散速率的變化

晶體內產生本質擴散原子的移動方向為隨機分布，其所造成擴散效果並不顯現方向性。造成原子在不同移動方向上有擴散速率差異的驅動力為濃度梯度(concentration gradients)，濃度梯度的存在使得材料內部成分分佈不均勻，方向性擴散作用使得材料內部

達到均質的效果。當材料內部成分呈現均勻分佈，濃度梯度的效應不存在，方向性擴散的驅動力即消失。方向性擴散效應亦發生在電子於導體內部擴散產生電流，及材料內部溫度梯度存在所造成的熱流方向。擴散作用在材料製程中佔有重要的份量，例如：金屬時效硬化、表面氧化處理、熱處理、燒結、微電子材料雜質添加、結晶成長等。因此，對擴散原理必須有進一步的認識。

● 3.2.1　Fick 第一擴散定律

Fick 第一擴散定律為探討在某一特定的時間區段內，材料內部原子擴散係數與其濃度梯度間的關係，在材料內部某單一方向原子流動的關係式如下

$$J = -D\left(\frac{\partial C}{\partial x}\right)_t \tag{3.9}$$

其中，D 為原子在材料內的擴散係數或擴散能力(diffusivity)，單位為 m^2/sec，C 代表原子在材料內的濃度，$\frac{\partial C}{\partial x}$ 為原子的濃度梯度，J 為原子淨流通量(flux)，可寫成

$$J = \frac{M}{At} \tag{3.10}$$

M 為質量，A 為截面積，t 為時間。

其單位為 $atom/m^2\text{-}sec$ 或 $g/m^2\text{-}sec$。如同原子在材料內部的跳動頻率一般，原子的擴散係數與溫度、活化能、及晶體結構有關

$$D = D_0 \exp\left(-\frac{Q}{k_B T}\right) \tag{3.11}$$

D_0 為與溫度無關的前指數(pre-exponential)擴散係數，單位為 m^2/sec。將上式二邊取自然對數得到

$$\ln D = \ln D_0 + \left(-\frac{Q}{k_B} \cdot \frac{1}{T}\right) \tag{3.12}$$

利 $\ln D$ 與 $\frac{1}{T}$ 之關係繪圖所得直線的斜率即可求得擴散作用的活化能。此外從 $\ln D$ 與 $\frac{1}{T}$ 關係圖亦可求得 D_0 值，一般原子在某些特定材料內的 D_0 係數在參考資料庫或工具書內皆可獲得。方程式(3.12)內的擴散係數與前述的原子跳躍速率的關係為

$$D = \frac{1}{6}\lambda^2 f \tag{3.13}$$

其中，λ 為原子的一次跳躍距離，f 為跳躍頻率。

　　Fick 第一擴散定律可用來敘述穩定態之原子流動(steady-state flow)，假設原子自無限的供應端通過一固定的截面積到達一無限的接收端，在擴散路徑上原子的濃度不隨著時間而改變，即其濃度梯度固定。公式(3.9)內的負號代表原子在材料內部朝著低濃度方向擴散。在一均質固體內所產生的本質擴散，因其在整個固體內原子濃度相同，在固體內所有的方向都沒有原子之淨流通量。當濃度梯度形成，將會有原子淨流通量流向濃度較低的方向，如同墨水在清水中的擴散現象。穩定態原子流動的擴散現象，可見之於在金屬材料的二側具有不同氣體濃度，氣體原子在金屬材料內部的擴散作用。

例題 3-4　有一 BCC 結構的鐵薄片昇溫至 1000K，鐵薄片的一面與 $\dfrac{CO}{CO_2}$ 混和氣體相接觸，氣體內碳濃度保持在 0.2 wt%，鐵薄片的另一面為碳含量為零的氧化環境。試計算每平方公分內從含碳氣體面傳遞到另一面的碳原子淨流通量，設鐵片厚度為 0.1 cm，BCC 鐵的密度為 7.9 g/cm^3，1000 K 溫度條件下碳在 BCC 鐵內的擴散係數為 8.7×10^{-7} cm^2/sec。

解

　　鐵薄片二側的碳含量固定，薄片內碳原子的濃度梯度固定。在含有 $\dfrac{CO}{CO_2}$ 氣體端，BCC 鐵表面碳原子的濃度為

$$C_1 = \left(\frac{0.002 \times 7.9 \text{ g/cm}^3}{12.01 \text{ g/mol}} \right) \times 6.02 \times 10^{23} \text{ atoms} / 莫耳$$
$$= 7.9 \times 10^{20} \text{ atoms/cm}^3$$

在與氧化環境接觸的 BCC 鐵表面碳原子濃度為

$$C_2 = 0$$

薄片內碳原子的濃度梯度為

$$\frac{dC}{dx} = \left(\frac{(C_2 - C_1)}{薄片厚度}\right)$$

$$= \frac{-7.92 \times 10^{20} \ (\text{atoms/cm}^3)}{0.1 \ \text{cm}} = -7.92 \times 10^{21} \ (\text{atoms/cm}^4)$$

因此，每平方公分內碳原子淨流通量為

$$J = -D\left(\frac{dC}{dx}\right) = \left(8.7 \times 10^{-7} \ \text{cm}^2/\text{sec}\right)\left(7.92 \times 10^{21} \ \text{atoms/cm}^4\right)$$

$$= 6.9 \times 10^{15} \ \text{atoms}/\left(\text{cm}^2\text{-sec}\right)$$

例題 3-5　厚度為 0.05cm 的氧化鎂(MgO)薄層施加於面積為 2.0 cm×2.0 cm 的鎳(Ni)及鉭(Ta)金屬之間，用以當作金屬的擴散障礙層，以防止二種金屬在熱處理過程產生相互反應。在 1400℃的熱處理條件下，鎳離子經由 MgO 薄層擴散進入鉭金屬中，試求經由 MgO 薄層進入鉭金屬的鎳離子擴散速率。鎳離子在 MgO 中的擴散係數為 9×10^{-12} cm²/sec，鎳金屬在 1400℃溫度下為 FCC 結構，其晶格常數為 a=3.6 $\times 10^{-8}$ cm。

解

在 Ni-MgO 介面位置的鎳金屬含量為 100%，其濃度為

$$C_{\text{Ni/MgO}} = \frac{4 \ \text{atoms/unit cell}}{\left(3.6 \times 10^{-8}\text{cm}\right)^3} = 8.57 \times 10^{22} \ \text{atoms/cm}^3$$

在 Ta-MgO 介面位置的鎳金屬含量為 0%，因此，於 MgO 薄層二面 Ni 原子的濃度梯度為

$$\frac{\Delta C}{\Delta x} = \frac{-8.57 \times 10^{22} \ \text{atoms/cm}^3}{0.05 \ \text{cm}} = -1.71 \times 10^{24} \ \text{atoms/cm}^4$$

通過 MgO 薄層的鎳原子淨流通量為

$$J = -D\frac{\Delta C}{\Delta x} = -\left(9 \times 10^{-12} \ \text{cm}^2/\text{s}\right)\left(-1.71 \times 10^{24} \ \text{atoms/cm}^4\right)$$

$$J = 1.54 \times 10^{13} \text{ atoms/cm}^2 \cdot s$$

通過 2.0 cm×2.0 cm 面積 MgO 薄層的鎳原子總數為

$$N = J \times \text{Area} = 1.54 \times 10^{13} \text{ atoms/cm}^2 \cdot s \times (2 \text{ cm})^2$$
$$= 6.16 \times 10^{13} \text{ atoms/s}$$

3.2.2　Fick 第二擴散定律

Fick 第一擴散定律使用於固定濃度梯度系統，濃度與時間無關，然而在許多實際的製程應用中，在某特定位置的擴散物質濃度係隨著時間的改變而變化。在厚度為 dx，面積為 dA 的區間內，原子濃度隨著時間變化而改變速率為原子進入此區間與移出此區間的差異值，如圖 3-10 所示，可以下列方程式表示

$$\left(\frac{dC}{dt}\right)dV = (J_{in} - J_{out})dA \qquad (3.14)$$

其中，$dV = dA \times dx$，重組上式可得

$$\frac{dC}{dt} = \frac{(J_{in} - J_{out})}{dx} = -\frac{dJ}{dx} \qquad (3.15)$$

假設擴散係數與位置無關，並將 Fick 第一擴散定律 $\left(J = -D(\frac{dC}{dx})\right)$ 代入上式可以得到

$$\frac{dC}{dt} = D\frac{d^2C}{dx^2} \qquad (3.16)$$

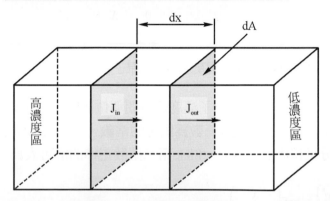

圖 3-10　原子進入與移出厚度為 dx，面積為 dA 的區間，原子濃度隨著時間變化而改變

方程式(3.16)即為 Fick 第二擴散定律，此方程式描述一度空間的擴散，也可被推廣至三度空間的擴散。將方程式(3.16)改以偏微分方程式表示，即可將 Fick 第二擴散定律推展至三度空間，其表示法如下

$$\frac{\partial C}{\partial t} = D\left(\frac{\partial^2 C}{\partial x^2} + \frac{\partial^2 C}{\partial y^2} + \frac{\partial^2 C}{\partial z^2}\right) \tag{3.17}$$

於上節所述之銅鎳擴散偶中，在銅基地端之銅原子濃度隨著時間變化的示意圖如圖 3-11 所示，此種濃度隨時間變化的狀態稱為非穩定態(non-steady state)或動態(dynamic)狀態。方程式(3.16)中的擴散係數，D，只有在本質擴散與低濃度擴散的條件下才維持其固定值，在一般條件下擴散係數受到原子濃度的影響。因此，方程式(3.17)可改寫成如下的一般式

$$\frac{\partial C}{\partial t} = \frac{\partial}{\partial x}\left(D\frac{\partial C}{\partial x}\right) + \frac{\partial}{\partial y}\left(D\frac{\partial C}{\partial y}\right) + \frac{\partial}{\partial z}\left(D\frac{\partial C}{\partial z}\right) \tag{3.18}$$

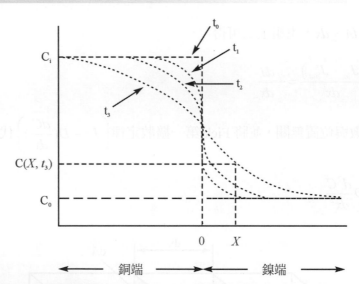

圖 3-11　銅鎳擴散偶中，銅基地端之銅原子濃度隨著時間變化示意圖

在 Fick 第二擴散定律中，擴散原子濃度為時間與位置變化的函數，$C = C(x, t)$。假設在一無限長的棒狀樣品中，原子擴散係數為固定的常數，不受內部原子濃度影響而改變，棒狀樣品末端的成分維持固定不改變。Fick 第二擴散定律的解可表為

$$\frac{C_i - C(x,t)}{C_i - C_0} = \mathrm{erf}\left(\frac{x}{2\sqrt{Dt}}\right) \tag{3.19}$$

或

$$\frac{C(x,t) - C_0}{C_i - C_0} = 1 - \text{erf}\left(\frac{x}{2\sqrt{Dt}}\right) = \text{erf}\left(\frac{x}{2\sqrt{Dt}}\right) \tag{3.20}$$

　　方程式(3.19)所得的解答只適用於擴散方向為無限長的固體，或其長度大於$10\sqrt{Dt}$。C_0為擴散原子於母材中的起始濃度，$C(x, t)$為在距離 x 的擴散原子濃度，C_i為擴散原子於基地表面或基地與擴散材料介面的濃度。在方程式 3.19 右方的 erf 函數稱為 error 函數，其定義及性質如下所述，而 error 函數的數值可由表 3-4 及圖 3-12 得到。

例題 3-6　鋼材表面滲碳可增加鋼材的耐磨性，在 1273 K 溫度下，以碳含量濃度為 0.40 wt%的$\dfrac{CO}{CO_2}$氣體，使得碳含量濃度為 0.20 wt%鋼材的表面下 0.01 cm 位置的碳含量增加為 0.24 wt%，試求其所需的滲碳時間為何？鋼鐵的結構為 FCC，碳原子在鋼材內的擴散係數 $D = (0.23 \text{ cm}^2/\text{s})\{\exp[-(148 \text{ kJ/mole})/(RT)]\}$。

解

在 1273 K 溫度下，碳原子在鋼材內的擴散係數

$$D(1273 \text{ K}) = 1.94 \times 10^{-7} \text{ cm}^2/\text{sec}$$

$C(x, t) = 0.24$ wt%，$C_0 = 0.20$ wt%，$C_i = 0.40$ wt%，則

$$\frac{C(x,t) - C_0}{C_i - C_0} = \frac{0.24 \text{ wt%} - 0.20 \text{ wt%}}{0.40 \text{ wt%} - 0.20 \text{ wt%}} = 0.2 = 1 - \text{erf}\left(\frac{x}{2\sqrt{Dt}}\right)$$

因此

$$\text{erf}\left(\frac{x}{2\sqrt{Dt}}\right) = 0.8$$

由表 3-4 或圖 3-12 可知

$$\frac{x}{2\sqrt{Dt}} = 0.9$$

因此

$$t = \frac{\left(\dfrac{x}{[2(0.9)]}\right)^2}{D} = \frac{\left(\dfrac{0.01}{1.8}\right)^2}{1.93 \times 10^{-7}} = 160 \text{ 秒}$$

在 1273 K 溫度環境下，只需 160 秒即可使鋼材的表面下 0.01 cm 位置的碳含量增加為 0.24 wt%。

例題 3-7

脫碳(decarburization)為碳原子經由擴散作用從鋼鐵材料的內部擴散至表面，使得碳原子自鋼鐵材料內逸出至不含碳的加熱爐環境中。試問在 1200℃的加熱條件下，需要多少的時間才可使碳含量為 1.0 wt% γ-Fe 鋼材表面下 0.2 cm 位置的碳含量變為 0.832 wt%？

解

在 1200℃溫度下，碳原子在鋼材內的擴散係數

$$D = (0.23 \text{ cm}^2/\text{s})\{\exp[-(148 \text{ kJ/mole})/(RT)]\} \text{，} t = 1473 \text{ K}$$

$$D(1473K) = 1.29 \times 10^{-6} \text{ cm}^2/\text{s}$$

$C(x, t) = 0.832$ wt%，$C_0 = 1.0$ wt%，$C_i = 0.0$ wt%，則

$$\frac{C(x,t) - C_0}{C_i - C_0} = \frac{0.832 \text{ wt%} - 1.0 \text{ wt%}}{0.0 \text{ wt%} - 1.0 \text{ wt%}} = 0.168 = 1 - \text{erf}\left(\frac{x}{2\sqrt{Dt}}\right)$$

因此

$$\text{erf}\left(\frac{x}{2\sqrt{Dt}}\right) = 0.832$$

$$\frac{x}{2\sqrt{Dt}} = 0.975$$

因此

$$t = \frac{\left(\dfrac{x}{[2(0.975)]}\right)^2}{D} = \frac{(0.2/1.95)^2}{1.29 \times 10^{-6}} = 8155 \text{ 秒} = 2 \text{ 小時 } 15 \text{ 分 } 55 \text{ 秒}$$

例題 3-8　電晶體(transistor)的製造為將雜質離子擴散進入半導體材料內，以創造出 p-型或 n-型半導體。於 1100℃的溫度條件下，磷(phosphorus，P)原子在矽(Si)半導體內的擴散係數為 D = 6.5×10⁻¹³ cm²/s。假設矽晶圓內磷原子的含量為零，在晶圓表面磷原子的含量濃度為 10^{20} atoms/cm³，熱處理擴散的時間為一小時。試求矽晶圓內磷原子濃度為 10^{18} atoms/cm³ 的深度為何？

解

$D(1373\ \mathrm{K}) = 6.5 \times 10^{-13}\ \mathrm{cm^2/s}$，$t = 1373\ \mathrm{K}$

$C(x, t) = 10^{18}\ \mathrm{atoms/cm^3}$，$C_0 = 0.0\ \mathrm{atoms/cm^3}$，$C_i = 10^{20}\ \mathrm{atoms/cm^3}$，則

$$\frac{C(x,t) - C_0}{C_i - C_0} = \frac{10^{18} - 0}{10^{20} - 0} = 0.01 = 1 - \mathrm{erf}\left(\frac{x}{2\sqrt{Dt}}\right)$$

因此

$$\mathrm{erf}\left(\frac{x}{2\sqrt{Dt}}\right) = 0.99$$

$$\frac{x}{2\sqrt{Dt}} = 1.82 = \frac{x}{2\sqrt{(6.5 \times 10^{-13}\ \mathrm{cm^2/s})(3600\mathrm{s})}}$$

$x = 1.76 \times 10^{-4}\ \mathrm{cm}$

表 3-4　error 函數的數值

Z	erf(z)	z	erf(z)	z	erf(z)
0	0	0.55	0.5633	1.3	0.9340
0.025	0.0282	0.60	0.6039	1.4	0.9523
0.05	0.0564	0.65	0.6420	1.5	0.9661
0.10	0.1125	0.70	0.6778	1.6	0.9763
0.15	0.1680	0.75	0.7112	1.7	0.9838
0.20	0.2227	0.80	0.7421	1.8	0.9891
0.25	0.2763	0.85	0.7707	1.9	0.9928

表 3-4　error 函數的數值(續)

Z	erf(z)	z	erf(z)	z	erf(z)
0.30	0.3286	0.90	0.7970	2.0	0.9953
0.35	0.3794	0.95	0.8209	2.2	0.9981
0.40	0.4284	1.0	0.8427	2.4	0.9993
0.45	0.4755	1.1	0.8802	2.6	0.9998
0.50	0.5205	1.2	0.9103	2.8	0.9999

　　陶瓷的鍵結構造為離子鍵與共價鍵的混和，且離子固體內部需維持其電中性，陶瓷材料的缺陷生成與其內部離子的擴散機制較金屬材料複雜。如前節所述，若 NaCl 中之鈉離子被鎂離子(Mg^{2+})取代，為維持 NaCl 內部的電中性，必須有一帶負電價的鈉離子空孔形成，離子晶體的擴散機制通常包含二種以上的帶電元素。一般而言，帶正價陽離子的尺寸較小，鈉離子空孔的形成有助於 NaCl 內部陽離子擴散。陽離子在離子固體內擴散仍需擠壓二個陰離子，以通過瓶頸區域，到達新的位置，陽離子在離子固體內擴散所需的活化能約為一般金屬原子產生本質擴散所需活化能的二倍。陶瓷材料內部產生本質擴散機率較金屬或合金材料產生本質擴散機率為低。然而，以外加電場施加外力使離子在陶瓷材料內移動擴散，為離子導體產生導電行為的一個重要機制。玻璃材料具有較鬆散的結構，有助於原子或離子在其結構內部移動，因此其所需要的移動能量較小。

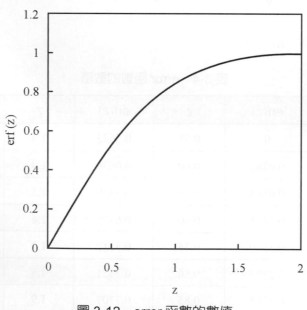

圖 3-12　error 函數的數值

▶ 3.3　線缺陷(line defects)

　　線缺陷又稱爲差排(dislocation)，是一線性或一維的缺陷，主要是由於原子的錯誤排列所造成，差排產生於晶體固化或於加工產生永久變形過程。所有材料中幾乎都有差排的存在，包含金屬、陶瓷、及高分子材料，是造成材料塑性變形的主要機構，因此在解釋金屬的變形及強化時特別有用。依原子排列錯位的不同，差排可大致分爲三種主要的型式：刃差排(edge dislocation)、螺旋差排(screw dislocation)及混合差排(mixed dislocation)。

◯ 3.3.1　刃差排(edge dislocation)

　　1934 年一位英國物理及天文學家 Geoflrey Taylor 爵士，假設晶體內可能包含一個如圖 3-13 所示的插入的原子半平面，此插入之半平面稱之爲刃差排(edge dislocation)。

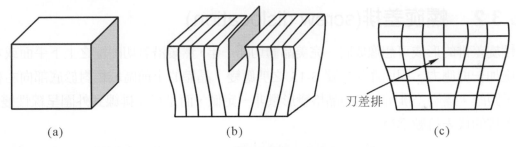

(a)　　　　　　　　　　(b)　　　　　　　　　　(c)

圖 3-13　(a)將一完美晶體切開，(b)插入一額外的原子半平面，(c)額外的半平面形成一個刃差排

　　雖然刃差排理論上是由一個多餘的半平面所構成，但實際上刃差排的形成機制卻不是直接將一個半平面插入晶體內，它是藉由幾種方法形成的：(1)在晶體固化過程中"意外"長出來的；(2)伴隨晶體內其他缺陷的內應力所產生；(3)變形過程中，原先已存在的差排相互作用而產生。

　　如圖 3-14 所示，刃差排之中心圍繞著一條線，亦即沿原子的額外半平面的端部往後延伸，此線亦稱爲差排線(dislocation line)。如圖所示，差排線垂直於頁面，而圍繞差排線的區域內有一些局部的晶格缺陷。在圖中，差排線上方的原子被擠在一起，而下方原子則被拉開，此變形的大小隨著遠離差排線的距離而減小，在一定距離之後，晶格實際上是完美的。額外原子位於上半部之刃差排稱爲正刃差排，通常以符號"⊥"表示，其亦代表差排線的位置。額外半平面之原子若位於晶體的下半部，此時之刃差排稱爲負刃差排，以符號"⊤"表示。

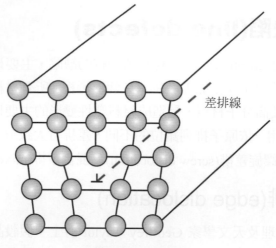

差排線

圖 3-14 刃差排

3.3.2 螺旋差排(screw dislocation)

螺旋差排的形成可想像成將一完美晶體切開一半,然後沿著切開線之上下平面或左右平面施加一剪應力,因而產生如圖 3-15 之剪應變:晶體的上前區域相對於底部向右移動一原子距離。螺旋差排所伴隨的晶格變形量非一定值,而是從差排線到外圍呈線性變化。螺旋差排的代表符號為↺。

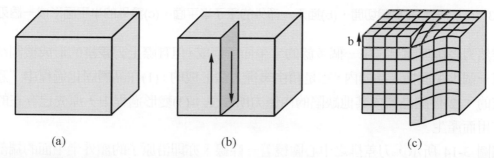

(a)   (b)   (c)

圖 3-15 螺旋差排的形成(a)完美晶體,(b)沿著晶體切開線左右平面之剪應力,(c)螺旋差排

3.3.3 混合差排(mixed dislocation)

通常在結晶材料中所發現的差排既不是純刃差排,也不是純螺旋差排,而是同時具有刃差排與螺旋差排的特性,如圖 3-16 所示,稱之為混合差排(mixed dislocation)。

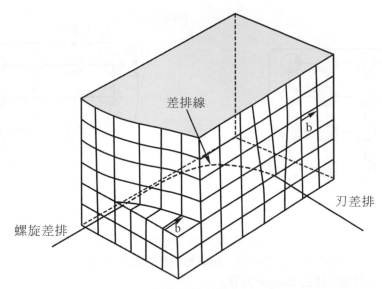

圖 3-16　同時具有刃差排與螺旋差排的混合差排

3.3.4　布格向量(Burgers vector)

在差排附近之晶格變形的大小與方向可用布格向量 **b** (Burgers vector，**b**)來表示。假設一四邊形路徑，其一通過晶體中無缺陷的部份，另一則以順時鐘方向將差排圍繞在中心，在兩個四邊形之路徑上的原子數目要相同；則在如圖 3-17(a)的完美無缺陷晶體，其路徑的起點與終點會重疊，亦即路徑為密閉的；但在如圖 3-17(b)之含有一個差排在內的路徑，其路徑之起點與終點不重合。用以連接終點至起點的向量稱之為 "布格向量 **b**" (Burgers vector，**b**)，而該路徑則稱為布格圈(Burgers circuit)。

假設 t 為差排線的單位正切向量，觀察圖 3-16 可知，刃差排的差排線與布格向量垂直(b⊥t)，而螺旋差排則兩者平行(b∥t)；但對混合差排而言，布格向量與差排線既不相互垂直也不相互平行，但布格向量卻保持相同。事實上，布格向量並不隨差排位置不同而改變，故給定一差排後，則其布格向量是一個常數。

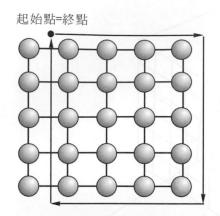
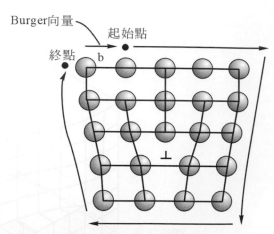

圖 3-17　差排之 Burger 圈及 Burger 向量：(a)Burger 圈在沒有差排的區域形成一封閉圈，(b)Burger 圈包含一刃差排時，起始點與結束點不在同一位置，從結束點至起始點的向量稱為差排的 Burger 向量

　　螺旋差排受剪應力作用而產生的移動示於圖 3-16，其差排滑動方向與剪應力垂直，也與布格向量垂直，然其所造成的淨塑性變形與刃差排是相同的。混合差排線的移動方向則既不垂直亦不平行於作用應力，而是介於兩者之間。

　　由前述可知差排的重要特色有：

1. 差排的特徵可由其布格向量和單位正切向量之間的關係來定義：若 $b \perp t$，則為刃差排；若 $b /\!/ t$，則為螺旋差排；而混合差排其二向量之夾 角則在 0°至 90°之間。

2. 差排滑動面必定包含 b 和 t。

3. 差排的特性會隨位置而改變，但布格向量是不變的。

4. 差排不能終止於晶體內沒有缺陷的區域，它可以終止於晶體表面、自己本身或其他差排。

▶ 3.4　界面缺陷(Interfacial defects)

　　界面缺陷是邊界，邊界為二維的，且通常是分開具有不同晶體結構或結晶方向的材料區域，常見的界面有外表面、晶界、雙晶晶界、疊差及相界等。

3.4.1　外表面

　　所有材料都有自由或外部表面，沿著外表面晶體結構在此結束。表面原子的鍵結數都未達到飽和，即有空的鍵可與其他原子鍵結，因此表面位置的原子有較內部位置原子高的自由能。這些來自表面的多餘能量稱之為表面能，以每單位面積的能量來表示(J/cm^2 或 erg/cm^2)。

　　在奈米材料中表面能尤其具有舉足輕重的地位，因隨著顆粒粒徑減少，表面原子數迅速增加，同時表面能也迅速增加。舉例而言，當銅(Cu)的奈米微粒粒徑從 100 nm→10 nm→1 nm 時，Cu 微粒的比表面積和表面能增加了 2 個數量級。

　　就如圖 3-18 所示之立方結構的晶體的二維平面圖而言，若空心圓代表位於表面的原子，實心圓代表內部原子。顯然地，空心圓的原子近鄰配位不完全，A 原子缺少了 3 個近鄰配位，B、C、D、F 缺少 2 個近鄰配位，E 原子缺少 1 個近鄰配位。所以像 A 這樣的表面原子極不穩定，很快跑到 B 位置上，或遇見其他原子便很快結合使其穩定化。

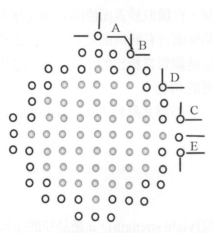

圖 3-18　材料表面的原子結合狀態

3.4.2　晶界(grain boundary)

　　大部份材料的顯微組織都包含許多晶粒(grain)，一個晶粒是材料的一部份，在其內部原子排列相同，但是每個相鄰晶粒的原子排列取向並不相同。圖 3-19 為三個晶粒的示意圖，每個晶粒之晶格相同但取向不同。晶界或稱粒界(grain boundary)是指晶粒與晶粒間的界面，是一個很窄、可視為二維空間的區域，在此區域內，晶粒的結晶方向從一個方向轉移到鄰近晶粒的方向，因而有一些原子產生錯位匹配。

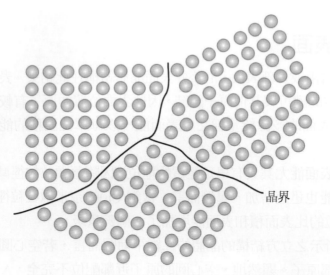

圖 3-19　材料內部相鄰晶粒的原子排列概略圖

　　因為晶界區域原子的不規則排列會造成晶格變形或配位數不足,因此晶界中的原子具有比晶粒內之原子還高的能量,有類似於表面能的界面能存在,此能量的大小是兩晶粒方向角度差的函數,對高角度晶界而言有較高的能量。由於此邊界能的關係,晶界較晶粒本身具有較高之化學反應性,也是雜質常析出的地方,所以晶界在決定材料之機械、電性、光學、磁性等性質都扮演重要的角色。

　　控制材料性質的方法之一是控制其晶粒大小,Hall-Petch 方程式可用來描述晶粒大小與材料降伏強度之關係

$$\sigma_y = \sigma_0 + kd^{-\frac{1}{2}} \tag{3.21}$$

　　式中σ_y是材料的降伏強度(yield strength),d是晶粒的平均大小,在σ_0為常數,大約相當於金屬單晶的降伏強度,k為晶界對強度影響程度的常數,與晶界結構有關,而與溫度的關係不大。

　　晶粒大小的測定最常用的方法是以美國測量及材料協會(American Society for Testing & Materials, ASTM)所制定的標準,其公式為

$$n = 2^{N-1} \tag{3.22}$$

其中 *n* 是在 100 倍的金相照片中每一平方英吋內晶粒的數目，而 N 則為晶粒及尺寸號碼；N 值越大表示晶粒數越多，亦即晶粒越小。表 3-5 為 ASTM 晶粒大小所對應的平均晶粒直徑。

表 3-5　ASTM 晶粒大小所對應的平均晶粒直徑

ASTM 晶粒大小	平均晶粒直徑 (μm)
0	359
1	254
2	180
3	127
4	90
5	64
6	45
7	32
8	22.4
9	15.9
10	11.2
11	7.94
12	5.61
13	3.97
14	2.81

● 3.4.3　小角晶界

　　相鄰兩晶粒間結晶的錯排有不同程度的可能性，如圖 3-20 所示，當其方向角度差較小時，約在幾度內，則稱之為小角度晶界(small angle grain boundary)，這些晶界可利用差排來描述。圖 3-20(a)稱之為傾斜晶界(tilt boundary)，是因為刃差排的排列所造成，θ 為傾斜角度。圖 3-20(b)為扭轉晶界(twist boundary)，可由螺旋差排列來描述，其方向的角度差平行於邊界。

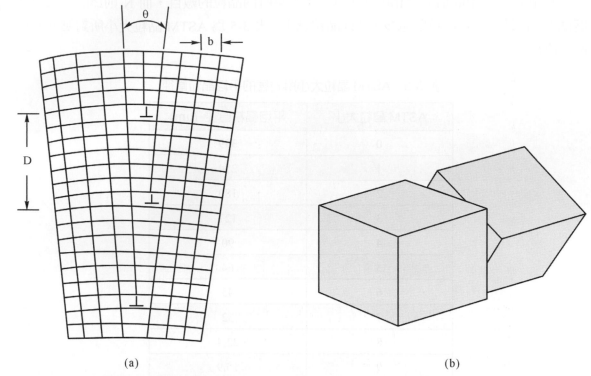

(a)   (b)

圖 3-20　晶體內的小角度界面：(a)由刃差排垂直排列而成的小角度晶界，(b)低角度扭轉界面

3.4.4　雙晶晶界(twin boundary)

　　雙晶晶界是晶界的特殊型式，故在其兩側之晶粒會有特定的鏡面晶格對稱，亦即晶界一邊的原子位置是位於另一邊原子的鏡像位置，如圖 3-21 所示。雙晶的產生可能有兩種，一是材料在塑性變形中受到剪應力而產生原子位移的結果，稱之為機械雙晶(mechanical twin)；也有可能是在退火熱處理過程因為熱應力所產生，稱之為退火雙晶(annealing twin)。一般而言，雙晶的生成發生於一特定的結晶面與方向上，取決於晶體的結構。例如：退火雙晶常發生於具有 FCC 晶體結構的金屬中，而機械雙晶則在 BCC 和 HCP 金屬中較易被發現，圖 3-22 為鎳基合金的雙晶，具有較直且平行的邊界。

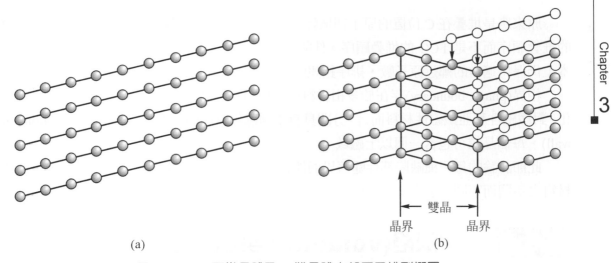

(a)　　　　　　　　　　　　　　　(b)

圖 3-21　(a)正常晶體及(b)雙晶體內部原子排列概圖

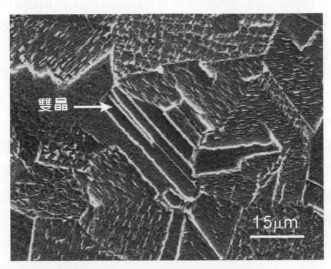

圖 3-22　鎳基合金雙晶的 SEM 顯微構造圖(周兆民，義守大學)

3.4.5　其他界面缺陷

其他常見的界面缺陷尚有疊差、相界和鐵磁區壁等。

堆疊斷層式疊差(stacking fault)發生於 FCC 金屬中，是最密堆積面堆疊順序的錯誤。在正常情形下，FCC 晶格的最密堆疊順序為 ABCABCABC，但假設其產生的堆疊順序如下

ABCABABCABC

原來應是堆疊在 C 位置的原子卻堆疊在 A 位置上，形成小區域的錯位，因此具有 HCP 的堆疊順序而不是 FCC 的堆疊順序。伴隨堆疊錯位的額外能量比晶界小，因為其原子基本上仍保持適當的鄰近原子數，排序錯誤的程度遠比晶界小很多。

相界(phase boundary)存在於多相材料中，橫越相界時物理或化學特性上有突然的變化。對鐵磁性和亞鐵磁性材料而言，分開具有不同磁化方向區域的邊界稱為磁區壁(domain wall)，每個晶粒可包含一個以上磁域。

此節討論的每一種缺陷都伴隨著界面能存在，界面能的大小取決於邊界的型式，且隨材料之不同而不同。通常，外表面有最大的界面能，而磁區壁最小。

▶ 3.5　體缺陷(volume defects)

體缺陷為結晶材料失去三度空間的長程有序(long-range order)特性的消失，較之前所討論的缺陷大很多，常見的例子包括孔洞(voids)、介在物(inclusions)或析出物(precipitates)等。

孔洞為材料內部之開放體積區域，其形成原因可能由擴散空位的累積、高能放射線對晶體的撞擊、或是製造過程中氣泡或體積收縮所引起的，孔洞的大小可從幾個奈米(nanometer)到幾個厘米，甚至更大。

介在物或析出物則是在材料中另外生成的相，介在物是指材料在製造過程由外引進的另一種化合物，而析出物是指材料在凝固過程因飽和所生成的一個新的化合物，這兩種化合物會在材料製造過程引入並分佈在材料的基地中。介在物或析出物的大小可從原子級到巨觀尺寸，晶格結構與基地不同。

習題

EXERCISE

1. 試計算在具有 BCC 晶格構造的 α 鐵中之最大間隙半徑，鐵原子半徑爲 0.124 nm，且其最大間隙的發生位置座標爲 $\left(\dfrac{1}{4},\dfrac{1}{2},0\right)$；$\left(\dfrac{1}{2},\dfrac{3}{4},0\right)$；$\left(\dfrac{3}{4},\dfrac{1}{2},0\right)$ 及 $\left(\dfrac{1}{2},\dfrac{1}{4},0\right)$ 等。

2. 請定義化學計量式(stoichiometric)。

3. 將氧化銅(Cupric oxide，CuO)置於還原氣氛環境下，其 Cu^{2+} 離子將改轉換爲 Cu^{+} 離子。試問：(1)在上述條件下，在氧化銅晶體內能形成的缺陷種類有哪些？(2)需要多少個 Cu^{+} 離子形成以造成所述的缺陷？(3)請完成此反應的缺陷方程式。

4. (1)以 Li_2O 爲雜質添加劑加入 CaO 晶體中。若 Li^{+} 離子取代 Ca^{2+} 離子，何種空孔點缺陷將形成？每形成一個空孔需要有多少個 Li^{+} 離子添加？(2)若是以 $CaCl_2$ 爲添加劑，Cl^{-} 離子取代 O^{2-} 離子的位置，何種空孔點缺陷將形成？每形成一個空孔需要有多少個 Cl^{-} 離子添加？

5. 哪些種類的點缺陷可形成於添加氧化鎂(MgO)的氧化鋁(Al_2O_3)晶體內？需要多少個 Mg^{2+} 離子添加以造成所述的缺陷？請完成此反應的缺陷方程式。

6. 在 Cu-Zn 合金中含有 30 wt%Zn 及 70 wt%Cu，試問其原子莫爾含量的比率爲多少？

7. 在 Pb-Sn 合金中含有 6 at%Pb 及 94 at%Sn，試問其重量含量的比率爲多少？

8. 在 Cu-Pb-Sn 合金中含有 99.7g Cu、102g Pb 及 20g Sn，試問其原子莫爾含量的比率爲多少？

9. 試計算：(1)在 850℃ 的純銅金屬內所具有的空位缺陷濃度，假設在純銅金屬內形成孔隙缺陷所需的能量爲 1.0 eV，(2)在 800℃ 溫度條件下孔隙缺陷所佔的百分比爲何？

10. 請寫出 Fick 第一擴散定律的數學方程式，並請定義方程式內的各個變數。

11. 請寫出 Fick 第二擴散定律的數學方程式，並請定義方程式內的各個變數。

12. 在金屬固體內，影響擴散機構的變數有哪些？

13. 以 1018 鋼所製成的齒輪其內部的碳含量爲 0.18 wt%，在 927℃ 的溫度條件下，若要使得齒輪表面下 0.40 mm 位置的碳含量增加爲 0.35 wt%，需要多少的熱處理時間？假設齒輪表面的碳含量為 1.15 wt%，在 927℃溫度下，碳原子在鋼材(γ 鐵)內的擴散係數(D)為 1.28×10^{-11} m^2/s。

14. 以 1020 鋼所製成的齒輪其內部的碳含量為 0.20 wt%，在 927℃的溫度條件下，經由 7 小時熱處理，齒輪表面下 0.10 mm 位置的碳含量增加為何？假設齒輪表面的碳含量為 1.15 wt%，在 927℃溫度下，碳原子在鋼材(γ 鐵)內的擴散係數(D)為 1.28×10^{-11} m^2/s。

15. 於溫度 1100℃及加熱時間 5 小時的處理條件下，將硼原子擴散進入矽晶體中，在深度為何的位置，其硼原子的濃度為 10^{17} atoms/cm^3。若矽晶體表面硼原子的濃度為 10^{18} atoms/cm^3，在 1100℃溫度下，硼原子於矽晶體內的擴散係數(D)為 4×10^{-13} m^2/s。

16. 於溫度 1100℃及加熱時間 5 小時的處理條件下，將磷原子擴散進入矽晶體中，在矽晶體表面磷原子的濃度為 1×10^{18} atoms/cm^3，試問需多少時間可使表面深度下為 1 μm 的位置處磷原子的濃度為 1×10^{15} atoms/cm^3？在 1100℃溫度下，磷原子於矽晶體內的擴散係數(D)為 3.0×10^{-13} cm$^2/s$。

17. 於溫度 1100℃及加熱時間 5 小時的處理條件下，將砷原子擴散進入矽晶體中，在矽晶體表面砷原子的濃度為 5.0×10^{18} atoms/cm^3，試問需多少時間可使表面深度下為 1.2 μm 的位置處砷原子的濃度為 1.5×10^{16} atoms/cm^3。在 1100℃溫度下，砷原子於矽晶體內的擴散係數(D)為 3.0×10^{-14} cm$^2/s$。

18. 試計算：在 700℃的溫度條件下，碳原子於 HCP 鈦金屬中的擴散係數。$D_0 = 5.10 \times 10^{-4}$ m^2/s；$Q = 182$ KJ/mole；$R = 8.314$ J/(mole·K)。

相圖(phase diagram)

一材料在某一特定溫度、壓力及組成下，所呈現之熱力學穩定的狀態，常以一所謂相圖之圖形表之。在深入瞭解相圖之前，須先對相(phase)作一明確的定義。相可定義為系統中一均質的部份，具有均一的物理及化學性質。每一純材料可視為一個相，因此，相可能是固體、液體或氣體。例如：食鹽的水溶液為一相，而固體鹽則是另一相；每一相各有不同的物理性質(一為液體，另一為固體)。此外，每一相之化學特性也可能不同；固相幾乎是純食鹽之晶體，而液相則由 H_2O 和 NaCl 所構成。

假設在一已知系統中出現的相超過一個，且每一個相皆具有不同的性質，則在不同相之間將有界面存在，且在界面兩側之物理和或化學特性將有不連續的變化。例如：當水和冰同時出現在一容器中，稱之為兩相共存；此兩相雖具相同的化學組成，但物理特性卻不相同(一是固體，另一相是液體)。此外，當一固體以二個或以上的相或結構(例如：鋼鐵同時具有面心立方和體心立方結構)分別存在於不同的壓力與溫度範圍，稱之為"同素異相"。

有時將一單相系統稱為"均質性"，而包含二個或多相的系統則稱為"混合物"或"異質性"。大部份的金屬合金、陶瓷、高分子和複合材料系統都是異質性。一般而言，相與相之間的交互作用使得多相系統的性質非但與各單獨相不同，且更具複雜性。

▶4.1　相平衡(phase equilibrium)

當二相或二相以上可同時穩定存在，即達到"相平衡"。平衡(equilibrium)是相圖非常重要的觀念。此名詞之闡釋最好能以熱力學中之自由能(free energy)為之。簡而言之，自由能是熱焓量(enthalpy，H)以及原子或分子的熵或亂度(entropy，S)之函數。在一特定溫度、壓力和成份組合下，若其自由能達到最小值，則此系統處於平衡狀態。就巨觀之平衡狀態而言，顯示系統的特性並不隨著時間而改變。在平衡狀態下，若改變一系統之溫度、壓力或成份將造成自由能的增加，且可能產生自發性變化而移向另一自由能最低的狀態。

相平衡常用於探討超過一個相的系統之平衡。相平衡表示一系統之相的特性雖不隨時間而變化，但卻可能隨壓力、溫度的變化而改變其原有的平衡狀態。假設將糖($C_{12}H_{22}O_{11}$)-水系統的糖漿置於一密閉的容器中，且溫度維持在 20℃，並與未溶解的固態糖接觸。如果系統平衡時，糖漿的組成為 65 wt% $C_{12}H_{22}O_{11}$-35 wt% H_2O(如圖 4-1 之箭頭處)，且糖漿和固態糖的量及成分並不隨時間而改變。假使系統的溫度突然上升(如：100℃)，則平衡將暫時破壞，並將糖之溶解度提升至 80 wt%(圖 4-1)。因此，部份固態糖將溶入糖漿中，並持續進行直到新的平衡出現時才停止。

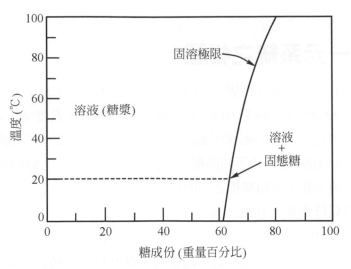

圖 4-1　糖($C_{12}H_{22}O_{11}$)在糖-水系統中的溶解

　　此一糖-水的例子，可利用固-液系統的相平衡原理加以說明。在許多冶金和材料系統中，相平衡只包括固相。系統的狀態除了顯示出現的相及其成分外，亦包括相的相對數量。

　　自由能的考量及如圖 4-1 的相圖雖可提供相關之系統平衡的特性，但因這些自由能的考量及相圖並未指出達到新平衡狀態所需的時間，尤其在固態系統中，達到平衡的速率相當緩慢，故通常無法在有限時間內達到完全平衡狀態，這樣的系統稱之為處於非平衡或介穩(metastable)狀態。一介穩的狀態或顯微結構雖可能是非平衡狀態，但經過一段時間之後，卻可能只有極輕微的改變。因此介穩狀態有時較平衡狀態更為實用。例如：某些鋼鐵及鋁合金是藉由所設計的熱處理產生介穩之顯微結構而達到所需的強度。

　　因此，除了要瞭解平衡狀態和晶體結構之關係外，達到平衡狀態所需的速率及其影響因素亦須加以考慮。本章之討論將只限於平衡與結構之關係。

▶4.2　平衡相圖(equilibrium phase diagram)

　　一材料系統在不同的溫度、壓力與化學組成下，所呈現之特定晶體結構的存在範圍常標示在溫度-組成之圖形中，此一圖形，統稱為相圖。相圖亦稱為平衡或成份圖。許多顯微結構之變化是由相變化所致，例如：溫度改變(一般依冷卻而變)時，由原平衡相轉變成新平衡相或有某些新相的出現及原有之相的消失。相圖有助於預測相變化及可能出現之具有平衡或非平衡特性的顯微結構。

▶4.3　一元系統之相圖

　　一純相可能存在三個狀態，即固、液與氣三態，在不同的溫度和壓力條件下，要表示這些狀態或相之間的關係，可將壓力標示爲縱軸，而以橫軸代表溫度之變化，並用實線將恆溫恆壓下，所呈現穩定之相的範圍標示出來。如圖 4-2 所示之水的相圖是單一成份系統的最佳範例。在水的相圖中，於不同的壓力與溫度的範圍，可明確的獲得化學組成均爲 H_2O 的固相、液相與氣相，而相與相之間則以一實線將其分開，此線稱之爲相界亦稱爲兩相共存線，因爲只有符合此一界線之溫度、壓力或化學組成之條件，才能達到兩相平衡共存。在圖 4-2 中，線 HB 是固相與液相的交界線或相界(phase boundary)，此一界線代表固相與液相達平衡共存狀態，且呈現負斜率的走向。線上的每一點也表示該壓力下的融點，所以負斜率表示壓力增加有利於液相的穩定(故其範圍面積增加)，由此可判斷液態水的體積應小於固態水的體積，換言之，冰熔化時體積減小，其變化量爲負值，此一現象可以著名的 Clapeyron 方程式進一步說明

$$\left(\frac{dP}{dT}\right)_{eq} = \frac{\Delta H}{T \Delta V} \tag{4.1}$$

等號左邊代表壓力-溫度所構成相圖(也稱之爲 P-T 圖)中之相界的斜率，而 ΔH 爲相改變時熱量的變化，就融化(固→液)而言，ΔH 必爲正值(吸熱反應)，所以當斜率爲負時，體積的變化 ΔV 亦必爲負值，與上述之說明一致。

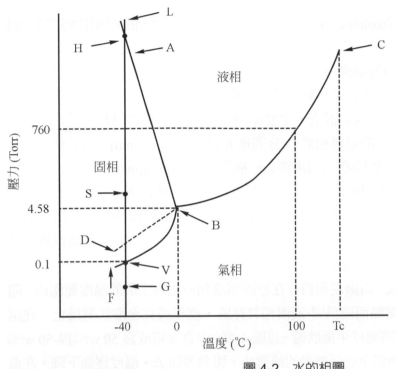

* AB 線為固相與液相
  之平衡曲線。
* BC 線為液相與氣相
  之平衡曲線。
* BF 線為固相與氣相
  之平衡曲線。
* 點 B 為固液氣三相
  之共存點。

圖 4-2　水的相圖

　　在圖 4-2 中，另二條相界分別為固-氣相界(BF 線)與液-氣相界(BC 線)。由於氣相的體積遠大於液相或固相，所以在沸騰或昇華的過程中，ΔH 及 ΔV 均為正值，因此斜率恆為正值。

▶4.4　二元系統之相圖

　　二元合金為一僅含二個成分的系統，若成分超過二個，則相圖將變得較複雜。雖然，外在壓力也是一個影響相結構的參數；然而，在實際的應用上，壓力大都維持固定，以一大氣壓(1 atm)為基準。二元相圖的縱軸以溫度表之，而此二純物質化學組成相對的變化量則以橫軸表之。二元相圖可以銅-鎳系統(圖 4-3(a))為代表，溫度以縱座標表示，橫座標之底部與上面分別代表合金所含之鎳的重量百分比與原子百分比。成分範圍由橫軸最左邊的 0 wt%鎳(100 wt%銅)到右邊 100 wt%鎳(0 wt%銅)。有三個不同相的區域或範圍出現在相圖中，分別為固溶體的α區、液相(L)區及二相共存(α+L)區。其所存在的單相或二相區的溫度及成份範圍，則以相界線劃分。

　　對金屬合金而言，固溶體常用小寫的希臘字母(α, β, γ等)來命名。此外，分開 L 和α+L 相區域的相界線稱為液相線(liquidus line)，如圖 4-3(a)所示；高於此線之上的所有溫度和成份只有液相出現，而固相線(solidus line)則位於α和α+L 區域之間，低於固相線則只有固相α存在。

　　液相 L 是一含銅和鎳的均勻溶液，α相則含銅和鎳原子所形成之具有 FCC 晶體結構的置換式固溶體。在溫度低於 1085℃時，銅和鎳以各種比例混合都可以形成固溶體。而此二元系統在液態及固態均可完全均勻混合，主要原因有二：(1)銅和鎳具有相同之晶體結構(FCC)，(2)銅和鎳之原子半徑的差異相當小(分別是 0.128 和 0.125 nm)。由於此二成份所形成之液態及固態合金可完全互溶，故銅-鎳系統稱為同形(isomorphous)。

　　就圖 4-3(a)而言，固相線與液相線分別相交在最右邊及最左邊的兩個成份，此二交點分別表示未混合前之純成分(元素)的熔點。如圖 4-3(a)所示，純銅和純鎳的熔點分別為 1085℃和 1455℃。當純銅受熱時，其相的變化可沿左側溫度軸進行觀察，銅將維持固態直到熔點，在此溫度所有固相轉變成液相。

　　對於純質之外的其他組成，熔融現象將存在於固相線和液相線之間的溫度範圍內。隨著鎳之添加，將使銅從單一熔點而成為固-液兩相共存區，直至鎳完全取代銅為止。在這個溫度範圍內，固相α和液相將處於平衡狀態。以圖 4-3(a)中合金組成為 50 wt%鎳-50 wt%銅為例，當加熱至高溫使合金完全成為熔融的液態後，將熱源除去，溫度逐漸下降，在溫度達到液相線的 1320℃，固相開始析出，此時固相的組成可由連結於成分下的液相線交會點之等溫線延伸後與固相線之交會點決定之，當溫度低於液相線，此一組成之合金就進入所謂二相區，即析出的固相與液相會依固相線與液相線的組成及一定的比例之狀態平衡存在。

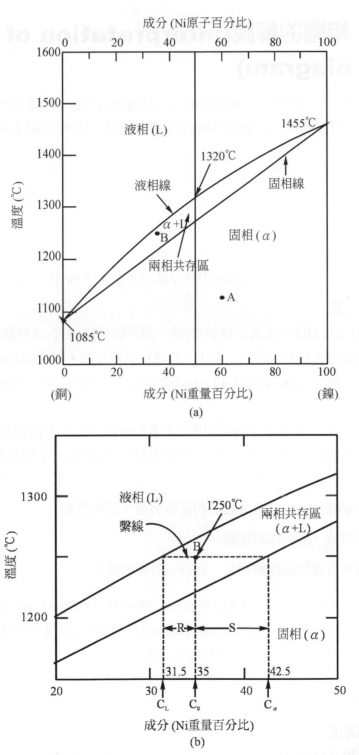

圖 4-3　(a)銅-鎳相圖；(b)銅-鎳相圖一部份，決定在點 B 之成份和相之量

▶4.5　相圖的解說(interpretation of phase diagram)

在平衡狀態下，對一已知成份和溫度的二元系統而言，至少可獲知下述三種資訊：(一)所出現的相，(二)相的成份，(三)相所佔的百分比或比率。茲利用銅-鎳系統以說明其決定之過程。

(一) 出現之相

相對而言，確定何種相出現較為簡單，只需在相圖中定出所對應之溫度及成份，並在相圖中找到所對應的相即可。例如：在圖 4-3(a)中之 A 點的成份為 60 wt%鎳-40 wt%銅，在 1100℃時，此點位在α區內，故只有單一的α相出現。反之，B 點之成份為 35 wt%鎳-65 wt%銅，於 1250℃時，此點位在α和液相共存區內，故其平衡相是由α和液相所組成。

(二) 相成份之決定

決定相之成份(以濃度方式表示成份)的第一個步驟是將溫度-成份點定於相圖中，就單相和二相共存區而言，有不同的決定方法。若只有單相存在，則此相之成份與整個合金的成份一致。例如：成份為 60 wt%鎳-40 wt%銅的合金在 1100℃(圖 4-3(a)的 A 點)時，只有α相存在。

但就二相區而言，可視為由不同溫度下之水平線段所組成，此種水平線稱為繫線(tie line)或等溫線。繫線在二相區內延伸並在相界的任何一側終結。二相之平衡濃度的計算步驟如下：

1.　繫線在一定溫度下橫跨合金之二相區並與液、固相線相交。

2.　記錄繫線與液、固相線的交點。

3.　由交點畫垂直線與成份軸相交，而得知各相的成份。

例如：在圖 4-3(b)中之 B 點的成份與溫度分別為 35 wt%鎳-65 wt%銅及 1250℃，且位於α+L 區之內。因此，要決定α相和液相之成份(以鎳和銅之重量百分比表之)時，可如圖 4-3(b)所示，先畫繫線橫越α+L 區，由繫線和液相線之交點所畫的垂直線與成份軸相交於 32 wt%鎳-68 wt%銅之處，此即為所對應之液相的成份 C_L。同理，由固相線與繫線之交點，可知α固溶體的成份(C_α)為 42.5 wt%鎳-57.5 wt%銅。

(三) 相含量之決定

在平衡時出現之相的含量(分率或百分比)亦可藉由相圖的輔助計算。在單相區時，因只有一個相出現，故整體合金是由該相所組成，亦即相的分率是 1，或為 100%。例如：

在圖 4-3(a)中之 A 點，因只有α相，因此，合金是 100%之α。

若成分和溫度之位置位於二相區內，在計算時須將繫線與槓桿法則(lever rule)或槓桿原理(lever principle)運用，其應用方法如下：

1. 繫線在一定溫度下橫越二相區，並分別與液、固相線相交。

2. 將各相合金之成份分別標於繫線上。

3. 相之分量是由合金之總成份至另一相線的繫線長度除以總繫線長度而求得，如求液相分量時，是由總成份至固相線的繫線長度除以總繫線長度而得。

4. 另一相之分量可用相同方式計算之，或以 1 減去(3)所得之分量即可。

5. 欲得相含量的百分比，可將每一相之分量乘以 100%即可。當成份軸的刻度是重量百分比，使用槓桿法則計算所得的相分率是質量分率，即用某一相的質量(或重量)除以合金總質量(或重量)。每一相的質量是由每一相的分率乘以合金的總質量計算求得。若必須計算體積分率，此時需考慮相的密度。

在槓桿法則應用上，繫線的線段長度可利用線性刻尺由相圖直接量測而得，單位可能是公釐(mm)，或者由成分軸將成分相減而得。

例題 4-1 ｜ 如圖 4-3(b)中，35 wt%鎳-65 wt%銅的合金在 1250℃時(B 點)，α相和液相二相共存，試求α相和液相之分率。

解

若繫線上 B 點至液、固相線距離分別為 R 與 S，而每一相的分率分別以 W_L 和 W_α表之。則由槓桿法則，W_L 可根據下式計算之

$$W_L = \frac{S}{R+S}$$

$$W_\alpha = \frac{R}{R+S} \quad \text{或} \quad W_\alpha = 1 - W_L = 1 - \frac{S}{R+S} = \frac{R}{R+S} \tag{4.1a}$$

若繫線上 B 點之組成為 C_0，而繫線與液、固相線交點之組成分別為 C_L 與 C_α，則 W_L 與 W_α亦可藉除以固液相之成份差而分別求得

$$W_L = \frac{C_\alpha - C_0}{C_\alpha - C_L} \quad , \quad W_\alpha = \frac{C_0 - C_L}{C_\alpha - C_L} \tag{4.1b}$$

(如 $C_0 = 35$ wt%鎳、$C_\alpha = 42.5$ wt%鎳以及 $C_L = 31.5$ wt%鎳)因此

$$W_L = \frac{42.5 - 35}{42.5 - 31.5} = 0.68$$

同理

$$W_\alpha = \frac{R}{R + S} \tag{4.2a}$$

$$= \frac{C_O - C_L}{C_\alpha - C_L} \tag{4.2b}$$

$$= \frac{35 - 31.5}{42.5 - 31.5} = 0.32$$

若以銅的重量百分比代替鎳,仍可以獲得相同之結果。

因此,若已知平衡時之溫度和成份,則可用槓桿法則決定二元合金在任何二相區所含之相的量或分率。

由於相之成份和分率在決定過程容易混淆,必須特別注意。亦即相之組成是以成份(例如:銅、鎳)的濃度表示,對任何單相合金而言,相的成份與合金的總成分相同。但若有二相同時出現,則須使用繫線的兩端點來決定各相的組成。就各別相所佔的分率,則須利用槓桿法則求之。

▶4.6 共晶型平衡圖

兩組成在液態時可完全互溶,而在固態時則兩相分別為有限度互溶,而形成如圖 4-4 所示之共晶變態平衡圖,也稱之為二元共晶型平衡圖。Pb-Sn、Pb-Sb、Ag-Cu、Pb-Bi 等都屬於共晶合金系,在 Fe-C、Al-Mg 等平衡圖中,也含有部分共晶。茲以 Pb-Sn 平衡圖為例,說明共晶平衡圖及其合金的平衡冷卻之相變化。

(一) 平衡圖分析

如圖 4-4 所示者為 Pb-Sn 之二元共晶平衡圖。圖中 AE、BE 為液相線,AMNB 為固相線,MF 為 Sn 在 Pb 中的溶解度線,也稱為固溶線(solvus),NG 為 Pb 在 Sn 中的溶解度線。線段 MEN 所對應之溫度為共晶溫度(T_E),即共晶反應等溫線。在平衡圖中有三個單相區:即液相區(L)、固相區(α)和另一固相區(β)。α 相是 Pb 含少量 Sn 的固溶體,β 相則是 Sn 含少量 Pb 的固溶體。各單相區之間有三個兩相區,分別為 L+α、L+β 和 α+β。在 L+α、L+β 與 α+β 兩相區之間的水平線 MEN 表示在此線對應的溫度有 α+β+L 三相共存。

當溫度由高溫降至共晶反應等溫線的溫度(T_E)時，化學組成對應於 E 點的液相(L_E)同時結晶析出在 M 點所對應的 α_M 和 N 點所對應的 β_N 兩個相，而形成兩個固溶體的混合物。此種共晶析出的反應可爲如式(4.3)所示

$$L_E \xrightleftharpoons{T_E} \alpha_M + \beta_N \tag{4.3}$$

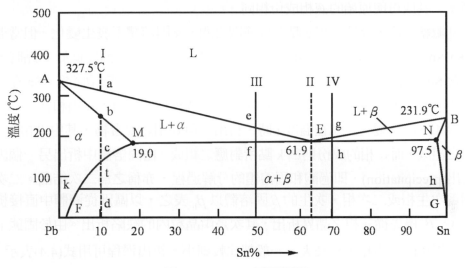

圖 4-4　Pb-Sn 系平衡圖

自由度(degree of freedom)：要保持某一物質的某一狀態時，具有幾種狀態量隨意改變，其數目會依物質系的狀態不同而異，使某種物質可保持在某一平衡狀態條件下，隨意改變的狀態量數目。

一大氣壓下，F = C − P + 1 (F：自由度，C：成份數，P：相數)

根據相律，發生三相平衡共存時，自由度等於零(f = 2 − 3 + 1 = 0)，所以此一平衡反應必在固定溫度及三相之成份固定的情況下進行。在平衡圖上的特徵是三個單相區與水平線各有一接觸點，其中液體單相區在中間，位於水平線之上，兩端爲兩固相單相區。在一定的溫度下，由一定成份的的液相同時結晶析出成份固定之兩個固相的相變過程，稱爲共晶相變或共晶反應(eutectic reaction)。共晶相變的產物爲兩個固相的混合物，稱爲共晶組織。

成份對應於共晶的合金稱爲共晶合金，成份位於共晶點 E 以左，M 點右方的合金稱爲亞共晶合金，而成份位於共晶點右方，N 點以左的合金則稱爲過共晶合金。

(二) 合金組成對冷卻後之顯微結構之影響

1. 含 Sn ≦ 19% 的合金(合金 I)

如圖 4-4 所示,當液相合金 I (含 Sn 10%)由高溫緩慢冷卻到 a 點時,開始從液相中析出固溶體 α。隨著溫度的降低,固溶體 α 的析出量逐漸增多,而液相 L 的量則相對減少,其成份則分別沿固相線 AM 和液相線 AE 發生變化。當合金冷卻到 b 點時,全部成為單相的固溶體 α,其成份與原始的液相成份相同。

當溫度繼續下降,介於 b 和 c 點溫度範圍之間,α 固溶體不發生變化。但當溫度下降到點 c 時,Sn 在 α 固溶體中之溶解度達到過飽和狀態。因此當溫度低於 c 點時,多餘的錫就以富含 Sn 之 β 固溶體逐漸從 α 固溶體中析出。隨著溫度的繼續降低,Sn 在 α 固溶體的溶解度逐漸變小,因此這一析出過程將隨著降溫過程持續進行,α 相和 β 相的成份則分別沿 MF 線和 NG 線變化。如在溫度 t 時,析出 α 與 β 相之混合物,其中 β 相的成份為 h 點所對應之組成,而 α 相的成份則為 k 點所對應之組成。由固溶體中析出另一個固相的過程稱為析出(precipitation),即過飽和固溶體的分解過程,亦稱之為二次結晶。二次結晶析出的相稱為次生相或二次相,次生的 β 固溶體以 β_{II} 表之,以區別從液體中直接析出的 β 固溶體(β)。β_{II} 優先從 α 相之晶界析出,其次是由晶粒內的缺陷析出。由於固態下的原子擴散較慢,析出的次生相不易長大,一般都比較細小。析出過程可用式(4.4)表示

$$\alpha \rightarrow \alpha + \beta_{\text{II}} \tag{4.4}$$

2. 共晶合金(合金 II)

共晶合金(II)中所含之 Sn 與 Pb 分別為 61.9% 及 38.1%。當合金 II 緩慢冷卻至溫度 T_E(183℃)時,發生共晶相變,如式(4.5)表示

$$L_E \xrightleftharpoons{T_E} \alpha_M + \beta_N \tag{4.5}$$

共晶相變一直在 183℃ 進行,直至液相完全用完為止。此時之組織為 α_M 和 β_N 的兩相混合物,亦即共晶組織。α_M 和 β_N 所佔的比例可用槓桿法則求出

$$\alpha_M = \frac{EN}{MN} \times 100\% = \frac{97.5 - 61.9}{97.5 - 19} \times 100\% \approx 45.4\%$$

$$\beta_N = \frac{ME}{MN} \times 100\% = \frac{61.9 - 19}{97.5 - 19} \times 100\% \approx 54.6\%$$

　　繼續冷卻時，共晶組織中的 α 和 β 相的溶解度都因溫度降低而逐漸減少，α 相沿著 MF 線變化，而 β 相則沿著 NG 線變化，分別析出次生相 β_{II} 和 α_{II}，這些次生相常與共晶組織中的同類相混和在一起，在顯微鏡下不易分辨。

　　與純金屬及固溶體合金的結晶過程一樣，共晶相變亦需經過成核及成長之過程，在成核時，兩相中有一在先，而另一則在後。首先成核的相稱為前導相。如果前導相是 α，由於 α 相中的含錫量較液相者少，因而多餘的錫即從晶體中排出，使界面附近之液相中富含錫量，而利於 β 相的成核。隨後 β 相又排出多餘的鉛，使界面前沿的液相中富含鉛量，而利於 α 相的成核，於是兩相就如此交替成核和成長，形成共晶組織。

　　共晶反應產生之兩相互相混合，稱為共晶混合物(eutectic mixture)。共晶混合物常具有可資辨認的特殊顯微結構，如圖 4-5 所示。

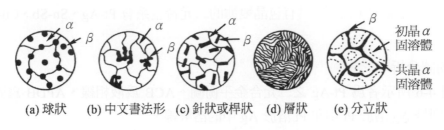

(a) 球狀　(b) 中文書法形　(c) 針狀或桿狀　(d) 層狀　(e) 分立狀

圖 4-5　典型共晶組織之示意圖

3. 亞共晶合金(合金 III)

　　如圖 4-4 所示，成份位於共晶點 E 之左，M 點之右的合金稱為亞共晶合金。

　　當合金 III(含 Sn 50%)緩慢冷卻至 e 點時，開始析出固溶體 α。在 e-f 點之溫度範圍內，隨著溫度的緩慢下降，固溶體 α 的含量不斷增多，而 α 相的成份和液相 L 之成份分別沿著 AM 和 AE 線變化。

　　當溫度降至 f 點時，α 相和剩餘液相的成份分別達到 M 點和 E 點，兩相的含量分別為

$$\alpha = \frac{Ef}{ME} \times 100\% = \frac{61.9 - 50}{61.9 - 19} \times 100\% \cong 27.7\%$$

$$L = \frac{Mf}{ME} \times 100\% = \frac{50 - 19}{61.9 - 19} \times 100\% \cong 72.3\%$$

在 T_E 溫度下，成份為 E 點的液相發生共晶反應，如式(4.6)表示

$$L_E \xrightleftharpoons{T_E} \alpha_M + \beta_N \tag{4.6}$$

此一相變行為一直進行到殘餘液相全部形成共晶組織為止。在共晶變態之前所析出的 α 固溶體稱為初晶(primary crystal)。亞共晶合金在共晶相變剛結束之後的組織是由初晶的 α 相和共晶組織之 $\alpha + \beta$ 所組成。其中共晶組織的量即為在溫度 T_E 時之液相的量。

在 f 點以下繼續冷卻時，將從 α 相(包括初晶的 α 和共晶組織中的 α)和 β 相(共晶組織中的)分別析出次生相 β_{II} 和 α_{II}。

4. 過共晶合金(合金 IV)

如圖 4-4 所示者，成份位於共晶點 E 之右，N 點左方的合金稱為過共晶合金。過共晶合金的平衡冷卻過程和顯微組織與亞共晶合金相似，唯一不同的是初晶相為 β，而不是 α。

(五) 包晶(peritectic)型平衡圖

兩組成在液態可相互無限溶解，但在固態則為有限度溶解，且發生包晶相變的二元合金系者，稱為包晶型平衡圖。具有包晶變態的二元合金系有 Pt-Ag、Sn-Sb、Cu-Sn、Cu-Zn 等。

1. 平衡圖分析

如圖 4-6 所示者為 Pt-Ag 之二元合金平衡圖。ACB 為液相線，APDB 為固相線，PE 及 DF 分別是 Ag 溶於 Pt 中和 Pt 溶於 Ag 中的溶解線。

平衡圖中有三個單相區：即液相 L、固相 α 和 β。其中 α 相是 Ag 溶於 Pt 中的固溶體，β 相則是 Pt 溶於 Ag 中的固溶體。各單相區之間有三個兩相區，即 $L + \alpha$、$L + \beta$ 和 $\alpha + \beta$。兩相區之間存在一條三相(L、α、β)共存之水平線，即 PDC 線。

水平線 PDC 是包晶相變溫度，所有介於 P 與 C 範圍內的合金組成在此溫度都將發生三相平衡的包晶相變，此種相變的反應式可表為

$$L_c + \alpha_P \xrightleftharpoons{T_D} \beta_D \tag{4.7}$$

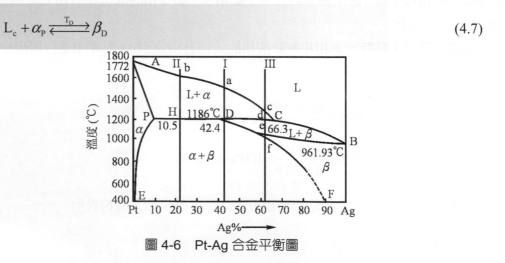

圖 4-6　Pt-Ag 合金平衡圖

在一定的溫度下，由一定成份的固相與一定成份的液相作用，形成另一定成份的固相之相變過程，稱之為包晶相變或包晶反應(peritectic reaction)。由相律可知，在包晶相變時，其自由度亦為零，(f = 2 - 3 + 1 = 0)。即三個相的成份不變，且此一相變行為是在恆溫下進行。在平衡圖上，包晶相變區所具有的特徵是：液相和一固相，其成份點位於水平線的兩端，所形成的固相位則於水平線中間的下方。

如圖 4-6 所示之平衡圖中的 D 點稱為包晶點，D 點所對應的溫度(t_D)稱為包晶溫度，PDC 線則稱為包晶線。

包晶相變是液相 L_C 和固相 α_P 作用而生成新相 β_D 的過程，就顯微結構的觀點而言，這種作用首先發生在 L_C 和 α_P 的相界面上，所以 β 常依附在 α 相上成核及成長。由於液相將 α 相包圍起來，β 相就成為 α 相的外殼，故稱之為包晶變態。由於液相 L 和 α 被 β 隔離分開，因而在它們之間的進一步作用只有藉經過 β 而進行原子之相互擴散。即 α 相中的 Pt 原子經過 β 而向液相中擴散，而液相中的 Ag 原子則經過 β 而向 α 中擴散，使 β 相不斷地消耗液相和 α 相而成長。隨著時間的增加，β 相越來越厚，擴散距離也越來越遠，包晶相變也將越加困難。因此，包晶相變需相當長的時間，直至液相和 α 相完全反應為止。

▶ 4.7　偏晶型平衡圖

某些合金在冷卻到某一定溫度時，會由一定成份的液相 L_1 分解為一定成份的固相和另一定成份的液相 L_2，此種相變稱為偏晶相變或偏晶反應(monotectic reaction)。偏晶相變可表示為

$$L_1 \rightarrow \alpha + L_2 \tag{4.8}$$

如圖 4-7 所示者為 Cu-Pb 的二元合金平衡圖。在兩相區 L_1+L_2 之內是兩種不相混合的液體。此兩種共存的液體的成份和比例可由槓桿法則求出。在 E 點(溫度為 991℃)，L_1、L_2 相的成份均含 Pb 63%，當溫度繼續降低，將形成兩不互溶的液相。在兩相區內，不相混合的兩種液體由於密度差在容器中常分為兩層。在 955℃，液相合金 L_{36} 發生偏晶相變

$$L_{36} \rightleftharpoons L_{87} + Cu \tag{4.9}$$

水平線 BD 稱為偏晶線，M 點為偏晶點，955℃ 則為偏晶溫度。偏晶相變與共晶相變相似，都是由一個相分解為另外兩個相。唯一差異只是在偏晶相變中，兩個生成相中有一個是液相。圖中溫度為 326℃ 的水平線係共晶線，因為共晶點(99.94%Pb)和共晶溫度(326℃)與純鉛及其熔點(327.5℃)很接近，故在圖上難以表現出來。

　　如圖 4-7 所示者，若將溫度降低，進入 $Cu+L_2$ 兩相區。由槓桿法則可知，在此兩相區內，Cu 的數量較多，而含量較少的 L_2 則分散在固相 Cu 之內。當溫度下降到 326℃時，分散在固相 Cu 中的 L_2 發生共晶反應，形成 Cu＋Pb 的共晶組織。但是由於共晶組織分散在 Cu 基地中，當共晶組織形成時，共晶組織中的 Cu 將在四周的 Cu 基地上成長，而共晶組織中的 Pb 則存在於 Cu 的晶界上，亦即發生離異共晶(divorced eutectic)的現象(如圖 4-8)。

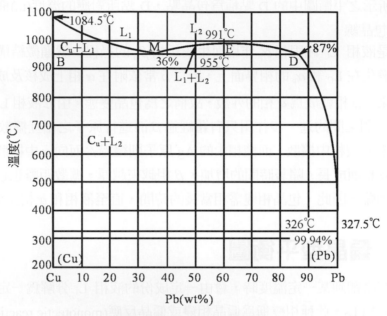

圖 4-7　Cu-Au 合金平衡圖

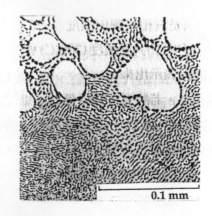

圖 4-8　Pb-70Sn 之顯微組織。樹枝狀組織的輪廓，黑線是由離異共晶所組成

▶4.8 共析相變平衡圖

　　在固態的相變行為中，一定成份的固相，若在一固定溫度下分解為另外二不同組成之固相的相變過程，稱為共析相變或共析反應(eutectoid reaction)。共析相變可表示為

$$\gamma \rightleftharpoons \alpha + \beta \tag{4.10}$$

　　此種相變與共晶相變類似，都是由一個相分解為兩個相的恆溫相變。唯一差別是共析相變屬固相反應，而不是液相反應。例如：Fe-C 合金平衡圖(如圖 4-9 所示者)的 PSK 線即為共析線，S 點為共析點，成份為 S 點的γ固溶體(沃斯田鐵)於 723℃分解為成份在 P 點的α固溶體(肥粒鐵)和在 K 點的 Fe_3C(雪明碳鐵)，形成兩個固相混合物的共析組織，其反應式為 $\gamma_S \xrightleftharpoons{723℃} \alpha_P + Fe_3C$。由於此反應為固相分解，其原子擴散比較困難，常在低於相變(平衡)溫度，即達到過冷狀態時才能發生，所以共析組織遠比共晶組織細密。共析相變對合金的熱處理強化非常重要，鋼鐵和鈦合金的熱處理就是利用共析相變來達到強化之目的。

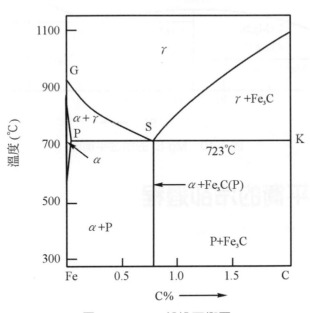

圖 4-9　Fe-C 部份平衡圖

▶4.9　含有中間化合物的相圖

對有些二元合金系而言，其組成間可能形成金屬間化合物，這些化合物可能穩定，也可能不穩定。根據化合物的穩定性，形成金屬間化合物的二元合金平衡圖也有此兩種不同的類型。在此僅討論形成穩定化合物的平衡圖。

穩定化合物具有一定熔點，在熔點之下具有特定晶體結構而不發生分解。如圖 4-10 所示之 Mg-Si 的二元合金平衡圖即為形成穩定化合物的平衡圖。當含 Si 為 36.6%時，Mg 與 Si 形成穩定的金屬間化合物 Mg_2Si。在平衡圖中，穩定之金屬間化合物是一條垂直線(如圖 4-10)，即 Mg_2Si 的單相區。因而可把 Mg_2Si 看作一個獨立組成，而把平衡圖分成兩個獨立部份，即 Mg-Si 之平衡圖可視為由 Mg-Mg_2Si 和 Mg_2Si-Si 兩個平衡圖合併而成，可以分別進行分析，其餘的相變行為如前面章節所討論。

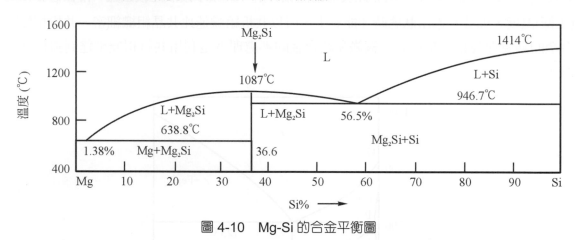

圖 4-10　Mg-Si 的合金平衡圖

▶4.10　不平衡的冷卻過程

由上述可知，固溶體的冷卻過程與液相及固相內之原子的擴散過程息息相關。只是在極緩慢的冷卻下，即在平衡結晶條件下，才能使每個溫度下的擴散過程進行完全，而使液相或固相成份均勻。然而在實際生產中，將液態合金澆入鑄型之後，由於其冷卻速率較大，在一定溫度下擴散過程尚未完全時溫度已繼續下降，因而使液相尤其是固相內保持著一定的濃度梯度，造成各相內成份的不均勻。這種偏離平衡條件的冷卻，稱為不平衡冷卻。

在不平衡冷卻時，設液體中存有充分混合條件，即液相的成份可藉由擴散、對流或攪拌等作用均勻化，然而在固相內卻來不及進行擴散。如圖 4-11 所示者可知，成份為 C_0 的合金在過冷至溫度 T_1 時開始凝固，首先析出成份為 α_1 的固相，而液相的成份為 L_1，當溫度下降至 T_2 時，析出的固相成份為 α_2，α_2 依附在 α_1 晶體的周圍成長。如果是平衡冷卻，藉由擴散，可將 α_1 的成份變化至 α_2，但是由於冷卻速率較快，在固相內來不及擴散，而使固相內外的成份不均勻。此時整個固相的成份是介於 α_1 和 α_2 之間的 α_2'。在液相內，由於能充分混合，整個液相的成份均勻，沿液相線變化至 L_2。當溫度繼續下降至 T_3 時，凝固的固相成份雖然為 α_3，但因在固相內無法擴散，整個固相的實際成份為 α_3'，液相的成份則仍沿液相線變化至 L_3，若此時為平衡冷卻，則 T_3 溫度已相當於凝固完全的固相線溫度，全部液體應當在此溫度下凝固完成，而已凝固的固相成份應為合金成份 C_0。但由於是不平衡冷卻之故，所以固相的平均成份並非 α_3，而是 α_3'，與合金的成份 C_0 不同，且仍有一部分液相尚未凝固，一直要冷卻到溫度 T_4 時，才能凝固完全。此時固相的平均成份由 α_3' 變化到 α_4'，與合金原始成份 C_0 一致。

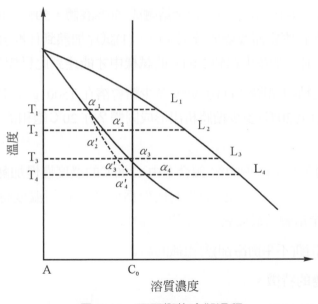

圖 4-11　不平衡的冷卻過程

若把每一溫度下的固相平均成份連結起來，就可得到圖 4-11 中虛線所示之 α_1、α_2'、α_3'、α_4' 的固相平均成份線。固相平均成份線與固相線的意義不同，固相線的位置與冷卻速率無關，位置固定；而固相平均成份線則與冷卻速率有關，冷卻速率越大，則偏離固相線的程度就越大。當冷卻速率極為緩慢時，則與固相線重合。

習 題 EXERCISE

1. 請解釋下列名詞：(1)eutectoid reaction，(2)eutectic reaction，(3)intermetallic compound，(4)lever rule。

2. 提出三個決定合金顯微結構的參數。

3. 何謂平衡相圖？除平衡相圖外還有那些名稱？有何功用？

4. 共晶與共析有何異同？請說明之？

5. 一含 85 wt%Pb-15 wt%Sn 的合金試片 2.0 kg 加熱到 200°C，在此溫度合金整個都是 α 相固溶體(圖 4-4)。現欲將此合金熔融成 50%液體，50% α 相，此目標可藉加熱合金或溫度保持固定而改變成分來完成。(1)試片加熱到什麼溫度？(2)如將溫度固定，在 200°C 必須加多少錫到 2.0 kg 的試樣中才能達到此目標？

6. 考慮圖 4-1 之糖-水相圖：(1)在 90°C 多少糖會溶在 1500 g 水中？(2)如果在(1)部份中飽和溶液冷至 20°C，多少糖將析出形成固體？在 20°C 飽和溶液的成份(以 wt%糖)為何？

7. 成分 70 wt%鎳-30 wt%銅的銅-鎳合金由 1300°C的溫度慢慢加熱。試求：(1)在什麼溫度時液相首先形成？(2)此液相的成份為何？(3)在何溫度時此合金產生完全熔融？(4)在完全熔融前最後剩下的固體成份為何？

8. 試討論自然冷卻(不平衡冷卻)對組織的影響。

9. 試述包晶反應的特徵。

10. 試述偏晶反應的特徵。

11. 考慮含 A 和 B 金屬的假想共晶相圖，它類似圖 4-4 的鉛-錫系統。假設：(1) α 和 β 相分別在相圖的 A 和 B 兩端處；(2)共晶成份在 47 wt%B-53 wt%A；以及(3) β 相在共晶溫度時的成份為 92.6 wt%B-7.4 wt%A。決定一合金其獲得初晶 α 和總量 α 對合金整體分率分別為 0.356 和 0.693 時的成份。

12. 參考 Ag-Cu 合金平衡圖，試討論 Cu 20%及 50%之 Ag-Cu 合金 50 kg 自 900℃冷卻下來時，在高於 780℃、稍低於 780℃、700℃、600℃時，出現的相、各相組成(含銅之%)以及各相所佔之量(kg 數)。

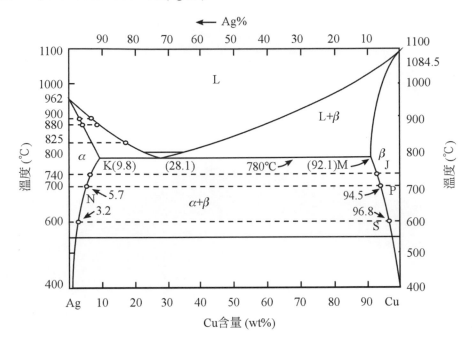

相變化

■ 本章摘要

由相圖雖可知各組成會在特定的溫度下進行反應,而達到熱力學上最穩定的結構與組成或「相」。但相圖卻無法顯現達成平衡所須的反應時間。以金屬為例,在溫度稍低於熔點時,原子要進行規則性之排列而達到特定的結構,僅需極短的時間(通常在數秒內)即可完成,對此種反應需使用特殊的方法方能量測其反應速率。相對的,就常見的玻璃而言,可經數十年仍無法達成晶體結構的規則排列,雖然熱力學上明確指出,玻璃為一過冷之非晶體,有較結晶狀態高的自由能,其結晶化為一自發性的反應。金屬之固化與玻璃的結晶化,在熱力學上雖同屬朝降低自由能狀態移動的自發性反應,但其反應速率的差異,卻可高達幾個數量級。

在材料工程的應用上,利用在不同溫度下,對相轉變速率的有效控制,可獲得各相之分率及化學組成與晶粒大小,而藉對組成與顯微結構之控制,可獲得所需之材料特性。相變化之速率與相的分佈,除牽涉原子的重新排列外,並含有鍵結的斷裂與重組及相界的重新建立,而此亦為本章所欲探討之重點。

▶ 5.1 相變化之分類

如圖 5-1 所示者為典型之相變化的分類。

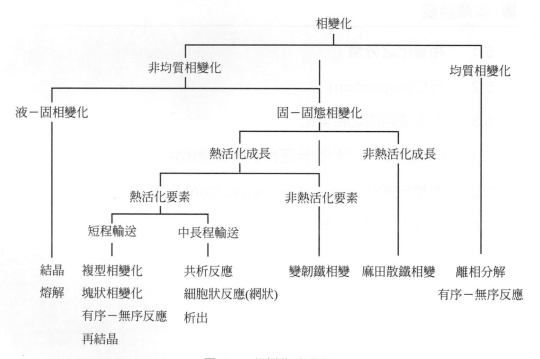

圖 5-1 相變化之分類

　　非均質相變化是藉由成核與成長而完成之反應，諸如由沃斯田鐵形成波來鐵，金屬凝固，高分子材料之結晶，以及再結晶等皆屬典型之非均質相變化的模式。

　　若成長速率與溫度有很強的相依性，且其母相(parent phase)與生成相(product phase)亦有不同之組成，稱之為熱活化成長(thermally activated growth)。冷凝，固化與許多固態相變皆屬於熱活化成長之類型。

　　而複型相變(polymorphic transformation)，塊狀相變，有序-無序反應及再結晶則屬於成核與熱活化成長。在金屬與陶瓷材料中的複型相變受生成相之成核與成長的影響。在塊狀相變中，生成相的組成雖與母相相同，但結晶構造卻不一樣。溶質在無序構造之充填雖為一隨機過程，但仍有些優選位置而充填成為有序結構，此時有序相可在無序相中成核及成長。再結晶包含冷卻後之晶格應變的釋放及無應變晶格的成核與成長，因此，於再結晶中之成長僅有原子的短程輸送而無組成的改變。

　　在析出(precipitation)反應中，基地相(matrix phase)α與其生成相α'有相同之構造但組成卻不同。析出是由在基地相α中之β相開始成核及成長，當β相成長時，溶質由基地相α中排出，直至α變成α'。在析出反應中，需藉由熱活化而使原子進行長距離之傳輸。

　　在共析(eutectoid)及細胞狀(cellular)反應中，藉由成核及成長而獲得兩相複合之生成相。如在共析鋼中，肥粒鐵(ferrite)與雪明碳鐵(cementite)相變成長而形成波來鐵(pearlite)，而在細胞狀反應中，其生成相之一的構造與母相相同。

　　此外，某些反應包含有兩種不同的成長特性，如在鋼中之變韌鐵(bainite)的相變化，除有熱活化反應外，亦有絕熱成長。

　　就均質相變化(homogenous phase transformation)而言，在某些合金初期之析出反應，金屬及玻璃的形成系統中含有混溶間隙(miscibility gap)者皆可發生。諸如離相分解(spinoidal decomposition)即為此類變化之典型代表。此外，在合適條件下，有序-無序反應亦可形成均質相變化。均質相變化發生時，主要之構造並未發生改變，但溶質原子卻須藉著擴散而重新排列。

▶ 5.2　成核(nucleation)

◐ 5-2-1　均質成核

　　相變反應首要者為新生成相的成核。由於在相界或晶界的原子具有較內部原子為高的能量，因此成核大多在相界或晶界生成。而此新相的形成，通常無法根據相圖的平衡溫度或溶解的極限來決定其生成溫度。核之生成一般皆須在過冷或過飽和(濃度)的情況下，方有較大的反應驅動力而使成核得以開始進行。

　　假設，新形成之相與過冷相具有相同的密度，由於新相之單位體積內具有較低的自由能，因此，假設新相係一半徑為 r 的球體，則其自由能的變化量為 $\frac{4}{3}\pi r^3 \Delta F_v$ (為一負值)(如圖 5-2 所示)，但因新相具有 $4\pi r^2$ 的表面積，因此增加的表面能為 $4\pi r^2 \gamma$，其中 γ 為單位面積的界面能。故整體自由能之變化量 ΔF_r，可表為如式(5.1)之體自由能與表面自由能的總和

$$\Delta F_r = 4\pi r^2 \gamma + \frac{4}{3}\pi r^3 \Delta F_v \qquad\qquad (5.1)$$

　　由式(5.1)可知 ΔF_r 為半徑 r 的函數。

　　對一任何自發性的均質成核而言，ΔF_v 必為負值，而 r 則為正值，故均質成核過程之自由能變化量與核半徑 r 的關係如圖 5-2 所示。在臨界核半徑 r_c，成核之自由能達到極大值。當新核的半徑低於臨界半徑時，則有趨向逐漸溶解縮小的趨勢(即往自由能降低的方向移動)。

　　如圖 5-3 所示者為過冷度對核之臨界半徑與成核之自由能變化的影響，當無過冷度時(即 T＞平衡溫度 Te)，核之半徑為無限大。當有過冷度存在時(即 T＜Te)，則有一核之臨界。

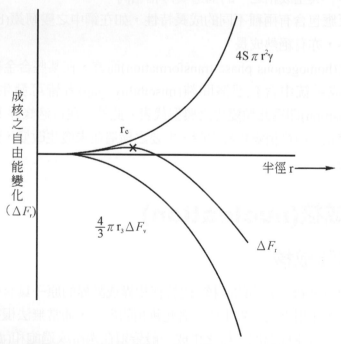

圖 5-2　均質成核之自由能變化與核半徑之關係

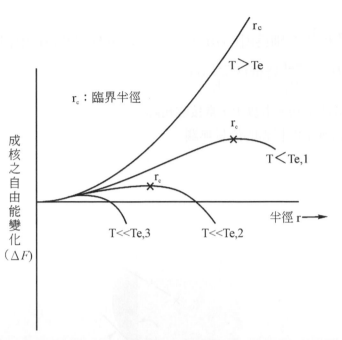

圖 5-3　過冷度對核之臨界半徑與成核之自由能變化的影響

半徑存在，過冷度越大，其臨界半徑越小(T<<Te, 2 與 T<<Te, 3)。此現象之發生係因冷卻至低於平衡溫度時(即過冷狀態)，其自發反應驅動力增加，使 ΔF_V 成為負值，降低成核所需的能量障礙，並導致新核之臨界半徑顯著減小。然而過冷度增加，雖有利於成核速率的提升，但因溫度過低亦降低原子的遷移率，而對成核速率造成負面效應。因此，須在成核率與過冷度間作適當之選擇，才能獲得最大的成核速率。

5-2-2　異質成核

在晶體結構中的缺陷，如差排，會對晶格造成某種程度之應變能，而此應變能的釋放有助於降低成核所需的自由能而促進成核作用，亦即成核反應在較小的臨界半徑即可進行。而表面的成核，係因界面存有許多不完全的鍵結所致。由於表面、晶界或相界等都屬於大範圍的缺陷，這些界面的存在，皆可促進異質的成核。

如圖 5-4 所示，考慮一在固相(α)-氣相(g)界面的成核點，其平衡的接觸角 θ，與相對之界面能 $\gamma_{\frac{\alpha}{g}}$，$\gamma_{\frac{\beta}{g}}$ 及 $\gamma_{\frac{\alpha}{\beta}}$，可表成如式(5.2)所示之關係

$$\gamma_{\frac{\alpha}{\beta}} = \gamma_{\frac{\beta}{g}} + \gamma_{\frac{\alpha}{g}} \cdot \cos\theta \tag{5.2}$$

式中 $\gamma_{\frac{\alpha}{\beta}}$, $\gamma_{\frac{\beta}{g}}$ 及 $\gamma_{\frac{\alpha}{g}}$ 分別爲固相(α)-新核(β)，新核(β)-氣相(g)及固相(α)-氣相(g)的界面能。臨界半徑將由 $r_c = \dfrac{-2r}{\Delta F_r}$ 降低爲 $\dfrac{-2r}{\Delta F_r}\sin\theta$ ，隨著成核體積之縮小，新生相繼續成長的機會將遠大於被溶解的機會。事實上，當接觸角降低至接近 0°時，成核所須克服的活化能接近零，此時相變的發生與相界的能量無關。

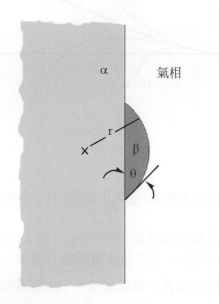

圖 5-4　　異質成核：如果成核發生在界面($\dfrac{\alpha}{g}$)，新相(β)可以小體積即超過臨界半徑。當

$\gamma_{\frac{\alpha}{g}} > (\gamma_{\frac{\beta}{g}} + \gamma_{\frac{\alpha}{\beta}})$ ，體積減少更為明顯

▶ 5.3　　不改變組成之相變化

相變化除了如圖 5-1 所示之典型的分類法，亦可以依其在相變化前後組成的改變與否，而分爲不改變組成之相變化與改變組成之相變化(伴隨擴散的相變化)。

不改變組成之相變化爲最簡單的相變化行爲，可分類爲共軛相變(conjugate transformation)，有序相變(ordering transformation)及麻田散鐵相變(martensitic transformation)三種，茲分述如下。

5-3-1　共軛相變

在單一成份的材料中，例如：純金屬、氧化物、高分子等可在不改變組成的情況下結晶。縱使組成較複雜之鎂鋁尖晶石($MgAl_2O_4$)，在由液相結晶為固相時，也不需改變組成。此類的相變行為即為共軛相變。此種相變又可根據原子配位的改變與否，而分為重建式與位移式相變。

其中晶體結構改變屬重建式相變。此類相變行為，原子必須重新排列產生新的鍵結，因此需要克服較大的能障，同素異形體變化即為重建式相變的代表，如 Ti 同素異形體之變化，方石英(亦稱白矽石)(cristobalite)至鱗石英(tridymite)的相變。因此，重建式之相變反應相當緩慢，尤其組成複雜的化合物，此現象更為明顯。

不產生化學組成變化者為位移式相變，在此種相變反應的過程中，周圍原子的排列並不產生改變，因此並無新鍵結的產生或原有鍵結的斷裂，只因受剪應力而產生原子之位移。位移式的相變反應可在極短的時間內完成，但其原子間的距離或鍵結的強度除有明顯的差異外，並常伴隨顯著的體積變化，而導致材料的破裂。

5-3-2　有序相變

高溫態之 β-銅鋅合金的原子呈任意排列，但在相變溫度下，原子可迅速產生規則性排列成 β-黃銅。因此在低溫下不易觀察到其高溫相。

相對的，在高分子材料的聚丙烯(static polypropylene)中，任意排列的烷基(CH_3)由聚丙烯轉變成規則性排列的聚丙烯(isostatic polypropylene)之反應速率非常慢。乃因此類反應需要破壞共價鍵，再產生鍵結而重組。

5-3-3　麻田散鐵相變

具有 FCC 結構之高溫相鈷在冷卻過程中，會形成 HCP 結構。此類的相變反應可視為原子受到剪力作用，產生大範圍的相對位移。鈷之 FCC 與 HCP 結構，其每一原子都被 12 個相同原子所圍繞，兩者之差異乃其堆積排列順序不同而已。在 FCC 結構中，平行(111)面的方向，原子排列以圖 5-5(a)所示之 ABCABC 的順序排列，而於 HCP 結構中，平行(0001)面的堆積順序則為如圖 5-5(b)所示之 ABABAB……。原子在這些面上為相同的最密集排列。因此，由 FCC→HCP 的相變行為可視為受到剪力作用，使在 FCC 結構中之 C 平面上的原子產生相對位移，而形成 HCP 的堆積排列。另一著名例子為碳鋼淬火時由剪力所引發的麻田散鐵相變，乃因麻田散鐵之相變行為在過冷或受到外力作用下，很容易加速相變的進行。

　　然而在 Fe-C 平衡相圖中，含少量碳(例如：1%以下)的區域，並無麻田散鐵的存在，除了因麻田散鐵之自由能較肥粒鐵(ferrite)與波來鐵(pearlite)為高外，因麻田散鐵為非平衡變化之產物，故其可在淬火後仍可能為沃斯田鐵。

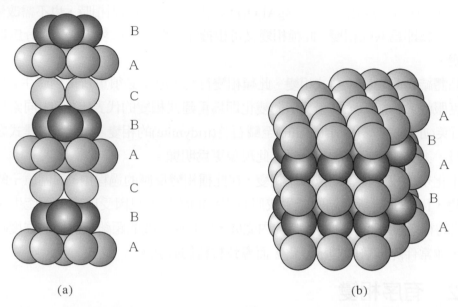

圖 5-5　(a)面心立方緊密堆積平面的堆疊順序，(b)六方緊密堆積平面的堆疊順序

　　麻田散鐵為一體心正方(BCT)結構，少量的碳原子沿 c 方向之 0 0 1/2 的位置填入。因此，高溫沃斯田鐵淬火轉變為麻田散鐵可視為在 FCC 結構中的(1 1 1)面受到剪力作用而位移成為體心正方結構的(1 1 0)面，而在此二結構中，因其原子排列之差異，原子位移的方式較鈷的相變複雜。此外，沃斯田鐵中的原子位移所產生之應力，對相變產生抑制的效果。由四個碳原子填入 c 軸空隙位置，造成晶格沿 c 軸方向擴張，使原子的滑移更為困難，因此產生高強度與高硬度的麻田散鐵。由於麻田散鐵的形成是由快速冷卻所造成，因此淬火的程度(降溫的速度)或溫差的大小乃成為決定麻田散鐵之相變反應量的關鍵因素。

　　碳含量越高的鋼需要更大的溫差(即更低的溫度)方能完成沃斯田鐵→麻田散鐵的相變化，而由於此種變化之進行快速，故淬火液的溫度成為控制此相變行為的重要因素。

　　由於麻田散鐵是在過冷情形下產生的介穩相，因此，將淬火所得之麻田散鐵加熱一段長時間後，麻田散鐵分解成熱力學上(相圖中)穩定的肥粒鐵與 Fe_3C。如圖 5-6 所示者為 Fe-C 的非平衡相變途徑。

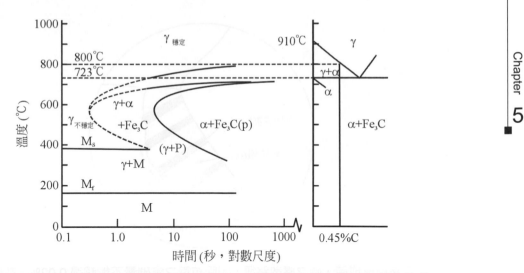

圖 5-6　沃斯田鐵之非平衡相變圖(SAE 1045 steel)，右圖為平衡狀態下的產物

▶5.4　組成改變之相變化(伴隨擴散的相變化)

5-4-1　共析反應

　　大部分的固態反應及相的轉變都須藉原子的擴散方能完成，此現象可用 Fe-C 的共析 (eutectoid)反應加以說明。

　　在 723℃，由含碳量 0.8%之沃斯田鐵共析為含 0.02%碳之肥粒鐵及含 6.63%碳之雪明 碳鐵(Fe₃C)的波來鐵時，碳之擴散路徑如圖 5-7 所示。基本上，碳原子可沿(1)沃斯田鐵， (2)肥粒鐵及(3)相界三個路徑擴散。由顯微結構之觀察，亦可發現具層狀交互排列的肥粒 鐵與碳化物沿著沃斯田鐵晶界，側向成長延伸至沃斯田鐵晶粒。

　　在冷卻速率較快所得之波來鐵的層狀組織較細且密。亦即在較快的冷卻速率下，碳原 子無足夠的時間進行擴散，且在過冷度較大的情況下，成核位置增加所致。

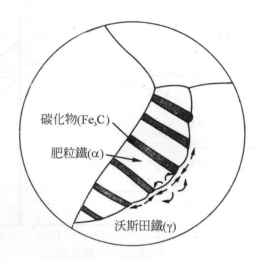

圖 5-7　波來鐵形成時，碳之擴散路徑，因肥粒鐵之含碳量不能超過 0.02%，故碳由共析的沃斯田鐵(0.8%C)擴散至含 6.67%C 的 Fe_3C 晶格而析出肥粒鐵(α)。碳在擴散時可能通過γ、γ-α界面或α

5-4-2　等溫析出

　　當固溶體在略低於溶解極限溫度(即輕微過冷度)淬火並持溫時，通常要經過一段時間方能使析出過程完成。但當過冷度很大時，反應需更長的時間，才能達到析出過程的終點。此種現象在材料的析出頗具代表性，而此結果可由擴散速率，相的濃度梯度及成核速率等因素加以說明。

　　在圖 5-8(a)的曲線中，當原子擴散係數隨著溫度之上升而增加時，其基地相之濃度梯度則隨原有組成與溶解度極限之差而不同。此一差異常隨過冷度的增加而增加，如圖 5-8(a)中的$\dfrac{\Delta C}{\Delta X}$曲線。而析出晶粒之成長則視原子在擴散時的流通量，即擴散係數(D)與濃度梯度的乘積 $D(\dfrac{\Delta C}{\Delta X})$而定，如圖 5-8(b)所示。析出晶粒的成長速率 G 與成核速率(N)在低於平衡溫度下之適當溫度的範圍時，可達一最大值，分別如圖 5-9(a)中的 G 及 N 曲線所示，而圖中整體析出速率(R)則與成核速率(N)及成長速率(G)成有關，成核愈多、成長愈快則析出速率快，因此在適當溫度有一最大值。以相變析出量達 50%所需時間所換算之相變速率為例，其值與 $N^{\frac{1}{4}}$ 及 $G^{\frac{3}{4}}$ 之乘積成正比，如圖 5-9(a)中的 R 曲線。一般表示相變析出之反應速率，並不以"速率"的絕對值表示，而是以在不同溫度下，達到特定之反應程度所需的時間作為分析或判斷之標準，如圖 5-9(b)所示。反應時間通常以對數值表示之。

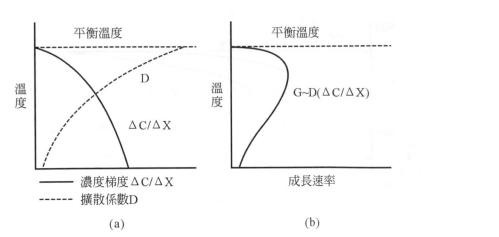

圖 5-8　析出過程之(a)擴散係數(D)及濃度梯度(ΔC/ΔX)及(b)成長速率(G)隨溫度而變化之情形

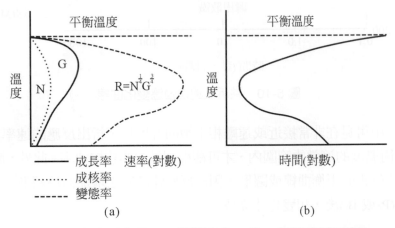

圖 5-9　析出動力學：(a)相變速率(R)及(b)時間(對數座標)

5-4-3　沃斯田鐵的恆溫相變

　　由沃斯田鐵轉變成肥粒鐵與碳化物的共析反應是等溫析出或等溫固態相變反應的典型例子。圖 5-10 為具共析(eutectoid)組成之碳鋼(即含 0.8%C)的恆溫相變圖，圖中之曲線亦稱為 C 曲線或 T-T-T 曲線(即溫度-時間-相變曲線)。欲得碳鋼之 T-T-T 曲線，可先將試片加熱至沃斯田鐵化之溫度範圍並維持足夠長時間後,急速冷卻至較低之不同溫度及持溫不同時間後，再對各試片之相組成做進一步分析作圖即得。以沃斯田鐵化之試片在 620℃ 的恆溫相變為例，其變化反應約在恆溫一秒後開始進行，至約 10 秒鐘變化即完成。

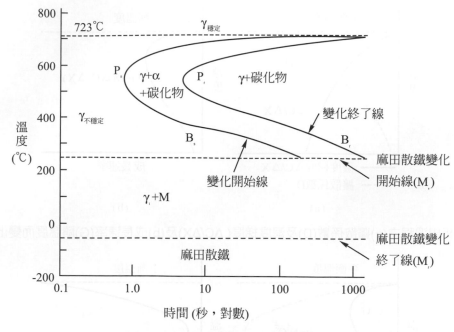

圖 5-10　共析碳鋼之恆溫變化曲線

　　由圖 5-10 中可見在非常接近或遠離相平衡的溫度時，析出反應的速率都非常緩慢，而在低於相平衡溫度的適當的範圍內，才可觀察到較快的相變速率。此外，恆溫相變圖(或 TTT 曲線)並非真正的平衡曲線或圖形，因為反應隨時間之增加而持續進行，一直要到通過變化終了線(P_f或 B_f)後，相變化才完成。

5-4-4　沃斯田鐵的連續冷卻變化

　　由圖 5-10 可知在溫度接近平衡溫度時的相變反應，由於溫差小，反應的驅動力小，故反應之進行相當緩慢。而在相對低溫時，由於原子之遷移速度較慢，其反應速率亦緩慢。而在中間之溫度範圍的相變反應則較快速。

　　當沃斯田鐵化之試片以不同的冷卻速率連續冷卻時，亦即在較低的溫度，才發生相變反應，其反應產物析出所須的時間較恆溫變化長，所以 TTT 曲線會向右及向下方移動，如圖 5-11 所示。其原因乃是連續冷卻之反應速率較慢，使碳原子來不及擴散所致，至於曲線向右移動或向下移的程度則視冷卻的速率而定。在連續冷卻的相變反應中，其相變反應受二個重要的臨界冷卻速率所影響，其一是形成麻田散鐵的最低冷卻速率(CR_M)，換言之，當冷卻速率大於 CR_M，由於原子來不及擴散，無法形成波來鐵，而完全形成麻田散鐵。反之，當冷卻速率低於形成波來鐵之最大冷卻速率(CR_P)，則原子有足夠的動能與時間進行擴散，而可獲得穩定的波來鐵相。若冷卻速率介於此二臨界冷卻速率之間，則可獲得麻田散鐵與波來鐵混合物。就共析鋼(含 0.8%C)而言，在 750℃到 500℃溫度範圍內，其 CR_M 與 CR_P 分別為 200℃／秒與 50℃／秒。

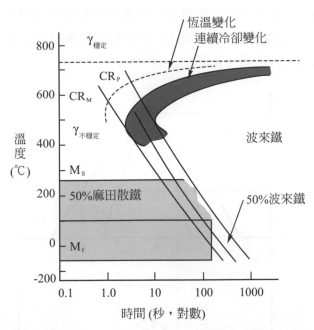

圖 5-11　共析鋼之連續冷卻變化圖。CR_M 表獲得 100%麻田散鐵的最低冷卻速率，CR_P 表獲得 100%波來鐵的最大冷卻速率

▶5.5　離相分解(spinodal decomposition)

　　某些特殊的相變化並不需經過成核與成長的過程即可達成，當中以離相分解為典型之例。圖 5-12 所示者為具有兩相共存區(miscibility gap)之相圖。假設由元素 A 和元素 B 所構成之合金的組成為 X_0，在高溫 T_1 下，形成均勻的溶液，當溫度降低至 T_2，自由能的變化如圖 5-12(b)所示。圖 5-12(b)中之波浪形自由能曲線，為不互溶之溶液，在低溫下典型的自由能曲線，亦稱為正偏差。具有 X_0 組成的合金，在溫度 T_2 時，自由能值落在曲線上(圖 5-12(b))的 G_0 點。當合金之組成產生如圖 5-12(a)中箭頭所示之小範圍變化，形成富含 A 及富含 B 區域後，其整體的自由能 G_0，下降至圖 5-12(b)中箭頭所指的直線上，表示原子向濃度高之區域移動，即所謂上坡擴散(up-hill diffusion)，係屬自發性反應，且相變反應將持續進行至組成達 X_1 及 X_2 的平衡位置為止。

　　由圖 5-12(b)可知，此類反應只會發生在自由能曲線呈現向上凸的部份，即曲線之曲率半徑為負，或 $\dfrac{d^2G}{dX^2} < 0$。亦即在反曲點 $\dfrac{d^2G}{dX^2} = 0$ 之上的範圍，都可不經成核過程，而產

生組成變化量很小的離相分解。而在不同溫度下的反曲點，即構成了圖 5-12(a)中化學離相虛線的部份。在虛線的外側，所對應圖 5-12(b)中自由能曲線呈現向下凹的情形，由圖 5-12(b)中反曲點下方小線段，可看出相變分解所產生小範圍組成變化，自由能反而較相變分解前為高，不利於小範圍相變分解。因此，在反曲點外側的組成必須藉成核與成長的過程，析出的組成為 X_1 與 X_2 的兩平衡相。

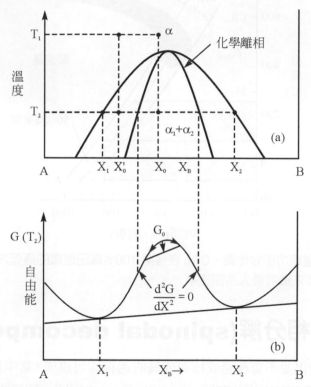

圖 5-12　(a)在離相點之間的合金不穩定而分解成二整合相α_1及α_2，但不必克服活化能障礙；
　　　　　(b)整合互溶區及離相點之間的合金為介穩狀態，只能在另一相成核後才能分解

▶5.6 相變化之影響因素

◯ 5-6-1 晶粒大小對相變行為的影響

從沃斯田鐵變化而生成波來鐵的反應,其變化通常是由沃斯田鐵的晶界開始。因此,當沃斯田鐵晶粒較小時,每單位體積的晶界面積也較大,故在一定溫度下,單位時間及單位體積之成核數目(即 N 值)亦隨之增加。所以較小的晶粒,可增加波來鐵相變的反應速率,縮短變化所須之時間。易言之,就相同的冷卻速率而言,沃斯田鐵晶粒較大者將產生較多的麻田散鐵,故其 TTT 曲線的變化終了線將落在細晶粒者的右側,如圖 5-13 所示。

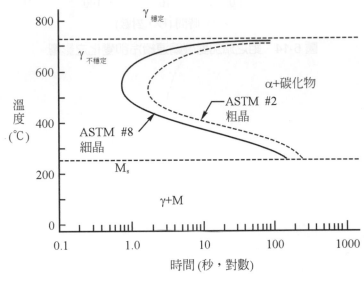

圖 5-13 晶粒大小對連續冷卻變化之影響

5-6-2 合金組成對相變的影響

合金元素的添加(除 Co、Ti、Zr 外)都會對碳鋼的相變產生抑制或延遲反應的效果,主要原因是合金原子與碳原子在肥粒鐵與碳化物成長的過程中,必須藉擴散重新分佈,不同種類原子的存在將增加擴散的時間所致。以圖 5-14 為例,在添加 0.25%的鉬後,波來鐵變化的反應時間可延遲 4、5 倍以上。易言之,使獲得麻田散鐵所須的冷卻速率減緩許多,而避免塊材脆裂之虞。在鋼的實際製程上,需適當的麻田散鐵來達到鋼材強化的效果,但太快的冷卻速率,則不利於製程的穩定性,故可藉著合金元素的添加而獲得所須之延遲效應。

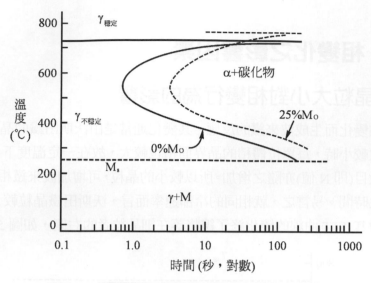

圖 5-14　鉬之添加對碳鋼連續冷卻變化之影響

習 題

1. 如圖 5-10 共析碳鋼之恆溫變化曲線,下列熱處理後之顯微結構爲何?假設試片皆於 760°C 維持長時間加熱而完全成爲沃斯田鐵結構。(1)急冷至 400°C 並持溫 10000 秒,然後淬冷至室溫。(2)急冷至 200°C 並持溫 100 秒,然後淬冷至室溫。(3)急冷至 700°C 並持溫 10 秒,再急冷至 400°C 並持溫 10000 秒,然後淬冷至室溫。

2. 簡述將 4340 鋼由下列一種顯微結構變成另一種結構的最簡單連續冷卻處理過程:(1)(麻田散鐵+變韌鐵)變成(肥粒鐵+波來鐵),(2)(麻田散鐵+變韌鐵)變成(麻田散鐵+肥粒鐵)。

3. 一高碳工具鋼進行下列的熱處理:(1)715°C 持溫 3 小時後緩慢冷卻,取部分材料進行冷加工,(2)加工之後,將此部分材料由 800°C 在水中淬火,(3)將此材料在 180°C 回火 1 小時。描述試片的結構及每一熱處理步驟的目的。

4. Fe-0.8% C 試片及 Fe-0.9% C 不銹鋼試片由 800°C 在水中淬火至 50°C:(1)哪一個試片有較高的 Ms 溫度?(2)哪一個試片較硬?(3)沃斯田鐵和麻田散鐵的結構爲何?體心立方、簡單立方或其他?(4)淬火試片上有一些裂縫,什麼原因導致裂縫發生?

5. 比較波來鐵與變韌鐵相變化的異同。

6. 高碳鋼淬火後再回火時,微結構上有哪些基本變化?若是低碳鋼,則有哪些變化不易出現?

7. 針對鋼鐵材料:(1)說明沃斯田鐵的晶粒大小如何影響 TTT 曲線;(2)從成核及成長的觀點,討論 TTT 曲線爲何有著 C 的形狀?

8. 說明如何熱處理使 1060 鋼具有:(1)最高硬度,(2)最低硬度?並說明相對應之金相結構。

9. 由沃斯田鐵相變至波來鐵之碳鋼，實際控制此相變化的基本因素有哪些？機構為何？

10. 描述商用鋼熱處理步驟及其目的。

Chapter

6

變形

■ **本章摘要**

　　金屬材料因富有延展性，易於塑性加工(plastic working)，因而乃能在人類工藝史上佔有多彩多姿的地位。磚石之類的非金屬材料因其脆性，無法塑性加工，因而在用途上受到極大之限制。

　　金屬材料可使用鑄造、熔接、切削、研磨加工、粉末冶金、塑性加工、電鑄成型等製造方法。其中兼具操作簡單、成本低廉、能大量生產且造型美觀之優點者，當首推塑性加工。如圖 6-1 所示者爲各種製造方法示意圖。

　　金屬材料經加工變形後，不僅外形尺寸改變，且內部之組織和性質亦發生變化。如經冷軋，冷拉等塑性加工變形後，金屬的強度會顯著提高而延性下降；若經熱軋(hot rolling)、熱鍛等熱塑性加工變形後，強度的提高雖不明顯，但延性和韌性則較其在鑄造狀態時有明顯之改善。若壓力和加工的過程不當，而使其變形量超過金屬塑性值的極限，將產生裂縫或造成破斷。

　　本章之目的在介紹塑性加工的種類，說明金屬的彈性與塑性行爲，解釋金屬之所以容易發生塑性變形的原因，並概述金屬的變形機構及破斷觀念，以便對金屬之變形與破斷能有全盤的認識。

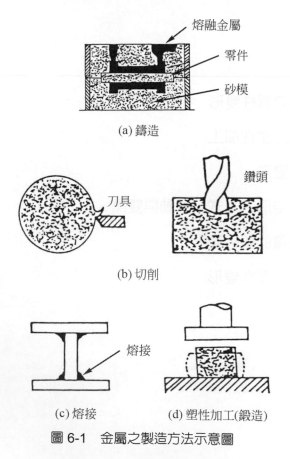

(a) 鑄造

(b) 切削

(c) 熔接　　　　(d) 塑性加工(鍛造)

圖 6-1　金屬之製造方法示意圖

▶6.1　金屬之彈性變形

金屬材料受外力作用時，若應力(stress)不大，金屬乃起彈性變形(elastic deformation)－即外力移除後變形立即消失；若應力大於金屬之彈性限(elastic limit)，金屬乃發生永久變形(permanent deformation)，相對於彈性變形而稱為塑性變形(plastic deformation)。茲將彈性變形的本質論述於下。

● 6-1-1　金屬彈性變形之特徵

金屬之彈性變形具有如下所述的特徵：

1. 為可逆的(reversible)，亦即將導致變形之外力除去後，試件會回復到原尺寸。

2. 應力(加外力時內部感受之力)與應變(受外力作用後單位長度之變化量)成正比，其比值稱為楊氏係數(Young's modulus)或彈性係數(modulus of elasticity)。

如圖 6-2 所示者為金屬之彈性變形示意圖，係單位晶胞沿作用力之方向產生微小伸長或縮短的現象。易言之，即在原子間產生微小位移。

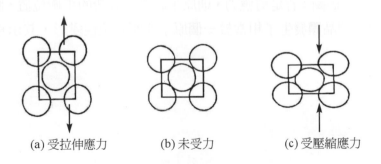

(a) 受拉伸應力　　(b) 未受力　　(c) 受壓縮應力

圖 6-2　金屬彈性變形之示意圖

● 6-1-2　彈性模數與雙原子模型

在彈性變形階段，應力與應變成線性關係，即服從虎克定律

$$\sigma = E\varepsilon \quad 或 \quad \tau = G\upsilon \tag{6.1}$$

式(6.1)中：σ為拉應力，τ 為剪應力，ε、υ 分別為拉應變和剪應變，比例常數 E 稱為彈性係數或楊氏係數，G 為剪彈性係數。

式(6.1)可改寫為

$$E = \frac{\sigma}{\varepsilon} \quad 或 \quad G = \frac{\tau}{\upsilon} \tag{6.2}$$

　　由上可知，彈性係數(E)是應力-應變曲線的斜率。彈性係數越大，越不容易產生彈性變形，因此彈性係數表示金屬材料對彈性變形的抗力。工程上常將構件產生彈性變形的難易程度稱爲構件剛性(stiffness)。拉伸件的剛度常用 $A_0 E$ 表示(A_0 爲零件之承載截面積)，$A_0 E$ 越大，拉伸件之彈性變形就越小，因此，E 是決定構件剛度的材料性能，稱爲材料剛度。E 對工程設計之選材具有重要之意義，如鏜床之鏜桿的彈性變形越小，其加工的精度越高，因此在設計時除了鏜桿要有足夠的截面積 A_0 外，尚需選用彈性係數高的材料。

　　由圖 6-3 所示之雙原子模型可知當晶體不受外力時，內部原子處於平衡位置，其相互作用力之和爲零，此時原子的內能也最低。當晶體受應力後，其內部原子克服原子間的結合力而偏離其平衡位置，但在原子間結合力的作用下卻力求這些原子回復到它們原來的平衡位置，若去除外加應力，則原子立即回復到原來的平衡位置，變形也隨之消失，此即爲彈性變形。在原子的平衡位置附近，原子間的結合力與位移的關係基本上呈線性關係，而使晶體的彈性應變與應力近似於線性關係，當外加應力大於原子間結合力之極值時，若爲拉應力，晶體即發生破斷；若是剪應力，則原子將遷移到新的平衡位置，將應力除去後，變形也不能回復，即晶體發生了相當於一個原子間距的塑性變形，其示意圖如圖 6-4 所示。

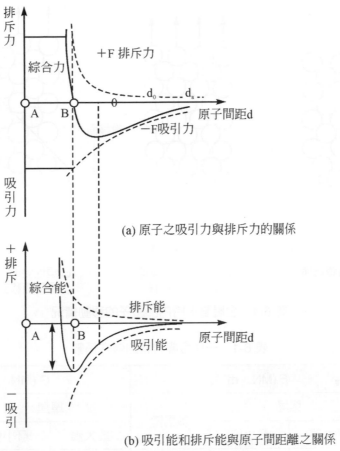

(a) 原子之吸引力與排斥力的關係

(b) 吸引能和排斥能與原子間距離之關係

圖 6-3　雙原子作用模型

　　根據理論計算，克服原子間結合力的極值，使晶體發生塑性變形所需之剪應力的最低值 τ_m 為

$$\tau_m = \frac{G}{2\pi} \tag{6.3}$$

　　式(6.3)中：τ_m 為晶體理論抗剪強度，G 為剪彈性係數。

　　由此可知，彈性係數亦是反映原子間結合力大小的指標，其值主要取決於金屬之本質，與晶格類型和原子間距有密切之關係。由於單晶具有方向性，所以其彈性係數亦有方向性，而多晶體的晶粒方向是任意的，所以無方向性。彈性係數對材料顯微組織不敏感，金屬材料的合金化、加工及熱處理都不能對其產生明顯之影響。例如超高強度鋼的強度雖高出低碳鋼約十倍，但其彈性係數在基本上卻相同。如表 6-1 所列者為一些金屬之單晶和多晶體的彈性係數。

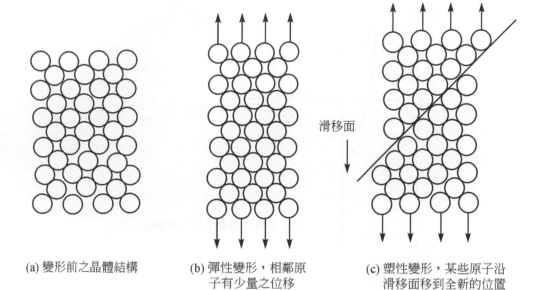

(a) 變形前之晶體結構　　(b) 彈性變形，相鄰原　　(c) 塑性變形，某些原子沿
　　　　　　　　　　　　　子有少量之位移　　　　滑移面移到全新的位置

圖 6-4　金屬變形時內部原子的移動情況

表 6-1　一些金屬材料的彈性係數

金屬類別	E (MN·m^{-2})			G (MN·m^{-2})		
	單晶		多晶體	單晶		多晶體
	最大值	最小值		最大值	最小值	
Al	66100	63600	60300	28400	24500	26100
Cu	191100	66600	129800	65400	30600	48300
Au	116600	42900	68000	42000	18800	26000
Ag	115100	43000	82600	43600	10300	30300
Pb	38600	13400	18000	14400	4900	6,80
Fe	262600	125000	211400	115800	59900	81600
W	384600	384600	411000	151400	151400	160600
Mg	50600	42900	44600	18200	16600	16300
Zn	123500	34900	100600	48600	26300	39400
Ti	—	—	115600	—	—	43800
Be	—	—	260000	—	—	—
Ni	—	—	199500	—	—	66000

6-1-3　彈性係數

　　當沿 x 軸施以拉力(σ_x)時，材料在 x 軸會發生伸長應變(ε_x)，而在橫向之 y 與 z 軸則發生壓縮應變(ε_y，ε_z)。橫向應變除以縱向應變可得一比例常數，稱為蒲松比(Poisson's ratio)，通常以 ν 表之，即

$$\varepsilon_y = \varepsilon_z = -\nu\varepsilon_x = -\frac{\nu\sigma_x}{E} \tag{6.4}$$

　　就一完美而均勻之彈性材料而言，ν 值為 0.25，然而對大部分之金屬而言，ν 值約 0.33。

　　工程上常用的彈性常數除了楊氏係數(彈性係數，E)，剪彈性係數(G)，蒲松比(ν)外，尚有體模數(bulk modulus)或彈性的容積模數 K。K 表示物體在三向壓縮(流體靜壓力)下，液壓(P)及體積變化率($\frac{\Delta V}{V}$)之間的線性關係。

　　由式(6.5)中之任一式

$$\left.\begin{array}{l}\varepsilon_x = \dfrac{1}{E}[\sigma_x - \nu(\sigma_y + \sigma_z)] \\[2mm] \varepsilon_y = \dfrac{1}{E}[\sigma_y - \nu(\sigma_x + \sigma_z)] \\[2mm] \varepsilon_z = \dfrac{1}{E}[\sigma_z - \nu(\sigma_x + \sigma_y)]\end{array}\right\} \tag{6.5}$$

可得

$$\varepsilon = \frac{1}{E}[-P - \nu(-P - P)] = \frac{P}{E}(2\nu - 1) \tag{6.6}$$

而在 P 作用下之體積變化率為

$$\frac{\Delta V}{V} = 3\varepsilon = \frac{3P}{E}(2\nu - 1) \tag{6.7}$$

所以

$$K = \frac{-P}{\dfrac{\Delta V}{V}} = \frac{E}{3(1 - \nu)} \tag{6.8}$$

由於 E、G、ν 與 K 四個常數在等向性材料中，只有兩個獨立的常數，因而在上述四個常數中，必有兩個關係可聯繫在一起，如

$$E = \frac{9K}{1 + \dfrac{3K}{G}} \tag{6.9}$$

$$G = \frac{3(1 - 2\nu)K}{2(1 + \nu)} \tag{6.10}$$

$$K = \frac{E}{9 - \dfrac{3E}{G}} \tag{6.11}$$

$$\nu = \frac{1 - \dfrac{2G}{3K}}{2 + \dfrac{2G}{3K}} \tag{6.12}$$

例題 6-1

(a) 在一鋼板表面做了 100.0 cm × 100.0 cm 之正方形記號，而後在與正方形一邊垂直之方向加上 2000 MPa 之應力，則此正方形記號的面積為多少？(設此鋼板之 $E = 205000$ MPa, $\nu = 0.29$)。

(b) 若將第一個應力不移走，而後在垂直於第一個應力方向施加 4100 MPa 之應力，則此正方形之面積又變為多少？

解

設此鋼板不具有優選方向，即在施加應力時其應變具有加成性

(a) $\varepsilon_z = \dfrac{2000 \text{ MPa}}{205000 \text{ MPa}} = 0.00976$

由式(6.4)

$\nu = -\dfrac{\varepsilon_z}{\varepsilon_x}$

$\varepsilon_x = -0.29 \times 0.00976 = -0.0028$

$1000\,(1 + 0.00976) \times 1000(1 - 0.0028) = 1006932.7 \ (\text{mm})^2$

(b) $\varepsilon_y = -0.0028 + \dfrac{4100 \text{ MPa}}{205000 \text{ MPa}} = 0.0172$

$$\varepsilon_z = 0.00976 - 0.29(\frac{4100 \text{ MPa}}{205000 \text{ MPa}}) = 0.0040$$

$$1000(1 + 0.004) \times 1000(1 + 0.0162) = 1004 \times 1016.2 = 1020264.8 \text{ (mm)}^2$$

6-1-4　由彈性應變求應力值

在平面應力的情況下(即$\sigma_z = 0$)，可由式(6.5)同時解其中二式，可得到兩組關於應力和應變之簡單而有用的方程式

$$\left.\begin{array}{l} \sigma_x = \dfrac{E}{1-\nu^2}(\varepsilon_x + \nu\varepsilon_y) \\[2mm] \sigma_y = \dfrac{E}{1-\nu^2}(\varepsilon_y + \nu\varepsilon_x) \end{array}\right\} \tag{6.13}$$

通常受平面應力作用的典型情況是薄片的平面，或受內壓力作用的薄管，因其自由表面均無垂直應力。

另一重要之情況為平面應變($\varepsilon_z = 0$)的產生，通常發生於材料尺寸某一軸遠大於其他二軸時，如長桿或有端點的圓柱體。因其某些形式的物理限制，使得應變在某一方向受到限制。亦即

$$\varepsilon_z = \frac{1}{E}[\sigma_z - \nu(\sigma_x + \sigma_y)] = 0$$

但　$\sigma_z = \nu(\sigma_x + \sigma_y)$ $\tag{6.14}$

所以縱使應變為零，但仍有應力存在，將此應力值(6.14)代入式(6.5)，可得

$$\left.\begin{array}{l} \varepsilon_x = \dfrac{1}{E}[(1-\nu^2)\sigma_x - \nu(1+\nu)\sigma_y] \\[2mm] \varepsilon_y = \dfrac{1}{E}[(1-\nu^2)\sigma_y - \nu(1+\nu)\sigma_x] \\[2mm] \varepsilon_z = 0 \end{array}\right\} \tag{6.15}$$

例題 6-2　將應變規置於一彈性係數與蒲松比分別為 200 GPa 與 0.33 之鋼板的自由表面上，測得其主應變為 0.004 及 0.001 cm/cm，試求其主應力。

解

本題為平面應力的條件，由式(6.13)可得

$$\sigma_x = \frac{E}{1-\nu^2}(\varepsilon_x + \nu\varepsilon_y) = \frac{200\ \text{GPa}}{1-0.109}[0.004 + 0.33(0.001)]$$

$$= \frac{200\ \text{GPa}}{0.891}(0.004 + 0.0003) = 0.965\ \text{GPa} = 965\ \text{MPa}$$

$$\sigma_y = \frac{E}{1-\nu^2}(\varepsilon_y + \nu\varepsilon_x) = \frac{200\ \text{GPa}}{0.891}(0.001 + 0.0013) = 0.516\ \text{GPa} = 516\ \text{MPa}$$

▶ 6.2　金屬之塑性加工

塑性加工的分類可依加工溫度不同、基本的變形機構和材料及製品形式之不同而予以分類，茲分述如下：

(一) 以加工溫度分類

若以加工溫度之不同而言，塑性加工有熱加工(hot working)及冷加工(cold working) 兩種。所謂熱加工是在高於金屬再結晶溫度(recrystallization temperature)以上的溫度塑性加工者，反之則稱為冷加工。如鉛之結晶溫度低於 0℃，在室溫時對鉛塑性加工，即屬熱加工；又純鐵之再結晶溫度約為 500℃，因而若在 450℃對純鐵塑性加工，則仍為冷加工。

此外，另有所謂「溫加工(warm working)」，係指在 300℃~600℃間對再結晶溫度高的合金進行塑性加工，但未有嚴格的定義。

(二) 以基本的變形機構分類

塑性加工若以基本的變形機構(deformation mechanism)來區分，則有下列五種：

1.　壓縮型加工

　　如滾軋(rolling)、鍛造(forging)、擠型(extruding)、壓擠(squeezing)、壓模印(coining)及旋轉成型(spinning)等。壓縮型加工之示意圖如圖 6-5 所示。

2.　伸張型加工

　　如抽製(drawing)、伸展(stretching)、凹壓(cupping)及深度抽製(deep drawing)。

3.　彎曲型加工

　　如彎曲(bending)、摺緣(flanging)及摺縫(seaming)。

4.　剪斷型加工

　　如衝孔(punching)、穿刺(piercing)、修整(trimming)及衝缺口(notching)等。

5. 高能量加工成型法

如爆炸成型(explosive forming)、電力液壓成型(eletrohydraulic forming)及磁力成型 (magnetic forming)等。

(三) 以材料及製品形式分類

塑性加工若以材料及製品形式劃分，則可分為下列四種：

1. 板材加工

如滾製、沖孔、修整及摺緣。

2. 型材加工

如擠型及滾軋等。

3. 棒材加工及管材加工

如抽製、旋轉成形及滾軋等。

4. 工件加工

如鍛造、軋鍛(rolling forging)及落鍛(drop forging)等。

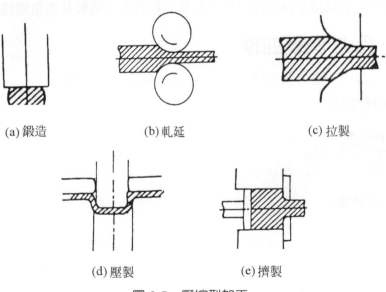

(a) 鍛造　　　　　　(b) 軋延　　　　　　(c) 拉製

(d) 壓製　　　　　　(e) 擠製

圖 6-5　壓縮型加工

▶6.3 塑性變形

6-3-1 塑性變形之特徵

金屬塑性變形所具有之特徵如下所述：

1. 為不可逆的(irreversible)，亦即將作用力去除之後，其外觀上的改變無法回復。

2. 塑性變形後，金屬材料的外觀雖改變但其原子的結晶方式仍然不變，只是原子間換個新鄰居(滑動)，或其原子的排列方式略為不同(雙晶)而已。

金屬發生塑性變形時，已不再是單位晶胞的應變而已，而是結晶平面間的滑動(slip)，或產生雙晶(twin)。滑動的現象在一結構完整的金屬晶體內(如單晶)甚難發生；但因絕大部份的金屬材料都不是完整晶體，而有許多缺陷(imperfection)，如結晶格子上少了一個原子所造成的空孔(vacancy)，屬於點缺陷(point defects)；若在結晶面上多了或少了一列原子，造成所謂的「差排」(dislocation)的線缺陷(line defects)。此外，還有面缺陷(planar defects)，如堆疊斷層(stacking fault)及晶粒界面；體缺陷(volume defects)，如異相或夾雜物(介在物)等。具有某些缺陷的晶體受外力作用後，甚易滑動而使金屬較易產生塑性變形。

6-3-2 應力-應變曲線

在工程應用中，應力和應變可分別由式(6.16)及(6.17)計算
應力(工程應力)

$$\sigma = \frac{P}{A_0} \tag{6.16}$$

應變(工程應變)

$$\varepsilon = \frac{L - L_0}{L_0} \tag{6.17}$$

式中：P 為負荷；A_0 為試樣的原始截面積；L_0 為試樣的原始標距長度；L 為試樣變形後的長度。

如圖 6-6 所示者為低碳鋼的應力-應變曲線，此種應力-應變曲線通常稱為工程應力-應變曲線，其與負荷-變形曲線相似，只是座標不同。由圖 6-6 可知低碳鋼的變形過程有下述之特點：

Chapter

6

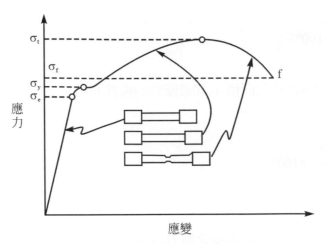

圖 6-6　低碳鋼的應力-應變曲線

1. 當應力低於σ_e時，應力與試件的應變成正比，將應力除去後，則變形消失，亦即試件處於彈性變形階段，σ_e稱為材料的彈性限，表示材料保持完全彈性變形時的最大應力。

2. 當應力超過σ_e後，應力與應變之間的線性關係被破壞，並出現降伏平台或降伏齒。如果將外力除去，試件的變形只能部份恢復，而保留一部份殘餘變形，即為塑性變形。此時鋼的變形進入彈塑性變形階段。σ_y稱為材料的降伏極限或降伏點，對於無明顯的降伏金屬材料，規定以產生 0.2%殘餘變形的應力值為其降伏極限($\sigma_{0.2\%}$)，稱為條件降伏極限或降伏強度(yield strength)。σ_y或$\sigma_{0.2\%}$均表示材料對起始微量塑性變形的抵抗力。

3. 當應力超過σ_y後，試件發生明顯而均勻的塑性變形，欲使試件的應變增大，必須增加應力值，此種隨著塑性變形的增大，塑性變形抵抗力不斷增加的現象稱為加工硬化或變形強化。當應力達到σ_t時，試件的均勻變形階段即告中止，此最大應力值σ_t稱為材料的強度極限或抗拉強度，它表示材料對最大均勻塑性變形的抵抗力。

4. 在σ_t值之後，試件開始發生不均勻塑性變形並形成頸縮(necking)，應力下降，於應力達σ_f時試件發生破斷，σ_f稱為材料的條件破斷強度，表示材料對塑性變形的極限抗力。破斷作為金屬喪失連續性的過程並不是在 f 點才突然發生的，而是在 f 點之前就已經開始，f 點只是破斷過程的最終表現，這種產生一定量塑性變形後的破斷稱為塑性破斷。

破斷後之試件的殘餘總變形量 ΔL_f 與原始長度 L_0 的百分比稱為伸長率 δ

$$\delta = \frac{\Delta L_f}{L_0} \times 100\% \qquad (6.18)$$

斷面縮率 ψ 是試樣的橫截面積 A_0 和破斷時的橫截面積 A_f 之差與原橫截面積 A_0 的百分比

$$\psi = \frac{A_0 - A_f}{A_0} \times 100\% \qquad (6.19)$$

δ、ψ 皆為材料延性的衡量指標。

不同的金屬材料可能有不同類型之應力-應變曲線。鋁、銅及其合金，經熱處理後之鋼材的應力-應變曲線如圖 6-7(a)所示，其特點是沒有明顯的降伏平台。鋁青銅和某些沃斯田鐵鋼，在破斷前雖也會產生一定量的塑性變形，但並不會形成頸縮，如圖 6-7(b)。而某些脆性材料，如淬火狀態下的中、高碳鋼，灰口鑄鐵等，在拉伸時幾乎沒有明顯的塑性變形即發生破斷，如圖 6-7(c)。

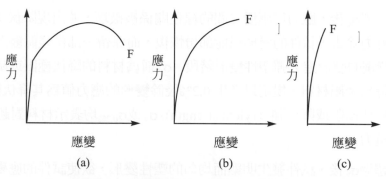

圖 6-7　不同類型的工程應力-應變曲線

◉ 6-3-3　真應力-真應變曲線

上述之應力-應變曲線中的應力和應變是以試件之原始尺寸進行計算的，但由於在拉伸過程中試件的尺寸不斷在變化，此時的真實應力(S)應該是瞬時負荷(P_i)除以試件的瞬時截面積(A_i)，即

$$S = \frac{P_i}{A_i} \qquad (6.20)$$

同理，真實應變 ε 應該是瞬時的伸長量除以瞬時之長度

$$d\varepsilon = \frac{dL}{L} \tag{6.21}$$

而此時的總應變即為

$$\varepsilon = \int d\varepsilon = \int_{L_0}^{L_f} \frac{dL}{L} = \ln \frac{L_f}{L_0} = \ln(1+\delta) \tag{6.22}$$

如圖 6-8 所示者為真應力-真應變曲線，其負載不像應力-應變曲線在達到最大值後轉而下降，而是繼續上升直至破斷。此說明金屬在塑性變形過程中不斷地發生加工硬化，因而外加應力必須不斷增高，才能使變形繼續進行，即使在出現頸縮之後，頸縮處的真實應力仍在升高，此排除了應力-應變曲線中應力下降的假象。圖中 S_F 是材料的破斷強度。

通常把均勻塑性變形階段(即從降伏點至最大載荷點)的真應力-真應變曲線稱為流變曲線，可表成如式(6.23)所示之經驗公式

$$S = ke^n \tag{6.23}$$

式中，k 為常數，n 為變形強化指數。n 代表金屬在均勻變形階段之強化能力，n 值愈大，則變形時的加工硬化愈顯著，大多數金屬的 n 值在 0.10~0.50 之間。

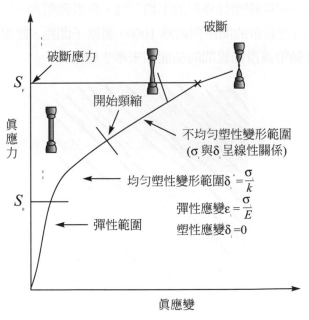

圖 6-8　真應力-真應變曲線

▶ 6.4 　塑性變形之方式：滑動與雙晶

金屬及合金最主要的塑性變形方式是滑動及雙晶，在本節中將以滑動為討論之重點，對於雙晶則僅作一般性之介紹。

● 6-4-1 　滑動及滑動帶

金屬之單晶試件，表面經研磨拋光後，進行拉伸試驗。當試件經適量之塑性變形後，於金相顯微鏡下觀察，即可在表面看到如圖 6-9 所示之許多相互平行的線條，這些平行線條稱為滑動線(slip line)或滑移線，許多滑動線聚集在一起，即成滑動帶(slip bands)(如圖 6-10(a)所示)。若在高倍率電子顯微鏡下觀察，可發現構成滑動帶之滑動線實際上是在塑性變形後於晶體表面產生之許多小台階，(如圖 6-10(b))，其高度約為 1000 個原子間距，滑動線間的距離約為 100 個原子間距。相互靠近的一組小台階在巨觀上是一個大台階，此即為滑動帶。由以上之敘述可知，晶體的塑性變形是晶體的一部份相對於另一部份沿某些晶面和晶向發生滑動的結果，這種變形方式稱為滑動或滑移。當滑動的晶面凸出晶體表面時，在滑動面與晶體表面的相交處，即形成了滑動台階，一個滑動台階就是一條滑動線，每一條滑動線所對應的台階高度，即顯示著此一滑動面的滑動量，而這些台階的堆積就造成了巨觀的塑性變形效果。

由滑動帶的觀察尚可明瞭塑性變形的不均勻性。在滑動帶內，每條滑動線間的距離約為 100 個原子間距，而滑動帶的間距則約為 10000 個原子間距，此說明了滑動會集中發生在某些晶面上，而滑動帶或滑動線間的晶面則未產生變形。

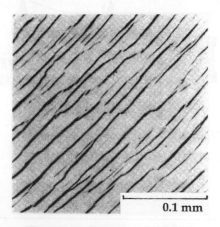

0.1 mm

圖 6-9　在鋁單晶中之滑動線

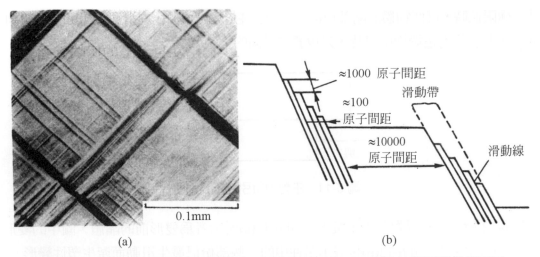

圖 6-10　(a) Co-8Fe 合金單晶在兩平面間的滑動帶，(b)滑動線和滑動帶示意圖

6-4-2　由滑動所發生的變形

金屬材料所受之外力達到某一限度以上時就會發生塑性變形。因為普通的金屬材料是由許多晶粒所構成，所以它的變形機構很複雜，為了簡化起見，乃以單晶來研究晶體受到外力時所發生的變形。

若對單晶施以純拉力，可使原子間距沿應力軸的方向增加。原子間距漸次增加時，由圖 6-3 知原子間的引力經過極大值後會漸次減少。所以當拉力超過極大值時，因為原子間的引力小於外加拉力，所以外加拉力能把原子完全拉開，單晶因而破壞，假如外力不超過極大值，則在除去外力後，原子內所產生的抗力就會使原子回到原來位置，而不致發生永久變形。

又單晶受純壓力時，原子會沿應力軸的方向接近，在原子接近時會於原子間產生斥力。雖然壓力不斷增加，但斥力也隨著增加而與外加壓力平衡。所以除去外加壓力後，變形立刻消失，亦即所產生的變形完全是彈性的。在這情形下不發生塑性變形，也不會發生破壞。

由上述說明可知，純拉力和壓力在超過極大值前都不能使結晶發生永久變形。但實際上材料在受到外力時卻會發生永久變形。亦即在拉力與壓力之外，應有另一種型態之外力存在，方為永久變形之原因，此另一形式存在之外力，就是剪力。易言之，即單晶在受到剪力的負荷時，假如剪力超過某一限度，單晶就會發生永久變形，即剪力能使原子的位置發生永久性的相互移動，但仍保持原子原來的規則排列。所謂剪力(shearing force)就是如圖 6-11 所示之力把同一物體相鄰接的兩個部份，在接觸平面發生滑動的作用力。剪力超過某一極限值時，可使物體的兩部份沿橫方向發生相互移動。此種橫方向的相互移動即是滑動。剪力負荷不超過極限值時，只會發生橫向的彈性變形。

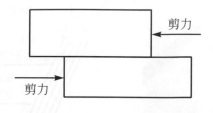

剪力

剪力

圖 6-11　由剪力所引起的滑動

圖 6-12 所示者為晶體的塑形變形。圖 6-12(a)所示者為變形前的晶體，圖中的菱形表示金屬的結晶型態。圖 6-12(b)是表示試件中的一些部份已發生滑動而產生塑性變形。

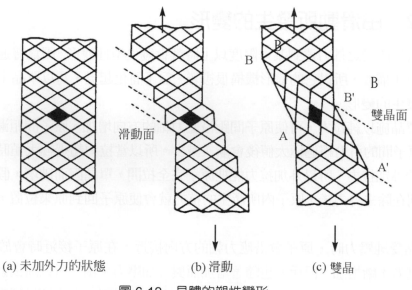

滑動面

B
B'
雙晶面
A
A'

(a) 未加外力的狀態　　　(b) 滑動　　　(c) 雙晶

圖 6-12　晶體的塑性變形

如圖 6-13 所示者，若以平行光線照射發生滑動的部份時，由於光線的反射方向不同，在試件表面發生滑動處可以看到如圖 6-13(b)所示的較暗線條，即為前述之滑動線(slip line)。由圖 6-13(a)、(b)兩圖中的影線部份可知，發生滑動的晶體對原來的晶體仍然保持相同的關係，其結晶型態和晶體方向都未發生改變。這種變形只能從表面看出，若把有滑動線的單晶再度磨平時，雖用顯微鏡也檢查不出該晶體曾發生滑動。

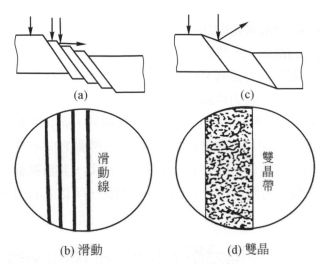

圖 6-13　滑動線和雙晶帶

6-4-3　滑動系統

滑動是晶體的一部份沿著一定的晶面和晶向相對於另一部份運動，此晶面稱為滑動面，晶體在滑動面上滑動的方向稱為滑動方向。滑動面和在此面上的滑動方向結合，就成為滑動系統。滑動系統表示晶體發生滑動時可能發生的空間與方向。當其他條件相同時，晶體中的滑動系統越多，則滑動時可能的空間與方向也越多，即塑性變形越容易。

金屬的晶體結構不同，其滑動面和滑動方向也不同，幾種常見金屬的滑動面及滑動方向如表 6-2 所列。

表 6-2　三種常見金屬結構的滑動系統

晶體結構	體心立方	面心立方	六方最密堆積
滑動面	{110}　{110}	{111}　{111}<110>	{0001}　<$\bar{1}\bar{1}20$>　{0001}
滑動方向	<111>　<111>	<110>	<$11\bar{2}0$>
滑動系統數目	6×2=12	4×3=12	1×3=3

滑動面發生在原子排列最緊密的晶面，而滑動方向也發生在原子排列最緊密的方向。此乃因在原子密度最大的晶面上，其原子間的結合力最強，而面與面之間的距離卻最大，即密排晶面之間的原子間結合力最弱，滑動所受的阻力最小，因而最容易滑動。而沿原子密度最大的結晶方向滑動時，阻力也最小。

當然，金屬塑性的好壞，除與滑動系統的數目有關外，尚與滑動面上原子的密排程度和滑動方向的數目等因素有關。如體體心立方 α-Fe 之滑動方向不及面心立方金屬多；同時其滑動面上的原子密排程度也較面心立方金屬低，因此，其滑動面間之距離較小，原子間結合力較大，必須在較大的應力作用下才能開始滑動，所以 α-Fe 的塑性較銅、鋁、銀、金等面心立方金屬差。

6-4-4　滑動的臨界剪分應力(critical resolves shear stress, τ_{CRSS})

當晶體受力時，並不是所有系統都同時滑動，而是由受力狀態決定。晶體中某個滑動系統是否發生滑動，受在滑動面內沿滑動方向上剪分應力的大小所決定。當剪分應力達到某一臨界值時，才能開始滑動，此應力即稱為臨界剪分應力(critical resolves shear stress，τ_{CRSS})，是產生滑動所需的最小剪分應力。

臨界剪分應力的計算方法如圖 6-14 所示。設有一圓柱形單晶受軸向拉力 F 的作用，晶體的橫截面積為 A_0，F 與滑動方向之夾角為 λ，與滑動面法線的夾角為 ϕ，則滑動面的面積為 $\dfrac{A_0}{\cos\phi}$，F 在滑動方向上的分力為 $F\cos\lambda$，而拉力 F 在滑動方向上的剪分應力為

$$\tau = \frac{F\cos\lambda}{\dfrac{A_0}{\cos\phi}} = \frac{F}{A_0}\cos\phi\cos\lambda \tag{6.24}$$

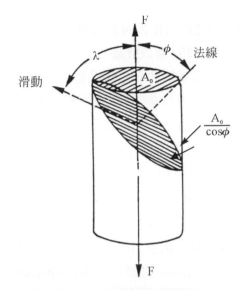

圖 6-14　剪分應力計算分析

當拉力 F 增加，而使某一滑動系統上的剪分應力達到某一臨界值，即 $\dfrac{F}{A_0} = \sigma_s$ (降伏極限)時，就會在該系統上產生滑動。通常在一給定的滑動系統上開始滑動所需的剪分應力稱爲「臨界剪分應力」，以 τ_{CRSS} 表示

$$\tau_{CRSS} = \sigma_s \cos\phi \cos\lambda \tag{6.25}$$

● 6-4-5　由雙晶(twin)所生之變形

雙晶變形(twin deformation)爲另一種形式的變形。如圖 6-12(c)所示者即爲雙晶變形。以某一個面爲鏡界面(例如：AA′)，一方的結晶(例如：AA′BB′部分)發生回轉，而和另一方不回轉的結晶成爲對稱，這種對稱面(圖中 AA′和 BB′面)，稱爲雙晶面(twinning plane)。雙晶變形的最大特點是發生雙晶變形的部份和未發生變形部份的原子排列，一定會以雙晶面爲中心左右成爲對稱關係，而不取代其他任何中間位置。如圖 6-13(c)、(d)所示，用光線照射雙晶部份時也可看見較暗的線條，但是這線條的寬度較滑動線大。此種寬線條稱爲雙晶帶(twinning band)。由圖 6-12(c)之有影線部份可知，發生雙晶變形後晶向已經發生改變，所以把雙晶變形的部份磨平後，再用顯微鏡觀察時，於發生雙晶變形的地方仍然可以看到雙晶帶。

與滑動相似，只有當外力在雙晶方向的剪分應力達到臨界剪分應力值時，才開始發生雙晶變形。通常雙晶的臨界剪分應力較滑動的臨界剪分應力大很多，因此只有在很難滑動的情況下，晶體才會雙晶變形。對於 HCP 的金屬如 Zn、Mg 等，由於其對稱性低，滑動系統少，在晶體的取向不利於滑動時，常以雙晶方式進行塑性變形。對體心立方金屬而言，如 α-Fe，在室溫下，僅有在衝擊荷重時才發生雙晶變形，但在室溫以下，由於產生滑動所需的臨界剪分應力顯著提高，滑動不易進行，因此在較慢的變形速率下也可能有雙晶變形出現。由於面心立方的金屬對稱性高，滑動系統多，其滑動面與雙晶面又在同一晶面上，且滑動方向及雙晶方向的夾角又不大，因此要求外力在滑動方向上的剪分應力不超過滑動所需的 τ_{CRSS}，同時要求在雙晶方向的剪分應力達到雙晶所需的臨界剪分應力值(此值為 τ_{CRSS} 的幾倍甚至數十倍)，相當困難。所以面心立方金屬很少有雙晶變形發生，只有少數金屬如銅、銀、金等，在極低溫度下(4~47 K)，由於滑動很困難才有雙晶發生。

雙晶對塑性變形的貢獻較滑動小很多，例如 Cd 若僅依靠雙晶變形則只能獲得 7.4% 的伸長率。但是，由於雙晶變形後，部份晶體的擇優取向(preferred orientation)發生改變，使得原來處於不利於取向的滑動系統轉變為有利於擇優取向的新系統，因而可激發晶體進一步滑動。例如滑動系統少的 HCP 金屬，當晶體相對於外力的擇優取向不利於滑動時，如果發生雙晶，則雙晶後的取向大多會變得有利於滑動之進行。如此使得滑動與雙晶兩者交替進行，即可獲得較大的變形量。因而對於滑動系統較少的 HCP 金屬而言，雙晶對於塑性變形的貢獻還是不能忽略的。

▶ 6.5　　多晶體的塑性變形

普通的金屬材料是由許多結晶方向不同的晶粒聚集而成，這種多晶體承受外力而變形時，因為晶粒和晶粒之間有晶界的存在，所以變形的現象就顯得很複雜。這些晶界對變形的影響大體上可分成兩種：(1)由於晶界的強度和結晶本身的強度不同所起的影響，(2)因為晶軸方向不同的晶粒，在晶界處的相互影響。

上述兩種因素之中，在常溫時，第一因素的影響較小，而以第二因素的影響較大。多晶體的變形抵抗較單晶的變形抵抗大的原因，大都因第二種因素而起。以下所討論者為多晶體的塑性變形。

● 6-5-1　　多晶體塑性變形的過程

多晶體是由許多結晶方向不同的晶粒所組成，由於各晶粒的方向不同，因而各滑動系統的方向也不同，在外加拉力作用下，各滑動系統上的剪分應力值相差很大。所以在多晶體中的各晶粒並不會同時產生塑性變形，只有那些方向有利的晶粒，取向因子最大的滑動系統，隨著外力的不斷增加，其在滑動方向上的剪分應力首先達到臨界值者，才開始塑性變形。而此時在周圍對方向不利的晶粒，由於在滑動系統上的剪分應力尚未達到臨界值，所以並未發生塑性變形，仍然處於彈性變形狀態。此時金屬雖然已經開始塑性變形，但並未造成明顯的塑性變形效果。

　由於取向最有利的晶粒已開始塑性變形，亦即在其滑動面的差排源(dislocation source)已開始移動，源源不斷的差排沿著滑動面運動，但因周圍的取向不同，滑動系統也不同，且因運動的差排不能越過晶界，滑動不能發展到另一個晶粒中，導致差排在晶界處受阻，形成堆積差排(pile-up dislocation)。

　堆積差排會在其前沿附近區域造成很大的應力集中，隨著外加荷重的增加，應力集中也會隨之增大。此一應力集中值與外加應力相加，而使相鄰晶粒某些滑動系統上的剪分應力達到臨界剪應力值，使差排源再移動，而開始塑性變形。但由於多晶體中的每一個晶粒都在其他晶粒的包圍中，其變形並非獨立的，而必需與鄰近晶粒互相協調配合，否則就難以進行變形，甚至不能保持晶粒之間的連續性，以致造成孔隙而導致材料的破裂。為求與先變形之晶粒的協調，其相鄰晶粒除在取向最有利的滑動系統中進行滑動外，還須在其他幾個滑動系統中滑動，包括在取向並非有利的滑動系統上同時進行滑動，如此才能使其形狀作各種適應性改變。即為了協調已發生塑性變形的晶粒形狀之改變，相鄰晶粒必須是多系統滑動，而非單系統滑動。

　而在外加應力及已滑動晶粒之堆積差排所造成之應力集中推動下，就會使越來越多的晶粒參與塑性變形。在多晶體的塑性變形過程中，開始由外加應力直接引起塑性變形的晶粒只有少數，並未造成巨觀的塑性變形效果，多數晶粒的塑性變形是由已塑性變形的晶粒中之堆積差排所造成的應力集中引起的，亦即僅在此時，才會造成一定的巨觀塑性變形的效果。

　由上述之結果可知，多晶體塑性變形的特點，其一是各晶粒變形的不同時性，即各晶粒的變形有前後之分，並非同時進行；另一則為各晶粒變形的互相協調性，面心立方和體心立方金屬的滑動系統多，各晶粒的變形協調性佳，因此表現出良好的塑性。而 HCP 金屬的滑動系統少，難以使晶粒的變形彼此協調，因而塑性差，冷加工困難。

　此外。多晶體的塑性變形也具有不均勻性，由於晶界及晶粒方向不同的影響，各個晶粒的變形並不均勻，有變形量較大者，但亦有變形量較小者。且對每一個晶粒而言，其變形亦具有不均勻性，通常在晶粒中心區域的變形量較大，晶界及其附近區域的變形量則較小。

6-5-2 晶粒大小對塑性變形的影響

由於晶界的存在，使變形晶粒中的差排運動在晶界處受阻，每一晶粒中的滑動帶也都在晶界附近停止。另一方面，由於在各晶粒間存在的取向差，為了協調變形，須使每個晶粒皆進行多滑移，而發生多滑移時必會發生差排的交互作用。此兩者均會大幅提高金屬材料的強度。由圖 6-15 所示結果可知，鋅之多晶體的強度顯著高於單晶。顯然地，晶界越多，即晶粒越細，其強化效果也越顯著。這種用細化晶粒增加晶界以提高金屬強度的方法稱為「晶界強化」。

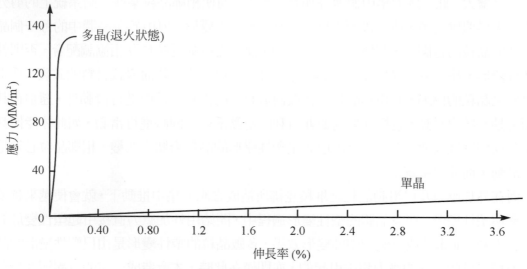

圖 6-15 鋅的單晶與多晶體之應力-應變曲線

根據理論分析和實驗結果，可將降伏強度(σ_y)與晶粒大小(d)的關係表為如式(6.26)之 Hall-Petch 關係式

$$\sigma_y = \sigma_0 + kd^{-\frac{1}{2}}$$

(6.26)

式中σ_0為摩擦應力(friction stress)，k為斜率。

對 Hall-Petch 關係式可做如下說明：

在多晶體中，降伏強度與滑動從先塑性變形的晶粒轉移到相鄰之晶粒是有密切關係的。此種轉移能否發生，主要取決於在已滑動晶粒之晶界附近的堆積差排所產生的應力集中，能否使相鄰晶粒滑動系統中的差排源也開始運動，進而發生協調性的多滑移。根據$\tau = n\tau_0$的關係式，應力集中τ的大小決定於堆積的差排數目 n，當 n 越大，則應力集中也越大。

若外加應力和其他條件一定時，差排數目 n 與引起的堆積的障礙——晶界到差排源的距離成正比。晶粒越大，此距離越大，n 也就越大，所以應力集中也越大；晶粒小則 n 越小，而應力集中也越小。因此，在相同之外加應力下，由大晶粒的堆積差排造成應力集中所激發之相鄰晶粒發生塑性變形的機會較小晶粒為大。小晶粒造成的應力集中小，因而需要在較大的外加應力下才能使相鄰晶粒發生塑性變形。此即為晶粒越細，降伏強度越高的主要原因。

晶界強化是金屬材料強化方法中極為重要的一種，細化晶粒除可以提高材料強度外，亦可改善材料的塑性和韌性，此乃其他強化方法所不及者。因為在相同外力作用下，細晶粒的內部和晶界附近的應變程度相差較小，變形較均勻，相對而言，因應力集中而引起裂縫的機會也較少，因而有可能在破斷之前承受較大的變形量，所以具有較大的伸長率及斷面縮率。在細晶粒中的裂隙不易產生也不易傳播，因而在破斷過程中可吸收更多的能量，而表現出較高之韌性。

▶6.6　合金的塑性變形

合金的塑性變形方式，在基本上雖大致與多晶體的情況相同，但由於合金元素的存在，且組織也不盡相同，因而合金之塑性變形自有其特點，茲分述如下。

◯ 6-6-1　單相固溶體的塑性變形

由於單相固溶體的顯微組織與多晶體之純金屬相似，因此其塑性變形之過程也大致相同。但因在固溶體中有溶質原子存在，使其對塑性變形之抵抗增加，強度及硬度亦因而提高，但延性及韌性則下降，此現象稱為固溶強化。固溶強化亦是提高金屬材料機械性質的一個重要方式，如在 α-Fe 中加入能溶於肥粒鐵的 Mn、Si 等合金元素即可使其機械性質顯著提高。

固溶強化的主要原因，一是溶質原子的溶入使固溶體的晶格發生扭曲，對正在滑動面上運動的差排形成阻礙作用；二是在差排線上偏聚的溶質原子對差排的鎖住(locking)作用。由於刃差排線的上半部多出一個半排的原子面，晶格受擠壓而處於壓應力狀態，而差排下半部則少一個半排的原子面，晶格被拉開而處於拉應力狀態。比溶劑大的置換原子及間隙原子往往擴散至差排線的下方受拉應力的部位，而較溶劑小的置換原子則擴散至差排線的上方受壓力的部位(如圖 6-16 所示)。如此，偏聚於差排周圍的溶質原子好像形成一個溶質原子的「氣團」，此稱為柯氏氣團(Cottrell atmosphere)。由於柯氏氣團的形成，使晶格扭曲減小，因而降低扭曲能，使差排處於較穩定的狀態，並造成差排運動困難。此即為柯氏氣團對差排的鎖住作用，稱為「彈性鎖住」(elastic locking)。故需有較大之作用力加在此差排上，方能使其脫離氣團的束縛，因而增加了固溶體合金的塑性變形抵抗力。

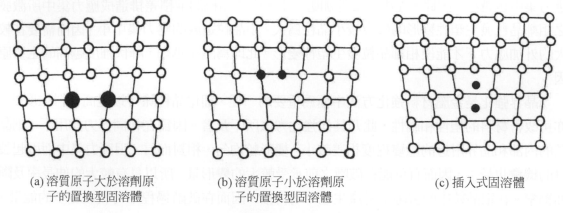

(a) 溶質原子大於溶劑原子的置換型固溶體　　(b) 溶質原子小於溶劑原子的置換型固溶體　　(c) 插入式固溶體

圖 6-16　溶質原子在差排附近的分佈

6-6-2　多相合金的塑性變形

多相合金除為多晶體外，其中有些晶粒是另一相，有些界面則是相界面。多相合金的組織大體上分為兩種：其一是兩相晶粒之大小相近，而變形性能也相似；另一類則是以變形性能較好的固溶體為基地及由在其上面分佈之硬脆的第二相所組成。這類合金除了具有固溶強化的效果外，還有因第二相的存在而引起的強化(此種強化方法稱為第二相強化)，其強度往往較單相固溶體為高。多相合金的塑性變形除與固溶體基地有密切關係外，尚與第二相的性質、形狀、大小、數量及分佈狀況有關，茲分述如下。

(一) 合金中兩相性能相近者

合金中兩相的含量相差不大，且兩相的變形性能亦相近，則合金之變形性能為兩相的平均值。此時合金的強度σ可以式(6.27)表示之

$$\sigma = \phi_\alpha \sigma_\alpha + \phi_\beta \sigma_\beta \qquad\qquad (6.27)$$

式中：σ_α 和 σ_β 分別為 α 與 β 兩相的強度極限，ϕ_α、ϕ_β 分別為 α 與 β 兩相的體積分率，$\phi_\alpha = 1 - \phi_\beta$。

由式(6.27)可知，合金的強度隨較強相含量的增加而呈線性增加。

(二) 合金中兩相性能差異較大者

合金中兩相的變形性能若差異很大，如其中的一相硬而脆，難以變形，另一相則延性較佳，容易塑性變形，且為基地相，則合金的塑性變形除與相之相對含量有關外，主要取

決於脆性相的分佈情況，其分佈有下述三種情況：

1.　硬而脆的第二相呈連續網狀分佈在延性相的晶界上

此種分佈情況可謂是最差者，因脆性相將延性相分開，而使其變形能力不能發揮，在經少量的變形後，即沿著連續的脆性相裂開，使合金的延性和韌性急劇下降。此時，若脆性相越多，網狀越連續，則合金的延性就越差，甚至強度也隨之下降。例如過共析鋼中的雪明碳鐵在晶界上呈網狀分佈時，使鋼的脆性增加，而強度和延性則下降。

2.　脆性的第二相呈片狀或層狀分佈在延性相的基地上

如鋼中的波來鐵組織，肥粒鐵和雪明碳鐵是呈片狀分佈，其中肥粒鐵的延性佳，但雪明碳鐵則硬而脆，所以塑性變形主要集中在肥粒鐵。當差排的移動被限制在片狀雪明碳鐵之間的短距離內，差排移動到被視為障礙物的雪明碳鐵之前時，即形成差排平面堆積群，而當其造成的應力集中足以驅使相鄰肥粒鐵中的差排源移動時，相鄰的肥粒鐵才開始塑性變形。因此，也可利用 Hall-Petch 關係式來描述波來鐵的降伏強度(σ_y)

$$\sigma_y = \sigma_i + k_s S_0^{-\frac{1}{2}} \tag{6.28}$$

式中：σ_i 為肥粒鐵的摩擦應力；k_s 為斜率；S_0 為片狀波來鐵之間距。

由式(6.28)可知，波來鐵之間距越小，則強度越高，且變形越均勻，而抗變形能力增加。對於細波來鐵，甚至在雪明碳鐵片也可發生滑動、彎曲變形，而表現出一定的變形能力。

亞共析鋼的塑性變形首先在初析肥粒鐵中進行，當肥粒鐵由於加工硬化而使其流變應力達到波來鐵的降伏極限時，波來鐵才開始塑性變形。

3.　脆性相在延性相中呈顆粒狀分佈

如共析鋼或過共析鋼經球化退火後得到的粒狀雪明碳鐵組織，此種粒狀的雪明碳鐵對肥粒鐵的變形阻礙作用大幅減弱，故強度降低，延性和韌性得到顯著之改善。通常，顆粒狀的脆性第二相對塑性變形的危害性較針狀和片狀者為小。若硬脆的第二相呈散佈粒子均勻地分佈在延性相基地上，則可顯著提高合金的強度，這種強化的主要原因是由於散佈的第二相粒子與差排的交互作用，阻礙了差排的移動，因而提高合金的塑性變形抵抗力，此種強化作用稱為散佈強化(dispersion hardening)。散佈強化作用根據散佈粒子與差排之作用方式，可將其強化機構分為下述二種情況：

(1) 差排繞過第二相粒子

在滑動面上移動的差排遇到堅硬不變形且較粗大的第二相粒子時，將受到粒子的阻擋而彎曲，伴隨著外加應力的增加，差排線受阻部份的彎曲加劇，以致圍繞著粒子的差排線在左右兩邊相遇時，正負差排相互抵消，形成了包圍著粒子的差排環而被留下，其餘部份之差排線又恢復直線繼續前進，其大略情形如圖6-17所示。差排線繞過間距為 λ 的第二相粒子時，所需之剪應力 τ 為

$$\tau = \frac{Gb}{\lambda} \tag{6.29}$$

式中：G 為剪彈性係數；b 為柏格向量。

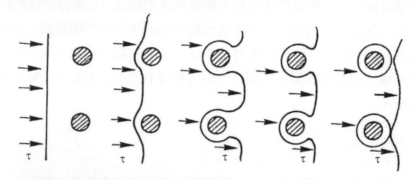

圖 6-17　差排繞過第二相粒子之示意圖

由此可知，此種強化作用與第二相粒子的間距 λ 成反比，即間距 λ 越小，強化作用越大。

第二相粒子通常是藉粉末冶金的方法加入基地而起強化作用。其典型的例子就是鋁之燒結，先將 Al 和第二相粒子如氧化鋁利用粉末冶金成形後再施以冷擠壓加工，得到在鋁基地上散佈氧化鋁粒子的合金(粒子間距約為 0.1 μm 左右)。燒結後之合金除在室溫具有高強度之外，亦具有優良的耐熱性。此外，當過飽和固溶體進行過時效處理時，亦可得到與基地非整合性的析出相，此時的差排也是以繞過機構通過障礙。

(2) 差排切過第二相粒子

若第二相粒子是硬度不高且尺寸亦不大的可變形的粒子，或是過飽和固溶體在時效處理初期產生的整合性析出相，則移動之差排在與其相遇時，將切過粒子而與基地一起變形，其示意圖如圖 6-18 所示，差排切過第二相粒子時必須作額外的功，以消耗足夠大的能量，因而提高合金的強度。

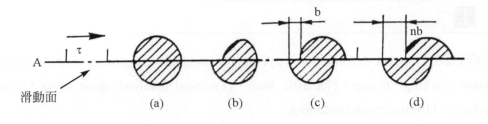

圖 6-18　差排切過第二相粒子之示意圖

習 題　　　　　　　　　　　　　EXERCISE

1. 解釋名詞：(1)elastic deformation，(2)Young's modulus，(3)stiffness，(4)bulk modulus，(5)hot working，(6)slip，(7)elastic limit，(8)critical resolved shear stress，(9)elastic locking，(10)dispersion hardening。

2. 塑性加工之種類有哪些？請分別說明之。

3. 何謂塑性變形？其特徵為何？請分別說明之。

4. 彈性變形與塑性變形之差異為何？請分別說明之。

5. 請以圖 6-6 所示之低碳鋼的應力-應變曲線，說明有關低碳鋼在塑性變形過程之特點。

6. 滑動與塑性變形之關係為何？請說明之。

7. 雙晶與塑性變形之關係為何？請說明之。

8. 何謂滑動系統？其與塑性變形之關係為何？請說明之。

9. 多晶體之塑性變形過程及特性為何？請分別說明之。

10. 金屬之晶粒愈細則強度愈高的原因為何？試以多晶體之塑性變形過程予以說明之。

11. 請就單相固溶體與多相合金之觀點，說明合金之塑性變形的特性。

破斷(fracture)

■ 本章摘要

　　破斷是材料本身在應力作用下，分離或分裂成兩個或更多部份。破斷過程可視為由破斷開端和破斷成長所組成，而其應變類型則可區分為延性破斷(ductile fracture)與脆性破斷(brittle fracture)兩大類型。

▶7.1 金屬的破斷類型

　　金屬之破斷可依材料、溫度、應力狀態和負荷速率之差別而有許多不同的類型，例如：延性破斷的特徵是在裂縫成長前有明顯的塑性變形，而在破斷之表面則存有某些粗糙的變形。反之，脆性破斷則是裂縫傳播速率快速，且無粗糙斷口與極微小之變形。

　　圖 7-1 所示者為某些金屬在拉伸試驗時之破斷示意圖。圖 7-1(a)所示者為脆性破斷之形式，由其外形觀之雖無變形之痕跡，但若以 X 光繞射分析，可在破裂面上偵測出薄層之變形金屬。此種破斷類型在 BCC 及 HCP 構造之金屬常出現，但在 FCC 之金屬除因晶界脆化而造成外，並不常見。圖 7-1(b)為延性單晶的剪力破斷，其形成係因活性滑移平面的擴展滑移，再加上剪應力助長之結果所導致。圖 7-1(c)則是在一多晶體中完全延性破斷，其特徵為在破斷之前形成一斷點。此種破斷稱為斷裂(rupture)，常在金或鉛等延性良好之金屬中發現。圖 7-1(d)則為在多晶之金屬中常見的延性破斷，此種破斷係在拉伸中先造成頸縮變形，而後成為杯與錐形(cup and cone)的破斷形式。

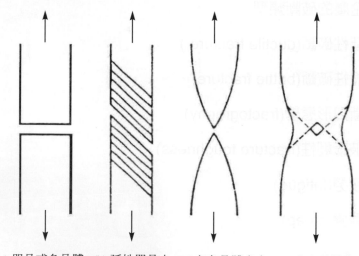

(a) 單晶或多晶體　(b) 延性單晶之　(c) 在多晶體中之　(d) 在多晶體中
　　之脆性破斷　　　剪性破斷　　　　完全延性破斷　　　之延性破斷

圖 7-1　使用單軸拉伸之破斷形式

Gansamer 曾將破斷依其行爲模式及用以描述之名詞而列成表 7-1 之特徵。

表 7-1　破斷之行爲模式及描述名詞

行爲模式	描述名詞
結晶學模式	剪力、劈裂
破斷之外觀	纖維狀、粒狀
破斷之應變	延性、脆性

在低倍率顯微鏡下觀察，由剪應力所導致的破斷面呈現灰色和纖維狀，乃因剪力破斷是發生在活性滑移平面的擴展滑移結果。而劈裂破斷則顯示光亮或顆粒狀，乃因光由劈裂面反射及劈裂面常由纖維和破裂的顆粒狀組成所導致。

就結晶學之觀點而言，多晶體之破斷可分爲穿晶(transgranular)與沿晶(或粒間)(intergranular)破斷兩種，其特徵分別爲裂縫穿過晶粒而成長與裂縫沿著晶界成長。

延性破斷可用以評估變形之程度，但事實上延性與脆性破斷並無絕對之界限分野，而是依工程上需要之狀況而定。

▶7.2　延性破斷(ductile fracture)

延性破斷的特徵是具有一些塑性變形，而形成杯與錐形的破斷面。圖 7-2 所示者爲杯與錐形破斷的形成步驟。此過程可分爲五個階段：(1)圖 7-2(a)表示試片發生頸縮(necking)，此現象係因拉伸所生之應變硬化不能補償截面積的減少而使強度增加，因而形成塑性不穩定所導致。頸縮發生於最大負荷或眞實應力等於應變硬化係數之處。而頸縮之形成亦會在此區域內引入三軸狀態之應力。(2)由於拉伸的靜流分力沿試片軸向作用於頸縮區域中心而導致如圖 7-2(b)所示之細孔(fine cavities)的形成。(3)圖 7-2(c)所示者爲在連續應變下，細孔成長且結合爲中心裂縫(central crack)。(4)裂縫沿垂直於試片之軸向成長直至接近試片表面(如圖 7-2(d))，及(5)裂縫在沿著與軸向約成 45°的局部剪切面成長，而形成如圖 7-2(e)所示之破斷的錐(cone)形。

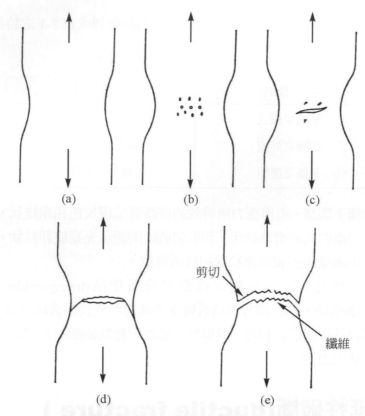

圖 7-2　杯與錐形之破斷面的形成步驟：(a)發生頸縮；(b)在頸縮區形成細孔；(c)中心裂縫
　　　　之形成；(d)裂縫垂直軸向成長至表面；(e)沿著與軸向約成 45°之剪切面成長而破斷

　　雖然空隙(voids)不易變形，但卻是破斷的基本來源與異質成核處。空隙的最佳形成位置是在夾雜物、第二相顆粒或細氧化物之處；而在高純度金屬中則常在晶界的三叉點(triple points)形成。在拉伸試驗時，於頸縮之前雖有極少量之空隙形成，但在頸縮之後，由於靜流拉伸應力的產生，而使得空隙的形成更為顯著。

　　顆粒之形狀對延性破斷亦有重要之影響，如在球化的波來鐵中，由於碳化物接近球狀，而使其較板狀的碳化物難硬化，致使延性增加。此結果除因差排在肥粒鐵基地圍繞在球狀碳化物上橫滑移較在板狀碳化物上容易，避免在差排堆積下造成高應力外，亦因球狀碳化物和基地之接觸面積較小，而使得在顆粒物上之拉伸應力較在薄板碳化物上為小所致。

▶ 7.3 脆性破斷

7.3.1 脆性破斷之特徵

脆性破斷之特徵是其破裂面垂直拉伸應力，且在巨觀下並無變形之跡象，但若在 X 光繞射分析下，則可能在破斷面上偵測到變形金屬的薄層。脆性破斷發生時，通常是沿著承受垂直拉應力的特定結晶面進行，此特定結晶面稱為劈裂面(cleavage plane)。許多具有 HCP 構造之金屬，因滑動面少，其破斷通常以脆性破斷居多。

絕大多數之金屬在脆性破斷時，因其裂縫穿過晶粒而稱為穿晶破斷，但若其晶界因含有脆性薄膜或有害元素的偏析而脆化，則脆性破斷亦能以沿晶破斷之方式行之。金屬發生脆性破斷可分下列三個階段：(1)沿滑動面滑移之差排被阻擋而發生差排堆積現象，(2)在差排堆積處形成剪應力導致微裂縫之出現，(3)更大之應力或內部儲存的彈性應變能促使微裂縫傳播而導致破斷。

7.3.2 理論內聚強度(theoretical cohesive strength)

若在一無限寬之板內含有一長為 $2c$ 且尖端曲率半徑為ρ_t 之薄橢圓裂縫(如圖 7-3 所示)，則在裂縫尖端之最大應力可表為

$$\sigma_{max} = \sigma[1 + 2(\frac{c}{\rho_t})^{\frac{1}{2}}] \approx 2\sigma(\frac{c}{\rho_t})^{\frac{1}{2}} \tag{7.1}$$

σ表平均拉伸應力，σ_{max} 表理論內聚強度。

此結果顯示在平均拉伸應力較低的情況下，在一個裂縫尖端幾可達到所假設之理論內聚強度。

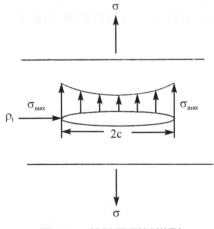

圖 7-3　薄橢圓裂縫模型

理論內聚強度 σ_{max} 可表為

$$\sigma_{max} = (\frac{E\gamma_s}{a_0})^{\frac{1}{2}} \tag{7.2}$$

a_0 表在無應變條件下之原子面距，E 為彈性係數，γ_s 為表面能。

由式(7.1)與(7.2)可解得σ即材料含有裂縫之公稱破斷應力(nominal fracture stress, σ_f)

$$\sigma_f = (\frac{E\gamma_s\rho_t}{4a_0c})^{\frac{1}{2}} \tag{7.3}$$

7.3.3 脆性破斷的 Griffith 理論(Griffith theory of brittle fracture)

Griffith 曾針對裂縫成長提出下述之準則：當彈性應變能減少至等於產生新裂縫表面所需的能量時，其裂縫將發生傳播(propagate)。

考慮如圖 7-4 所示之板厚可忽略而能以平面應力處理之 Griffith 裂縫模型，假設在其內部有一個長為 2c 之橢圓狀裂縫，且此裂縫對應著在外部長度為 c 裂縫端，若垂直作用在長度為 2c 之裂縫上的拉伸應力為σ，而裂縫之表面能為 γ_s，則此裂縫成長所需之應力與裂縫長度之關係為

$$\sigma = \left(\frac{2E\gamma_s}{\pi c}\right)^{\frac{1}{2}} \tag{7.4}$$

式(7.4)顯示破斷應力與裂縫長度之平方根成反比。

而對於厚金屬板之 Griffith 破斷應力與裂縫長度之關係可表為

$$\sigma = \left[\frac{2E\gamma_s}{(1-v^2)\pi c}\right]^{\frac{1}{2}} \tag{7.5}$$

式中之 v 為蒲松比。

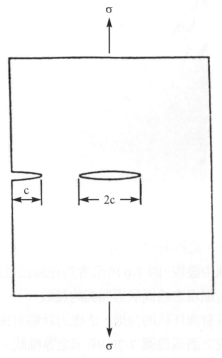

圖 7-4　Griffith 裂縫模型(可忽略板厚而以平面應力處理者)

▶7.4　斷口形態學(fractography)

　　檢視破斷面之形態可獲得有關破斷的重要資料，有關此項之研究通稱爲斷口形態學。相關之研究目前大都使用掃描式電子顯微(scanning electron microscopy，SEM)來進行，因其具有大的焦距深度，能將破斷面的眞實情況顯現出來。在顯微尺度下，通常所觀察到之破斷模式有劈裂、準劈裂(quasi-cleavage)及酒渦狀斷裂(dimpled rupture)。

　　劈裂在破斷時係沿著晶面發生，且在平的刻面上呈現如圖 7-5 所示之流紋(river pattern)，而流紋的方向即爲裂縫成長的方向。此種穿晶劈裂的表面通常含有大量的劈裂階段與一個分支裂縫的流路。這些顯示由局部變形所吸收的能量。通常劈裂破斷含有：(1)由塑性破斷所形成之差排堆積，(2)裂縫初生及(3)裂縫傳播等三個步驟。反之，沿晶破斷的表面較光滑且缺少劈裂階段，由此破斷面所呈現之情況觀之，在沿晶破斷時所吸收之能量遠小於穿晶破斷。

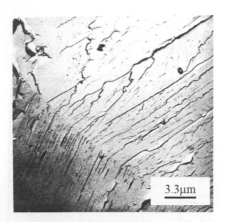

3.3μm

圖 7-5　劈裂面上之流紋

　　準劈裂有較小之破裂面，此雖與劈裂相似，但兩者之間仍有差異存在，亦即準劈裂主要是在低溫淬火鋼及回火鋼中發現。圖 7-6 所示者為在麻田散鐵(martensitic steel)中之準劈裂，可見在其破斷刻面上所顯現之酒渦狀與撕裂的稜紋。

　　酒渦狀破斷的特徵是具有像杯狀的窪地，依應力狀態可決定等軸、拋物線或橢圓。如由超負荷之拉伸應力所形成之酒渦為圖 7-7(a)所示之等軸狀；而圖 7-7(b)所示者則為由剪力或撕裂所造成之伸長型酒渦，酒渦狀破斷的破斷面象徵延性破斷。

1.5μm

圖 7-6　在麻田散鐵中之準劈裂

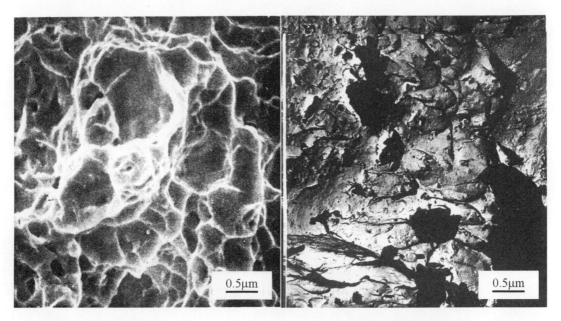

(a) 由超負荷之拉伸應力所形成之等軸狀酒渦　(b) 由剪力或撕裂所造成之伸長形酒渦

圖 7-7　酒渦形破斷面

▶7.5　破斷韌性

　　在構件的某些凹面上，或在玻璃刮痕的沿線，或在材料本身的裂縫上，甚至在鉚釘孔旁邊等位置皆易造成破斷的起始點，此乃因在上述之情況中，荷重無法均勻地分佈於整個受力面上，而造成應力集中所致。

　　例如在一個平板狀的試片中，若含有一個邊緣裂縫，如圖 7-8(a)；或中心裂縫，如圖 7-8(b)，則在裂縫之尖端處有最大之應力，如圖 7-8(c)。

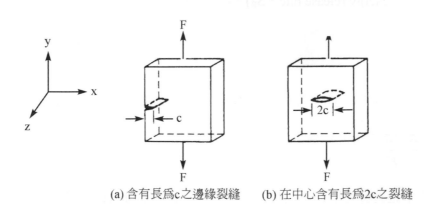

(a) 含有長為c之邊緣裂縫　　(b) 在中心含有長為2c之裂縫

圖 7-8　在平板狀金屬材料上之單軸拉伸應力

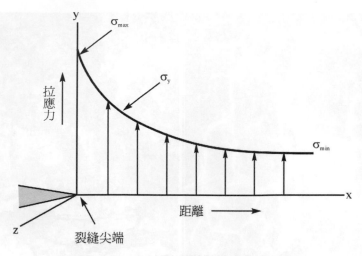

(c) 最大應力值位於裂縫尖端處

圖 7-8　在平板狀金屬材料上之單軸拉伸應力(續)

　　裂縫尖端處的應力、裂縫長度與幾何形狀之關係，通常以應力強度因子(stress intensity factor)K 表之，即

　　　　$K = f$(應力、裂縫長度、幾何形狀)

就通常所用之 K 而言，可表為式(7.6)之關係

$$K = \alpha\sigma\sqrt{\pi c} \tag{7.6}$$

式中：α為一與試片之裂縫形狀有關之幾何參數。

　　此外，另可定義裂縫成長之能量變化率(rate of change of energy with crack growth)或應變能釋放率(strain energy release rate，S_R)

$$S_R = \frac{\pi c \sigma^2}{E} \tag{7.7}$$

當 S_R 之大小等於臨界的應變釋放率(S_C)時，則破斷發生，此時的 S_C 和 σ_f 之關係為

$$S_C = \frac{\pi c \sigma_f^2}{E} \tag{7.8}$$

　　通常所使用之裂縫變形模式如圖 7-9 所示。第 I 型(mode-I)為裂縫張開(crack opening)之方式，係在 y 方向施加一垂直於裂縫面的剪應力。使用第一種裂縫變形模式所得之應力

強度因子與臨界應力強度因子分別記為 K_I 與 K_{IC}。K_{IC} 又稱破斷韌性(fracture toughness)，其與破斷應力(σ_f)及裂縫長度(外部為 c，內部為 2c 之半)的關係為

$$K_{IC} = \alpha\sigma_f \sqrt{\pi c} \tag{7.9}$$
$$= \alpha\sqrt{S_c E} \tag{7.10}$$

K_{IC} 之單位為 $MPa \cdot m^{\frac{1}{2}}$

第 II 種模式為前剪模式(forward shear)，係在破裂面之裂縫上施加一與裂縫引導前緣(leading edge)垂直之剪應力。第 III 種模式為平行剪模式(parallel mode)，係在裂縫之引導前緣施加一平行之剪應力。

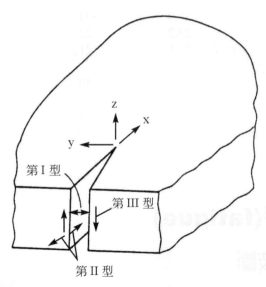

圖 7-9　常用之裂縫變形模式：(a)第 I 型：裂縫張開模式，(b)第 II 型：前剪模式，(c)第 III 型：平行剪模式

就第 I 型而言，當試片之厚度遠大於裂縫之長度時，所得之 K_{IC} 為定值，此情況稱為平面應變(plane strain)狀態，一般而言，當厚度(T)＝$2.5(K_{IC}／降伏強度)^2$ 時，即可滿足平面應變之條件。而試片為薄板時，其應力狀態為平面應力(plane stress)。平面應變狀態與平面應力狀態之應力強度因子(K)與應變能釋放率之間的關係可分別表為

$$K^2 = \alpha^2 S_R E \tag{平面應力}{(7.11)}$$

$$K^2 = \frac{\alpha^2 S_R E}{1 - v^2} \qquad \text{(平面應變)(7.12)}$$

材料在破斷之前,若僅有少許之塑性變形,則其 K_{IC} 值較低,且傾向於脆性破斷。反之,則具有較高之 K_{IC} 值,且傾向於延性破斷。常用之工程合金如鋁合金、鈦合金與合金鋼之 K_{IC} 值如表 7-2 所列。

表 7-2　若干常用合金之 K_{IC} 值

材料	K_{IC}		σ_y	
	MPa $\sqrt{m}$	ksi $\sqrt{in}$	MPa	ksi
鋁合金:				
2024-T851	26.4	24	455	66
7075-T651	24.2	22	495	72
7178-T651	23.1	21	570	83
鈦合金:				
i-6Al-4V	55	50	1035	150
合金鋼:				
4340(低合金鋼)	60.4	55	1515	220
17-7PH(析出硬化鋼)	76.9	70	1435	208
350 麻時效鋼	55	50	1550	225

▶7.6 疲勞(fatigue)

⬤ 7.6.1 疲勞破斷

由於晶體內不同晶面的強度並不同,故而材料內之性質也不完全均勻,在承受反覆之應力後,可能在較弱的一面產生滑動,造成破裂之開端,而後逐漸往內延伸而形成疲勞破裂。高應力集中區通常是疲勞最容易產生的部位,例如截面積突然改變之處,表面之刮痕,螺紋根、夾渣邊緣及小氣孔等。機械零件之破斷往往是疲勞與偶而之超負荷結合所致。疲勞破斷通常並沒有顯著的變形,其斷口則為粗糙的脆性破斷。如圖 7.10 所示者為 Al-Cu-Mg 合金疲勞裂縫上的條紋。

2 μm

圖 7-10　Al-Cu-Mg 合金疲勞裂縫上的條紋

　　疲勞之應力變化通常可以二種方式表示：(1)最大應力值加上最小應力與最大應力之比值，(2)變化應力之平均值與最大應力之比值。此外，尚須註明應力之種類如拉應力、壓應力或剪應力等。

　　材料在經過一定次數之反覆應力而破斷，此時之應力稱為疲勞強度(fatigue strength)。有些工程材料如鐵、鈦等在承受某一些應力時，可重覆作用無數次而不破斷，此應力即稱為此材料之疲勞限(fatigue limit)或忍耐限(endurance limit)，此值亦與應力狀態有關。大部份材料限大多為在其靜力強度之 20~60%。此疲勞限對於抗拉強度之比稱為耐久限度(endurance ratio)，鋼之耐久限度約為 0.45~0.55。如表 7-3 所列者，為不同材料之疲勞限和耐久限度。

　　一般固定結構之應力變化雖然不大，但如飛機引擎之曲柄軸、汽輪機之主軸及輪葉，一般引擎之軸、螺絲、彈簧等因受極大次數之覆變應力，故在設計上必須考慮疲勞問題。依據美國金屬學會統計，目前機械的破斷至少有 90%是肇因於金屬疲勞。

表 7-3　不同金屬材料的耐疲勞限和耐久限度

材料種類	抗拉強度 (kgf/mm^2)	疲勞限 (kfg/mm^2)	耐久限度
0.18%C 的熱軋鋼	44	22	0.49
0.24%C 的鋼，淬火和回火	47	21	0.44
0.32%C 的熱軋鋼	46	22	0.48
0.38%C 的鋼，淬火和回火	64	24	0.37
0.93%C 的退火鋼	59	21	0.36
1.02%C 的淬火鋼	141	74	0.51
鎳鋼，SAE2341，淬火	198	79	0.40
0.25%C 的鑄鐵，鑄造狀態	47	19	0.40
退火銅	23	7	0.31
冷軋銅	37	11	0.31
冷軋七三黃銅	52	12	0.24
2024 鋁合金，T6	51	13	0.25
AZ63A 鎂合金	28	8	0.27

　　最簡單而常用的疲勞試驗為迴轉式反覆負荷之試驗，將完全反逆的彎曲應力作用於旋轉的試桿上，則在試桿之中央斷面的下側產生最大拉應力，而於上側則生最大壓應力。試桿每旋轉一次，表面上任意一點所受的應力，即完成一週期之完全反逆變化，如此反覆次數繼續增加，即可引起材料疲勞。其最大應力可以式(7.13)之簡單的彎曲應力公式計算

$$\sigma_{max} = \frac{MC}{I} = \frac{\frac{wa}{2} \times \frac{d}{2}}{\frac{\pi d^4}{64}} = \frac{16wa}{\pi d^3} \ (kgf/mm^2) \tag{7.13}$$

σ =試桿的重量

M =試桿的的彎曲力矩，$M = \frac{wa}{2}$ (kgf-m)

w =所加的荷重(kgf)

a=挾持器之支點 R 到加力點間的距離(mm，一般爲 200mm)

d=試桿中央斷面的直徑(mm)

測定材料之疲勞限，所使用之試片必須一致且具代表性。第一個試片使用較大之應力，俾以在較少之週次即可令其破斷。然後依次減低應力振幅，繼續試驗，即可求出試桿斷面上所生的應力 S 和破斷時的總迴轉數 N(相當於應力 S 的反覆次數)的關係。在縱軸以普通刻度取應力振幅，在橫軸以對數刻度取直到破斷的反覆次數，即可得如圖 7-11 所示之 S-N 曲線。大多數的鋼鐵及非鐵合金，其 S-N 曲線最後都可獲得水平線(如圖 7-11 中之鋼及灰鑄鐵)，因此其疲勞限很容易認定，但某些材料，如：杜拉鋁(Daralumin)及孟尼金屬(Monel)等則不易認定。

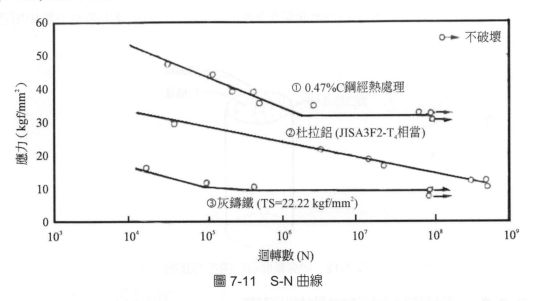

圖 7-11　S-N 曲線

7.6.2　疲勞破斷面之觀察

由疲勞破斷面之觀察結果，可將材料疲勞破斷的過程分爲下述三期：

第一期：裂痕起始期(crack initiation period)－破斷之起源乃材料表面受加工殘留拉應力(residual tensile stress)、加工擦痕、尺寸變化造成之應力集中、表面脫碳、夾雜物、斷面突變之凹角等影響。當機件受外面反覆應力時，因差排(dislocation)移動而形成擠出(extrusion)及凹陷(intrusion)帶，慢慢產生起始裂縫。

第二期：裂痕傳播期(crack propagation period)－裂縫形成後，由於繼續受到週期性應力作用，乃在裂縫之尖端形成應力集中之處，故每一週期中之拉力過程裂縫即在其尖端處向前深入成長。

第三期：斷裂期(final catastrophic failure)－當裂縫成長至相當大小，而材料所餘之截面積不足以承受所加之應力時，材料即行破斷。

利用電子顯微鏡觀察疲勞斷面時，如發現有相距極微小之疲勞條紋，當可鑑定為疲勞破斷，其每一條紋即為往復週期應力裂縫前進之痕跡。但疲勞破裂並非一定會產生疲勞條紋，由非金屬夾雜物，脆性粒間破斷與局部延性撕裂之混合結構等所致之疲勞破斷，有時未能見到疲勞條紋。因而有關疲勞破斷之鑑定，可改用無貝殼紋(clamshell)或海灘紋(beach marks)為判斷基準，若無貝殼紋或海灘紋，但就其破斷面之觀察，能符合上述有關疲勞破斷發生之三個時期，亦可判斷為疲勞破斷。

所謂海灘紋，即內斷裂起始點向外之一圈的紋路，如圖 7-12 所示，其產生之原因可能為：(1)週期性應力產生變化，(2)斷面氧化與腐蝕的差異，(3)裂縫尖端應力集中所造成的一些塑性流變。

圖 7-12　疲勞斷面裂口由左方起始

7.6.3　耐疲勞強度之影響因素

金屬之耐疲勞強度隨化學成份、晶粒大小、熱處理條件及機械加工因素而異。利用疲勞試驗以求取材料之疲勞限時，其值常受下列各因素之影響而發生變化。

(一) 試桿表面狀況之影響

1. 試桿之直徑減縮須徐緩，若變化太急則疲勞限減小率會大增，此乃因疲勞破斷係由表面開始，其表面積增加率急速成長，將增加其破斷之機率。

2. 表面粗糙，有刀痕、擦傷、銹斑或夾雜物時，會促成局部應力集中，使疲勞限降低，造成龜裂而破斷，此影響稱為凹痕效應。故軸上之孔、溝、栓溝(key way)、螺絲及肩部(shoulder)等須注意之，以改善凹痕效應。表 7-4 所列者，為 SAE3130 在 95000 psi 的反覆應力作用下，其表面狀況對其疲勞壽命之影響。

表 7-4　SAE3130 在 95000 psi 應力作用下，其表面狀況對疲勞壽命之影響

拋光方式	表面光度(μ in)	疲勞壽命(週)
車削	105	24,000
部份手拋光	6	91,000
手拋光	5	137,000
研磨	7	217,000
研磨及拋光	2	234,000

3.　金屬表面由滲碳、滲氮或高週波硬化可提高材料的耐疲勞限，而脫碳或電鍍則不利於耐疲勞性質。鋼經淬火回火後亦可增加耐疲勞限。電鍍會降低材料之耐疲勞限，乃因在材料表面會有張應力之生成，而此應力會造成疲勞裂縫初生的自然反應。

4.　表面有殘留壓應力(residual compressive stress)可提高耐疲勞限。因此，利用珠擊(shot peening)，即以彈珠衝擊材料表面，使材料表面受常溫加工而生殘留壓應力，如此可減少表面因迴轉彎曲所生之殘留張應力，而增加材料之疲勞限。

(二) 腐蝕之影響

　　試件表面受化學腐蝕會降低其耐疲勞限。腐蝕與反覆應力同時作用時稱之為腐蝕疲勞 (corrosion fatigue)，其耐疲勞限更為降低。腐蝕疲勞時，金屬腐蝕劑所生之保護膜為反覆應力所破斷，因此腐蝕孔繼續擴大而起疲勞裂痕。腐蝕劑作用時間愈長者，腐蝕孔愈深，而應力集中現象則愈明顯，而影響其疲勞限。

(三) 均值應力之影響

　　設 $\sigma_{\max}$ 為應力之上限，$\sigma_{\min}$ 為應力之下限，而應力比(stress ratio) R 定義為

$R = \dfrac{\sigma_{\min}}{\sigma_{\max}}$ ，則 $\sigma_{\min}$，$\sigma_{\max}$ 與 R 之關係如下：

$\sigma_{\min}$	$\sigma_{\max}$	R
－(壓縮)	＋(張力)	－
0	＋	0
＋	－	－

假設有一完全可逆之應力，則其 $\sigma_{min}=-\sigma_{max}$，而 $R=-1$，若 R 值爲正值，則其疲勞限降低。應力比與疲勞性質之關係如圖 7-13 所示。

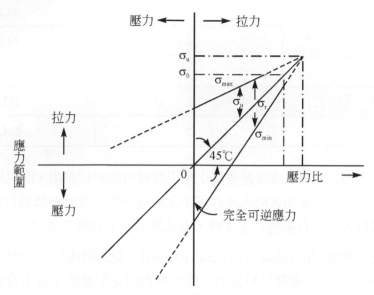

圖 7-13　應力比對疲勞性質之影響

(四) 試驗速率之影響

通常疲勞試驗之速率爲每分反覆 2000 至 15000 次，在此範圍內之試驗速率對耐疲勞限無影響。由於疲勞試驗爲一持續進行之實驗，中間並無休息，然若因故而中斷時，則短時間之中斷或許對其結果並無影響，但若經長時間之中斷則可增加其反覆次數。

(五) 溫度之影響

溫度之影響可由低溫疲勞與高溫疲勞考慮。

溫度降低雖然金屬之疲勞強度增加，但某些材料如鋼鐵因有明顯之凹痕效應，因而溫度降低，其臨界裂縫大小亦降低，但由於材料變得更脆，使其在較小之裂縫即可發生疲勞破斷。

考慮高溫疲勞時，須探討由熱循環所造成之熱應力

$$\sigma_T = \alpha \cdot E \cdot \Delta T \qquad\qquad (7.14)$$

式中　σ_T：熱應力
　　　α：熱膨脹係數
　　　E：楊氏係數
　　　ΔT：溫度梯度

有熱應力時，亦會發生疲勞破斷。如將厚壁砲管(heavy wall gun tube)之一面固定在某一溫度，而將另一面加以熱冷卻循環，則由於溫度梯度之影響，將使此砲管破裂，此種破裂現象稱爲加熱龜裂(heat cracking)。

(六) 疲勞恢復之影響

所謂疲勞恢復乃將受反覆應力之材料加熱至再結晶溫度以上，使其恢復原有之性質亦即再施以相等應力時，可耐相等之反覆次數。但是若將受反覆應力之材料置於常溫或加熱至較低溫時(低於再結晶溫度)，則僅可恢復其彈性而不能恢復其疲勞性。

(七) 合金元素和晶粒大小之影響

一般而言，可使材料拉伸強度提高的冶金因素如細晶、添加合金元素等均可使其疲勞性質獲得改善。細晶可增加耐疲勞強度乃因粒界對疲勞裂口之成長具有良好的阻止作用。

▶7.7　潛變(creep)

所謂潛變，係將材料在某一溫度下施以定值應力，測定其隨時間之增加而緩慢變形的結果。

潛變試驗之目的通常有二，其一爲對材料施加不同之應力，而分別獲得應變與時間之關係；另一則是獲得材料之潛變強度(creep strength)，亦即材料在某一溫度下於一定期間內能維持定值變形量之最高允許應力，亦稱爲潛變限(creep limit)。

潛變雖可在任何溫度發生，但就金屬材料而言，其高溫潛變更爲重要。在定溫受定拉力時，其應變與時間變化之關係如圖 7-14 所示。圖 7-14 之曲線稱爲潛變曲線，該曲線一般分爲四部份：(1)OA：加負荷時立即發生應變，係由彈性應變與塑性應變二部份組合而成。(2)AB：潛變率(creep rate)(即單位時間內增加之應變量)漸減之部份，此爲過渡潛變，該部份曲線近於拋物線。(3)BC：潛變率略呈定值之部份，此爲定常潛變，該部份曲線近於直線。(4)CD：潛變率再度增大，終至破斷，該部份爲加速潛變。加速潛變部份僅於受拉力時才有，若試桿受壓力時則無此部份。若僅考慮彈性應變以後之部份，則潛變曲線僅有三部份。即 B 點以前之潛變爲第一期潛變、BC 間爲第二期潛變、CD 間爲第三期潛變。BC 間有最小之潛變率。

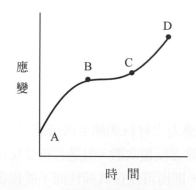

圖 7-14　潛變時間與應變之關係

　　若試桿受壓應力，則不起頸縮，在曲線上僅有第一期。潛變率繼續減小，終至爲零。若溫度甚高且不起應變硬化，其第一期與第二期幾乎不存在。受拉應力時潛變繼續加速而至破斷。

(一) 過渡潛變

　　過渡潛變即第一期潛變，其變形速率 $(\dot{\varepsilon})$ 與時間 t 之關係如式(7.15)所示

$$\dot{\varepsilon} = At^{-n} \tag{7.15}$$

式中 A 及 n 爲常數，通常 $0 < n < 1$。若 $n = 1$ 時則可表爲

$$\varepsilon = a \log t \tag{7.16}$$

此爲對數型潛變定律，適用於低應力及低溫之處。若潛變溫度高而潛變率大時，則式(7.15)所示之 $n < 1$。

(二) 定常潛變

　　定常潛變即第二期潛變，其潛變率近於恒定，且在全部潛變過程中有最長時間。當式(7.15)中 $n = 0$ 時得

$$\dot{\varepsilon} = A \tag{7.17}$$

定常潛變時之變形速率隨溫度上升及應力增加而增加。應力一定時則有式(7.18)之關係

$$\dot{\varepsilon} = K_1 \exp(\frac{-U}{kT}) \tag{7.18}$$

溫度一定時，則有式(7.19)之關係

$$\dot{\varepsilon} = K_2 \exp(\frac{q\sigma}{kT}) \tag{7.19}$$

對於小範圍內之應力值，可將 $\dot{\varepsilon}$ 表為式(7.20)的關係

$$\dot{\varepsilon} = K \exp\left(\frac{(-U_1 - q\sigma)}{kT}\right) \tag{7.20}$$

上述各式中之 K_1，K_2，K，U，U_1 及 q 皆為常數。式(7.20)在應力較低時與實驗結果較不相符。綜合高溫時各種金屬之實驗結果而導得如式(7.21)所示的高溫低應力時之定常潛變關係

$$\dot{\varepsilon} = C\sigma^m \exp(\frac{-Q}{kT}) \tag{7.21}$$

式中，C 與 m 為物質常數，Q 為潛變之活化能，約與金屬自擴散之活化能相等。

習 題

1. 解釋名詞：(1)rupture，(2)cleavage plane，(3)stress intensity factor，(4)plane strain，(5)plane stress，(6)fatigue limit，(7)endurance ratio，(8)corrosion fatigue，(9)creep，(10)creep strength。

2. 請分別說明延性破斷與脆性破斷之特徵。

3. 何謂沿晶破斷與穿晶破斷，請分別說明之。

4. 以 100 MPa 之正向應力作用在 FCC 之 Ni 的單位晶胞的〔0 0 1〕方向，試求 Ni 單位晶胞在(1 1 1)〔0 $\bar{1}$ 1〕滑動系統上的分解剪應力。

5. 有一設計為能承受 300 MPa 之拉伸應力的平板構件，若選用 2024-T851 的鋁合金材料，在幾何參數 α =1 之情況下，此材料能承受之最大內部裂縫長度為何？

6. 若 Al-4% Cu 鋁合金的降伏應力為 600 MPa，剪彈性係數為 27.6 GPa，而柏格向量 ($\bar{b}$) 約為 2.5×10^{-8} cm，試計算此合金之晶粒間距。

7. 何謂斷口形態學？在顯微尺度下所觀察之破斷模式通常有幾種？請說明之。

8. 材料在使用時，為何會造成疲勞？請說明之。

9. 疲勞斷裂通常可分為幾期？請說明之。

10. 何謂海灘紋？其發生之原因為何？

11. 金屬之耐疲勞強度受那些因素影響？請簡述之。

12. 在定溫受定拉力時之潛變曲線可分為那四部份？請說明之。

強化及韌化

▶ 8.1 固溶強化(solid-solution strengthening)

所謂固溶強化是在金屬內添加一種或多種合金元素，使其形成固溶體而達到強化的目的。例如當置換型(溶質)原子在固態時，與其他金屬(溶劑)原子混合形成固溶體，而使得在每個溶質原子處都會形成一個應力場。此應力場再與差排相互作用，導致差排的移動困難，而使得固溶體之強度較純金屬為高。當不純物原子較其所置換的基地(matrix)相之原子小時，則在溶質原子附近之晶格上有拉伸應變作用在其上(如圖 8-1(a))。而這些溶質原子會偏析圍繞著差排，以抵消部份在差排處所產生之壓縮應變(如圖 8-1(b))。反之，當置換型原子大於基地相之原子時，則會對其鄰近之基地相的晶格造成如圖 8-2(a)所示之壓縮應變，圖 8-2(b)所示者為較大之溶質原子對於差排之可能位置，此情況亦有利於抵消部份在溶質原子與差排間之應變。

合金元素形成固溶體時，其固溶強化的規則如下：

1. 在固溶體的溶解度範圍內，合金元素所佔的質量分率越大，則強化作用亦越大。

2. 溶質原子與溶劑原子的大小相差越大，所造成的晶格扭曲越大，因而強化效果亦越大。

3. 形成插入式固溶體的溶質元素之強化作用大於形成置換型固溶體的元素，當兩者所佔的質量分率相同時，前者的強化效果較後者約大 10~100 倍。

4. 溶質原子與溶劑原子的價電子數相差越大，則強化作用也越大。

運用固溶強化之觀念，工程師可設計出許多更強的合金，茲以銅-鎳合金為例說明固溶強化效應。由圖 8-3(a)、(b)中可見到純銅之拉伸與降伏強度分別由純銅之約 220 MPa 與 70 MPa 增加至含鎳 50 wt%時的 410 MPa 與 160 MPa，而伸長率則由純銅的 55%降低至含鎳 50%時的 30% (圖 8-3(c))。

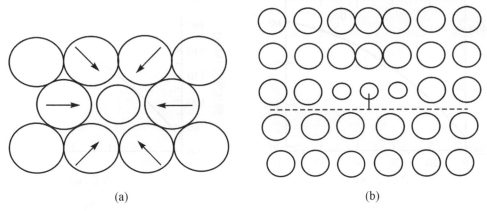

圖 8-1　(a)溶質原子較基地相之原子小時，將對基地相晶格造成拉伸應變；(b)較小之溶質
　　　　原子相對於刃差排之可能位置，將抵消在溶質原子與差排間之部份晶格應變

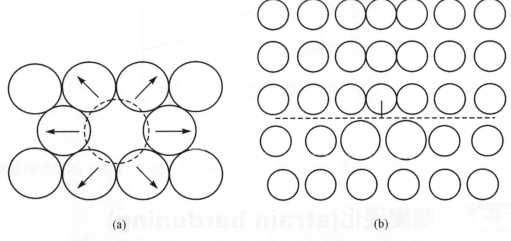

圖 8-2　(a)溶質原子較基地相之原子大時，對基地相的晶格造成壓縮應變之情況；(b)較大
　　　　之溶質原子對於刃差排之可能位置，可抵消在溶質原子與差排間之部份晶格應變

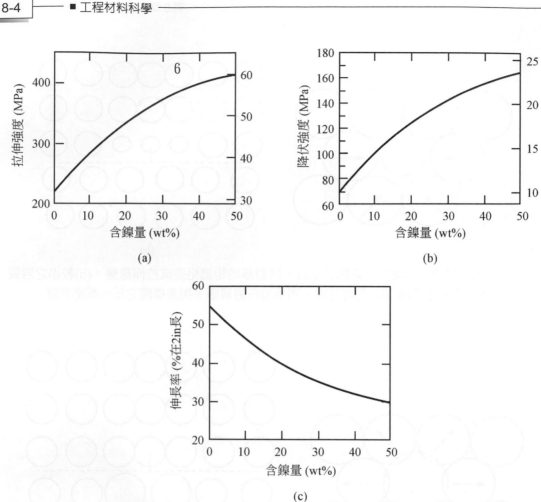

圖 8-3　銅-鎳合金之性質與鎳含量(wt%)之關係：(a)拉伸強度，(b)降伏強度，(c)伸長率(延展性)

▶8.2　應變硬化(strain hardening)

在塑性變形過程中，隨著金屬內部組織的變化，金屬的機械性能也發生明顯的改變，即金屬的強度與硬度隨著變形程度的增加而增加，而延性和韌性則下降，此一現象稱為應變硬化，亦稱為加工硬化或變形強化。應變硬化率用應力-應變曲線的斜率 $\dfrac{d\sigma}{d\varepsilon}$ 表示之。有時用冷加工百分比(%CW)表示變形程度，比使用應變硬化率方便。%CW 之定義如下

$$\%CW = (\frac{A_o - A_d}{A_o}) \times 100\% \tag{8.1}$$

式中 A_o 表示金屬在變形前之原始截面積，A_d 為變形後之截面積。

　　因爲金屬的變形是由滑動產生，又因發生變形而硬化，所以硬化的現象和滑動有關，亦即和差排的移動有密切的關係。假如差排的移動很容易，則不易發生硬化。金屬在加工時之所以會硬化，乃因金屬材料受到應力時，內部的差排及其他缺陷(例如：空孔)增加，而這些差排和差排或差排和其他缺陷會相互發生作用，使差排之移動越來越不易，縱使增加外力也難使晶體繼續發生變形。此外，差排亦是妨害差排移動的主要因素，在晶體內有許多差排時，假如不同結晶面上的差排移動，可能會相遇。如圖 8-4(a)所示者爲晶體內某一面上有 8 個差排，假如這些差排，向 A 方向移動，而全部移至表面時，則會如圖 8-4(b)所示生成相當於 8 個差排的變形 a。圖 8-4(c)所示者結晶內不同面上各有 10 個差排。假如兩個結晶面上的差排同時分別向 A 和 B 方向移動，則會如圖 8-4(d)所示在各面上後半部的 5 個差排相遇，而留在晶體內，只有前方的 5 個差排移至表面，致使變形減少爲 b 和 c，而 b 和 c 則各爲 a 的一半。如圖 8-4(d)所示者之留在晶體內無法移動的差排稱爲堆積差排(pile-up dislocation)。在材料的晶界或較大析出物的地方也容易發生差排的堆積，若要移動此種堆積差排，則需要更大的外力才行。在塑性加工的初期，由於差排的增殖較少，差排的相遇也少，但差排會隨著加工程度的增加而增加，因而差排的相遇也會增加而成爲加工硬化的原因。

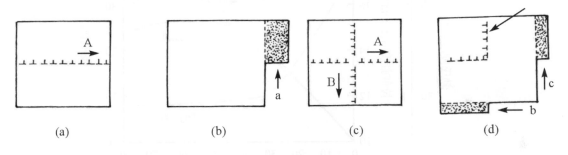

(a)　　　　　　(b)　　　　　　(c)　　　　　　(d)

圖 8-4　差排的堆積對變形之影響

　　由於晶界可增加塑性變形的抵抗，所以會增加強度。晶粒愈小，晶界愈多，金屬的強度也隨之增加(Hall-Petch 關係式)，亦即多晶體的晶粒大小會影響其塑性變形之抵抗力。如圖 8-5 所示者爲退火黃銅的晶粒大小(圖中以單位面積內的晶粒數表示)和硬度之關係，可知晶粒愈小者之硬度愈高。

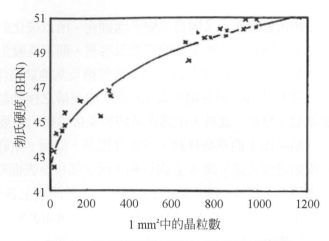

圖 8-5　退火黃銅的晶粒大小與硬度的關係

　　圖 8-6 所示者爲純鋁在常溫施以軋延時之加工程度(軋延量)和機械性質的關係。從圖可知，強度和硬度隨加工程度的增加而增加，但伸長率則減小。此乃各種金屬在加工後的共同傾向。

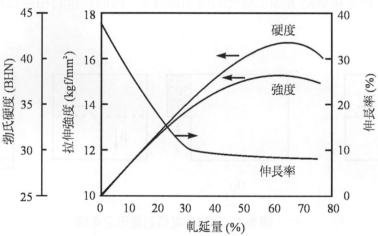

圖 8-6　鋁的加工度和機械性質的關係

　　應變硬化也是某些工件或半成品能夠加工成形的重要因素。例如：冷拉鋼絲(如圖 6-5(c))在拉過模孔後，其斷面尺寸必然減小，而每單位面積上所承受之應力卻增加，如果金屬不能產生應變硬化並提高強度，則鋼絲在出模後就可能被拉斷。由於鋼絲經塑性變形後產生應變硬化，儘管鋼絲斷面縮減，但其強度卻顯著增加，因此不再繼續變形，而使變形轉移到尚未拉過模孔的部份，如此即可使鋼絲持續而均勻地通過模孔成形。又如金屬薄板在衝壓過程中，如圖 6-5(d)，位於彎角處的變形最嚴重，首先產生應變硬化，因此該處變形到一定程度後，隨後的變形就轉移到其他部份，因而可獲得厚薄均勻的衝壓件。

▶8.3　塑性變形對組織的影響

金屬經塑性加工後，除了出現滑動帶和雙晶等組織特徵外，尚具有如下所述之組織結構的變化。

🔘 8.3.1　顯微組織的變化

金屬與合金經塑性加工後，其外形、尺寸的改變是內部所有晶粒變形的總和。原來未變形的晶粒，經加工變形後，晶粒形狀逐漸發生變化，隨著變形方式和變形量的不同，晶粒形狀的變化也不一樣。如在軋延時，各晶粒沿變形方向逐漸伸長，變形量越大，晶粒伸長的程度也越大。當變形量很大時，晶粒呈現如纖維狀的條紋，稱爲「纖維組織」。纖維的分佈方向，即金屬變形時的伸展方向。當金屬中有雜質存在時，雜質也沿變形方向拉長爲細帶狀(塑性雜質)或粉碎成鏈狀(脆性雜質)，此時以光學顯微鏡已不易對晶粒和雜質予以分辨清楚。

伴隨著塑性加工，在金屬材料中將產生如差排、點缺陷、堆疊斷層(stack fault)和雙晶等各式各樣的晶體缺陷。金屬在加工之前的差排密度相當低(約 10^7 cm^2)，差排密度隨著加工程度的增加而增加，當加工程度很大時，差排密度可增至 $10^{11} \sim 10^{12} \text{ cm}^2$，在斷層能(fault energy)較高的金屬如鋁、鐵等中，擴展差排較窄，易於交滑動(cross-slip)和爬升(climb)，活動性較大，在加工變形過程中所產生的差排容易聚在一起，藉由交互作用而形成差排糾結(kink)。當加工程度增加時，伴隨著差排的增殖和運動就出現明顯的胞狀組織(cell structure)，胞內的差排密度很低，而胞壁附近的差排密度則特別高。對於低斷層能的金屬如黃銅和不銹鋼等，由於擴展差排很寬，難於交滑動和爬升，差排分佈較均勻，不易形成差排糾結，所以冷加工後的胞狀組織不明顯。

🔘 8.3.2　內應力(或殘留應力)

金屬經冷加工後，由於各部位之變形不均勻，因而即使外力消除後，其內部仍有應力殘留，此應力稱爲「內應力」或「殘留應力」。內應力是一種彈性應力，其最高值不超過該材料的彈性限，若一旦超過此極限，則必引起局部的塑性變形而使該部位的應力得到鬆弛。在整個工件中，內應力是處於一種暫態的平衡，在壓應力附近必有一拉應力與之平衡。作用於工件任何一截面上的全部內應力之和應等於零。

內應力通常可分爲兩大類，茲分述如下：

(一) 巨觀內應力

此乃因工件各部位之變形不均所引起，應力作用的範圍爲整個工件，在整個工件體積內應保持平衡。例如：金屬板材在變形度很小的條件下軋延時，只有表層金屬產生塑性變形，並沿加工方向拉長，而板材中心幾無變化(如圖 8-7(a)所示)。在此情況下，表層受心部的牽制而產生壓應力，而心部則產生拉應力(如圖 8-7(b)所示)。此種方向相反的巨觀應力相互平衡，而使整體的內應力處於平衡狀態。此種內應力又稱為「第一類內應力」，其值通常不大於 1%。

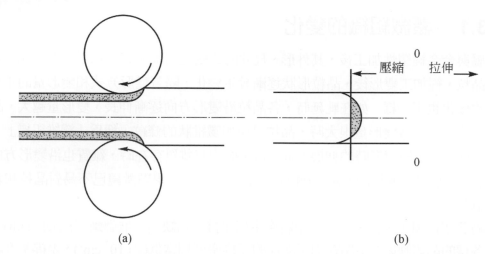

圖 8-7　板材在軋延時由於變形不均勻而引起巨觀的內應力之示意圖：(a)不均勻變形及，(b)內應力的分佈

(二) 微觀內應力

此種內應力的作用範圍遠較前者小，乃由晶粒或次晶粒之間的變形不均所引起，此時的內應力是在晶粒之間或次晶粒之間保持平衡，亦稱為「第二類內應力」。微觀內應力也可在金屬塑性加工時引入大量的差排和空孔，在這些缺陷的周圍產生晶格扭曲和應力場，此時之內應力是在幾百或幾千個原子範圍內保持平衡，而將此內應力稱為「第三類內應力」。第二類和第三類內應力約占總內應力的 90%以上。

內應力的大小與許多因素有關，例如：加工量大、變形不均勻、加工溫度低、加工速率大以及組織不均勻等均可使內應力增加。內應力的大小可用 X 光繞射法和機械法進行定量測定。

內應力可藉由退火或機械加工等方式來消除或減小。雖然殘留應力在室溫時也會緩慢消失，但退火可加速此過程的進行。巨觀內應力在低溫退火時可以消除而不致引起硬度的下降，但微觀內應力則難以完全消除，除非於再結晶溫度之上退火。

● 8.3.3　變形組織

金屬在經拉絲或軋延等單向塑性變形時，各個晶粒在滑動的同時，其滑動系統還有朝外力方向轉動的趨勢，當變形量很大時，經轉動後的各個晶粒最終會趨向於同一方向，因而使多晶體中原來方向雜亂的晶粒，出現各晶粒的取向大體一致，此過程稱為「擇優取向」(preferred orientation)。擇優取向後的晶體結構稱為「織構」(texture)，因是在變形過程中所產生的，故亦稱為「變形組織」。

同一金屬材料隨著加工方式不同，所出現的變形組織亦有不同類型：

1.　纖維織構(fiber texture)

在拉線時形成，其特徵是各個晶粒的某一結晶方向與拉伸方向平行或接近於平行，如圖 8-8(a)所示。

2.　片織構(sheet texture)

在軋延時形成，其特微是各個晶粒的某一結晶方向趨向於與軋延方向平行，某一結晶面則趨向於與軋延面平行，如圖 8-8(b)所示。

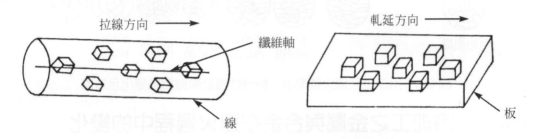

圖 8-8　(a)纖維織構示意圖及(b)片織構示意圖

▶ 8.4　加工後之退火、回復、再結晶、晶粒成長及機械性質

金屬及合金經塑性加工後，強度及硬度升高，而延性及韌性則下降，此種情況在某些應用是重要的，但卻給需進一步的冷加工(如深衝)帶來困難，因此需要將金屬加熱進行退火處理，以使其性質恢復至塑性加工前的狀態，即延性提高，而強度及硬度下降。本節之目的是在探討塑性加工後的金屬與合金在退火時，其組織結構發生轉變的過程，主要包括回復、再結晶和晶粒成長等。如圖 8-9 所示者為在冷加工及退火週期中，機械性質及顯微組織的變化示意圖。

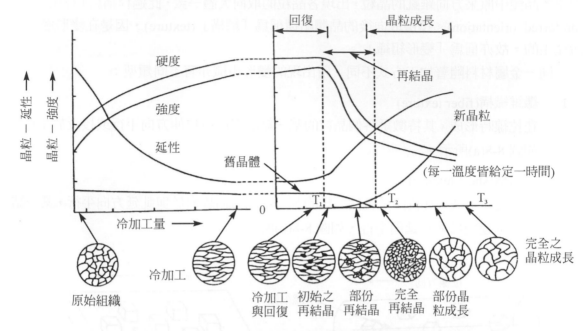

圖 8-9　冷加工及退火週期中，機械性質及顯微組織變化示意圖

8.4.1　冷加工之金屬與合金在退火過程中的變化

　　金屬與合金在塑性加工時所消耗的功，絕大部份是轉變成熱而散發掉，只有一小部份能量是以彈性應變和增加金屬中之晶體缺陷如空孔和差排等形式而儲存起來。加工溫度越低，加工量越大，則儲存能也越多。其中的彈性應變能僅佔儲存能的 3~12% 左右。晶體缺陷所儲存的能量又稱為扭曲能，空孔和差排是其中最重要的兩種。此兩者相較，空孔能所佔的比例較小，而以差排能所佔的比例較大，約佔總儲存能的 80~90%。由於儲存能的存在，使塑性加工後的金屬材料之自由能升高，在熱力學上處於介穩狀態，有朝向加工前的穩定狀態轉化之趨勢，但在常溫下，由於原子的活動能力很小，故可使受加工金屬的介穩狀態維持相當長的時間而不發生明顯變化。但若溫度升高，原子具有足夠的活動能力之後，受加工之金屬就能由介穩狀態向穩定態轉變，因而引起一系列的組織和性質變化。此亦說明儲存能是此一轉變過程的驅動力。

　　加工後金屬的退火是將其加熱到某一定溫度，持溫一段時間，而後徐冷至室溫的熱處理方式。其目的是使金屬材料內部的組織結構發生變化，提升熱力學的穩定性，進而獲得所要求的各種性能。基本上，退火過程是由回復、再結晶及晶粒成長三個階段綜合組成的(如圖 8-9)，茲分述如下。

(一) 顯微組織的變化

　　將塑性加工後的金屬加熱到以絕對溫度表示之熔點一半附近的溫度，進行持溫，隨著時間的延長，金屬的組織將發生如圖 8-10 所示的三個階段之變化。第一階段由 $0 \sim t_1$，於這段時間內，在顯微組織上幾乎看不出任何變化，晶粒仍維持在冷加工後的形狀，稱為回復期。第二階段由 $t_1 \sim t_2$，由 t_1 開始，在變形的晶粒內部開始出現新的小晶粒，隨著時間的增長，新晶粒不斷出現並長大，此過程一直進行至塑性加工後的晶粒完全長出新的等軸晶粒為止，稱為再結晶期。第三階段由 $t_2 \sim t_3$，新的晶粒逐步相互併吞而長大，直到 t_3 時，晶粒長大到一個較為穩定的尺寸，稱為晶粒成長期。

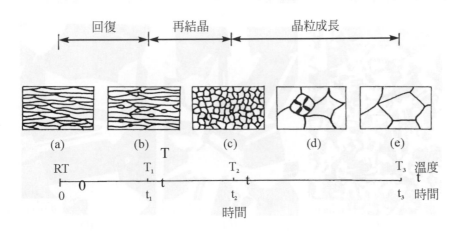

圖 8-10　回復、再結晶，晶粒成長過程示意圖

　　若持溫時間不變，而使加熱溫度由低溫逐步升高時，也可獲得與上述情況相似的三個階段，溫度由 $RT \sim T_1$ 為回復期，$T_1 \sim T_2$ 為再結晶期，$T_2 \sim T_3$ 為晶粒成長期(如圖 8-9 所示者即為此方式)。如圖 8-11 所示者為冷作黃銅於 580℃ 經不同時間退火後的顯微組織變化。

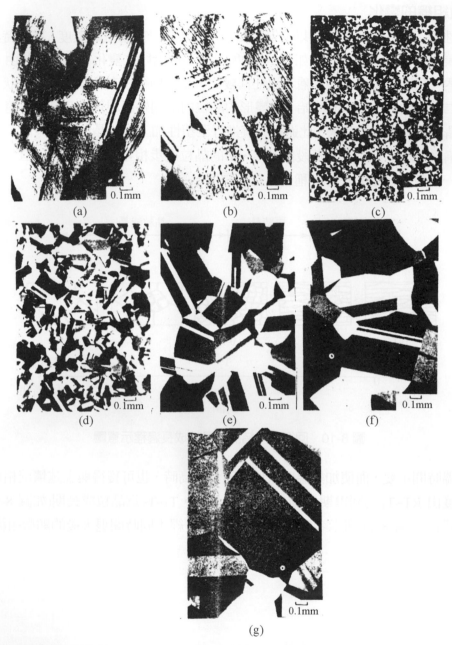

圖 8-11　黃銅在冷作後於 580℃退火時經再結晶及晶粒成長後的顯微組織：(a)冷作後，
　　　　　(b)開始再結晶，(c)退火 8 分鐘，(d)~(g)增加退火時間

(二) 儲存能及內應力的變化

在加熱過程中，由於原子具備足夠的活動能力，因而偏離平衡位置較大及能量較高的原子，將向能量較低的平衡位置遷移，而使內應力得以鬆弛，且儲存能也將逐漸釋放出來。因材料種類的不同，儲存能之釋放曲線有如圖 8-12 所示的三種型式，其中 1 代表純金屬，而 2 與 3 分別代表雜質含量多之金屬及合金。其共同點是每一曲線都出現一個高峰，高峰開始出現的位置(如圖中箭頭所示)對應於開始再結晶的溫度。在此溫度之前，只有回復，而無再結晶。

在回復期，大部份或全部之第一類內應力可以消除，而第二類或第三類內應力只能消除一部份，於再結晶之後，因塑性變形而造成的內應力則可完全消除。

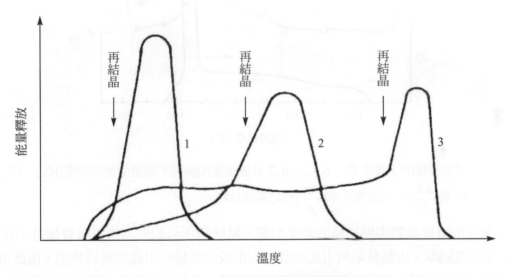

圖 8-12　退火過程中的能量釋放

(三) 機械性質的變化

由圖 8-13 中的硬度變化曲線可知，在回復階段，硬度雖略有下降，但變化很小，而延性提高。強度在回復過程中的變化與硬度相似。而於再結晶期，硬度與強度均顯著下降，延性則大幅提高。由於金屬與合金因塑性加工所引起的硬度和強度的提高與差排密度之增加有關，因而可由此推知，在回復期，差排密度的減少有限，但於再結晶期，差排密度則會顯著下降。

(四) 其他性質的變化

由圖 8-13 中所示的電阻變化曲線可知，電阻在回復階段有較顯著的變化，此種變化與再結晶過程中電阻變化的差別不大，但隨著加熱溫度的升高，電阻則不斷下降。

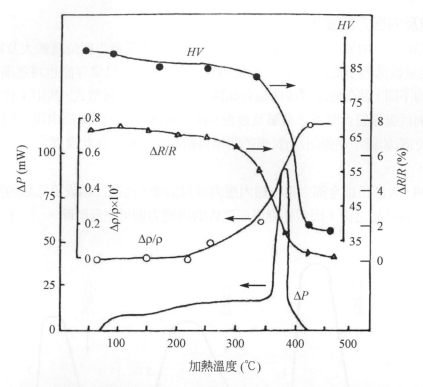

圖 8-13 冷拉伸後的工業純銅以 6°C/min 之升溫速率加熱到不同溫度後的硬度(HV)、電阻變化率($\frac{\Delta R}{R}$)、密度變化率($\frac{\Delta \rho}{\rho}$)和功率差(ΔP)

　　金屬的電阻與晶體中點缺陷的密度相關，點缺陷所引起的晶格扭曲會使電子產生散射，而提高電阻率，由點缺陷所引起的散射作用較由差排所引起的更為強烈。由此可知，在回復期，加工金屬中的點缺陷密度有明顯的降低。此外，由於點缺陷密度的降低，亦使金屬的密度增加，其結果如圖 8-13 中的密度變化曲線所示。

● 8.4.2　回復(recovery)

(一) 退火溫度和時間對回復過程的影響

　　回復是指冷加工後的金屬在加熱時，於光學顯微組織發生改變前(即再結晶之晶粒形成前)所產生的某些次結構和性質的變化過程。冷加工後之金屬在退火處理時的回復期通常是指其組織和性質變化的早期階段。在回復階段之硬度和強度等機械性質的變化很小，但電阻率則有明顯變化。如圖 8-14 所示者為經拉伸後的純鐵在不同溫度下退火時，其降伏強度與加熱時間之關係。圖中的橫座標為加熱時間，縱座標表示剩餘加工硬化分率 $1-R = \frac{(\sigma_m - \sigma_r)}{(\sigma_m - \sigma_o)}$，其中的 σ_o 是純鐵經充分退火後的降伏極限，σ_m 是冷加工後的降伏極限，

Chapter 8

σ_r 是冷加工後經不同回復過程處理的降伏極限。顯然 $1-R$ 越小,則 R 越大,表示回復的程度越大。

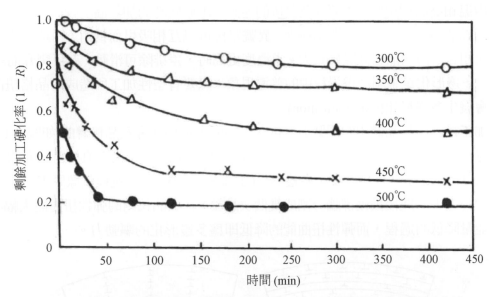

圖 8-14 經拉伸後的純鐵在不同溫度退火時之降伏強度的回復動力學曲線

由圖 8-14 可知,回復的程度是溫度和時間的函數。溫度越高,回復的程度就越大。當溫度一定時,回復的程度則隨時間的延長而逐漸增加。但在回復初期,變化較大,而後則逐漸趨於平緩,當達到一個極限值後,回復也停止。在每一溫度,回復程度大都有一個相應的極限值,溫度越高,此極限值就越大,而達到此極限值所需的時間也越短。於達到極限值後,再進一步延長回復退火時間,並無多大的變化。

由溫度和時間對鐵之回復過程影響的實驗結果可以推知,回復過程是原子的遷移擴散過程。經由原子遷移的結果,導致金屬內部缺陷數量的減少,而使儲存能下降。如圖 8-12 所示者,純金屬在回復時儲存能的釋放很少,而合金則釋放較多的儲存能,尤其是曲線 3,其釋放的儲存能大約佔整體儲存能的 70%,因而使後續之再結晶的驅動力大幅降低。亦即,雜質原子和合金元素能夠顯著延遲金屬的再結晶過程。

(二) 回復原理

一般認為,回復是點缺陷和差排在退火過程中發生運動,因而改變其狀態和數量的過程。

在低溫回復時,主要是點缺陷的運動,因其可移至晶界或差排處而消失,也可以聚合而成空孔對或空孔群,亦可與插入式原子相互作用而消失。由於電阻率對點缺陷較為敏感，因而在回復期之電阻率有較顯著的下降，而機械性質對點缺陷的變化並不敏感，故這時在機械性質上無顯著之變化。

在中溫和高溫回復時，主要涉及差排的運動。由於此時的加熱溫度較高，不僅原子有很大的活動能力，而且差排也開始運動。異號差排可以互相吸引而抵消，糾結中的差排也進行重新組合，而次晶粒亦開始長大。當溫度更高時，差排除可滑動，亦可爬升而產生多邊形化。多邊形化是金屬回復過程中的普遍現象，只要有塑性加工所造成的晶格扭曲，退火時就會發生多邊形化(polygonization)。

冷加工後，由於晶體中的同號刃差排在滑動面上堆積而導致晶格彎曲(如圖 8-15(a))，在退火過程中經過差排的滑動和爬升(如圖 8-16)，使同號刃差排沿垂直於滑動面的方向排列成小角度的次晶界，此過程即為多邊形化(如圖 8-15(b))。此一過程就像原來呈連續彎曲的晶體在經退火處理後被差排牆分割成幾個次晶粒，在次晶粒內的彈性扭曲能大幅減小。此為一能量降低的過程，而彈性扭曲能的降低即為多邊形化的驅動力。

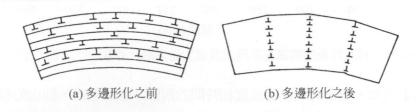

(a) 多邊形化之前   (b) 多邊形化之後

圖 8-15　在多邊形化前、後之刃差排的排列情況示意圖

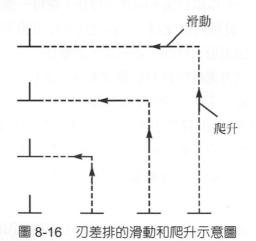

圖 8-16　刃差排的滑動和爬升示意圖

在發生多邊形化時，除需差排的滑動外，尚需差排的爬升。所謂爬升是指差排沿垂直於滑動面的方向運動，使差排線脫離原來的滑動面，其過程如圖 8-17 所示。如果額外半原子面下端的原子擴散出去，或者與空孔交換位置，將使差排線的一部份或整體移到另一

個新的滑動面上(即額外半原子面縮短),此種運動稱為正爬升。反之,若在額外半原子面下端加原子,亦即使額外半原子面擴大,則稱為負爬升。

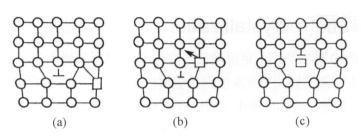

(a)   (b)   (c)

圖 8-17 刃差排之爬升示意圖

刃差排的爬升必須經過空孔和原子的擴散才能完成,在室溫下很難進行,只有在較高的溫度,原子之擴散能力足夠大時,爬升才易於進行。

(三) 回復退火的應用

回復退火在工程上稱為應力消除退火,是使冷加工後之金屬可在保持加工硬化狀態的條件下降低其內應力(主要是第一類內應力),減輕工件的翹曲和變形,降低電阻率,提高材料的耐蝕性並改善其延性和韌性,以增進工件使用時的安全性。

如圖 8-18 所示者為含 0.08%C 之鋼在冷軋後因加熱所導致之機械性質變化。

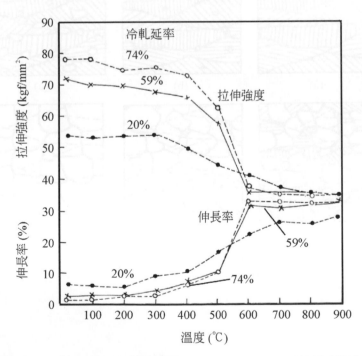

圖 8-18 含 0.08%C 之鋼於冷軋後因退火所致之機械性質變化

製造鋼琴線等硬鋼線時，先以中間退火加熱到沃斯田鐵狀態，其後以恆溫變態而形成微細波來鐵或上變韌鐵組織－此稱為韌化處理(patenting)。

8.4.3 再結晶(recrystallization)

將冷加工後的金屬加熱到一定溫度後，在原來的變形組織中重新產生無變形的新晶粒，且性質亦發生明顯的變化，並恢復到完全軟化狀態，此過程稱為再結晶。再結晶的驅動力與回復相同，亦是在冷加工所產生的儲存能，隨著儲存能的釋放，應變能也逐漸降低。而新的無變形之等軸晶粒的形成及成長，使之在熱力學上變得更為穩定。再結晶與同素異形變態的共同點，是兩者都需成核與成長兩個階段；而兩者之區別為再結晶前後各晶粒的晶格類型不變，成份不變，但同素異形變態則發生晶格類型的變化。

如圖 8-19 所示者為再結晶過程中新晶粒的成核和成長過程示意圖。斜線部份代表塑性變形基地，白色部份則代表無變形的新晶粒。由圖之結果可知，再結晶並非為一簡單恢復到變形前組織的過程，因兩者的晶粒大小並不一定相同，此乃控制再結晶之過程所須注意者。

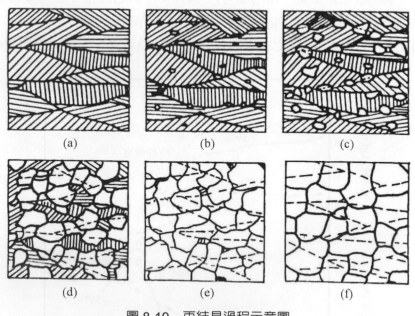

(a)　　　　　(b)　　　　　(c)

(d)　　　　　(e)　　　　　(f)

圖 8-19　再結晶過程示意圖

(一) 再結晶的成核與成長過程

1. 成核

　　再結晶的成核是一個複雜的問題，有很多不同的論點和看法。最初有人用傳統的結晶成核理論來處理再結晶的成核問題，但因計算所得的臨界晶核半徑過大，而與實驗結果不符。而後由實驗證明，再結晶之晶核是在塑性加工所引起的最大扭曲處形成，且在回復期所發生的多邊形化則成為再結晶成核所必要的先驅工作。隨著高倍率穿透式電子顯微鏡的發展，由不同冷加工量及不同金屬材料發生再結晶時的實驗觀察結果，而提出不同的再結晶成核原理。

(1) 次晶粒長大成核原理

　　次晶粒長大成核是在大的變形度下才發生，在回復期，塑性加工所形成的胞狀組織經多邊形化後轉變為次晶粒，其中有些次晶粒會逐漸長大，而發展為再結晶的晶核。次晶粒長大成為再結晶晶核的方式中最主要者有：①次晶粒合併成核，即在相鄰次晶粒的某些邊界上之差排，經過爬升和滑動，轉移到周圍的晶界或次晶界上，導致原來的次晶界消失，而後經由原子擴散和位置的調整，終使兩個或更多次晶粒的方向成為一致，合併成為一個大的次晶粒，而為再結晶的晶核。②為次晶界移動成核，此方式是由某些局部差排密度很高之晶界的移動，吞併相鄰的變形基地和次晶粒而成長為再結晶之晶核。除此之外，如微型帶狀(microbands)，退火雙晶(annealing twins)等亦為再結晶之晶核的形成處。無論是次晶粒合併成核，或是次晶界移動成核，兩者皆需依靠消耗周圍的高能量區才能長大而成為再結晶晶核。而隨著變形量的增大，會有更多的高能量區產生，因而有利於再結晶的成核。

(2) 成長

　　當再結晶之晶核形成後，就可自發、穩定地成長。晶核在成長時，其界面向變形區域推進。界面移動的驅動力是無變形的新晶粒與周圍基地的扭曲能差。界面移動的方向則背向其曲率中心的方向。當舊的變形晶粒完全消失，而全部被新的無變形之再結晶晶粒所取代時，再結晶過程即告完成，此時的晶粒大小即為再結晶的初始晶粒。

(二) 再結晶溫度及其影響因素

　　再結晶晶核的形成與成長皆需原子的擴散，因此須將冷加工過之金屬加熱到一定溫度之上，方能使其原子進行遷移，再結晶過程才能進行。通常把再結晶溫度定義爲：「經過大量冷加工(變形度在 70%以上)的金屬，在約一小時的持溫時間內能完成再結晶(＞95%轉變量)的溫度」。由圖 8-9 所示之結果，再結晶溫度亦可定義爲「退火時，強度呈現急速下降之溫度」，在此溫度下，變形之晶粒又重新成核，再成長，隨著溫度繼續升高，即可形成未受加工影響特性之晶粒。因而再結晶之溫度也可定義爲「冷加工後之金屬的變形晶粒可以重新成核、成長之最低溫度」。然而，再結晶溫度並非定值，此乃因再結晶前後的晶格類型不變，化學成份不變，所以再結晶並非相變化，沒有一定的變化溫度，而是隨加工程度、材料純度及退火時間等之不同而異，而使再結晶可以在一較寬的溫度範圍內變化。

　　影響再結晶溫度的因素很多。如金屬的加工量越大，金屬中的儲存能越多，再結晶的驅動力就越大，因而再結晶溫度就越低。但當加工量增加到一定程度後，再結晶溫度即趨於一穩定值。但若變形度小至某一程度時，則再結晶溫度將趨於金屬的熔點，亦即不會有再結晶過程發生。又如金屬的純度越高，則其再結晶溫度越低。因雜質和合金元素溶入基地後，會趨向差排、粒界處聚集，阻礙差排的移動和粒界的遷移，同時雜質及合金元素還會阻礙原子的擴散，因此可顯著提高再結晶溫度。如表 8-1 所列者爲一些高純度金屬之再結晶溫度。

　　此外，再結晶溫度亦受加熱速率和加熱時間影響。當加熱速率十分緩慢時，受冷加工之金屬在加熱過程中有足夠的時間進行回復，使儲存能減少，因而減少再結晶的驅動力，使再結晶溫度升高。如 Al-Mg 合金於緩慢加熱時之再結晶溫度較一般者要高 50~70℃。但極快的加熱速率也會使再結晶溫度升高，如對 Ti 和 Fe-Si 合金進行通電快速加熱，其再結晶溫度可提高 100~200℃。其原因在於再結晶的成核及成長都需要擴散時間，若加熱速率太快，則在不同溫度下的停留時間很短，來不及成核及成長，因而須延遲到更高的溫度才發生再結晶。

表 8-1　一些工業級純度和高純度金屬的再結晶溫度和再結晶溫度 ($T_{再}$) 與熔點 ($T_{熔}$) 之比

金屬	熔點 (K)	工業級純度		高純度	
		再結晶溫度(K)	$\dfrac{T_{再}}{T_{熔}}$	再結晶溫度(K)	$\dfrac{T_{再}}{T_{熔}}$
Al	933	423～500	0.45～0.50	220～275	0.24～0.29
Au	1336	475～525	0.35～0.40	-	-
Ag	1234	475	0.38	-	-
Be	1553	950	0.60	-	-
Bi	554	-	-	245～265	0.51～0.52
Co	1765	800～855	0.40～0.46	-	-
Cu	1357	475～505	0.35～0.37	235	0.20
Cr	2148	1065	0.50	1010	0.46
Fe	1808	678～725	0.33～0.40	575	0.31
Ni	1729	775～935	0.45～0.54	575	0.30
Mo	2898	1075～1175	0.37～0.41	-	-
Mg	924	375	0.40	250	0.27
Nb	2688	1325～1375	0.49～0.51	-	-
V	1973	1050	0.53	925～975	0.45～0.49
W	3653	1325～1375	0.36～0.38	-	-
Ti	1933	775	≈ 0.40	723	0.37
Ta	3123	1375	≈ 0.44	1175	0.37
Pb	600	260	0.42	165	0.28
Pt	2042	725	0.25	-	-
Sn	505	275～300	0.35～0.38	-	-
Zn	692	300～320	0.43～0.46	-	-
Zr	2133	725	0.34	445	0.21
U	1403	625～705	0.44～0.50	545	0.38

【註】　$T_{再}$：再結晶溫度，$T_{溶}$：熔點

(三) 再結晶晶粒大小的控制

　　冷加工金屬經再結晶退火後，其機械性質有較大變化，即強度、硬度下降，而延性及韌性則上升(圖 8-9)。但這並不代表其與加工前的金屬完全相同，因再結晶後之晶粒大小並不與加工前之晶粒大小完全相同。

　　再結晶晶粒的平均大小 d 可用式(8.2)表之

$$d = k(\frac{G}{\dot{N}})^{1/4} \tag{8.2}$$

式中：$\dot{N}$ 為成核速率，G 為晶核成長之線速率，k 為比例常數。

　　由式(8.2)可知，再結晶後的晶粒大小取決於 $\frac{G}{\dot{N}}$ 之值。要細化晶粒，就必須減小 $\frac{G}{\dot{N}}$。因此，控制影響 $\dot{N}$ 和 G 的各種因素即可達到細化再結晶晶粒的目的。對 $\frac{G}{\dot{N}}$ 之值的影響有下述四種，茲分述如下：

1. 加工量的大小

   　　如圖 8-20 所示者為加工量與再結晶晶粒大小之關係。當加工量很小時，由於扭曲能很小，金屬材料的晶粒仍保持原狀，不足以引起再結晶，所以晶粒大小沒有變化。至加工量達到某一數值(一般金屬均在 2~10%範圍內)時，再結晶後的晶粒變得特別粗大。此乃因此時的加工量雖不大，但 $\frac{G}{\dot{N}}$ 之值卻很大，因此得到特別粗大的晶粒。通常把對應於得到特別粗大晶粒的加工量稱為臨界加工量。當加工量超過臨界加工量後，則晶粒逐漸細化，加工量越大，晶粒越細。乃因加工量的增加，使儲存能增加，因而導致 $\dot{N}$ 與 G 的同步增加。但因 $\dot{N}$ 的增加率較 G 為大，所以 $\frac{G}{\dot{N}}$ 之值減小，而使再結晶後的晶粒變細。變形度達到一定程度後，再結晶晶粒大小原則上保持不變，但對於某些金屬與合金，當加工量相當大時，再結晶晶粒又會出現再粗化的現象，此為二次再結晶(secondary recrystallization)所造成的結果。二次再結晶只於特殊條件下發生，並非普遍現象。

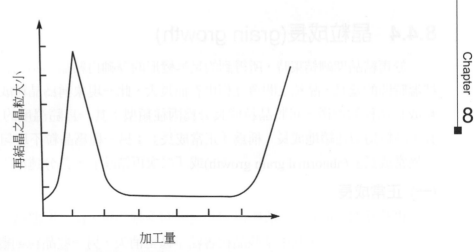

圖 8-20　金屬的再結晶晶粒大小與冷加工量的關係

2. 原始晶粒大小

當加工量一定時，金屬的原始晶粒越小，則再結晶後的晶粒也越小。此乃因晶粒小之金屬有較多的晶界，而晶界又是有利於再結晶成核的地區，所以原始晶粒較小之金屬經再結晶退火後仍會得到細晶粒的組織，其結果如圖 8-21 所示。

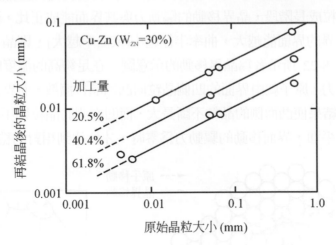

圖 8-21　再結晶晶粒與原始晶粒大小的關係

3. 合金元素及雜質

溶於基地中的合金元素及雜質，一方面可增加加工金屬的儲存能，另一方面則可阻礙晶界的移動，而起細化晶粒之作用。

4. 加工溫度

加工溫度越高，回復的程度就越大，因而在加工後的儲存能減小，而使晶粒粗大化。

8.4.4 晶粒成長(grain growth)

　　於再結晶期剛結束時，所得到的是無變形的等軸再結晶初始晶粒。隨著溫度的升高或持溫時間的延長，晶粒之間會互相併吞而長大，此一現象稱為晶粒成長。根據再結晶後晶粒成長過程的特徵，可將晶粒成長分為兩種類型：其一為隨溫度的升高或持溫時間的延長，晶粒均勻連續地成長，稱為「正常成長」；另一種為晶粒不均勻不連續地成長，稱為「異常成長」(abnormal grain growth)或「二次再結晶」，茲分述如下：

(一) 正常成長

　　再結晶剛完成時，一般所得到的是細的等軸晶粒，當溫度繼續升高或延長持溫時間，晶粒仍可繼續成長，其中某些晶粒會縮小甚至消失，另一些晶粒則繼續長大。相對而言，晶粒的成長較為均勻。

1. 晶粒成長的驅動力

　　就整體而言，晶粒成長的驅動力是晶粒在成長前後之界面能差的總和。細晶粒的晶界多，界面能高；粗晶粒的晶界少，界面能低。所以由細晶粒成長為粗晶粒是使金屬自由能降低的自發過程。但對某一段晶界而言，其驅動力與界面能和晶界的曲率有關。在晶粒成長階段，晶界移動的驅動力與其界面能成正比，而與其曲率半徑成反比。即晶界的界面能越大，曲率半徑越小(或曲率越大)，則晶界移動的驅動力就越大。如圖 8-22 所示者為晶界移動的示意圖。在足夠高的溫度時，原子具有足夠大的擴散能力，原子就由界面的凹側晶粒向凸側晶粒擴散，而界面則朝向曲率中心方向移動，結果使凸面側的晶粒不斷長大，而凹面側的晶粒則不斷縮小而消失，直到晶界變為平面，界面移動的驅動力為零時，才能達到相對的穩定狀態。

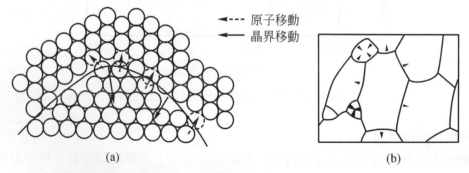

圖 8-22　晶粒成長示意圖：(a)原子經過晶界擴散，(b)晶界移動方向，原子向安定的凸面移動，晶界向曲率中心移動，小晶粒最後消失

2. 晶粒的穩定形狀

以正常成長方式長大的晶粒，在達到穩定狀態時，其晶粒之形狀可從整體界面能來考慮。在同體積條件下，以球體的總界面能最小，因此球狀晶粒最穩定。但如果晶粒全部都變為球狀時，並無法填充金屬所佔據的整個空間，勢必出現空隙。另外，由於球面彎曲，產生了使晶界移動所需的驅動力，亦必使晶界發生移動。因此，晶粒的穩定形狀不能是球形。

晶粒在正常成長時應遵循以下之規則：

(1) 彎曲晶界趨向於平直，即晶界向其曲率中心方向移動，以減少表面積，降低表面能。

(2) 當三個晶粒的晶界夾角不等於 120°時，則晶界是向角度較小的晶粒方向移動，以使三個夾角都趨向於 120°。

(3) 在二維坐標中，晶粒邊數少於 6 者，會逐漸縮小，直至消失。當晶粒的邊數為 6，晶界平直，且夾角為 120°時，則晶界處於平衡狀態，不再移動。

而邊數大於 6 的晶粒(其晶界向外凹)，則將逐漸長大。

在實際情況下，雖然由於各種原因，晶粒不會長成規則的六邊形，但仍然大致符合晶粒成長的規律。

3. 影響晶粒成長的因素

晶粒成長是藉晶界之遷移來達成的，所以影響晶界遷移的因素都會影響晶粒之成長，這些因素主要有：

(1) 溫度

由於晶界遷移的過程就是原子的擴散過程，所以溫度越高，晶粒之成長速率就越快。通常在一定溫度下，晶粒成長到一定大小後就不再繼續長大，但溫度升高後晶粒又會繼續長大。

(2) 雜質及合金元素

雜質及合金元素在溶入基地後，都能阻礙晶界之移動，特別是晶界聚集現象顯著的元素，其作用更大。一般認為吸附在晶界的溶質原子會降低晶界的界面能，因而降低界面移動的驅動力，使晶界不易移動。

(3) 第二相

散佈的第二相對於阻礙晶界移動有重要的作用。第二相對晶粒成長速率的影響與第二相之半徑(r)和單位體積內第二相的數量(體積分率 φ)有關。達到平衡時的穩定晶粒大小 d、r 與 φ 有如式(8.3)所示之關係

$$d = \frac{4r}{3\varphi} \tag{8.3}$$

由式(8.3)可知,晶粒大小與第二相的半徑成正比,而與第二相的體積分率成反比。亦即,第二相越小,數量越多,則阻礙晶粒成長的能力越強,而可使晶粒微細化。

工業上利用第二相控制晶粒大小的實例很多,如電燈泡用的鎢絲在早期易斷裂,是由於鎢絲在高溫下晶粒成長變脆所致。如在鎢絲中加入適量的 ThO_2,形成散佈的 ThO_2,以阻止鎢絲晶粒在高溫時不斷成長,即可顯著提高燈泡壽命。在鋼中加入少量的 Al、Ti、V、Nb 等元素,形成適當體積分率和大小的 AlN、TiN、VC、NbC 等第二相,就能阻礙鋼在高溫下的晶粒成長,使鋼在焊接或熱處理後仍具有較微細的晶粒,以保有良好的機械性能。

(4) 相鄰晶粒的晶向差

晶界的界面能與相鄰晶粒間的晶向差有關,小角晶界的界面能較大角晶界者為小,但因界面移動的驅動力又與界面能成正比,因此,前者的移動速率較後者小。

(二) 異常成長

某些金屬材料經過大量冷加工後,於較高溫度下退火時,會出現異常的晶粒成長現象,即少數晶粒具有特別大的長大能力,而逐步併吞掉周圍的大量小晶粒,使其大小超過原始晶粒的幾十倍甚或上百倍,較臨界加工後所形成的再結晶晶粒還要粗大,此過程稱為異常成長或二次再結晶。而前述之正常晶粒成長則可稱為一次再結晶,以資區別。如圖8-23 所示者為異常成長過程示意圖。

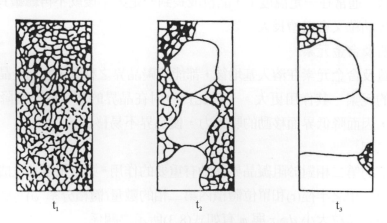

t_1 t_2 t_3

圖 8-23 　異常成長過程示意圖(時間 $t_1 < t_2 < t_3$)

　　二次再結晶並非重新成核和成長的過程，而是以一次再結晶後的某些特殊晶粒作為基礎而長大的。因此，異常成長其實是在特殊條件下的晶粒成長過程，並非再結晶。二次再結晶的重要特點為在一次再結晶完成後，於繼續持溫或提高加熱溫度時，絕大多數晶粒的成長速率很慢，只有少數晶粒之成長異常迅速，而使後來晶粒之大小越顯懸殊，因而造成有利於大晶粒併吞周圍的小晶粒，直至這些迅速成長的晶粒相互接觸為止。在一般情況下，這種異常粗大的晶粒只有在金屬材料的局部區域出現，使金屬材料具有明顯不均勻的晶粒大小，而對性能產生不利的影響，如圖 8-24 所示者為不銹鋼之異常成長組織。

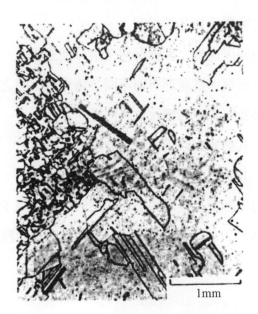

1mm

圖 8-24　在 800℃軋延 9%之 304 不銹鋼可產生冷加工型態之軋延組織，在 1000℃退火 30
　　　　分鐘可得立方體之再結晶組織。若在 1000℃退火 96 小時，則有二次再結晶發生，
　　　　大的二次晶粒為立方體組織之原析基地(電解腐蝕)　二次再結晶將導致材料晶粒粗
　　　　大化，降低材料的強度、延性和韌性。尤其是當晶粒大小很不均勻時，往往使材料
　　　　在使用時，於粗大晶粒處產生裂縫而導致材料的破斷。此外，粗大晶粒亦會增加材
　　　　料在冷加工後的表面粗糙度而形成橘皮(orange peel)狀組織

習 題　　　　　　　　　　　　EXERCISE

1. 解釋名詞：(1)solid-solution strengthening，(2)strain hardening，(3)recovery，(4)recrystllization，(5)grain growth，(6)isothermal annealing，(7)homogenizing，(8)patenting，(9)abnormal grain growth，(10)orange peel。

2. 溶質原子較基地相原子大或小時，所造成之晶格應變爲何？請分別說明之。

3. 何以加工硬化和差排之移動有密切之關係？請說明之。

4. 塑性加工對組織之影響爲何？請說明之。

5. 退火溫度與時間對回復過程之影響爲何？請分別說明之。

6. 在低溫及較高溫之回復，其原理有何不同？請分別說明之。

7. 請分別說明再結晶及同素異形變化之異同點。

8. 何謂再結晶溫度？其影響因素爲何？請分別予以說明。

9. 金屬於再結晶時，其晶粒大小應如何控制？請予以說明。

10. 晶粒成長之驅動力與影響晶粒成長之因素爲何？請分別予以說明之。

11. 異常成長之特點爲何？又異常成長會對材料造成那些缺點？請分別予以說明之。

Chapter

9

熱處理

■ 本章摘要

▶9.1 析出硬化(preciptatiom hardening)

9.1.1 時效處理

　　淬火後的合金，在室溫下會有金屬間化合物逐漸從固溶體內呈微細而均勻的析出，致使合金之硬度與強度大增，並逐漸趨於穩定之現象稱為時效(aging)。這種析出現象的進行，有時僅需數日，有時卻需數月或數年。時效作用不藉外力而於室溫下緩緩進行者稱為「自然時效(natural aging)」。若加熱至 150~200℃，以加速析出作用者，稱為「人工時效(artificial aging)」。人工時效常在蒸氣箱中進行，蒸氣箱內有許多螺旋蒸氣管分佈配置，並有換氣扇，使熱氣循環交換。溫度可由蒸氣壓控制，因時效而生的強化(或硬化)現象，亦稱為時效硬化(age hardening)，茲以鋁-銅合金為例，說明時效處理與析出硬化之原因。

　　如圖 9-1 所示，若把含 5%Cu 的 Al-Cu 合金從 550℃慢慢冷卻時，由圖可知在 550℃處此合金是 α 固溶體，但隨溫度之下降，α 固溶體會沿著 ab 線析出 θ 相(化合物 CuAl₂)而有兩個相共存。

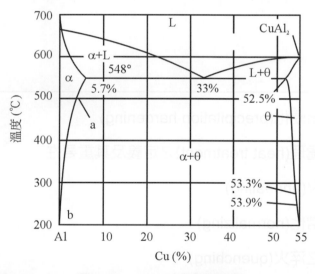

圖 9-1　Al-Cu 系平衡狀態圖

　　但這種合金在急冷時，由於並無足夠的時間使其析出 θ 相，故在常溫所得者為固溶5%Cu 的過飽和 α 固溶體。一般而言，若在合金的平衡圖中有如圖 9-1 所示的 ab 固溶線時，即可利用急冷而得到過飽和固溶體。

　　若將 Al-Cu 合金加熱到 450~520℃，使在 Al 中溶有較多量的 Cu 後，從此溫區急冷而獲得過飽和固溶體的熱處理即稱為固溶化處理或溶解處理(solution heat-treatment)。

　　如圖 9-2 所示者為含銅 6%以下的 Al-Cu 合金之拉伸強度與含 Cu 量的關係。曲線①表示從高溫急冷後再於 300℃退火者，其組織大致與從高溫緩冷者相同。在 Cu 的固溶限內，如 ab 曲線所示，其拉伸強度隨含 Cu 量之增加而增加，此種強化效果乃因 Cu 的固溶所致。bc 部份則是因 Cu 含量超過固溶限，生成 CuAl₂ 的強化效果。因析出之 CuAl₂ 的量隨 Cu 含量之增加而增多，所以強度隨 Cu 量的增加而呈線性增加。

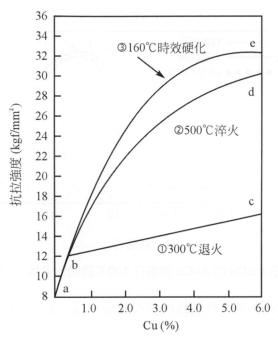

圖 9-2　Al-Cu 合金的機械性質

　　bd 線是從高溫急冷者，其強度隨 Cu 含量的增加而大幅增加。此乃因含 Cu 量愈多，過飽和固溶體的過飽和程度就愈大，因而強度也隨之增大之故。bd 曲線是在 ab 的延長線上。但因以急冷所得的過飽和固溶體為不安定的組織，故將鋁合金淬火(450~520℃)後經長時間放置在常溫，或溫度略為昇高時，以析出 θ 相而成為安定的 $\alpha+\theta$ 兩相。此時若退火的溫度夠高且持溫時間充足，則過飽和的不安定組織，將形成如同在緩冷時所得之 $\alpha+\theta$ 二相的安定組織。但在某一退火條件下，過飽和的 α 固溶體在變為 $\alpha+\theta$ 的安定狀態之途中，可得強度更高的中間狀態。曲線 be 表示將從高溫急冷(淬火)後的 Al-Cu 合金於 160℃持溫 15~60 小時後的強度(持溫時間視含 Cu 量而定)，其強度較淬火狀態的強度 bd 為高。

◉ 9.1.2　析出(時效)硬化的原因

　　如圖 9-3 所示者為含 4%Cu 之 Al-Cu 合金在 130℃之時效過程，其硬度及晶粒大小(由 X 光繞射法測得之析出物的平均直徑)的變化情形。在時效之初，硬度迅速上昇；約至 50 天後硬度達到最高值，隨後則反轉下降，此現象稱為過時效(overaging)。此種有趣而奇特的現象，正反映出析出過程的複雜性。奎尼爾(Guinier)及普列斯敦(Preston)為對此現象最早研究者；他們用 X 光繞射法偵測析出物之大小，發現其有如圖 9-3 內曲線所示之變化情形。

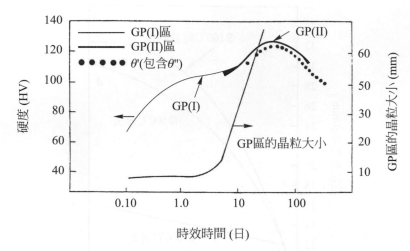

圖 9-3　含 4%Cu 的 Al-Cu 合金在 130℃的時效曲線及其結構變化

　　整合性析出物屬超微觀性，其晶格構造與基地相同；非整合性析出物屬微觀性，其晶格構造與基地不同。

　　析出過程大致可分成下述幾個階段：

(一) 形成銅原子之富集區(GP[Ⅰ]域)

　　過飽和 α 固溶體在時效的初期階段發生銅原子在基地相之{100}上富集，而形成銅原子的富集區，稱為 GP[Ⅰ]域。GP[Ⅰ]域呈薄片狀，其厚度約為 0.4~0.6 nm，直徑約為 9.0 nm，密度達 10^{17}~10^{18} cm³。GP[Ⅰ]域的結構與基地相 α 相同，故析出物與基地晶格仍保持為整體，而無明顯界限，是為如圖 9-4(a)所示之整合性析出物(coherent precipitate)。由於在 GP[Ⅰ]中之 Cu 原子的濃度很高，且 Cu 原子又較 Al 原子大，致使在 GP[I]域周圍的基地相產生嚴重的晶格扭曲，阻礙差排運動，因而使合金的硬度、強度升高。在圖 9-3 中之第一個硬度峰就是由 GP[Ⅰ]域的形成而產生的。

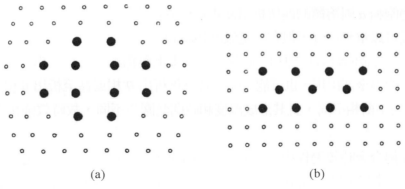

圖 9-4　(a)整合性析出物及(b)非整合析出物之示意圖

(二) 銅原子富集區之有序化(GP[Ⅱ]域)

隨著時效過程繼續進行，銅原子在 GP[Ⅰ]域上的富集增加，造成 GP[Ⅰ]域不斷增大並發生有序化，即溶質原子和溶劑原子按一定的規則排列。這種有序化的富集區稱為 GP[Ⅱ]域，又稱 θ'' 相，為一具有正方晶格的中間過渡相，其直徑約為 10.0~40.0 nm，厚度則可達 1.0~4.0 nm。由於 GP[Ⅱ]域仍沿用基地相之排列型式，故使其周圍基地產生較 GP[Ⅰ]域更大的彈性扭曲，造成對差排移動的更大阻礙，因而產生更大的強化效果。由圖 9-3 中的硬度曲線可知，因 θ'' 相的析出而使含 4%Cu 的 Al-Cu 合金達到最大強化之階段。

(三) 形成過渡相 θ'

當 GP[II]域形成之後，時效過程仍繼續進行，銅原子可在 GP[Ⅱ]域進一步富集，當 Cu 和 Al 之比為 1：2 時，即形成過渡相 θ'。θ' 相與 $CuAl_2$ 之化學成份相當，具有正方晶格，並仍以 {100} 晶面而沿用基地相晶格之排列型式。故對含 4% Cu 的 Al-Cu 合金而言，當 θ' 相剛開始出現時，時效曲線上的硬度達到最大值，但隨著 θ' 相增多且增厚，θ' 相會迅速成長並發展出自己的結晶型式，待長大到某一程度後乃脫離基地相，兩者之間遂有明顯之界面，而成為如圖 9-4(b)所示之非整合性析出物(incoherent precipitate)，故合金硬度開始降低，而發生過渡時效現象。如圖 9-4(b)所示之非整合性析出物，通常即為金屬間化合物。

(四) 形成平衡相 θ

在時效後期，合金進入過渡時效階段，過渡相 θ' 完全從基地相脫離而與基地相 α 固溶體成為非整合性析出，形成穩定的 θ 相($CuAl_2$)和平衡的 α 固溶體。θ 相具有正方晶格，由於整合性析出物係強置於基地相之晶格內，造成極大的晶格扭曲(如圖 9-4(a)所示)，對滑動、差排等移動產生極大的阻力，而使合金硬化。整合性析出物愈大，晶格扭曲愈大，合金之強度(硬度)也愈高。一旦形成非整合性析出物，兩晶格互相調適，造成的晶格扭曲亦較小(如圖 9-4(b)所示)，故硬度下降。

上述之過飽和 α 固溶體的四個析出硬化過程並非截然分開的,因時效溫度和時間之不同,幾個階段可以重疊進行,但在一定溫度和時間內,則以某一析出物為主。

此外,其他合金的時效原理和一般規律在基本上與鋁銅二元合金相似,但時效過程中的四個階段可能不全部出現,也可能一開始就直接析出 θ' 相或甚至析出 θ 相。因所形成的 GP 區過渡相及平衡相不同,且其形成溫度和時間範圍亦不同,故時效強化之效果也不一樣。

總之,在鋁合金時效過程中,當形成 GP[Ⅰ]域時,由於析出物引起一定的應變場,所以強度升高,當形成整合性最大的 θ' 相時,強度達到最高值,出現 θ' 或 θ 相時,由於過渡時效,強度反而降低。

析出反應易發生於晶界、滑動線(時效前之冷加工引起者)及差排上,故析出之速率在整個基地內並非均勻一致,此因素亦會影響時效硬化曲線之形狀。此外,縱使是相同的時效時間,在同一零件之不同部位,其時效階段亦經常不一致,而可能在硬化曲線上形成另外的最大硬度值。為紀念奎尼爾與普列士敦兩人,乃將鋁銅合金系之整合性析出物稱為 GP 域(GP zone)。

▶9.2 熱處理(heat treatment)之定義及其重要性

熱處理(heat treatment)是藉在控制下的加熱、冷卻或維持恒溫的操作以處理金屬材料,使其性質符合需要的方法。

鋼的性質隨溫度及組成而異,其組織對「熱的變化」極為敏感,藉加熱或冷卻速率的控制,可以改變鋼的組織,使組織變化導致機械性質的改善而合於使用之要求。受熱處理而顯著改變的機械性質包括硬度、拉伸強度、衝擊值、疲勞限及延性等。

鐵、鋼等材料之所以能在人類歷史上扮演著多彩多姿的角色,其存量頗豐、易於還原固為部份原因,但最主要的因素卻是碳在鐵內的固溶現象,而使鋼鐵能夠熱處理。目前很難在別的合金系內找到一種元素對合金之影響如碳對鐵影響之大者;而熱處理更是鋼鐵材料獨樹一幟的技術。

科學進步之今日,熱處理技術已是一項公開的秘密,且其地位亦益形重要。因以今日之機械出力之大及負荷之重,若其主要零件未經熱處理,實難想像其堪用的程度。在機器製造上,若無適當處理技術與之配合,則縱然能「仿其形」亦無以「徵其質」,徒落品質低劣之惡名而已。

▶9.3　退火

　　鋼的退火(annealing)是常用的熱處理方法之一，狹義的退火是指在變化點以上加熱冷卻而將鋼軟化的操作；但一般的退火並不僅爲了軟化，且加熱溫度也因目的或鋼材種類之不同而異，不一定在變化點以上。

　　鋼的退火通常定義如下：

　　將鋼加熱到適當溫度，並持溫一段時間後，再經徐冷的操作。其目的是除去內部應力、降低硬度、提高切削性、改善冷加工性及調整結晶組織以獲得所需之機械或物理性質。

　　退火依目的和熱處理的方法可分爲恒溫退火、擴散退火、球化退火、應力消除退火、軟化退火、低溫退火和中間退火等。圖 9-5 所示者爲退火及正常化之升溫加熱示意圖。

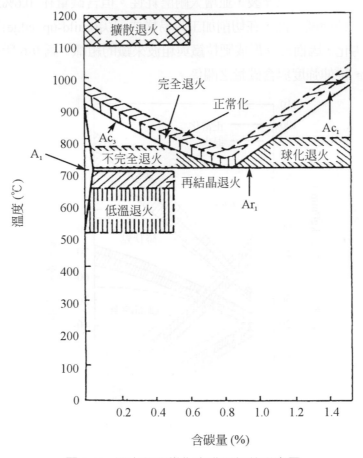

圖 9-5　退火及正常化之升溫加熱示意圖

9.3.1　完全退火(full annealing)

完全退火在亞共析鋼是加熱到 Ac_3 點以上 30~50℃，過共析鋼是加熱到 Ac_1 點以上 50℃的溫度，在該溫度保持足夠的時間，形成沃斯田鐵相或沃斯田鐵和碳化物的共存組織，而將鋼軟化。完全退火組織在亞共析鋼為肥粒鐵與粗波來鐵，在過共析鋼則為網狀雪明碳鐵與粗波來鐵。

一般而言，經熱軋或鍛造的鋼材其組織較不均勻，有殘留應力存在，或成非充分軟化的狀態，難於再進行切削或塑性加工。因而須施行完全退火將鋼軟化，以利於切削。此法主要適用於含碳量 0.6%以下的機械構造用鋼，含碳量在 0.6%以上的工具鋼則須施行球化退火。乃因完全退火法得不到適於切削加工的軟度，而若將碳化物球化，除可增加切削性外，亦可減少淬火時的淬彎或淬裂，並增大耐磨耗性。但含碳量在 0.6%以下的構造用鋼若施行球化退火，則硬度太低，在切削加工時易構成刀尖(build-up edge)，加工面也不平滑－亦即切削性劣化，因而最好形成肥粒鐵與粗波來鐵的組織，圖 9-6 所示者是完全退火與正常化處理時，拉伸強度與含碳量之關係。

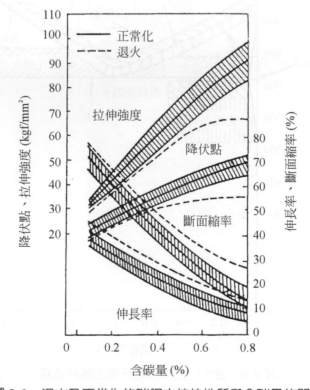

圖 9-6　退火及正常化的碳鋼之拉伸性質與含碳量的關係

◎9.3.2　恒溫退火(isothermal annealing)

將鋼沃斯田鐵化後，急速冷卻到 Ar_1 點以下的波來鐵變化溫度並持溫，以使沃斯田鐵變化成肥粒鐵與碳化物，於較短時間內軟化的操作稱為恒溫退火。圖 9-7 所示者為恒溫退火與完全退火操作之比較；從沃斯田鐵化溫度的冷卻在完全退火時通常為緩冷，但在到變化溫度前事實上並不須緩冷，所以恒溫退火是急冷到持溫之溫度以節省時間；在恒溫完成變化後，也可從爐中取出空冷。

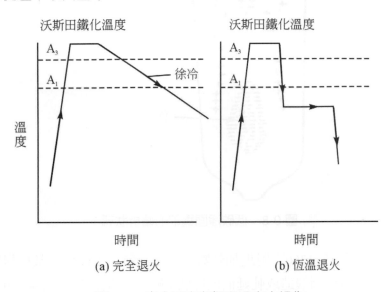

圖 9-7　完全退火與恆溫退火之操作

◎9.3.3　均質化退火(homogenizing annealing)

將熔融狀態的合金注入鑄模凝固時，與鑄模接觸而最先凝固的部份較少有合金元素或雜質元素，但隨著凝固的進行，這些元素會濃縮於殘留的熔融液中，有高濃度雜質的熔融液最後在鑄塊的上層或中央部位結晶化。在凝固過程中，固相與液相之間並未充分的擴散，因而造成鑄錠(ingot)各部份的成份元素濃度不均，此現象稱為偏析(segregation)。鋼塊的偏析狀態相當複雜，如圖 9-8 所示之低碳淨面鋼錠，除在鋼錠上層及中央有高濃度偏析及不純物元素之 V 偏析與 Λ 偏析外，鋼錠中央及下層也有低濃度偏析(負偏析)。

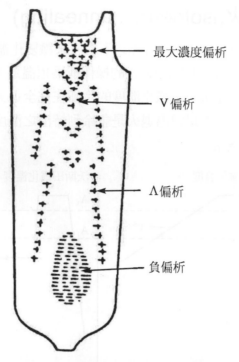

最大濃度偏析

V偏析

Λ偏析

負偏析

圖 9-8 低碳淨面鋼錠的偏析狀態

　　將此種偏析之鋼錠在 1300℃附近加熱數小時，經熱加工後可有某種程度的均勻化，但不能完全消除。偏析會因鍛造或軋延而成條狀；磷(P)或鉬含量多的鋼，此種傾向特強。在平行軋延方向而切斷的低碳鋼，以顯微鏡觀察時，肥粒鐵及波來鐵多的部份成為條狀，此組織稱為帶狀組織(banded structure)。此時在軋延方向及垂直方向的機械性質有很大之差異性，尤以在垂直方向的韌性很差。

● 9.3.4 球化退火(spherodizing annealing)

　　為了易於塑性或切削加工，改善機械性質而使碳化物球狀化的熱處理稱為球化退火。

　　一般固溶體中若有第二相析出時，除了析出初期外，第二相成為球狀存在乃能量最低的安定狀態。但雪明碳鐵為了容易析出及成長，在波來鐵中以板狀析出，於過共析鋼中則以近似板狀的形式析出。板狀雪明碳鐵若在適當的高溫經長時間加熱，會因表面張力而漸成能量低的球狀。

　　雪明碳鐵在球化後，組織中由雪明碳鐵遮住的肥粒鐵會成為連續，加熱時間愈長，球狀雪明碳鐵愈凝集，顆粒數減少，且成長變大，肥粒鐵的連續性更為完全，因而硬度降低，容易塑性加工或切削加工。使碳化物球狀化尚可作為工具鋼淬火前的預備處理，以增加淬

火後的韌性，防止淬裂；使軸承鋼之組織成爲微細均勻球狀化可改善淬火回火的機械性
質，增加滾動壽命；碳鋼爲了淬火均勻性及防止淬彎性，則常在淬火前施行球化退火。

　　施行球化退火時，網狀碳化物宜持溫於 A_1 以上 Acm 以下的溫度，層狀碳化物則持溫
於 A_1 以下的溫度，但此種方法需要較長的時間。此外，從沃斯田鐵狀態淬火回火時，易
形成微細均勻的球狀化組織，冷加工後的線材或棒材也容易球狀化。欲在短時間內達成目
的，須依鋼的種類、碳化物的形狀、大小、材料冷加工程度及所需球狀化程度，選用適當
的溫度和時間。

9.3.5　應力消除退火(stress relief annealing)

　　鋼材在熱軋或鍛造後，在冷卻過程中因表面和心部的冷卻速率不同，造成內外溫差因
而產生殘留內應力。此種內應力和後續製造過程所產生的應力疊加，易使工件發生變形和
破裂。焊件在焊道處由於組織的不均勻也存有很大的內應力，會顯著降低其強度。爲了消
除因塑性變形加工及鑄造、焊接過程所引起的殘留應力而進行的退火稱爲應力消除退火。
除消除內應力外，應力消除退火尚可降低硬度，提高尺寸穩定性，防止工件的變形和破裂。

　　鋼的應力消除退火之加熱溫度範圍較寬，但不宜超過 Ac_1，一般在 500~650℃ 之間。
鑄鐵件之應力消除退火溫度一般在 500~550℃，超過 550℃ 易造成波來鐵的石墨化。焊接
工件之退火溫度一般爲 500~600℃。一些大的焊接構件，難以在加熱爐內進行應力消除退
火，常採用火焰或感應加熱行局部退火，其退火加熱溫度一般略高於爐內加熱。

▶9.4　正常化(normalizing)

　　正常化是將鋼加熱到 Ac_3 或 Acm 上之適當溫度，持溫後空冷而得到波來鐵組織的熱
處理。與完全退火相較，二者的加熱溫度略同，但正常化的冷卻速率較快，變化溫度較低。
因此，相同的鋼材在正常化後可獲得細波來鐵，其強度及硬度亦較高。

　　正常化處理的加熱溫度通常在 Ac_3 或 Acm 以上 30~50℃（見圖 9-5），高於一般退火的
溫度。對於含有 V、Ti、Nb 等碳化物形成元素的合金鋼，可用更高的加熱溫度，即
Ac_3+100~150℃。爲消除過共析鋼的網狀碳化物，亦可提高加熱溫度，以使碳化物充分固
溶。

　　正常化的持溫時間與完全退火相同，除應以心部達到要求的加熱溫度爲準外，還應考
慮鋼材成分、原始組織、裝爐量和加熱設備等因素。通常根據具體工件尺寸和經驗加以確
定。

正常化的冷卻方式最常用的是將鋼件從加熱爐中取出在空氣中自然冷卻。對於大件也可採用吹風、噴霧和調節鋼件堆放距離等方法控制鋼件的冷卻速率,達到要求的組織和性能。

正常化是較簡單、經濟的熱處理方法,主要應用於以下幾方面:

(一) 改善鋼的切削加工性能

含碳量低於 0.25%的碳鋼和低合金鋼,退火後硬度較低,切削加工時容易「粘刀」,經過正常化處理後,可以減少游離肥粒鐵,獲得細片狀波來鐵,使硬度提高至 BHN140~190,以改善鋼的切削加工性,提高刀具的壽命和工件的表面光潔程度。

(二) 消除熱加工缺陷

中碳構造用鋼之鑄件、鍛件、軋件以及焊件在熱加工後易出現晶粒粗大化和帶狀組織等缺陷,經過正常化處理可以消除這些缺陷組織,達到細化晶粒、均勻組織、消除內應力的目的。

(三) 消除過共析鋼的網狀碳化物,俾以球化退火

過共析鋼在淬火之前要先進行球化退火,以便於機械加工及為淬火作好組織準備。但當過共析鋼中存有嚴重的網狀碳化物時,將達不到良好的球化效果,經正常化處理可以消除網狀碳化物。因此,正常化在加熱時為使碳化物能全部溶入沃斯田鐵中,須採用較快的冷卻速率以抑制二次碳化物的析出。

(四) 提高普通結構件的機械性質

一些受力不大、性質要求不高的碳鋼和合金鋼之零組件正常化處理後,可達到一定的機械性質,而成為構件的最終熱處理。

(五) 為其他目的而進行的正常化,茲說明如下

1. 鍛鋼

   鍛鋼大都為低碳或中碳者,但由於在熱加工終了時,溫度或肉厚不同的影響,同一物件中的結晶大小各異。當有粗大晶粒生成時,若再行加熱到沃斯田鐵的狀態而後空冷,則不僅加工的殘留應力消失,其晶粒亦因再結晶而微細化。

2. 鑄鋼

   鑄鋼含有凝固所致的偏析或緩冷所致的晶粒粗大化,斷面尺寸愈大時此傾向愈顯著。當偏析嚴重時,須提高正常化溫度,延長持溫時間,先行擴散均勻化,經一次空冷後,加熱到 A_3 點以上,再行空冷,使晶粒微細化。

3. 低碳軋延鋼材

低碳鋼有時為了改善切削性而進行正常化。含碳 0.2~0.3% 的碳鋼藉正常化而成微細肥粒鐵與波來鐵的混合組織遠比球化組織者更易切削加工。

4. 高張力鋼

非熱處理型之熔接構造用高張力鋼，常在熱軋後，空冷，不經熱處理而使用，但亦有經正常化或正常化回火後再使用者。

5. 高碳鋼

因高碳鋼在正常化後易使網狀碳化物增多，且自硬性大的合金鋼空冷也可硬化，所以大都不施行正常化。但是軸承鋼等在球化退火之前，亦有從 890~940℃ 空冷而正常化者，以使晶粒微細化。

▶ 9.5　鋼之淬火(quenching)

9.5.1　淬火目的及原理

鋼的淬火是從沃斯田鐵化溫度急冷，使其變化為麻田散鐵而硬化的操作；其目的因鋼種之不同大致可分為二類：

1. 工具鋼，為了切斷或切削其他金屬材料，要求硬而耐磨耗性大，直接利用高碳麻田散鐵的特色(硬度大)。

2. 構造用鋼之強度固然重要，但仍須具有更大的韌性，因而工具鋼須先淬火成麻田散鐵，再於 500~700℃ 行高溫回火，使其硬度、強度較淬火狀態為低，但具有較佳之韌性。

完全淬火回火組織與不完全淬火者的韌性之差主要源自碳化物的形狀及分佈形態；構造用鋼淬火的目的不在麻田散鐵本身的硬度，而是要將之回火成有高強韌性的組織，此與工具鋼不同。

9.5.2　淬火溫度與加熱時間

在淬火變化成麻田散鐵組織之前，須先將鋼加熱到沃斯田鐵狀態，此時的加熱溫度對鋼的性質有重大之影響。在選定加熱溫度時須考慮晶粒大小、過熱、碳化物的固溶等問題，而選定適當的沃斯田鐵化條件。

　　加熱溫度增高時沃斯田鐵晶粒逐漸長大，當晶粒粗大，於 Ar′變化時易過冷，也較易淬硬，但淬火後的韌性大減，乃因隨著溫度的上昇，碳化物增加固溶，結晶成長，沃斯田鐵因晶粒粗大而脆化。水淬時的沃斯田鐵化溫度，亞共析鋼是在 Ac_3 以上 30~40℃，而過共析鋼則是在 Ac_1 以上 30~90℃，油淬時則稍高些。

　　然而工具鋼在沃斯田鐵化時，須使碳化物有適度固溶，以形成夠硬的麻田散鐵，同時減少殘留沃斯田鐵而硬化。碳工具鋼若選擇上述溫度加熱，硬化應無問題。但過共析鋼的淬火溫度若過高時，因沃斯田鐵中的碳量過多，Ms 點降低，冷卻到常溫時，殘留沃斯田鐵增多，不僅未能充分硬化，也易淬裂。此外，由於高速工具鋼內含有很多鎢或鉻等碳化物的形成元素，其共析變化點會因這些元素而上昇，使沃斯田鐵中碳的固溶度減少。

　　然而淬火溫度太高時，會使晶粒粗大化而變脆，此種加熱到損害鋼性質的高溫稱為過熱(overheat)。過熱嚴重時，會使一部份晶界開始熔融，沿晶界氧化到內部，在後續的熱處理或機械加工等亦不能回復到正常的性質，稱為過燒(burnt)。

　　在沃斯田鐵化時，加熱時間亦為重要因素之一，就作業效率或成本而言，加熱時間愈短愈好，但實際上依加熱的方法或材料的大小，中心部上昇到必要溫度所需時間必須考慮碳化物固溶而均勻化的時間。合金元素含量愈多，熱傳導率大都愈小，擴散速率也愈小，因此須長時間加熱。

　　碳化物在沃斯田鐵中的固溶速率也因鋼種而異，特別是含鎢或釩等強碳化物形成元素之鋼更慢。即使同一鋼種也受淬火前的組織(主要是碳化物的大小或分佈狀態)所影響。

　　在沃斯田鐵化時，含有球化處理所得粗大球狀雪明碳鐵之鋼的溶解速率較慢，沃斯田鐵化也慢。高碳低鉻軸承鋼的碳化物在 900℃ 必要的固溶時間，微細波來鐵組織約 2 分鐘，而球化組織則約 1 小時以上。圖 9-9 所示者為在各種溫度之球化軸承鋼在沃斯田鐵化時的未固溶碳化物含量與持溫時間之關係。由圖 9-9 之結果可知約需 30~50 分鐘才能使碳化物之量達一定值。在高溫時，由於應固溶的碳化物量增多，反需較長的時間，方能使殘留之碳化物達一定值。但當碳化物過度固溶時，在淬火時的殘留沃斯田鐵也增多，此結果除使硬度降低外，亦會造成晶粒粗大化，淬裂及經久變形等問題。故在實際操作時，並不須將碳化物固溶到平衡狀態；因而須考慮中心與表面升溫之時間差，選定對應於各鋼種之沃斯田鐵化溫度的適當時間。

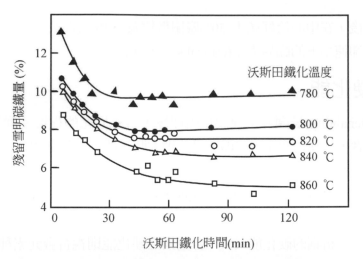

圖 9-9　沃斯田鐵化溫度及時間與殘留雪明碳鐵量之關係

▶9.6　硬化能(hardenability)

9.6.1　質量效應

　　鋼材經淬火後，其內外部之硬化效果不同的現象稱為質量效應(mass effect)。

　　鋼材之質量效應視工件之尺寸大小、合金成份及冷卻速率而異，如圖 9-10 所示。一般而言，含碳量愈高、冷速愈快、桿徑愈小，質量效應愈小，而合金元素如 Ni、Cr、Mo、Mn 等之添加亦使質量效應變小，亦即淬火件的表裏硬度較能一致。在圖 9-10 之(b)與(c)中，二鋼材之桿徑相同，淬火後之表面硬度也約略相等，但碳鋼在中心之硬度只有表面之半，而 Cr-Mo 鋼者中心之硬度則下降不多。

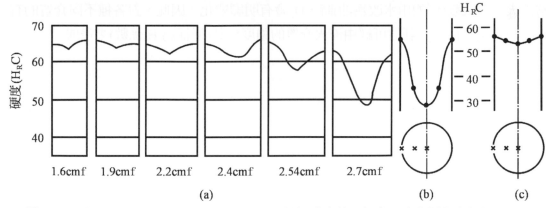

圖 9-10　質量效應：(a)桿徑不同之同成份鋼材經淬火後，徑向硬度的變化與桿徑之關係：(b)含 0.4%C，直徑為 3.5cm 之碳鋼，淬火後之表裡硬度差；(c)含 0.4%C，直徑為 3.5cm 之 Cr-Mo 鋼，淬火後之表裡硬度差

鋼材經淬火後，在中心恰好產生 50%麻田散鐵及 50%波來鐵，即 50%硬化之鋼桿大小，定義為該冷卻速率下的臨界大小(critical size，D_c)。

9.6.2 硬化能

硬化能(hardenability)是鋼經某種硬化處理後，所能硬化的程度。硬化能亦稱為淬火性。質量效果大者，其硬化能小，亦即在尺寸稍大時，即不易將鋼內部淬硬；而質量效果小的鋼，其硬化能高。

各種鋼種依化學組成而有其固有的硬化能，有其可完全淬硬的厚度或直徑界限存在，但此界限尺寸也因淬火方法而異。

對碳鋼而言，共析鋼的硬化能最大；合金鋼之硬化能則視合金元素種類及含量而定。一般言之，除鈷、鋯，鈦(>0.2%)外之普通合金元素皆有助於硬化能之提高，此外，增大淬火前的沃斯田鐵晶粒也可提高硬化能，唯此舉有害於淬火後的機械性質，故非理想的方法。

鋼的硬化能大多以喬米尼端面淬火試驗法(Jominy end-quench test)決定之。其裝置如圖 9-11 所示。將加熱至淬火溫度之桿狀試樣置於架上，由底部以一定條件上噴 24±3°C 之冷水淬火(試樣外徑 25 mm、長 100 mm，試樣底部距噴水口 12±1 mm，噴水之自由高度規定為向上 65±5 mm)。淬火完成後，試樣表面沿長度方向磨去 0.38 mm，以作硬度試驗。硬度之量測自淬火端起，最初每 1.6 mm 測量一次，至十六次後以每隔 3.2 mm 測量一次，達八次後，再以每 6.4 mm 測量一次。最後以硬度與淬火端距離作圖可得如圖 9-11(c)及(d)所示之硬化能曲線。淬火端冷速最快，形成完全之麻田散鐵，故最硬。離淬火端越遠，冷速越慢，麻田散鐵量越少而硬度漸減，故硬化能曲線皆呈現自左向右遞降的特徵。

當淬火介質改變(例如由水改為油)時，D_c 會有明顯變化。因此，對各種不同介質的有效性，必須定量評估。此評估可經由淬火介質的強度係數(通稱為 H 係數)來達成。

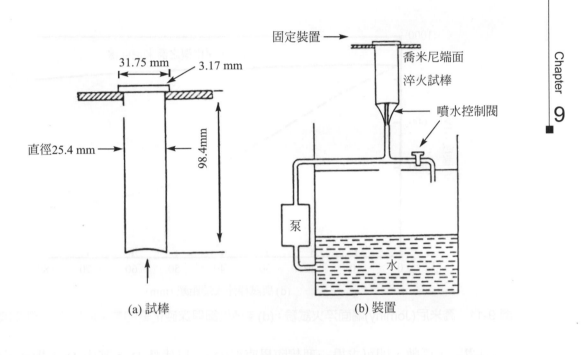

(a) 試棒　　　　　　　　　(b) 裝置

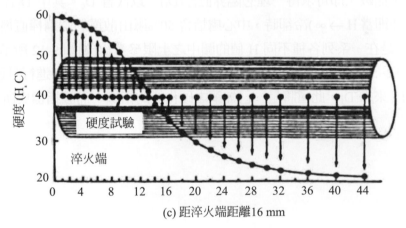

(c) 距淬火端距離16 mm

圖 9-11　喬米尼(Jominy)端面淬火試驗：(a)試樣尺寸，(b)淬火裝置，(c)典型的硬化能曲線

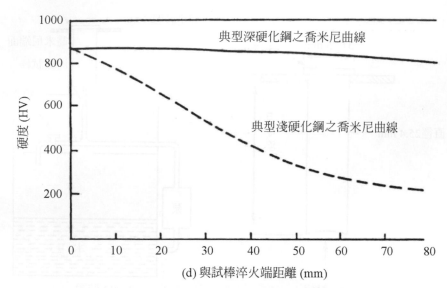

圖 9-11　喬米尼(Jominy)端面淬火試驗：(d)淺硬化鋼與深硬化鋼的喬米尼硬度-距離曲線(續)

　　若採用 H 係數，即可求得一理想臨界直徑(D_I)，以代替 D_c。其中 D_I 係指當表面是以無限大速率(亦即當 H → ∞)冷卻時，中心處恰含 50%麻田散鐵的圓鋼棒直徑。在此種情況下，$D_c = D_I$ 就是在一系列各種不同 H 值的圖中之上限參考線(如圖 9-12 所示)。事實上，H 值通常介於 0.2~5.0 之間；故若有一淬火試驗在某 H 值(譬如 0.8)下進行且已測得 D_c，則可利用圖 9-12 來求 D_I。此值將是一已知鋼之硬化能的指標，而該指標與所採用的淬火介質無關。

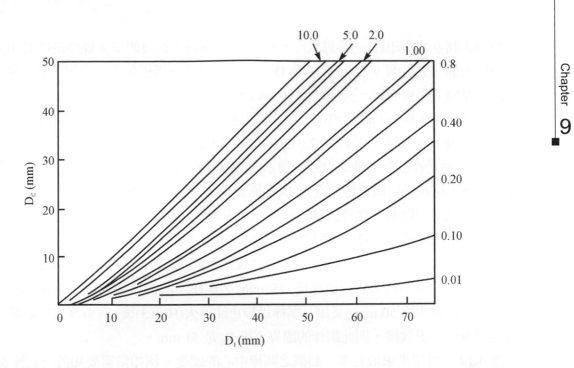

圖 9-12　由臨界直徑(D_c)與淬火介質強度係數(H)求取碳鋼或中合金鋼之理想直徑(D_I)

現以 D_I 或 D_c 的計算例說明圖 9-12 的用法。

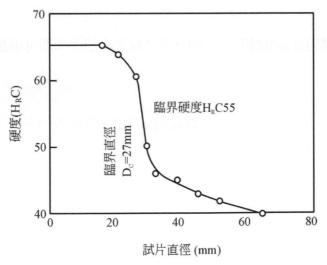

圖 9-13　試棒的中心硬度與直徑的關係

　　假設由圖 9-13 求出有一系列試片，其 D_c 爲 27 mm，當時的淬火條件是用 H=0.4 之中程度攪拌的油。先從圖 9-12 中之縱軸 D_c=27 mm 處畫一與橫軸平行之線，從其與 H=0.4 曲線的交點向下引垂直線，交橫軸於 60 mm，此即此鋼的理想臨界直徑。其次以此 D_I 爲基準，求任意淬火條件的臨界直徑，例如淬入無攪拌的鹽水中時，若鹽水之 H=2.0，從圖 9-12 中 D_I=60 mm 點往上求與 H=2.0 曲線的交點，從此點劃橫軸平行線，交 D_c 軸，求出 D_c=47 mm，這是淬於無攪動之 H=2.0 鹽水中的臨界直徑。

　　目前喬米尼試驗已廣泛應用在求 D_I 範圍爲 1~6 間之鋼的硬化能；超過此範圍，該試驗的適用性就受到限制。此種試驗的結果能用來求取完全硬化的最大直徑鋼棒。圖 9-14 顯示在一系列不同淬火介質中，與棒中心有相同冷卻速率之喬米尼棒位置和棒本身直徑的關係。以理想淬火（H → ∞），即圖中最上方之線爲例，可知與喬米尼棒淬火端距離 12.5mm 處所得到的冷卻速率相當於一直徑爲 75 mm 之鋼棒中心的冷卻速率。若在一靜止水中 (H=1)，該直徑減少爲 50 mm。又如一鋼棒以靜止油淬火(H=0.3)後，在與淬火端距離 19 mm 處可得到 50%麻田散鐵，則此鋼棒的臨界直徑 D_c 是 51 mm。

　　圖 9-14 亦可用來求取在某一類鋼之圓棒中心的硬度。例如當需要知道一直徑 50 mm 的棒中心之硬度時，圖 9-14 顯示此硬度可由喬米尼試棒上與淬火端距離約 12 mm 處求得。亦即只需參考喬米尼硬度-距離圖，就能得知所需的硬度。

　　硬化能曲線的功能有三：

1.　若已知所用淬火液的冷卻速率，則某種鋼在淬火後的硬度即可由其硬化能曲線預知。

2.　若試棒某一點上的硬度值已經測出，則該點之冷卻速率即可由該鋼之硬化能曲線讀出。

3.　可決定臨界直徑。

　　硬化能大之鋼，其硬化能曲線之下降較緩；反之，則曲線的下降急驟。凡鋼材保證高硬化能者，皆歸類於 H 鋼。

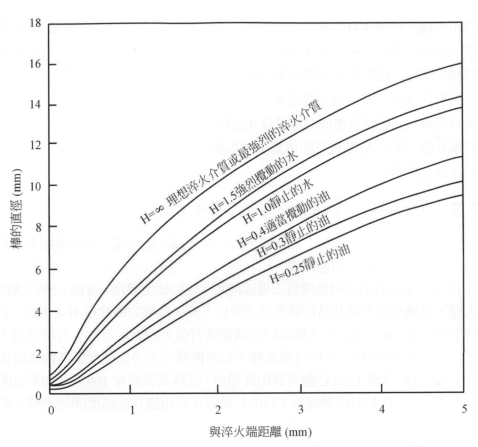

圖 9-14　直徑與等效喬米尼位置之關係，其中棒中心的冷卻速率與喬米尼上之點的冷卻速率相等

▶9.7　鋼之回火(tempering)

● 9.7.1　回火目的

淬火成麻田散鐵組織的鋼很少直接使用，通常都須回火，主要的理由是：

1. 淬火會在鋼材內產生很大的內應力，若直接施行研磨等加工，會使應力的平衡起變化，發生變形或破裂；若直接使用也會隨著時間釋放應力，使應力不均勻而發生變形。

2. 麻田散鐵組織通常硬而脆，表面部位若有殘留的拉應力時，容易發生不安定的破斷，且拉伸強度未必隨著硬度之增加而增加，但降伏點和彈性限都降低。為了賦予適度的韌性須進行回火，特別是機械構件需要充分的韌性時。回火麻田散鐵組織兼具強度與韌性，優於微細波來鐵。

3. 麻田散鐵的組織本身不安定，碳原子的擴散速率大，過飽和固溶的碳易成碳化物析出，並導致體積收縮；含有殘留沃斯田鐵時，在使用過程中會變成麻田散鐵，引起體積膨脹；麻田散鐵和殘留沃斯田鐵在常溫都不穩定，會發生相變化而使鋼材、工件的形狀或尺寸精度發生變化。

回火可定義為「使淬火生成的組織變化或析出，接近安定組織，減少殘留應力並賦予所需性質及狀態，而在 A_1 點以下的適當溫度加熱、冷卻之操作」(回火不只使用於淬火鋼，也適用於正常化的鋼)。

◉ 9.7.2　回火後的組織與性質之變化

由於麻田散鐵為不安定的相，其硬度遠高於波來鐵或肥粒鐵，但會因回火而分解，析出碳化物，轉變成安定的平衡態組織。

圖 9-15 所示者為在各不同溫度將三種碳鋼回火後的硬度變化，含碳 0.5%之鋼在 100℃附近回火時，稍微軟化，而升溫後硬度急速降低，淬火狀態的硬度為 H_RC 63.5，但在 350℃回火時則成 H_RC 40。由於淬火的麻田散鐵硬度有很大的不均勻性，含碳量越多的鋼愈顯著。但若在 50~100℃回火，則可使此種不均勻性減少，平均硬度反而稍微增加。由圖 9-15 中的含 0.8% C 鋼與 1.0% C 鋼可看出此傾向，這些高碳鋼在 100℃~200℃之間急速軟化，於 200~250℃軟化稍有停滯現象，乃由於殘留沃斯田鐵在此溫度間回火時分解成下變韌鐵所致。

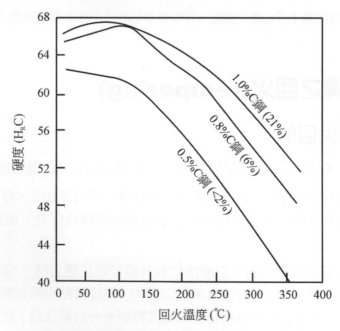

圖 9-15　硬度與回火溫度之關係(括弧內的數字表示殘留沃斯田鐵量)

● **9.7.3　合金元素對回火軟化與二次硬化的影響**

淬火回火後使用的構造用鋼或工具鋼依合金元素而有很多種類，其添加合金元素的第一目的就是改善淬火性，使厚鋼材的中心部位也能淬硬，獲得所需之性能。這些合金元素對回火軟化也有影響，尤其對添加強碳化物的形成元素者，在高溫回火亦不易軟化，適於作切削工具或鍛造用模具等。

添加於鋼的合金元素通常會延遲碳在回火溫度的擴散，碳化物的凝集也較慢，需要高溫或長時間回火才能得到相同硬度。對回火軟化的影響也因合金元素的種類而異，如 Ni 及 Si 並不形成碳化物，只固溶於肥粒鐵中，因而對回火軟化抵抗的影響並不顯著。反之，添加少量之 Cr、Mo、V、W 及 Nb 等碳化物的形成元素者，在 500℃附近回火時，硬度的降低量趨緩，但添加量多時，在 500~600℃回火反會增加硬度，呈現極大點，此現象稱為二次硬化或回火硬化。V 或 Nb 只加 0.1%以下也很顯著。如圖 9-16 和圖 9-17 所示者為分別添加 Mo 及 Cr 對回火硬度之影響。

由於 Mo 的擴散速率較碳為慢，在 400℃以下的低溫回火時只有碳原子的擴散，藉雪明碳鐵(Fe_3C)的析出凝集而軟化；然而在 400℃以上時，由於 Mo 原子也能擴散，且 Mo 在 Fe_3C 中也有某種程度的固溶，故會從肥粒鐵基地擴散進入 Fe_3C 中，形成$(Fe \cdot Mo)_3C$ 的碳化物。含 Mo 的碳化物，其凝集較 Fe_3C 慢，所以因回火所致的軟化就較碳鋼為慢。然而在 Fe_3C 中可固溶的 Mo 量僅約 3%，當 Mo 充分固溶於碳化物中，剩餘的 Mo 原子在肥粒鐵中形成 Mo 的碳化物。形成 Mo 碳化物所需要的碳來自殘留於肥粒鐵中者或成為$(Fe \cdot Mo)_3C$ 而析出的碳，尤其是肥粒鐵中的碳消耗完後，$(Fe \cdot Mo)_3C$ 再度固溶於肥粒鐵中，此碳與 Mo 結合，形成 Mo_2C 的新生碳化物析出。新碳化物之生長是從極微細的狀態開始，再逐步凝集，亦即在圖 9-16 中含 2% Mo 及 5% Mo 鋼形成二次硬化的主因。添加 V 或 Nb 所致的二次硬化機構與添加 Mo 者相似。

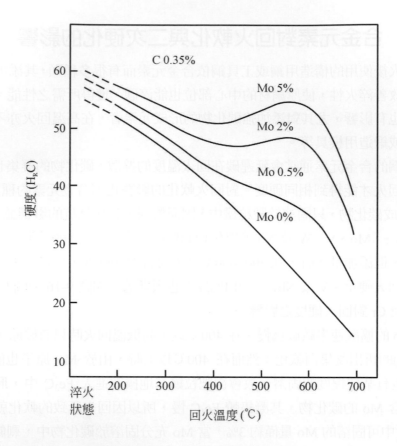

圖 9-16　添加 Mo 對回火硬度之影響

　　添加 Cr 之二次硬化，如圖 9-17 所示。含 12% Cr 之鋼的二次硬化異於含 Mo 者。亦即含 12% Cr 者的二次硬化不再以微細碳化物的析出為其硬化之機構，而是以殘留沃斯田鐵的麻田散鐵化為主因。添加 12% Cr 的鋼，其 Ms 點會降低，在常溫時仍有不少殘留的沃斯田鐵，於 500℃附近回火時析出碳化物，使沃斯田鐵中的碳或 Cr 之濃度降低後，Ms 點再度上昇，而於從回火溫度冷卻的途中，變成麻田散鐵。

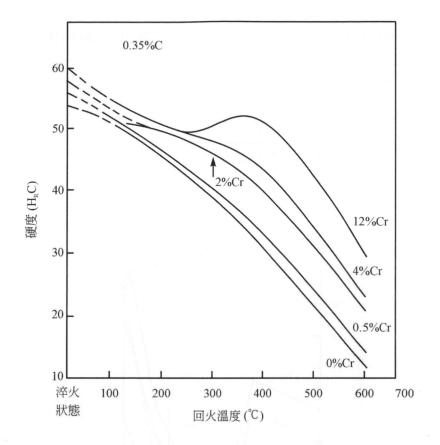

圖 9-17　添加 Cr 對回火硬度之影響

● 9.7.4　回火脆性

　　回火溫度升高時，通常硬度及拉伸強度會減少，而伸長率、斷面縮率及韌性會增加。然而有些鋼在某種特定溫度範圍回火時，容易發生脆性破斷；或只從回火溫度緩冷，亦有同樣的現象，此種將淬火過的鋼在某溫度回火時反較在低溫回火時有更脆的現象，稱為回火脆性(temper brittleness)。

(一) 低溫回火脆性

　　圖 9-18 所示者為四種碳鋼在不同溫度回火後的硬度與衝擊值之變化。其硬度隨著回火溫度的上升而下降，但衝擊值在 0~200℃間則增加，而於 200~400℃間卻又減少，由於在此溫度範圍內之硬度或拉力試驗的結果並未發現與此脆化之關連性。此現象在含磷或氮多的鋼特別常見，反之添加鋁、鈦或硼，則可減少脆性。

　　大多數工具鋼或軸承鋼為避免此脆化現象，通常不在 200~400℃間回火，而將回火溫度選在 150~175℃。但在鋼中若添加矽，則可使回火脆性溫度上升，於 300℃附近回火也不會特別脆化，所以彈簧材料或超強韌鋼等含矽的鋼在此溫度附近回火可增大強度和彈性。

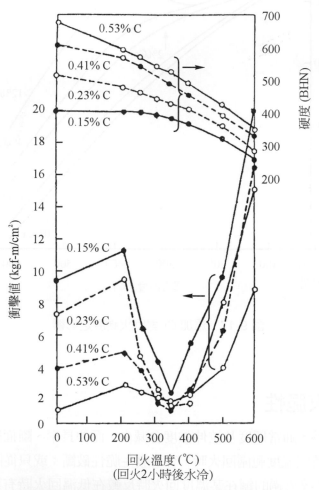

圖 9-18　四種碳鋼因回火所致之衝擊值的變化

(二) 高溫回火脆性

　　鎳鉻鋼在 400℃以上的溫度回火後分別水冷與爐冷時的衝擊值如圖 9-19 所示。在 450℃附近回火，水冷和爐冷者皆可增加韌性，但在 500~650℃以上回火時，水冷可增加韌性，而爐冷者則反較水冷者為脆，稱為高溫回火脆性，通常只稱回火脆性者即指此現象。在 250~400℃回火所發生的脆性稱為第一類回火脆性，也稱為低溫回火脆性；而在 450~650℃之間回火所發生的高溫回火脆性則稱為第二類回火脆性。

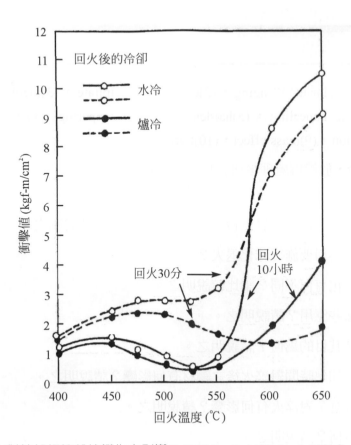

圖 9-19　回火對鎳鉻鋼衝擊值變化之影響(0.35%C，3.44%Ni，1.05%Cr 及 0.52%Mn)

習　題　　　　　　　　　　　　　EXERCISE

1. 解釋名詞：(1)natural aging，(2)coherent precipitate，(3)incoherent precipitate，(4)isothermal annealing，(5)hardenability，(6)tempering，(7)temper brittleness，(8)segregation，(9)mass effect，(10)burnt。

2. Al-Cu 合金，於溶解處理後再施以人工時效處理時，其組織和機械性質會發生何種變化？請分別予以說明。

3. 以 Al-Cu 合金為例，其發生析出硬化之原因為何？請說明之。

4. 高碳工具鋼為何要施行球化退火？

5. 退火與正常化有何不同？請比較說明之。

6. 正常化有那些應用？請說明之。

7. 何謂淬火？其目的為何？請說明之。

8. 淬火溫度與加熱時間對淬火後之鋼材有何影響？請說明之。

9. 何謂質量效應？對淬火有何影響？請說明之。

10. 回火目的為何？請說明之。

Chapter

10

鐵系合金

■ 本章摘要

對一個優良的工程設計者而言，在選擇使用每一種金屬或材料之前，除應對這些材料之供應來源的掌握及進行成本分析外，對其所欲選用之金屬或合金的性質亦應有充分的瞭解，以使選用之材料達到適材適所之目的。

就工程合金的區分而言，最簡單之方法是將以鐵為主要成份的合金稱為含鐵合金(ferrous alloy)，而將其他金屬為主成份的合金稱為非鐵合金(nonferrous alloy)。本章中將探討一些重要之鐵系合金的製程、結構與性質。

▶10.1　鐵與鋼之製造

鐵在週期表上之原子序為 26，相對原子質量為 55.85，屬於過渡族元素。在一大氣壓下，於 1535℃熔化，而在 20℃時的密度為 7.87 g/cm³。

鐵一般係指元素態鐵或工業用純鐵(ingot iron 或 Armco iron)而言，其雜質總量不高於0.08%，亦即純度在 99.9%以上。表 10-1 所列者為工業用純鐵、以電解法製造之純鐵-電解鐵(electrolytic iron)及 H_2 純化之鐵的化學成份。

表 10-1　純鐵之化學成分(%)

雜質 含量(%)　鐵之種類 雜質種類	電解鐵	工業用純鐵	H_2 純化之鐵
C	0.006	0.012	0.005
Si	0.005	0.000	0.0012
Mn	-----	0.017	0.028
P	0.005	0.005	0.004
S	0.004	0.025	0.003
O_2	-----	-----	0.003
N_2	-----	-----	0.0001

　　鋼(steel)是指含碳量小於 2%的鐵-碳合金，通常尚含有少量之錳、矽、磷、硫。將含碳量 2%訂為鋼的上限，乃因含碳量小於 2%的鐵碳合金，在適度高溫下，碳可完全固溶於鐵內；亦即碳在面心立方沃斯田鐵內的最高溶解度為 2%。但一般工業用的鋼料，含碳量大多在 0.05~1.5%之間。工業上常見之鋼料製品，依所含成份可分為碳鋼及特殊合金鋼，其用途如表 10-2 所列，若依形狀可分為型鋼、鋼板、條板、線材及鋼管等。

　　鑄鐵(cast iron)是指含碳量在 2~5%(大多為 2.5~4%)之間的鑄造用鐵碳合金，雜質含量稍多於鋼。

　　鑄鐵之外，尚有一種鍛鐵(wrought iron)，為含碳量低於 0.12%，但含 1~3%以矽酸渣為主之纖維狀夾雜物(inclusion)的特殊鐵－碳合金，又稱熟鐵或鍊鐵。鍛鐵係歐洲古老鋼鐵工業的傳統，古代歐洲人不會使用鼓風爐，因此其「煉鋼」即為煉鍛鐵，再將鍛鐵滲碳而成所謂的鋼；此與古中國之以鑄鐵為主的鋼鐵發展迥異。今日，鍛鐵的地位，已被多彩多姿的鋼及展性鑄鐵所取代。

表 10-2　碳鋼、低合金鋼、高合金鋼之種類及用途

	種類	主要成分(%)	用途
碳鋼	極軟鋼	C＜0.12	汽車、冰箱、洗衣機用之薄鐵皮。 鍍鋅及鍍錫鐵皮、電線。
	軟鋼	C = 0.12~0.30	船舶、建築物、橋樑等所用之條鋼。 鋼板、型鋼。水管、鐵釘。
	硬鋼	C = 0.30~0.50	火車、電車等之車輪、車軸、齒輪、彈簧。
	高碳鋼	C = 0.6~1.5	車刀、各種刀具、銼刀、抽線模。
低合金鋼	矽鋼	Si = 0.5~5	馬達、變壓器、通信機零件。
	結構用合金鋼	Ni = 0.4~3.5 Cr = 0.4~3.7 Mo = 0.15~0.7	螺栓、螺絲、軸、齒輪、渦輪葉片。
	合金工具鋼	Cr＜1.5 N＜5.0 Ni＜2.0	車刀、模子、衝頭、銼刀、鋸條。
	軸承鋼	Cr = 0.9~1.6	軸承。
	高強度鋼	Mo、Ni、Cr＜1	建築、橋樑、船舶、鐵軌。
高合金鋼	不銹鋼	Ni = 8.0~16 Cr = 11.0~20	餐具、傢具、化學工業機械、外科用器具。
	耐熱鋼	Ni = 13.0~20 Cr = 8.0~22	特殊引擎、耐熱機械。
	高速鋼	W = 8.0~22	強力車刀、鑽頭。

▶10.2　純鐵之組織及相變化

圖 10-1 所示者是鐵的加熱曲線。由圖中可知，升溫時，α-Fe 在 768℃發生磁性變化，即由低溫的鐵磁性轉變為高溫的順磁性，這種磁性轉變稱為 A_2 變化，磁性變化溫度稱鐵的居里點(Curie point)。在發生磁變化時鐵的晶格類型不變，所以磁性變化並不屬於相變化。

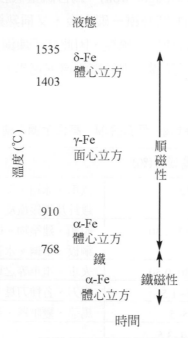

圖 10-1　純鐵升溫曲線及晶體結構變化

當溫度高於 768℃而略低於 910℃時，純鐵仍保有α-Fe 之體心立方結構，晶粒隨著溫度之升高而成長。當溫度達 910℃時即由α-鐵變化為 γ-Fe，亦即發生 A_3 變化，可表成如式(10.1)之關係

$$\alpha\text{–Fe}_{(BCC)} \xrightleftharpoons[]{910℃} \gamma\text{–Fe}_{(FCC)} \tag{10.1}$$

γ–Fe 又稱沃斯田鐵(austenite)，在變化之初，γ-Fe 晶粒重新自粗大的α-Fe 晶粒凝核，亦即發生結晶現象，新晶粒很小，此時的金屬因含雙相且晶粒微細，具有「超塑性」(superplasticity)，塑性加工性極大。

　　溫度再上升，晶粒又逐漸生長，但在 1403℃以前，仍無相變化發生，在 1403℃時，發生所謂的 A₄變化，亦即發生由 FCC 的γ-Fe 變化成 BCC 的δ-Fe 之同素異形變化，可用式(10.2)表之

$$\gamma\text{--Fe}_{(FCC)} \underset{\longleftarrow}{\overset{910℃}{\longrightarrow}} \delta\text{--Fe}_{(BCC)} \tag{10.2}$$

發生 A₄變化之初，δ-Fe 晶粒自原來粗大的γ–晶粒結晶產生，如同 A₃變化的情形。溫度再升高，至 1535℃熔化，即

$$\delta\text{--Fe}_{(BCC)} \rightleftarrows L \tag{10.3}$$

由此可見，鐵的多型態相變具有很大的實際意義，它是鋼的合金化和熱處理的基礎。鐵所具有之三種同素異形體δ-Fe、γ-Fe 和α-Fe，其結晶特性如表 10-3 所列。

表 10-3　純鐵之結晶特性

同素異形體之型式	結晶型式	晶格常數(Å)	溫度範圍
α	BCC	2.86 (21℃)	至 910℃
γ	FCC	3.65 (982℃)	910~1403℃
δ	BCC	2.93 (1454℃)	1403~1535℃
密度 7.87 g/cm³；熔點 1535℃；沸點 3000℃			

　　上述之變化皆為平衡變化，因此無論是加熱或冷卻時所發生的變化，其變化溫度都在同一溫度。但在實際的操作中，由於加熱或冷卻都是連續的過程，因此變化的發生，往往比預期的溫度「落後」，亦即加熱時之變化會在稍高於上述溫度；而冷卻時之變化則會稍低於上述之溫度。例如：A₃變化，在平衡時應當於 910℃發生，但若連續自 850℃加熱抵910℃時，變化卻尚未發生，可能須至 912℃時才發生；反之，若從 950℃連續冷卻下來，則抵 910℃，A₃變化仍未發生，或許須至 908℃才發生。在冶金學上，為區分某一變化是由低溫加熱或由高溫冷卻時所發生的，特以小寫字母 c (法文字 chauffage 之字首)表加熱之意。而已 r(法文字 reforidissment 之字首)表冷卻之意。例如，A_{c3} 代表溫度上升時發生α→γ的變化，A_{r3} 則代表由高溫冷卻下來所發生之γ→α的變化。

▶ 10.3　鋼之相變化

⬤ 10.3.1　鐵-碳平衡圖

如圖 10-2 所示者為 Fe-C 的平衡圖，圖中各特性點的溫度，碳濃度及意義如表 10-3 所列。

平衡圖中有五個單相區，分別為：

液相區(l)

δ固溶體區(δ)

沃斯田鐵區(γ)

肥粒鐵區(α)

雪明碳鐵區(Fe₃C)

除單相區外之區域，分別如圖 10-2 中所標示。

此外，平衡圖上有兩條磁性變化線：MO 為肥粒鐵的磁性變化線，210℃之虛線為雪明碳鐵的磁性變化線。

在平衡圖上另有三條水平線，即 HJB－包晶變化線；ECF－共晶變化線；PSK－共析變化線。事實上，Fe-C 平衡圖即是由包晶、共晶和共析變化三部份連接而成，茲分別說明於後。

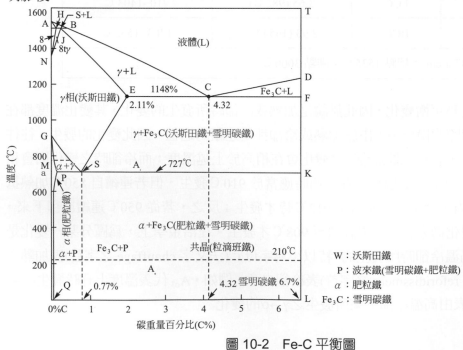

圖 10-2　Fe-C 平衡圖

表 10-4　Fe-C 平衡圖中的特性點

符號	溫度 (℃)	C %	說明	符號	溫度 (℃)	C %	說明
A	1535	0	純鐵的熔點	K	723	6.67	Fe_3C 的含碳量
B	1495	0.53	包晶轉變化時液態合金的含碳量	M	768	0	純鐵的磁性變化點
C	1148	4.30	共晶點的含碳量	N	1403	0	γ-Fe ⇌ δ–Fe 變化溫度
E	1148	2.0	碳在γ–Fe 中的最大溶解度	O	768	0.5	合金的磁性變化點
F	1148	6.67	Fe_3C 的含碳量	P	723	0.025	碳在α-Fe 中的最大溶解度
G	910	0	α-Fe ↔ γ-Fe 變化溫度(A_3)	Q	25	0.008	25℃時碳在α-Fe 中的溶解度
H	1495	0.10	碳在δ-Fe 中的最大溶解度	S	723	0.80	共析點(A_1)之含碳量
J	1495	0.18	包晶點之含碳量	T		6.67	Fe_3C 之含碳量

(一) 包晶變化(水平線 HJB)

在 1495℃的恒溫下，含碳量 0.53%的液相與含碳量 0.10%的固溶體發生包晶反應，形成含碳量 0.18%的沃斯田鐵，其反應式為

$$l_B + \delta_H \xrightleftharpoons{1495℃} \gamma_J \tag{10.4}$$

進行包晶反應時，沃斯田鐵沿δ相與液相的界面成核，並向δ相和液相兩個方向成長。在包晶反應終了時，δ相與液相同時耗盡，成為單相之沃斯田鐵相。含碳量在 0.10~0.18%之間的合金，由於δ相的含量較多，當包晶反應結束後，液相耗盡，仍殘留一部份δ相。這部份δ相在隨後的冷卻過程中，經過同素異形態而成為沃斯田鐵。含碳量在 0.18~0.53%之間的合金，由於反應前的δ相較少，液相較多，所以在包晶反應結束後，仍殘留一定量的液相，這部份液相亦在隨後的冷卻過程中變化為沃斯田鐵相。

含碳量小於 0.10%的合金，在結晶為δ固溶體之後，繼續冷卻時，將在 NH 與 HJ 線之間發生固溶體的同素異形變化，最後通過 NJ 線而成為γ相。含碳量在 0.53~2.0%之間的合金，在冷卻經過 JE 線之後，組織也成為單相的沃斯田鐵。

總之，含碳量小於 2.0%的合金在冷卻過程中，都可在一定的溫度區間內得到單相的沃斯田鐵組織。

對鐵-碳合金而言，由於包晶反應的溫度高，碳原子之擴散速率較快，所以包晶偏析並不嚴重。但對高合金鋼而言，由於合金元素的擴散速率較慢，很可能造成嚴重的包晶偏析。

(二) 共晶變化(水平線 ECF)

Fe-C 平衡圖上的共晶變化產物，是在 1148℃的恒溫下，由含碳量 4.3%的液相轉變為含碳量 2.0%的沃斯田鐵和 Fe₃C 組成的混合物。其反應式可表為

$$\ell c \xrightleftharpoons{1148℃} \gamma_E + Fe_3C \tag{10.5}$$

當沃斯田鐵和 Fe₃C 的共晶混合物冷卻至 A₁ 溫度以下時，沃斯田鐵經共析變化而成為波來鐵，整體組織則為小群的波來鐵分散在雪明碳鐵的基地內，呈現斑點狀外觀，稱為粒滴斑鐵(ledeburite)。凡是含碳量在 2.0~6.67%範圍內的 Fe-Fe₃C 合金，都會進行共晶變化。

在粒滴斑鐵中，Fe₃C 是連續分佈的相，而波來鐵則呈顆粒狀分佈在 Fe₃C 的基地上。由於 Fe₃C 很脆，所以粒滴斑鐵延性很差。

(三) 共析變化(水平線 PSK)

Fe-C 平衡圖上的共析產物，是在 723℃之恒溫下，由含碳量 0.8%的γ相轉變為含碳量 0.025%的α相與 Fe₃C 組成的混合物，其反應式為

$$\gamma_s \xrightleftharpoons{723℃} \alpha_p + Fe_3C \tag{10.6}$$

共析變化之產物稱為波來鐵，以符號 P 表示。共析變化的水平線 PSK，稱為共析反應線或共析溫度，常用符號 A₁ 表示。凡是含碳量高於 0.025%的鐵–碳合金都會發生共析變化，為鐵-碳合金中一個很重要的恆溫變化，有關共析鋼、亞共析鋼及過共析鋼之變化分別如下所述。

10.3.2 碳鋼在緩慢冷卻的相變化

(一) 概述

鋼內的相，與一般合金系一樣，係隨組成(對碳鋼而言，主要為含碳量)及溫度而異。同一組成之鋼，在不同的溫度下，出現的相也不一樣；從高溫冷卻下來的速率不同，也影響相的種類。在此所談之鋼的變化仍以平衡狀態或接近平衡狀態(緩冷)者為準。

在純鐵變化中之磁性變化及 A_3 變化於鋼中也有，但鋼有兩個磁性變化點，除了在 A_2 溫度(居里溫度)以上磁性完全消失之變化外，還有一個在 210℃的雪明碳鐵磁性消失之變化；溫度高於 210℃後，鋼的磁性漸漸消失，溫度再升高到 A_2 變化以後，磁性才完全消失。210℃之變化稱為鋼之 A_0 變化。鋼之 A_2 變化溫度在含碳量小於 0.5%的時為 768℃，與純鐵相同，但含碳量高於 0.5%則隨含碳量之增加而降低，0.8%C(共析鋼)時為 727℃，含碳量超過 0.8%以後，鐵-碳合金之 A_2 變化溫度皆為 727℃。

鋼之 A_3 變化溫度亦非定值，係隨含碳量之增加而降低，至共析鋼之 727℃為止。但 727℃為共析溫度，係鐵-碳合金中一個很重要的恒溫變化，有關共析鋼、亞共析鋼及過共析鋼之變化分別如下所述。

1. 共析鋼之 A_1 變化

共析鋼自高溫之完全沃斯田鐵態平衡冷卻，當其溫度稍高於 727℃時，仍是沃斯田鐵之構造(如圖 10-3 之 a 點)，但溫度低於 727℃，即有過冷度存在時，其整個組織立即由沃斯田鐵變化為肥粒鐵(ferrite)與雪明碳鐵(cementite)之層狀組織(圖 10-3 中之 b 點)，亦即由沃斯田鐵共析變化為層狀之波來鐵(pearlite)，即

$$\gamma \xrightleftharpoons{727℃} \alpha + Fe_3C \tag{10.7}$$

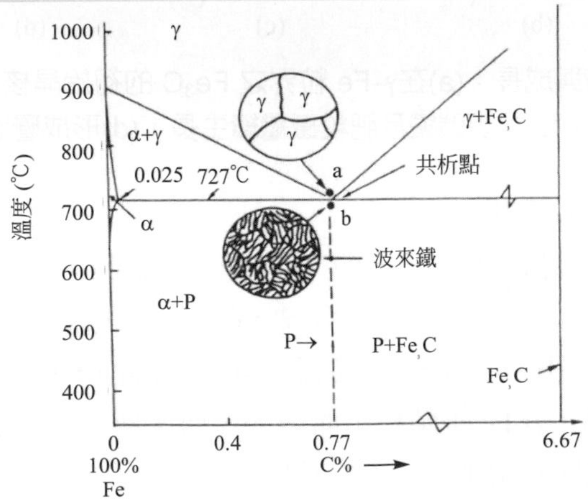

圖 10-3 共析鋼之緩冷變化

　　如圖 10-4 所示者為共析鋼在緩冷時之顯微結構，為層狀之波來鐵，黑色之浸蝕相為 Fe₃C，而白色相為肥粒鐵。

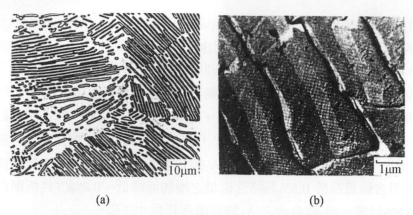

圖 10-4　(a)共析鋼緩冷變化之顯微組織，黑色者為雪明碳鐵，白色者為肥粒鐵
　　　　　(b)為(a)之放大

　　A_1 變化發生時，首先在沃斯田鐵的粒界有「桿狀」雪明碳鐵(Fe_3C)的晶核出現(如圖 10-5(a))，使相鄰 Fe_3C 晶核間之γ-鐵內的碳原子向 Fe_3C 晶核擴散(圖 10-5(b))，雪明碳鐵層及肥粒鐵層繼續生長(圖 10-5(c))。最後形成一層雪明碳鐵、一層肥粒鐵相疊的層狀(指紋狀)組織，即為波來鐵(如圖 10-5(d))。

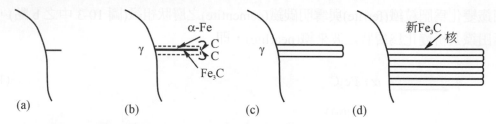

圖 10-5　波來鐵之成核與成長：(a)在γ–Fe 粒界之 Fe_3C 的初始晶核，(b)γ–Fe 內之 C 原子向 Fe_3C 擴散，(c)雪明碳鐵及肥粒鐵繼續生長，(d)形成層狀之波來鐵

2.　亞共析鋼之 A_1 及 A_3 變化

　　若將一含碳量 0.4%之碳鋼加熱至 900℃並持溫一段時間，使其組織成為均勻之沃斯田鐵，而後將其由高溫(如圖 10-6 之 a 點)冷卻下來，在溫度低於該鋼之 A_3 變化點時(大約 775℃)，首先有肥粒鐵於沃斯田鐵晶界析出(如圖 10-6 之 b 點)，在此析出之肥粒鐵稱為初析肥粒鐵。隨著溫度的降低，α-Fe 不斷析出而增加，而沃斯田鐵則愈來愈少(如圖 10-6 之 c 點)。且其含碳量沿 A_3 線向右增加，至 727℃時含碳量為 0.8%之共析組成，發生共析(A_1)變化(如圖 10-6 之 d 點)。

在 c 點(略高於 727℃)之初析肥粒鐵與沃斯田鐵之組成，大約各佔 50%，即

$$\alpha(\text{wt}\%) = \frac{0.80 - 0.40}{0.80 - 0.025} \times 100\% \fallingdotseq 50\%$$

$$\gamma(\text{wt}\%) = \frac{0.40 - 0.025}{0.80 - 0.025} \times 100\% \fallingdotseq 50\%$$

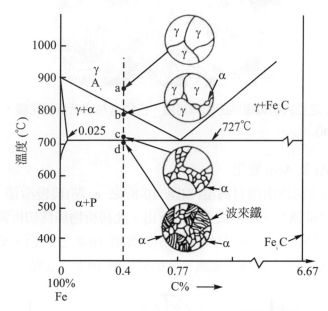

圖 10-6　含碳量 0.40%之亞共析鋼的緩冷變化

此 50%之沃斯田鐵須保留至溫度低於 727℃時才再變化為波來鐵，亦即此含碳量 0.4%之碳鋼在溫度低於 727℃時，有 50%的波來鐵形成。

如圖 10-7 所示者為含碳量 0.35%之碳鋼在緩冷時的顯微構造，白色者為初析肥粒鐵，黑色者為波來鐵。

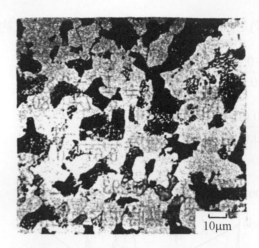

圖 10-7   0.35%C 之亞共析鋼緩冷的顯微組織，白色者為初析析肥粒鐵，黑色者為波來鐵
(2% nital)

3.   過共析鋼之 A₁ 及 Acm 變化

若將含碳 1.2%之沃斯田鐵自高溫(如圖 10-8 之 a 點)緩慢冷卻下來，在溫度低於
Acm(ES 線)時有雪明碳鐵在沃斯田鐵晶界上析出，此初析物稱爲初析雪明碳鐵(圖 10-8 之
b 點)隨著溫度的繼續降低，雪明碳鐵析出量愈多(如圖 10-8 之 c 點)，至低於 727℃時，剩
下的沃斯田鐵發生 A₁ 變化，變成波來鐵，其結果如圖 10-8 之 d 點。

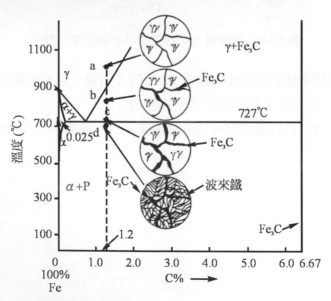

圖 10-8   含碳量 1.2%之過共析鋼的緩冷變化

在略高於 727℃時(即在圖 10-8 之 c 點處)，其初析雪明碳鐵與沃斯田鐵之量可分別計算如下

$$初析\quad 雪明碳鐵(wt\%) = \frac{1.2-0.80}{6.67-0.80} \times 100\% = 6.8\%$$

$$沃斯田鐵(wt\%) = \frac{6.67-1.2}{6.67-0.80} \times 100\% = 93.2\%$$

若平衡條件仍然保持，則此 93.2%之沃斯田鐵將在溫度低於 723℃時才再變化為波來鐵。

如圖 10-9 所示者為含 1.2%C 之鋼自高溫緩冷時之顯微構造，在晶界處之白色板狀者為初析雪明碳鐵，層狀者為波來鐵。

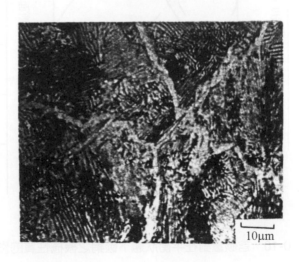

圖 10-9　含碳量 1.2%之過共析鋼緩冷的顯微組織，層狀者為波來鐵，白色板狀者為初析雪明碳鐵(picral 浸蝕)

▶10.4　碳鋼

◉ 10.4.1　鋼中所含元素對碳鋼特性之影響

(一) 碳的影響

如圖 10-10 所示者為含碳量對退火碳鋼之機械性質的影響。由圖可知，在亞共析鋼中，波來鐵之含量隨著含碳量的增加而增多，強度及硬度隨之升高，但延性與韌性則下降。當

含碳量達到 0.8%時，其性質即為波來鐵的性質。於過共析鋼中，含碳量在接近 1.0%時其強度達到最高值，而後隨著含碳量的增加，其強度下降。此乃因脆性的初析雪明碳鐵在沃斯田鐵晶界形成網狀的雪碳鐵，而使鋼的脆性大為增加。因此在拉伸試驗時，常在脆性的雪明碳鐵處出現早期之裂縫，並延伸而至斷裂，致使拉伸強度下降。

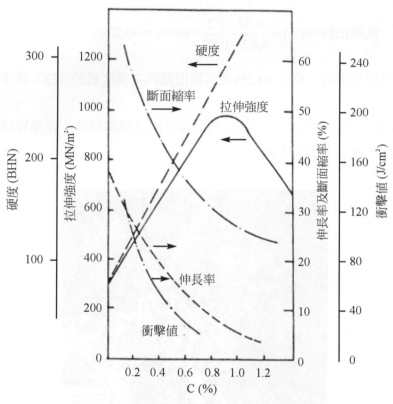

圖 10-10　含碳量對在平衡狀態下碳鋼之機械性質的影響

(二) 錳和矽的影響

錳和矽會有一部份熔於鋼液中，待鋼液冷至室溫後即固溶於肥粒鐵中，可提高肥粒鐵的強度。此外錳還可以溶入 Fe_3C 中，而形成$(Fe・Mn)_3C$。

錳可提高鋼的強度和硬度，當錳含量在 0.8%以下時，可以稍微提高或不降低鋼的延性和韌性。錳能提高強度的原因是它溶入肥粒鐵而起固溶強化，並使鋼材在軋延後冷卻時可得到層狀較細而強度較高的波來鐵。

碳鋼中的矽含量一般小於 0.3%，矽溶於肥粒鐵中亦有很強的固溶強化作用，因而顯著提高鋼的強度和硬度，但當含量較高時，將使鋼的延性和韌性下降。

矽除了固溶強化作用之外，在鋼內尚有防止氣孔形成及增進收縮作用，且有助於鋼液流動性等益處。缺點則有降低碳在鋼中溶解之趨勢。矽可促進 Fe_3C 之分解(石墨化)，若含矽量夠高，且經適當處理，則鋼內的雪明碳鐵會分解，釋出石墨，成為石墨鋼，而兼具鋼及鑄鐵之優良特性。

(三) 硫的影響

硫會使鋼在熱加工時斷裂，此現象稱為熱脆性(hot shortness)，造成熱脆性的原因是由於 FeS 的嚴重偏析所引起。鋼中含硫量縱使不高，也會出現 Fe 與 FeS 之共晶。鋼在凝固時，共晶組織中的鐵依附在鐵晶體上成長，最後把 FeS 留在晶界處，形成離異共晶。由於 Fe 與 FeS 的共晶溫度很低(989℃)，而熱加工的溫度一般為 1150~1250℃，此時位於晶界上的 Fe 與 FeS 之共晶己處於熔融狀態，因而導致熱加工時之斷裂。如果鋼液中含氧量高，還會形成共晶點在 940℃ 之 Fe + FeO + FeS 的共晶，其危害性更大。

(四) 磷的影響

無論是在高溫或低溫，磷在鐵中均有較大的溶解度，所以鋼中的磷一般都固溶於肥粒鐵中。磷具有很強的固溶強化作用，可使鋼的強度及硬度顯著提高，而使鋼的韌性的降低，尤其在低溫時變脆而具有冷脆性(cold shortness)，磷的有害影響主要亦在於此。

磷有助於鋼之耐大氣腐蝕，但在鋼中易起偏析(segregation)，即使在高溫加熱亦不起擴散而原封留下，於軋延或鍛造後成為細長帶狀，在顯微鏡下視之如線，稱為魔線(ghost line)，為鋼材破斷的禍根之一。

(五) 氮的影響

原先將鋼中所含的氮視為有害元素之一，但是將氮作為鋼中合金元素的應用在目前己日益受到重視。

氮的有害作用主要是由淬火時效和應變時效所造成的，氮在 α-Fe 中的溶解度於 591℃時最大，約 0.1%，隨著溫度的降低，氮之溶解度急劇下降，至室溫時己低於 0.001%。若把含氮較高的鋼從高溫急速冷卻(淬火)時，就會得到氮在 α-Fe 中的過飽和固溶體，將此鋼材在室溫下長期放置或稍加熱時，氮就逐漸以氮化鐵的形式從 α-Fe 中析出，使鋼的強度及硬度升高，但延性與韌性則下降，而使鋼材變脆，此種現象稱為「淬火時效」。

此外，含有氮的低碳鋼在經冷加工後，其性質也隨著時間而變化，即強度硬度升高，但延性及韌性則明顯下降，此種現象稱為「應變時效」。無論淬火時效，或應變時效，皆會對低碳鋼造成有害之影響。解決之道是在鋼中加入足夠的鋁，使鋁與氮結合成 AlN，就可以減少或消除這兩種在較低溫下所發生的時效現象。另外，AlN 尚有阻礙沃斯田鐵晶粒在加熱時的成長，而有晶粒細化作用。

(六) 氫的影響

鋼中所含之氫是從銹蝕含水的廢鐵爐料或由含有水蒸氣的爐氣中吸入所導致的。此外，鋼材在含氫的還原性氣氛中加熱、酸洗及電鍍時，氫亦可被鋼件吸收，並擴散進入鋼內。

氫會引起氫脆，即在低於鋼材強度極限的應力下，經一定時間後，會在無任何預兆的情況下突然斷裂，而造成嚴重的後果。鋼的強度越高，對氫脆的敏感性就越大。

(七) 氧及其他非金屬夾雜物的影響

氧在鋼中的溶解度非常小，幾乎全部以氧化物，如：FeO、Al_2O_3、SiO_2、MnO、CaO、MgO 等夾雜物的形式存在於鋼中。除此之外，鋼中往往還存在有硫化鐵(FeS)、硫化錳(MnS)、矽酸鹽、氮化物及磷化物等，這些非金屬夾雜物會破壞鋼之基地的連續性，在靜負載和動負載的作用下，往往成為裂縫發生之處。這些夾雜物的性質、大小、數量及分佈狀態皆會對鋼的性質造成影響，特別對鋼的延性、韌性、疲勞強度和腐蝕性質等之影響更大。因此，對非金屬夾雜物應嚴加控制。

◉ 10.4.2　碳鋼之編號

我國鋼鐵材料之編號系統由中央標準局制定，目前通行者為 72~77 年間修訂，係仿自日本 JIS 規範。

根據 CNS 2473 G3039(72 年修訂)規定，一般結構用軋鋼料編號為 SSXX，其中 XX 為數字，代表最低拉伸強度 kgf/mm^2，例如：SS50 為拉伸強度 50 kgf/mm^2 以上之結構用軋鋼料。

CNS 2906 G3052 為碳鋼鑄件之規範(73 年修訂)，編號為 SCXX，XX 之意義同前，例如 SC40 代表拉伸強度大於 40 kgf/mm^2 之碳鋼鑄件。又 CNS2673 G3048 為一般用途之碳鋼鍛件規範(75 年修訂)，編號為 SFXXA 或 SFXXB，XX 之意義同前，A 代表鍛後經退火、正常化或正常化後回火處理，B 代表鍛後經淬火回火處理。

較常用的外國編號有日本工業規格(JIS)及美國鋼鐵學會(AISI)與美國汽車工程師學會(SAE)合訂之 AISI-SAE 編號系統。

JIS 各種碳鋼編號方式與 CNS 表示法相同。它對機械構造用碳鋼材另有一種 SXXC 之編號，此 XX 為數字代表平均含碳量之點數(1 點 = 0.01%C)，例如：S25C 代表含碳量約為 0.25%(可為 0.22~0.28%)之碳鋼。又 S100C 代表何含碳量約為 1.0%之碳鋼。

AISI-SAE 的碳鋼編號恒為 10XX，此 XX 亦為含碳之點數。

▶10.5　合金鋼

◯ 10.5.1　合金鋼之分類

所謂合金鋼(或稱為特殊鋼)是在碳鋼中添加一種或一種以上的合金元素以改善碳鋼原來的性質，而能適合各種不同的使用目的者。

合金鋼之分類方法有兩種，其一為以所含之合金元素的種類來分，另一則以用途來分，如表 10-5 與 10-6 所列者分別為此兩種分法之種類。含一種合金元素但卻稱之為三元鋼，乃因在任何鋼內，皆含有 Fe 與 C，故含一種合金元素者即稱為三元鋼，依此類推，含兩種與三種合金元素者即分別稱為四元鋼與五元鋼。

表 10-5　依所含之合金元素種類分類的合金鋼

種　類	實　用　合　金　鋼
三元鋼	Ni 鋼、Si 鋼、Mn 鋼、Cr 鋼、W 鋼、V 鋼
四元鋼	Cr-Mo 鋼、Cr-V 鋼、Ni-Cr 鋼、Ni-Mo 鋼、W-Cr 鋼、Si-Mn 鋼
五元鋼	Ni-Cr-Mo 鋼、Ni-Cr-Co 鋼、Cr-Mo-V 鋼、Cr-W-V 鋼、W-Cr-V 鋼、Co-Cr-W 鋼

如表 10-6 所列者，依用途而將合金鋼分為構造用合金鋼及特殊用途合金鋼兩大類。

(一) 構造用合金鋼

供土木、建築及機械等構造之用。

構造用合金鋼又可再分為熱處理型及非熱處理型(即正常化合金鋼)兩種型態。

1. 熱處理型構造用合金鋼

    含碳量在 0.15% 以上的 Ni、Cr、Mo 之三元、四元或五元鋼。

2. 非熱處理型構造用合金鋼

    以軋延或焊接狀態使用者如：(1)高強度低合金鋼，(2)易削鋼。

(二) 特殊用途合金鋼

具有特殊性質而有特定用途之鋼，較重要的特殊用途合金鋼包括下列六種：

(1)工具鋼，(2)不銹鋼，(3)耐熱鋼，(4)低溫用鋼，(5)超強力鋼，(6)時效鋼，(7)電機及磁性用鋼。

　　一般之構造用合金鋼以具有優良的機械性能為主，所含合金元素之總量較少，通常不超過數%，且價格較為低廉。合金工具鋼則以具備高硬度及耐磨耗性為主，硬化能極佳。其他特殊用途合金鋼以具有特殊化性如耐酸、耐蝕；或物性如熱膨脹性、磁性為主，機械性質倒為其次，特殊用途合金鋼之合金元素含量較多，多者達數十百分比，故價格較昂貴。

　　合金元素總量在 1.5% 以下者屬於低合金鋼；在 1.5~5.5% 者為中合金鋼；含量更多者屬於高合金鋼，但此分法並無嚴格之規定。

表 10-6　依用途而分之合金鋼的種類

分類		鋼種	實用合金鋼
結構用合金鋼		高強度低合金鋼	低 Mn 鋼、低 Si-Mn 鋼
		熱處理用中合金鋼(強韌鋼)	Ni 鋼、Cr 鋼、NiCr 鋼、Cr-Mo 鋼、Ni-Cr-Mo 鋼、B 鋼
		彈簧鋼	C 鋼、Si-Mn 鋼、Si-Cr 鋼、Cr-V 鋼
		滲碳鋼	Ni 鋼、Ni-Cr 鋼、Cr-Mo 鋼、Ni-Cr-Mo 鋼
		氮化鋼	Al-Cr 鋼、Al-Cr-Mo 鋼、Al-Cr-Mo-Ni 鋼
特殊用鋼	工具鋼	切削用鋼	W 鋼、Cr-W 鋼、Cr-Mn 鋼、高速鋼
		耐衝擊用鋼	Cr-W 鋼、Cr-W-V 鋼
		耐磨用鋼	高 C-高 Cr 鋼、Cr-W 鋼、Cr-Mo-V 鋼
		熱加工用鋼	Mn 鋼、Cr-W-V 鋼、Ni-Cr-Mo 鋼、Mn-Cr 鋼
	軸承鋼		高 C-高 Cr 鋼、高 C-Cr-Mn 鋼
	耐蝕鋼	不銹鋼	Cr 系、Cr-Ni 系
		耐酸鋼	Ni 鋼、高 Cr-高 Ni 鋼、高 Si 合金
	耐熱鋼		高 Cr 鋼、高 Cr-高 Ni 鋼、Si-Cr 鋼、Ni-Cr 合金、Cr-Al 合金
	電氣用鋼	非磁性鋼 矽鋼	Ni 鋼、Cr-Ni 鋼、Cr-Mn 鋼 矽鋼片
	磁石鋼		Cr 鋼、W 鋼、Cr-W-Co 鋼、Ni-Al-Co 鋼

　　合金元素對合金鋼性質影響至鉅，其效果比較如表 10-7 所列。

　　我國通用之構造用合金鋼的編號，包括日本工業規格(JIS)及美國之 SAE–AISI 系統。前者係於代表鋼之 S 及代表合金元素之符號，後面加上三位數(第一位為鋼種識別，通常為 4 或 2、6、8，最後兩位為含碳量點數)，例如：

　　SCr430 代表含碳約 0.30%之鉻鋼

　　SNC836 代表含碳約 0.36%之 Ni-Cr 鋼

　　SCM822 代表含碳約 0.22%之 Cr-Mo 鋼

　　SNCM431 代表含碳約 0.31%之 Ni-Cr-Mo 鋼

　　美國之構造用鋼係以數字代表，概以 SAE 及 AISI 之聯合命名系統為之，如表 9-9 所列(表中 XX 代表含碳之點數)；工具鋼及不銹鋼則有不同的命名法。

表 10-7　鋼中合金元素的效果比較

元素	效果
Al	1.強的脫氧劑，2.抑制晶粒成長(形成分散氧化物或氮化物)， 3.氮化鋼的合金元素。
Cr	1.腐蝕及氧化抵抗性增加，2.硬化能增加， 3.高溫強度增加，4.(高碳鋼)耐磨耗性增加。
Co	1.硬化肥粒鐵使鋼具有高溫硬度，2.降低硬化能。
Mn	1.防止硫造成的脆性，2.增加硬化能。
Mo	1.使沃斯田鐵的粗大化溫度上升(抑制沃斯田鐵晶粒成長)，2.使硬化層深入， 3.防止回火脆性，4. 高溫強度、潛變強度、高溫硬度增加， 5.使不銹鋼的腐蝕抵抗性增加，6.形成耐磨耗 Mo_2C 粒子。
Ni	1.使鋼之淬火回火韌性增加，2.使波來鐵及肥粒鐵鋼的韌性增高， 3.使高 Cr-Fe 合金變成沃斯田鐵組織。
P	1.增加低碳鋼的強度，2.腐蝕抵抗性增加， 3.改良易削鋼的機械加工性，4.易使鋼具有冷脆性。
Si	1.為常用的脫氧劑，2.電磁鐵板用合金，3.使鋼氧化抵抗性優良， 4.略使鋼的硬化能增加，5.使低合金鋼的強度增加。
Ti	易成 TiC 之碳化物，使：1.中鉻鐵的麻田散硬度及硬化能減低， 2.高鉻鋼中防止沃斯田鐵之生成，3.防止在長時間加熱下不銹鋼內之鉻的局部減少。
W	1.使工具鋼內生成硬而耐磨耗性粒子(碳化鎢，WC)，2.增進高溫硬度及強度。
V	1.使沃斯田鐵晶粒粗大化溫度升高(促使晶粒微細)，2.增加硬化能(固溶時)， 3.抵抗回火軟化及使回火時生二次硬化。
Cu	1.耐蝕性、強度增加，2.使高合金耐酸鋼的性能增強。

表 10-8　SAE-AISI 構造用鋼之命名法

碳鋼	1XXX	Si-Mn 鋼	9XXX	低合金高強度鋼	9XX
純碳鋼	10XX	Si 2%	92XX	沃斯田鐵鋼 (Ni-Cr)	303XX
易削鋼	11XX			W 鋼	71XXX
Mn 鋼	13XX	Mo 鋼	4XXX	三合金鋼	
Ni 鋼	2XXX	C-Mo	40XX	Ni 0.40~0.70，	
Ni 3.50%	23XX	Cr-Mo	41XX	Cr 0.40~0.60，	86XX
Ni 5.00%	25XX	Cr-Ni-Mo	43XX	Mo 0.15~0.25	
		Ni(1.75)-Mo	46XX	Ni 0.40~0.70，	
		Ni(3.50)-Mo	48XX	Cr 0.40~0.60，	87XX
				Mo 0.20~0.30	
Ni-Cr 鉻鋼	3XXX			Ni 3.00~3.50，	
Ni 1.25% Cr 0.06%	31XX			Cr 1.00~1.40， Mo 0.08~0.15	93XX
Ni 1.75% Cr 1.00%	32XX	鉻鋼	5XXX	Ni 0.30~0.60， Cr 0.30~0.50，	
Ni 3.50% Cr 1.50%	33XX	低 Cr	51XX	Mo 0.80~0.15	94XX
耐熱耐蝕	30XXX	低 Cr(軸承)	501XX	Ni 0.40~0.70，	
		中 Cr(軸承)	511XX	Cr 0.10~0.25，	97XX
Cr-V 鋼	6XXX	高 Cr(軸承)	521XX	Mo 0.15~0.25	
Cr 1%	61XX	耐熱耐蝕	51XXX	Ni 0.85~1.15， Cr 0.70~0.90， Mo 0.20~0.30	98XX

註：本表中尚有一些特殊用鋼，其命名多為五位數字。SAE 係美國汽車工程師學會(Society for Automotive Engineers)之簡稱，AISI 係美國鋼鐵協會(American Iron & Steel Institute)之簡稱。

◯ 10.5.2　普通構造用合金鋼

　　用來製造各種機械重要構件的構造用合金鋼，除須有優良之拉伸強度、彈性限、伸長率、衝擊值、疲勞限等各種機械性質外，其各種加工性如鑄造性、鍛造性及切削性等也要良好。

　　構造用合金鋼，依其使用目的，有時希望在其製造完成的狀態，即具有相當強度而即可使用，例如：橋樑、船舶、建築物等大型構造物所使用者皆如此。有時為因應焊接作業之需要，則希望鋼材不易受熱影響而脆化。故非熱處理型構造用合金鋼乃應運而生，其中以高強度低合金鋼(high strength low alloy steel，簡稱 HSLA 鋼)最具代表性。

　　初期的高強度低合金鋼大多以正常化狀態而使用於大形構造物，因此在開發時著重於在軋延狀態或正常化狀態就能有高強度，並且焊接性要良好。

　　雖然在正常化狀態的碳鋼，其含碳量高者強度也高，但因含高碳的碳鋼於焊接時，在熔接部份，因焊接後的冷卻速率較快，會產生和淬火相同的效果，而使這部份變為硬脆的麻田散鐵組織，容易斷裂。基於此理由常只能採用含碳量較低的鋼，以避免焊接時發生脆裂的現象，但正常化後之低碳鋼強度較低，所以必須設法改進其機械性質才符合要求。

◯ 10.5.3　機械構造用合金鋼

　　構造用碳鋼有兩大缺點：其一是質量效果(mass effect)大，所以尺寸較大之構件，在其中心部位不容易獲得充分的淬火效果。若把這種未得到充分淬火效果之零件加以回火時，其伸長率，斷面縮率和衝擊值等皆不高，而且其他的機械性質亦不盡理想。其二為將得到充分淬火效果的碳鋼施以回火時，隨著回火溫度的昇高，強度和硬度會很快降低，所以在常用的回火溫度(550~650℃)回火時，強度、硬度並不很高，亦即強度和韌性兩者不能兼顧，因而不容易得到強韌的組織。

　　因此欲獲得在熱處理後有優良機械性質的鋼料時，須針對碳鋼的這些缺點加以改良。首先應該設法減少質量效果，而使鋼料容易得到淬火的效果，亦即質量效果低而硬化能高，其次是對回火軟化的抵抗性要高，即鋼料在回火時，拉伸強度和硬度不易降低，且能同時得到高的韌性。

　　在鋼中加入某些特殊的合金時，不但可以減少質量效果而使鋼容易淬火，並且又可使鋼在高溫回火也不嚴重降低其強度。因此比較加入合金元素的合金鋼與碳鋼，前者既容易淬火又可回火到更高的溫度，而得到強度與韌性高的組織。

　　所謂熱處理用中合金鋼就是為達到上述目的，而在構造用鋼中加入合金元素，以改良其性質者。從以上的說明可知要瞭解熱處理用中合金鋼的特性，必須先知道添加在鋼中的各種元素對鋼料的質量效果和回火的影響。

機械構造用合金鋼常用者有下列五種，如表 10-9。

表 10-9　機械構造常用合金鋼

常用合金鋼種類	說明
1. Mn 鋼和 Mn-Cr 鋼	Mn 鋼：碳鋼中添加 1.3%左右的 Mn。 Mn-Cr 鋼：碳鋼中除添加 1.3%左右的 Mn，再添加 0.5%左右的 Cr。
2. Cr 鋼 (Cr 量 0.8~2% C 量 0.18~0.48%)	由於 Cr 有使晶粒細化之作用，請 Cr 易形成(Fe、Cr)$_3$C 及 Cr$_7$C$_3$ 之碳化物析出，故 Cr 鋼之強度及硬度皆甚高。
3. Cr-Mo 鋼	含有 Cr 和 Mo 的鋼，因為硬化能大對回火軟化的抵抗性高，回火脆性的傾向又小，所以用途很廣。Cr-Mo 鋼在溫度昇高到 400~50℃附近的潛變強度仍然大，因此可用在高溫高壓的部分。
4.Ni-Cr 鋼 (Ni 在 4%以下，Cr 不超過 2%)	當鋼中的 Cr 量超過 1%，對硬化能不會有更大的功效，若要進一步提升硬化能，可增加 Ni(Ni 能增加肥粒鐵的強度與韌性)。
5. Ni-Cr-Mo 鋼 C：0.12~0.50% Ni：0.40~4.50% Cr：0.40~3.50% Mo：0.15~0.70%	為構造用合金鋼中最優秀，因含 Mo 淬火硬化能大，淬火有效直徑可達 200mm 以上；Mo 還能顯著改良 Ni-Cr 鋼之高溫回火溫度。

10.5.4　彈簧鋼

　　彈簧鋼是指用於製造各種彈簧的鋼種。在各種機器設備中，彈簧的主要作用是吸收衝擊能量，緩和機械的振動和衝擊作用。此外，彈簧還可儲存能量致使其它機件完成事先規定的動作。

　　彈簧鋼(spring steel)必須具有耐疲勞強度，不易生永久應變，且耐衝擊。因此，其化學成份有以下之特點：

(一) 中、高碳

目的是提高彈性限和降伏極限，一般彈簧用碳鋼的含碳量為 0.60~0.90%，合金彈簧鋼之含碳量為 0.50~0.70%。

(二) 加入 Si、Mn

Si 和 Mn 是彈簧鋼中經常使用的合金元素，目的是提高淬火性；強化肥粒鐵(固溶強化)，提高鋼的回火穩定性，使在相同回火溫度下具有較高的硬度和強度，當中以 Si 的作用最大。但因含矽量高時有石墨化之傾向，且在加熱時易使鋼脫碳。而 Mn 則有增大鋼的過熱傾向。

(三) 加入 Cr、V、和 W

為了克服 Si-Mn 彈簧鋼的缺點，常加入 Cr、V 及 W 等碳化物形成元素，防止鋼的過熱和脫碳，並提高淬火性(主要是 Cr)，而 V 及 W 可以細化晶粒，使鋼在高溫下仍具有較高的彈性限和降伏極限。

◉ 10.5.5　工具鋼

(一) 工具鋼之特性

工具鋼用來製造金屬材料的成形或加工用之工具、模具等，因而須具有下列之特性：

1. 常溫及高溫強度大。

2. 硬度大且高溫時仍維持硬度，俾以耐磨。

3. 耐氧化性及耐熔損性優良。

4. 強韌，能耐破裂。

5. 熱處理容易。

6. 製造及裝置容易，價格低廉。

為能獲得這些特性，在化學成份方面，較之構造用鋼，除了增加 C、Cr、Mo 的含量之外，必要時還應再添加 W、V、Co 等合金元素。

(二) 工具鋼之分類

工具鋼種類甚多，分類法有下列三種：

1. 按硬化法分類，可分為水硬性、油硬性及自硬性工具鋼。

2. 按化學成份分類可分為

    (1) 碳工具鋼：含 0.6~1.5% C。

碳工具鋼的用途很廣，其主要成份為 0.60~1.5% C，Si＜0.35%，Mn＜0.50%。價格便宜，淬火方法簡單，又容易得到高的硬度為碳工具鋼之特色。鍛造，機械加工也容易。但硬化深度淺，對回火軟化的抵抗小，高溫硬度低，切削耐久性小等則為其缺點。

作為工具和刀具用之材料，不但硬度要高，且耐磨耗性也要大。就耐磨性之觀點而言，以麻田散鐵為基地，其內均勻分佈大量的球狀雪明碳鐵者為最優。

(2) 合金工具鋼：①低 Cr 的 Cr-W-V-(Ni)系，②中、高 Cr 的 Cr-Mo-W-V 系，③低 Cr 的 Ni-Cr-Mo-V 系。

合金工具鋼是在碳工具鋼內添加 Cr、W、Mo、V、Mn、Si 等合金元素以改良碳工具鋼的各種缺點者。在合金工具鋼中添加合金元素的主要作用為：(1)增加硬化能，(2)析出特殊碳化物，以增加耐磨耗性及(3)增加回火時的軟化抵抗等。

Cr 除有很強的增進硬化能效應外，亦是碳化物的形成元素，可使高溫硬度和耐磨性等亦皆能提高。W 和 V 亦為碳化物形成元素，有極強的生成碳化物能力，常與 Cr 合用以使硬化能增加。

合金工具鋼因用途之不同可分為切削用、耐衝擊用、冷加工用和熱加工用模具鋼等。

(3) 高速鋼：①含 11~22% W，0.80~5.2% V，3.8~4.5% Cr，4.5~16% Co 的 W 系。②含 3~6.2% Mo，5.5~11% W，1.6~4.5% V，3.8~4.5% Cr，4.5~11% Co 的 Mo 系。

高速鋼(high speed steel)是指在達到紅熱溫度時仍能保持切削硬度、可作高速切削的工具鋼。其切削速率為碳工具鋼之 3~5 倍，為今日製造切削工具使用最多的鋼種。

高速鋼所添加之合金元素以 W、Mo、Co、V、Cr 等為主；可分為 T 型(tungsten，鎢型；亦作 W 型)和 M 型(即 Mo 型)兩大類。最具代表性之高速鋼稱為 18-4-1，即含 18% W、4% Cr、1% V 之鎢高速鋼。

高速鋼中的碳是為了和 Cr、W、Mo、V 等形成碳化物，並得到強硬的麻田散鐵基地提高鋼的硬度和耐磨性。高速鋼中所含的碳量只有和碳化物形成元素滿足合金化合物分子式中的定比關係時，才能獲得最佳的二次硬化效果。

在高速鋼中加入的 W、Mo、V、Cr 等合金元素，主要是形成 W_2C、$Mo_2C(M_2C$ 型)、$VC(MC$ 型)、$Cr_{23}C_6$ 以及 Fe_3W_3C、$Fe_4W_2C(M_6C$ 型)等碳化物，這些碳化

物的硬度很高(如 VC 的硬度可達 HV 2700~2990)，在回火時散佈析出，產生二次硬化效應，顯著提高鋼的紅硬性、硬度和耐磨性。

在高速鋼中加 Cr 可提高淬火性和耐磨性，也能提高鋼的抗氧化、脫碳和抗腐蝕能力。

在高速鋼中加 Co 可顯著提高鋼的高溫硬性。Co 雖然不能形成碳化物，但能提高高速鋼的熔點，進而提高淬火溫度，使沃斯田鐵中能溶解更多的 W、Mo、V 等元素，在回火時，能促進合金碳化物的析出。同時 Co 本身亦可形成金屬間化合物，產生散佈強化效果，並能阻止其他碳化物的凝聚成長。

3.　依照用途可以分為：(1)切削用，(2)耐衝擊用，(3)耐磨用，(4)熱加工用等四類。

10.5.6　不銹鋼

在 1920 年代時，科學家發現於鋼鐵中添加 12%以上的鉻(chromium)，能增加此材料之抗腐蝕性及抗氧化性。此後再經數十年之努力，材料研究者更在鋼鐵中添加 Ni、Mn、Ti、Nb、Ta、Si、Cu、V、Al、Co 等元素，並配合冶煉技術的創新，逐漸發展為今日的不銹鋼材料及產業。

不銹鋼之主要合金元素以 Cr 為主，其耐蝕力隨含 Cr 量而增高，Cr 含量高於 12%者可耐高溫氧化、硝酸、亞硫酸氣體及高溫高壓氫氣等之腐蝕，幾乎不會在一般環境中侵蝕。因此乃以 12% Cr 為界限，超過此界限者歸類為不銹鋼，即 13 鉻鋼；低於 12%者則屬於耐蝕鋼(corrosison resistant steel)。另有在 Cr 之外再添加 Ni 以進一步耐硫酸、鹽酸等非氧化性酸之腐蝕者，是為 Cr-Ni 系不銹鋼。

鉻系不銹鋼有兩種類型的組織－麻田散鐵型不銹鋼(martensitic stainless steel)及肥粒鐵型不銹鋼(ferritic stainless steel)；前者可藉淬火而硬化之，後者只能行少量之加工硬化。Cr-Ni 系不銹鋼之組織為沃斯田鐵，故性軟不能藉淬火硬化，只能行加工硬化。近有在 Cr-Ni 系不銹鋼內添加第三種元素如 Cu、Mo、Al、Ti、Nb、Be 之一種或多種，使生金屬間化合物而能析出硬化(precipitaion hardening)者，是為析出硬化型不銹鋼。

茲對各類不銹鋼簡述如下：

(一) 鉻系不銹鋼

1.　肥粒鐵型不銹鋼

鉻系不銹鋼之耐蝕力遜於 Cr-Ni 系，具有磁性為其一大特徵。此特徵可作為大略鑑定的依據。

鉻系不銹鋼中含碳量極低而含 12~32% Cr 者為肥粒鐵型，因組織為肥粒鐵，故無法藉熱處理以硬化之。但由於含碳量低，其所含之鉻可固溶於肥粒鐵基地，增強耐蝕力，且與碳並無結合成碳化物之虞。

2. 麻田散鐵系不銹鋼

含 11.5~14.0% Cr 的不銹鋼，一般稱為 13Cr 鋼。此系統的鋼從高溫淬火時會變為麻田散鐵組織，故稱之為麻田散鐵系不銹鋼。麻田散鐵系不銹鋼特點除耐蝕性優良之外，亦具有優良的機械性質。由於此鋼種重視機械性質，所以必須注意淬火，回火的條件。

(二) 鉻鎳系不銹鋼

1. 沃斯田鐵型不銹鋼

此型不銹鋼之標準組成為 C＜0.2%，17~20% Cr，7~10% Ni，即一般稱為 18-8 型不銹鋼者。其在常溫下之安定組織為沃斯田鐵，故無法淬硬。但因沃斯田鐵質軟，故易於加工；本型為非磁性體，極易與鉻系者區分。

沃斯田鐵型不銹鋼在 420~807℃持溫或徐冷時會產生嚴重的粒間腐蝕破壞，此現象稱為敏化(sensitization)。此乃因在粒界上析出富鉻的 $Cr_{23}C_6$，而使其周圍基地形成貧鉻區所造成的。鋼中含碳量越高，發生粒間腐蝕的傾向就越大。沃斯田鐵型不銹鋼在焊接時，焊道及熱影響區(550~800℃)之粒間腐蝕尤為嚴重，甚至導致晶粒剝落，鋼件脆斷，此現象稱為焊接衰退(weld decay)。

防止粒間腐蝕的方法不外改變鋼的化學成份，或行安定化處理(加熱到 870℃以上，使 Cr 重新固溶後急冷)。

降低鋼中含碳量，而使不銹鋼降低至 400~850℃之碳的溶解度極限以下或稍高時，使 Cr 碳化物不能析出或析出甚微即可有效地防止粒間腐蝕，例如鋼中 C≦0.03%時，焊接或在 400~840℃間加熱都不會發生粒間腐蝕。

加入 Ti、Nb 等能形成穩定碳化物(TiC 或 NbC)之元素，避免在粒界上析出 Cr 的碳化物亦可有效防止沃斯田鐵型不銹鋼的粒間腐蝕。

2. 析出硬化型不銹鋼

在 Cr-Ni 不銹鋼中添加第三種合金元素，經析出處理可得析出硬化型不銹鋼(簡稱 PH 型，代表 precipitation handening，析出硬化)。最有名者如 17-4 PH，含 0.04% C、17% Cr、4.0% Ni、4.0% Cu、0.35% Nb；17-7 PH 含 0.08% C、17% Cr，4.0% Ni、2.75% Mo。析出硬化型不銹鋼通常在 1020~1100℃間行固溶化處理、急冷，然後經成形加工或機械加工後，再於 470~630℃間(視鋼種而定)行析出處理，以提高其強度及硬度。

10.5.7　其他特殊鋼

(一) 軸承鋼

用於製造球軸承(ball bearing)或輥軸承(roller bearing)的專用鋼稱爲軸承鋼。軸承鋼除了製造軸承外，還廣泛用於製造各類工具和耐磨構件。由於軸承元件的工作條件非常複雜和苛刻，因此對軸承鋼的性能要求非常嚴格，主要有如下所述三點：

1. 高的強度與硬度

   軸承元件大多在點接觸(滾珠與套圈)或線接觸(輥與套圈)條件下工作，接觸面積極小，而在接觸面上所承受的壓應力可達 $1500\sim5000$ MN・m^{-2}。因此軸承鋼必須具有非常高的抗壓降伏強度和硬度，一般硬度約 H_RC 62。

2. 高的接觸疲勞強度

   軸承在工作時，滾動體在套圈之中高速運轉，應力改變次數每分鐘可達數萬次甚至更高，容易造成接觸疲勞破壞。因此，軸承鋼必須具有很高的接觸疲勞強度。

3. 高的耐磨性

   滾動軸承在高速運轉時，除有滾動摩擦外，還有滑動摩擦，因此軸承鋼應具有高的耐磨性。

   除上述條件外，軸承鋼還應具有一定程度的韌性，對大氣和潤滑油的腐蝕抵抗力及尺寸穩定性等。

(二) 耐熱鋼

耐熱鋼是指在高溫下工作並具有一定強度和抗氧化與耐腐蝕能力的鋼種。耐熱鋼包括熱穩定鋼和熱強鋼，熱穩定鋼是指在高溫下抗氧化或抗高溫腐蝕而不破壞的鋼。熱強鋼則是指在高溫下有一定抗氧化能力並具有足夠強度而不產生大量變形或破裂的鋼。耐熱鋼亦大致可分爲 Cr 系及 Ni-Cr 系兩大類；而超合金(superalloy)也有以鐵爲主之合金

1. Cr 系耐熱鋼

   鉻系耐熱鋼之組織爲肥粒鐵及麻田散鐵。鉻除可增加鋼之耐氧化性外，尚可提高抗潛變強度。

2. Ni-Cr 系耐熱鋼

   Ni-Cr 系耐熱鋼爲含大量 Ni、Cr 之合金，組織爲沃斯田鐵型，故耐熱性較鉻系者爲佳，多用於 $800\sim1100$℃間的場合。

▶10.6　鑄鐵

● 10.6.1　鑄鐵之組織

　　鑄鐵是含碳量大於 2.0%的鐵碳合金。除碳之外，鑄鐵還含有較多的 Si、Mn 和其它一些雜質元素。與鋼相比，鑄鐵的熔煉簡便、成本低廉，雖然強度、塑性和韌性較低，但具有優良的鑄造性能，高耐磨性，良好的制振性和切削加工性以及缺口敏感性低等優點。因此，鑄鐵廣泛應用於機械製造、冶金、石油化工、交通、建築和國防等各產業。

　　鑄鐵中石墨的結晶過程稱為石墨化(graphitization)。石墨是碳的一種結晶形態，具有六方晶格，原子呈層狀排列，同一層晶面上碳原子之間距為 1.42Å，相互呈共價鍵結合；層與層之間的距離為 3.4Å，原子間呈分子鍵結合。

　　由於鑄鐵液之化學成份、冷卻速率及處理方法的不同，鑄鐵中的碳除了少量固溶於肥粒鐵外，既可形成石墨，也可以形成 Fe₃C。形成石墨者，稱為自由碳(free carbon)，而形成 Fe₃C 者則稱為結合碳(combined carbon)，兩者之總和稱為全碳(total carbon)，一般所稱之鑄鐵含碳量即指全碳而言。

　　以碳的存在情況而言，可將鑄鐵組織分為三類。全碳皆為石墨者，或者大部份為石墨者，斷面呈灰色，稱為灰(口)鑄鐵。而全碳皆為 Fe₃C 者，斷口呈白色，稱為白(口)鑄鐵。全碳大約有一半為 Fe₃C，一半為石墨，斷面斑駁者，稱為斑鑄鐵(mottled cast iron)。

● 10.6.2　鑄鐵之石墨化過程

　　根據鐵碳雙重平衡圖，在極緩慢冷卻條件下，鑄鐵石墨化過程如圖 10-11 所示，可分為下述兩個階段：

第一階段：從液相至共晶階段

　　此階段包括從過共晶鑄鐵液中直接析出的一次石墨、共晶成份之液相在共晶反應時結晶出的共晶石墨以及在鑄鐵凝固過程中析出的一次雪明碳鐵和共晶雪明碳鐵在高溫下分解而形成的石墨。

第二階段：從共晶至共析階段

　　此階段包括沃斯田鐵冷卻時沿圖 10-2 之 ES 線析出的二次石墨和共析成份之沃田鐵變化時形成的共析石墨以及二次雪明碳鐵、共析雪明碳鐵分解而析出的石墨。第二階段石墨化形成的石墨大多優先附著在先前生成之石墨片上。

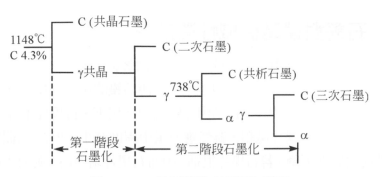

圖 10-11　共晶鑄鐵之石墨化過程

　　鑄鐵的組織與石墨化過程及其進行的程度有密切之關係。鑄鐵的一次石墨化過程決定了石墨的形態，而二次石墨化過程則決定其基地組織。如圖 10-12 所示者為肥粒鐵基地鑄鐵中之不同石墨形態。

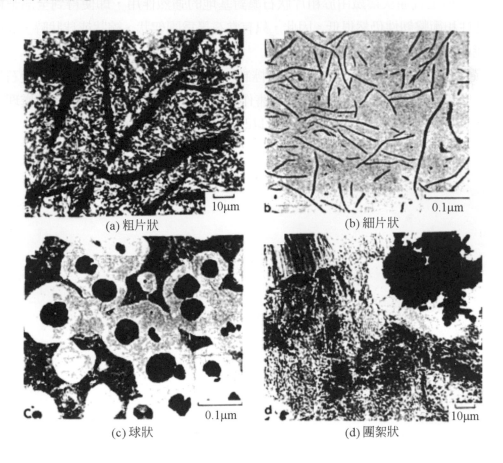

圖 10-12　肥粒鐵基地鑄鐵中之不同石墨形態

● 10.6.3　石墨對鑄鐵機械性質之影響

　　石墨的數量、大小和分佈對鑄鐵的機械性質有顯著影響。就片狀石墨而言，其數量越多，對基地的減弱作用和應力集中程度也越大，致使鑄鐵的拉伸強度和延性降低。但是灰鑄鐵的抗壓強度比拉伸強度高得多，此乃因在壓應力作用下，石墨片不會引起過大的局部應力。石墨數量一定時，石墨片越粗，雖然應力集中程度減小，但在局部區域卻使承載面積急劇減少，性能也顯著下降。若石墨片很細，因而石墨片增多時，應力集中程度就增大，特別是石墨片相互連結時，承載面積也顯著下降。所以石墨片之大小應以中等為宜(長度約 0.03~0.25 mm)。當石墨的數量和大小一定時，石墨分佈不均勻，產生方向性排列，則灰口鑄鐵的強度和延性也顯著下降。

　　鑄鐵基地中之肥粒鐵相越多，延性就越好，基地中之波來鐵數量越多，拉伸強度和硬度就越高。但是普通灰鑄鐵由於粗片狀石墨對基地的強烈作用，即使得到全部肥粒鐵組織，其延性和衝擊韌性仍然很低。因此，只有當石墨為團絮狀、縮狀或球狀時，改變基地組織才能顯示出對性能的影響。

　　鑄鐵的機械性能主要受基地和石墨所控制，因此強化鑄鐵時，一方面要改變石墨的數量大小、形狀和分佈，儘量減少石墨的有害作用。另一方面又可藉合金化、熱處理或表面處理方法調整基地組織，提高基地性能，以改善鑄鐵的強韌性。

習　題

EXERCISE

1. 何謂純鐵？何謂鋼？又何謂鑄鐵？請分別說明之。

2. 何謂純鐵的 A_2、A_3 及 A_4 變化？請予以說明之。

3. 何謂正常化組織？共析鋼之正常化組織為何？

4. 鋼之 A_2 與 A_3 變化與純鐵者有何不同？請說明之。

5. 含碳量 1.0%之鋼自 1000℃緩慢冷卻至 25℃時，其變化過程為何？請說明之。

6. 含碳量對退火鋼之機械性質的影響為何？請說明之。

7. 何謂熱脆性？何以硫在鋼中會造成鋼的熱脆性？請說明之。

8. 請分別說明淬火時效與應變時效。

9. 合金鋼之分類為何？請予以說明之。

10. 試說明機械構造用鋼應具備之主要特性。

11. 請分別說明 Cr 鋼、Ni-Cr 鋼及 Ni-Cr-Mo 鋼之特性。

12. 在高速鋼中的主要添加合金元素為何？這些合金元素的主要作用為何？請分別說明之？

13. 試對鉻系及鉻鎳系不銹鋼之特性分別予以說明比較之。

14. 何謂耐熱鋼？又耐熱鋼與不銹鋼有何分別？請予說明之。

15. 石墨對鑄鐵機械性質之影響為何？請說明之。

Chapter

11

非鐵金屬及合金

■ 本章摘要

▶11.1　銅及銅合金

● 11.1.1　銅之物理與機械性質

(一) 銅的物理性質

　　表 11-1 所列者為銅的物理性質，這些數據因加工程度的不同而異。銅的特點是導電度和導熱度大，所以多用為電工材料或傳熱用的管線、板等。

表 11-1　銅的物理性質

熔　　點(℃)	1083 ± 0.1
沸點(℃)	2595
熔解熱(cal/g)	50.6
導熱度 cal/s·cm·℃　(20℃)	0.941 ± 0.005
比重(20℃)	8.92
比電阻(μΩ-cm)	1.673
比熱 cal/g·℃　(20℃)	0.092

(二) 銅的機械性質

　　銅的延展性良好，可軋成薄板和拉成細線，但因機械強度小，所以作為構造材料，須先加工使其硬化後再使用。銅經加工後，拉伸強度和硬度會增加，但是伸長率則顯著減少。如圖 11-1 所示者為加工量對銅之機械性質的影響。

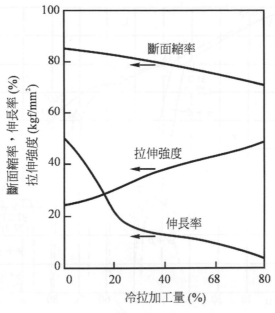

圖 11-1 加工量對銅之機械性質的影響

● 11.1.2 黃銅

(一) 黃銅的組織

如圖 11-2 所示者為 Cu-Zn 系合金之平衡圖,其中共有 α、β、β'、γ、δ、ξ、η 等相,各相之量依含鋅量的多寡而異,其中以 α 相的範圍最廣,而在工業應用上常用的相亦僅有 α 與 β 相,亦即 Zn 含量約在 45% 以內者。α 相是 Zn 溶於 Cu 所形成的均勻固溶體,為面心立方晶格構造,格子常數在 3.607Å 至 3.639Å 之間。

Zn 在 Cu 中的溶解度隨溫度而異,在 454℃ 時最大,約 39%;250℃ 時為 35%。β 及 β' 相皆為體心立方固溶體,但前者在低溫下不安定,約於 454℃ 時會發生 $\beta \to \beta'$ 之變化,且變化極速,縱使淬冷亦無法阻止。含鋅約 37.5% 之黃銅於 900℃ 淬火於冰鹽水內,會變化為銅的麻田散體組織。

在 $\alpha + \beta$ 區域內的黃銅於高溫時完全為 β 相,冷至低溫時則由 β 相中析出針狀之 α 相,而成費德曼組織(Widmänstättem structure),此即黃銅藉熱處理得以改善機械性能的原因。γ 固溶體內含 Cu_2Zn_3 化合物。δ、ξ 及 η 相則接近鋅性質,尚未有工業上的應用。

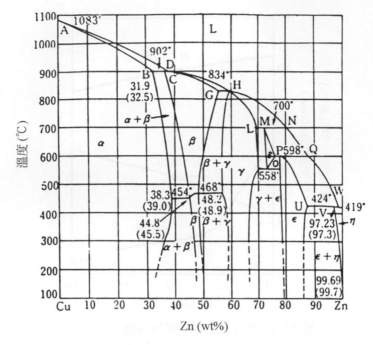

圖 11-2　Cu-Zn 系平衡圖

(二) 機械性質

　　黃銅的機械性質隨含鋅量之不同而異，如圖 11-3 所示者為黃銅含鋅量與拉伸強度、伸長率及硬度之關係。由圖可知拉伸強度隨含鋅量之增加而增加，至 β' 相出現時更急劇上升，當含鋅約為 45%時，拉伸強度達最大值。當含 Zn 量大於 45%之後則因 γ 相之出現，拉伸強度降低。此乃在常溫 α 固溶體比 β' 固溶體質軟而富於延展性之故。但在高溫 β 的延展性則較 α 為大。因此在常溫須要延性大而易於加工時，通常採用組織為 α 固體的黃銅。伸長率的變化在含 Zn 量小於 10%時呈下降趨勢，而後又隨含 Zn 量之增加而昇高，在 Zn 約為 30%時，伸長率最大，至 β' 相出現後伸長率劇降。這是因為 β' 固溶體的硬度及強度大而延性小，不易加工的緣故。但是將其加熱到 600℃ 以上變為 β 固溶體時，如上所述其延性會增加，且加工性較 α 固溶體容易，因此六四黃銅適合於高溫加工。硬度的變化則與伸長率變化恰好相反，尤其在 γ 相出現後之硬度更有急劇上升的趨勢。

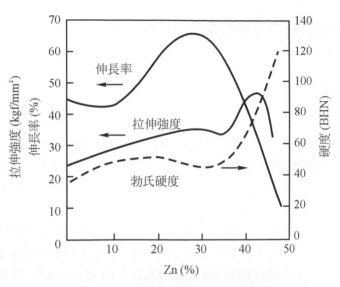

圖 11-3　Cu-Zn 合金之機械性質

(三) 黃銅之耐蝕性

　　黃銅的抗腐蝕性與純銅相近，在大氣和淡水中穩定，在海水中的抗蝕性則稍差。黃銅最常見的腐蝕形式為脫鋅(dezincification)與季裂(season cracking)。

　　脫鋅是指將黃銅放在酸性或鹽類溶液中，因鋅優先溶解而腐蝕，工件表面殘存一層多孔狀(海綿狀)的純銅，使合金遭受破壞。$\alpha+\beta$黃銅的脫鋅比α黃銅更顯著。為防止α黃銅脫鋅，可加入少量砷(0.02~0.06% As)。添加鎂，能形成緻密之 MgO 薄膜也能防止脫鋅。如圖 11-4 所示者為黃銅之插頭型(plug-type)脫鋅。

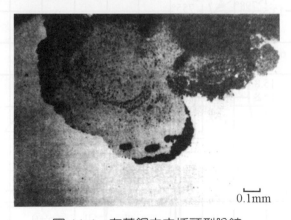

0.1mm

圖 11-4　在黃銅中之插頭型脫鋅

　　季裂是指黃銅零件因內部存在殘餘應力，於潮濕大氣中，特別在含氨鹽的大氣中受腐蝕而破裂現象。此乃因氨深入晶粒界面而引起粒間腐蝕(intergranular corrosion)所致。除了防止黃銅的應力腐蝕破裂，加工後的黃銅工件應在 260~300℃ 進行低溫消除應力退火或電鍍(如鍍鋅、鍍錫)加以保護。

● 11.1.3 青銅

(一) 青銅之組織

青銅是泛指一切以銅為主，而添加 Sm、Al、Si、Mn、Be、P 等之一種或多種(無論含 Sn 與否)合金元素，而能耐蝕、具有較大強度、硬度、耐磨性、有美麗色澤或能發出優良音響之合金。青銅的特點除鑄造性和耐蝕性優良外，尚具有良好的機械性質及耐磨耗性。因具有這些優點，所以青銅成為鑄銅合金中最具代表性者。此外青銅亦可用為鍛造材料。如圖 11-5 是 Cu-Sn 系平衡圖。在 Cu 側有 α 固溶體，從 500℃ 以下，α 固溶體的範圍變窄，而在常溫的固溶限很低。實用上在 500℃ 以下的溶解度曲線，可以用從 15.8% Sn 點連下來的虛線代替，因而可將其組織認為當 Sn 在 15.8% 以下時是 α，Sn 在 15.8% 以上時是 $\alpha+\delta$。圖中的 β，γ 都是體心立方晶格。δ 是 $Cu_{31}Sn_8$ 的青白色化合物，質硬而脆，因而 δ 相多者不適為機械材料之用。α 固溶體因 Sn 量不同，可由銅赤色到黃色，質柔軟。依照平衡圖，δ 相在 350℃ 會變為 α 與六方晶構造之 ε 的共析混合物，但其變化速率極慢，所以在實用上並不考慮 δ 相的共析反應。

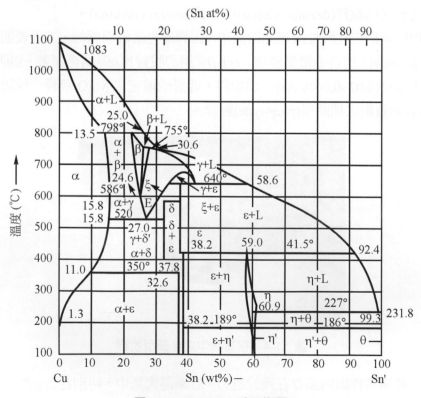

圖 11-5　Cu-Sn 系平衡圖

Chapter

11

(二) 青銅之物性與化性

青銅的耐蝕性優良為其一大特徵。青銅經腐蝕後，會在其表面生成綠黑色或赤褐色之薄膜，此薄膜不與水或海水作用，但易與濃硝酸或鹽酸作用。

圖 11-6 所示者為完全退火後之青銅的機械性質，其拉伸強度先隨含 Sn 量之增加而增大，在含 Sn 大約 16%時之拉伸強度為最大，超過此限後，則急速減少。伸長率以含 2~3% Sn 時為最大，約可達 20%，超過此限度後又再減小，至含 Sn 約 25%時伸長率幾乎為零，乃因有δ相出現之故，硬度先隨含 Sn 量之增加而逐漸增大，當含 Sn 量大於 20%後則急速上昇，至含 Sn 量約 32%時硬度最大，而後又下降。故含 10% Sn 以下之青銅適於常溫加工(呈現α組織)，可軋延成板、棒、線等。加工後之青銅加熱到 250~350℃開始軟化，於 600~650℃時達到完全退火狀態。

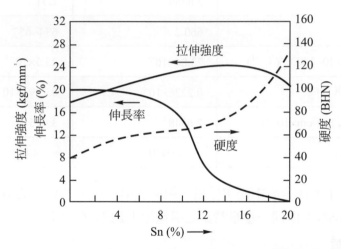

圖 11-6　Cu-Zn 合金之機械性質與 Sn 含量之關係

含 Sn 量在 15.8%以下之青銅，由於是α組織，因此經淬火後之機械性質不會改變，但含 Sn 量在 15.8~32%間者，由於在 520℃時有 $\gamma \rightleftharpoons \alpha+\delta$ 之共析反應，因此由 520℃以上溫度淬火時，可阻止變化而使拉伸強度及硬度增高。

一般而言青銅之展性遜於黃銅，且加工性不良，但鑄造性則較佳。

▶11.2 鋁及鋁合金

◯ 11.2.1 鋁之性質

(一) 鋁之物理性質

鋁屬於面心立方晶系，原子量為 26.98，其物理性質如表 11-2 所列。

表 11-2　不同純度鋁之物理性質

性　質	99.996% Al	99.0% Al
比重(20℃)	2.6989	2.71
熔點(℃)	660.2	634~657
熱膨脹係數(20~100℃)(℃$^{-1}$)	23.86×10^{-6}	23.5×10^{-6}
比熱(100℃)(cal/g · ℃)	0.2226×10^{-6}	0.2297×10^{-6}
比電阻(20℃)(Ω-cm×10^{-6})	2.6548	3.025
晶格常數(Å)	a = 4.0410	a = 4.04

鋁的導電性極佳，在金屬中僅次於銀、銅而居第三位。若以銅的導電度為 100%，則同體積之鋁約 60~65%；但同一重量時鋁之導電度則為銅之二倍。

(二) 鋁之化學性質

純鋁的化學活性強，與各種酸、鹼及氧等易起作用，但鋁在空氣中氧化後會在表面生成一層極緻密的 Al_2O_3 膜，可保護其內部不再繼續氧化，因此 Al 之耐蝕性反較比鋼鐵等化性較鈍的金屬為佳。利用此種性質，將鋁製品先行經過陽極處理，使其表面生成一層光亮之 Al_2O_3 的薄膜，既美觀又可防蝕。此外，鋁及鋁合金表面容易進行發色處理，生長一層具有顏色的皮膜；藉著發色劑及處理條件的控制，可得到所欲之顏色。

(三) 鋁的機械性質

鋁的機械性質因純度、加工度及退火等情形之不同而異。純鋁的強度低而延性佳，但經常溫加工後其強度及硬度急增，但伸長率降低。如圖 11-7 所示者為純鋁的機械性質與冷加工量之關係。純度為 99.0~99.5% 之純鋁在完全退火狀態下，其拉伸強度約為 10 kgf·mm^{-2}，伸長率約 45%。在冷加工量達 60% 後其拉伸強度增為 13.4 kgf·mm^{-2}，伸長率則降為 17%；而在冷加工量 80% 時，其拉伸強度為 16 kgf·mm^{-2}，伸長率約 15%。

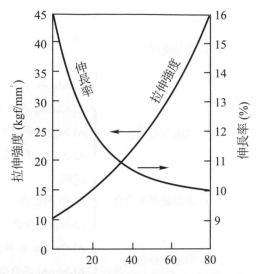

圖 11-7　純鋁的機械性質與冷加工量之關係

● 11.2.2 鋁合金

(一) 鋁合金的種類

由於汽車、飛機等的發展迅速，故對質輕而強度大的材料有很大之需求。鋁的特點是輕，但因強度低，故需在鋁中添加 Cu、Mg、Si、Zn 等元素，形成各種鋁合金，以適應現代工業的需求。

鋁合金，可分為鍛造用合金(板、擠型材)及鑄造用合金(砂模鑄件、金屬模鑄件及壓鑄件)兩大類，也可分為：(1)析出硬化熱處理型合金，(2)非熱處理型合金。如圖 11-8 所示之鋁合金分類。

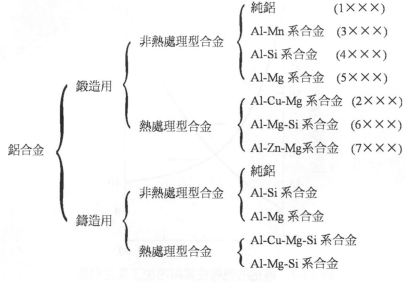

圖 11-8　鋁合金之分類

(二) 鑄造用鋁合金

　　鑄造用之金屬材料的化學成份大多取近於共晶組成者,因其熔點低,易於作業。但因鋁合金的熔點較低,所以在共晶成份以外者,也可應用於鑄造。

　　鋁合金的鑄造,通常使用砂模,但亦可用金屬模。近年來採用壓鑄(die casting)者也相當多。

　　現在常用的鑄造鋁合金有,Al-Cu 系、Al-Cu-Si 系、Al-Si 系、Al-Si-Mg 系、Al-Si-Cu 系、Al-Si-Cu-Mg 系、Al-Cu-Ni-Mg 系、Al-Mg 系、Al-Si-Cu-Ni-Mg 系等。

(三) 鍛造用鋁合金

　　所謂鍛造用鋁合金,是在高溫加工成形後使用之鋁合金。鍛造用鋁合金是在 Al 內添加適當元素,此種合金須有高強度,合金元素添加量也較多。

　　鍛造用鋁合金,因用途不同,可分為耐蝕合金、高強度合金及耐熱合金三種。

1.　耐蝕鍛造用鋁合金

　　在鋁中添加 Mg、Mn 和 Si 等元素,可在不損害 Al 之耐蝕性的前提下增加其強度。所謂耐蝕鍛造用鋁合金,是在 Al 內添加這些元素者,因而可分為 Al-Mn、Al-Mn-Mg、Al-Mg、Al-Mg-Si 系等合金。

2.　高強度鍛造用鋁合金

　　高強度鍛造用鋁合金內都含有 Cu,經過適當的加工和熱處理時,可以顯著增加強度,可用於飛機或其他要求重量輕及強度大的機械零件。因含有 Cu,故耐蝕性較差。

高強度鍛造用鋁合金有 Al-Cu 系、Al-Cu-Mg 系(Duralumin 系)和 Al-Zn-Mg 系等，皆具有時效硬化之性質。

3. 耐熱鍛造用鋁合金

製造活塞、汽缸蓋等的鋁合金，因使用溫度較高，所以添加 Cu、Ni 等合金元素，以增加其耐熱性。此種耐熱鍛造用鋁合金可分為 Al-Cu-Ni 系合金和 Al-Si 系合金。

▶11.3　鎂及鎂合金

● 11.3.1 鎂之性質

(一) 物理性質

鎂為質輕之銀白色金屬，屬六方最密堆積之晶體構造，比重為 1.74，僅為鋁之三分之二，是實用金屬中最低者，其物理性質如表 11-3 所列。

表 11-3　鎂(99.8%)的物理性質

晶格常數(Å)	六方最密堆積 a=3.2033，c=5.1998	燃燒熱(cal·g⁻¹)	5995
		凝固收縮率(%)	3.97~4.2
		固有電阻(μΩ-cm)	4.46
密度(g·m⁻³)	1.74	電阻溫度係數 (μΩ-cm/℃⁻¹)(20℃)	0.01784
熔點(℃)	650℃		
沸點(760 mm-Hg)	1107℃	滑動面	主滑動面 (0001)20~225℃
熱膨脹係數(40℃)	2.6×10⁻⁵ ℃		二次滑動面(10$\bar{1}$1) 225℃ 以上
比熱(25℃)(cal·g⁻¹)	0.25		
熔解潛熱(cal·g⁻¹)	83		
蒸發潛熱(cal·g⁻¹)	1316	雙晶面	(10$\bar{1}$2)
熱傳導度 〔(18℃)cal·(S·cm/℃)⁻¹〕	0.376	劈裂面	(0001)

(二) 機械性質

因鎂為六方最密堆積之晶體，其可移動而發生滑動之方向較少，因而可塑性變形之程度較低。鎂在 20~225℃ 係以(0001)為主滑動面，而在 225℃ 以上則以($10\overline{1}1$)為二次滑動面。鎂之常溫加工硬化大，在冷軋時，10~25%之軋延量即可造成過加工破斷，因而須時時施行製程退火，相當不易。

(三) 化學性質

鎂之化學反應性強，易與酸作用生成鎂鹽及氫。鎂在鹼性溶液中較具抗蝕力，鎂之耐蝕性視其所含雜質之種類及含量而定，其中以 Fe、Ni 及 Cu 之影響較大，其含量之限制分別為 Fe＜0.006%，Ni＜0.005%，Cu＜0.1%。鐵的有害作用可因添加少量錳而改善，所以大部份的鎂合金皆含少量的錳，可能是添加 Mn 可降低鐵的固溶度。

● 11.3.2 鎂合金

(一) 鎂合金概述

鎂合金是 1909 年由德國 G. Elekron 首創，係在鎂內添加 Al、Zn、Mn 而成為 Mg-Al-Zn 系合金或 Mg-Mn 系合金。原為鑄造之用，但因材料之純度，鑄造性不良及鑄品之耐蝕性不佳而未廣泛使用。至二次大戰後，因鎂之純度及耐蝕性獲得改善，且亦開發出鑄造性良好之新合金，如添加鋯而使鑄造組織微細化，並可抑制鑄造缺陷；添加稀土類元素或釷，可得耐潛變特性優良的鎂合金。

鎂合金在熱處理時，若沒有氣氛保護，在溫度超過 370℃ 以上會引燃，故須通入 1% SO_2 為熱處理時之保護氣氛，以避免燃燒。在切削加工時，須注意鎂合金刨花(shavings)之易燃性，若為小火僅需將火花推落使其燃盡即可，但若為大火而有漫延之虞時，則可以鑄鐵之細屑蓋住火花而滅之。鎂合金之刨花起火時，不能澆水，因澆水將反使火勢加大。

鎂合金之比重由 1.74 至 1.82 不等，視不同合金而異，但強度卻可達 15~35 kgf/mm²，因此比強度(即拉伸強度或降伏強度／比重)高。鎂合金除用於航空工業外，尚可用於手提式工具、打字機、汽車、照相機、X 光機械之配件及其他需要質輕強度大之部位。

(二) 鑄造用鎂合金

茲就鑄造用鎂合金中之 Mg-Al，Mg-Al-Zn，Mg-Zr-Zn 及 Mg-R.E.等合金系討論如下：

1. Mg-Al 系合金

   圖 11-9 所示者為 Mg-Al 系之平衡圖，Al 固溶於 Mg 中之最大溶解度為 437℃的 12.7%；其 γ 相為 $Mg_{17}Al_{12}$ 之固溶體。Mg-Al 系合金之金屬模鑄品的拉伸強度以含

6% Al 者最大，伸長率、斷面縮率則以含 4% Al 者最大；其比重則隨 Al 量之增加而遞增(如圖 11-10 所示)。

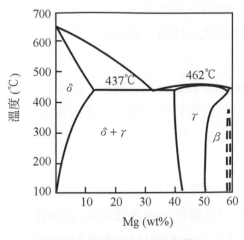

圖 11-9　Mg-Al 系平衡圖

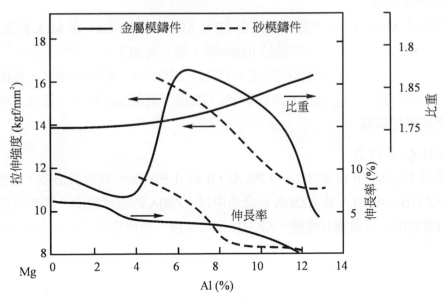

圖 11-10　鎂鋁合金鑄件之機械性質

2. Mg-Al-Zn 系合金

Mg-Al-Zn 系合金以德國 Elektron 為代表，此合金含 Al 與 Zn 之總量在 10%以下，其他尚含有少量之 Mn、Si、Cd 和 Ca 等。Mg-Al-Zn 合金之拉伸強度以含 5~6% Al，2~4% Zn 者最高。因 Al、Zn 之固溶度均隨溫度之下降而降低，因而實際鎂合金之含鋅量大都在 3%以下。

3. Mg-Zn-Zr 系合金

在 Mg-Zn 系合金內加入 Zr 而得之 Mg-Zn-Zr 系合金，於凝固收縮時，容易補熔液，減少縮孔之發生，而使鑄件組織緻密；且所加入之 Zr 可於晶界析出，因此可控制晶粒成長，有晶粒微細化之作用，並可增高強度。

4. Mg-R.E.系合金

R.E.為稀土元素(rare earth elements)之簡稱。將稀土元素加入鎂中，所得之鎂合金具有良好之高溫特性及抗潛變特性。稀土元素通常以美鈰合金(misch metal)，例如：52% Ce、18% Zr、5% Dr、1% Sm 及 24% La 之形式添加。

(三) 鍛造用鎂合金

鎂合金在常溫加工時易生破裂，但在 300~400℃ 則易加工成型。以鍛造或擠壓等塑性加工的產品適用為飛機構造材料及零件。適合鍛造加工用的鎂合金系有 Mg-Mn 系(MIA 合金)、Mg-Al-Zn 系(AZ31B，AZ61A，AZ80A)合金及 Mg-Zn-Zr 系(ZK60A，ZK20A)合金等。

1. Mg-Mn 系合金

此合金系 MIA 合金，其標準組成含 1.2% Mn、0.09% Ca，在 MIA 合金中，Ca 若超過 0.15%有害熔接性，若低於 0.08%時，則不易加工。

Mg-Mn 合金容易在高溫機械加工，有良好之熔接性、耐蝕性優良，其擠、鍛品之拉伸強度可達 25 kg/mm^2，伸長率 8%，其擠、鍛製品以板材、管材、棒材及型材等型式應用較廣。

2. Mg-Al-Zn 系合金

鍛造用 Mg-Al-Zn 合金含 2.4~9.2% Al，0.40~1.5% Zn，Al 含量愈多，其強度愈高。在 AZ31B、AZ61A 及 AZ80A 三合金中以 AZ80A 的強度最高，其產品經人工時效(T5)處理後，可改善其性能。AZ31B 則可用為一般構造用材料，而 AZ61A 則用為高強度材料。

3. Mg-Zn-Zr 系合金

ZK60A 合金(Mg-5.7% Zn-0.55% Zr)屬於此系，適用為棒材、管材及鍛造品等，產品經 T5 處理後，可改善其機械性質。ZK20A 系之強度較低，但熔接性優良。

▶11.4 鈦及鈦合金

　　鈦及鈦合金除具有質輕及高強度重量比之特點外，並兼具有良好的高溫性質及耐蝕性，適合太空、航空、軍事、化工及食品工業等之需要。

◎ 11.4.1 鈦之性質

(一) 物理性質

　　如表 11-4 所列者爲鈦之物理性質，其比重爲 4.5，介於鋁(2.70)與鐵(7.87)之間。鈦在低於 882℃時，其晶體結構爲六方最密堆積，而 c/a 值爲 1.587，較之理想值 1.633 約少 3%，溫度高於 882.5±0.5℃時，會由 α-Ti 變化爲體心立方之 β-Ti，其變化如圖 11-11 所示。

表 11-4　鈦之物理性質

原子量		47.9
比重	α-Ti	4.507
	β-Ti	4.350
晶格結構(Å)	α-Ti	a=2.9503，c=4.6831，c/a=1.5873
	β-Ti(900℃)	a=3.32
$\alpha \leftrightarrow \beta$ 變化點(℃)		885.5±0.5
熔點(℃)		1668±10
比熱(cal・g/℃)		0.1218±0.0002
熱膨脹係數(20℃)(℃$^{-1}$)		8.41×10^{-6}
熱傳導係數(cal・cm・s・℃)		0.035
電阻係數(Ω-cm)		42.0×10^{-6}

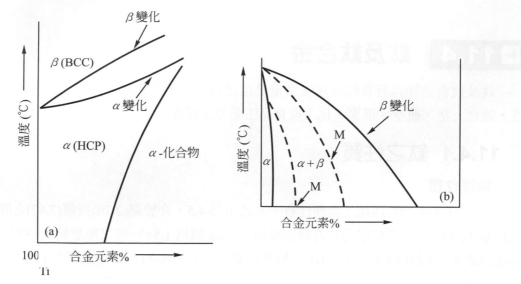

圖 11-11　α-Ti 以無擴散型態變化為 β-Ti：(a)α-Ti 之穩定系統，(b)β-Ti 之同素異形變化

(二) 鈦之化學性質

　　鈦的化學反應性很強，在氧化性水溶液中，會產生 TiO_2 或水合的 TiO_2 保護膜而成鈍態，因而具有良好的耐蝕性，亦即鈦在陽極氧化或硝酸之類的氧化劑作用時，具有良好的耐蝕作用，而將鈦做為陰極使用時，則會形成 TiH_2 之被覆膜而具保護作用。然而鈦對硫酸及鹽酸的耐蝕性不佳。此外，高濃度草酸、蟻酸及三氯醋酸亦易對鈦造成侵蝕作用。

　　鈦在高溫空氣中加熱時，會吸收空氣中的氧與氮而與鈦固溶，使鈦的表面硬化，而產生脆性。

(三) 機械性質

　　鈦的機械性質深受所含之微量不純物的影響。工業用鈦的純度約在 99.5%左右，所含之不純物，可分為兩大類，一為易與鈦形成插入式固溶體之 O、N、H、C；另一類則為可與鈦形成置換型固溶體的 Fe、Si、Mn。其中以 O、N 之影響尤為突出，此乃因 O、N 在鈦中之溶解度高，而使得 α↔β 之變化溫度亦隨之上升，可將 α 相安定化，致使 O、N 在 α相中的固溶度高於 β 相中的固溶度。

◯ **11.4.2 鈦合金之種類及性質**

　　為改善鈦的機械性質，可藉由合金元素添加。常用之合金元素有 Al、Sn、Mn、Fe、Cr、Mo、V 等。此等元素之添加，可在鈦合金顯微組織上造成兩種不同的變化，一為可將鈦的 α 相安定化，亦即可在平衡狀態圖上擴大 α 相範圍者，具有此種作用的元素包括 Al、Sn、O 及 N 等；另一為使 β 相之領域擴大而使 β 相安定化者，此類元素有 Mn、Ni、Cr、Fe、Co、Cu、Ag、W、Mo、V、Nb 及 Ta 等。

　　形成 α 相之鈦合金，只形成固溶體之強化合金，而不具有熱處理性。α 相鈦合金具有良好之強度、韌性及高溫氧化抵抗性，但成形性較差。β 相鈦合金為 BCC 構造，具有熱處理性，可藉熱處理而改善強度，具有良好之成形性(熱作、冷作皆佳)，但高溫易受 O_2 氧化，此外，由於 β 相鈦合金具有較高密度，故其強度／密度比值較低。具有 $\alpha + \beta$ 相組成之合金，其成形性及冷作強度皆佳，但熱作強度較差。

　　常用之鈦合金有 Ti-6Al-4V、Ti-4Al-4Mn、Ti-5Al-2.5Sn、Ti-7Al-3Mo、Ti-13V-11Cr-3Al 及 Ti-8Mn 等。大多數實用之鈦合金都含有數%Al，此乃因添加 Al 可改善鈦合金之高溫強度，且對氫脆性亦不敏感。如表 11-5 所列者為各種鈦合金在常溫之物理性質，表 11-6 所列者則為各種鈦合金之機械性質。

表 11-5　鈦及鈦合金的物理性質

鈦及鈦合金種類	密度 (g/cm³)	熔點 (°C)	熱傳導度 (cal/s·cm·°C)	熱膨脹係數 520-538°C (10⁻⁶/°C)	比熱 (cal/g·°C)	電阻 (μΩ-cm)	楊氏係數 (10⁶kgf/mm²)	剛性率 (10⁶kgf/mm²)	蒲松比 (Poisson's ratio)
工業用純鈦	4.51	1724	0.034~0.039	9.9	0.13	49~55	105~108	45.5	0.45~0.49
2Al-5Cr	4.60	1649~1674	－－	9.9	－－	145~150	－－	－－	－－
4Al-4Mn	4.51	1538~1649	0.014	9.7	0.13	146	112	44.2	0.27
5Al-2.75Cr-1.25Fe	4.51	－－	－－	－－	－－	－－	112	－－	－－
5Al-1.5Fe-1.5Cr-12Mo	4.57	－－	0.017	10.2	－－	162	115	44.2	0.31
5Al-2.5Sn	4.46	1549~1649	0.016	9.4	0.12	157	112	－－	－－
6Al-4V	4.43	1660	0.014	9.4	－－	170	115	44.2	0.31
3.25Fe-2Cr-2Mo	4.69	1649	0.023	9.0	－－	50	115	－－	－－
8Mn	4.74	1499~1631	0.022	10.9	0.12	125	112	42	0.33
3.25Mn-2.25Al	4.57	－－	－－	－－	－－	－－	－－	－－	－－
2.5Al-16V	4.65	－－	－－	－－	－－	－－	112	－－	－－
8Al-2Cb-1Ta	4.38	－－	－－	－－	－－	－－	119	－－	－－

表 11-6　各種鈦合金之熱處理及其在常溫之機械性質

組織	組成(重量%)	熱處理	拉伸強度 (kgf/mm²)	降伏強度 (kgf/mm²)	伸長率 (%)
α型	Ti-5Al-2.5Sn	退火	88	84	18
	Ti-8Al-1Mo-1V	982℃×5 min A.C.→ 593℃×8 h A.C.	103	95	16
	Ti-8Al-2Nb-1Ta	退火(899℃×1 h A.C.)	88	84	17
α+β型	Ti-8Mn	退火	97	88	15
	Ti-2Fe-2Cr-2Mo	退火	96	88	18
		804℃×6 min W.Q.→ 482℃×5 h A.C.	125.3	120	13
	Ti-5Al-2.7Cr-1.3Fe	退火	109	95	14℃
		802℃×6 min W.Q.→ 480℃×5 h A.C.	137	116	6
	Ti-4Al-3Mo-1V	退火	93	86	10
		885℃×2.5 min W.Q.→ 492℃×12 h A.C.	137	117	6
	Ti-4Al-4Mn	退火	104	93	16
		788℃×2 h W.Q.→ 482℃×24 h A.C.	113	98	9
	Ti-6Al-4V	退火	95	88	13~17
		871℃×2 h W.Q.→ 482℃×5 h A.C.	112	98	8~12
		760℃×30 min W.Q.→ 593℃×8 h A.C.	114	107	13
		926℃×30 min W.Q.→ 482℃×2 h A.C.	139	126	9
		843℃×1 h W.Q.→ 538℃×24 h A.C.	104	102	20
		954℃×1 h W.Q.→ 538℃×24 h A.C.	118	110	16
β型	Ti-13V-11Cr-3Al	退火	93	91	21
		788℃×30 min A.C.→ 482℃×48 h A.C.	147	127	9
		788℃×30 min A.C.→ 482℃×72 h A.C.	153	141	7

註：A.C.－空氣冷卻，W.Q.－水淬火。

習 題

1. 加工量對銅的機械性質影響為何？

2. 請說明黃銅之組織。

3. 含 Zn 量對黃銅的機械性質有何影響？請說明之。

4. 試述青銅之組織及特性。

5. 含 Sn 量對青銅的機械性質影響為何？請說明之。

6. 試述鋁之性質。

7. 請敘述鋁合金之分類。

8. 鍛造用鋁合金有那些？請說明其分類。

9. 請分別說明鎂之機械及化學性質。

10. 鎂在熔解時，應注意那些事情？請說明之。

11. 試述鎂合金之特性。

12. 試述鈦之化學性質。

13. C、N、O 與 N 等元素對鈦之機械性質有何影響？

14. 鈦合金以組織分有幾類？又各類之性質為何？請分別說明

陶瓷材料之結構與成型

▶12.1 緒論

　　陶瓷，Ceramics，一詞是由希臘字 Keramikos 轉換而來，即為以火處理的物品，其簡單的定義為：金屬與非金屬元素所形成的無機非金屬材料(inorganic and non-metallic materials)，由不同程度的離子鍵及共價鍵(ionic and covalent bonding)所結合。依據結合元素的種類，常見的陶瓷材料可分為：

1. 氧化物(oxides)，如：Al_2O_3、ZrO_2、SiO_2 等。

2. 鹵化物(halides)，如：MgF_2、CaF_2、Nace 等。

3. 氮化物(nitride)，如：Si_3N_4、AlN、TiN 等。

4. 碳化物(carbides)，如：SiC、TiC、Fe_3C 等。

5. 硼化物(borides)，如：LaB_6 等。

6. 矽化物(silicides)，如：$MoSi_2$、WSi_3 等。

　　陶瓷材料隨著人類文明的進展，常作為一般生活用的器皿或觀賞器具，並未有其他特殊的功能性要求，即為傳統陶瓷(traditional ceramics)。自二次大戰後，發現陶瓷可用於特殊的用途上，如為電容器之介電陶瓷材料、人工骨骼之磷酸鹽生醫陶瓷材料、車刀用途之氧化鋁或氧化鋯構造陶瓷材料等，此類陶瓷材料為精密陶瓷(fine ceramics)。精密陶瓷要求具有某一方面的特殊功能性，如；機械性質、光電性質、電性質、及熱性質等。表 12-1 所列者為傳統陶瓷與精密陶瓷的類別與應用。

　　由於特殊功能性的要求，精密陶瓷所用之原料需具有高的化學純度或特定的化學成份，而傳統陶瓷的原料成份則具有較高變異性。傳統陶瓷以採自地表經簡單分選處理或未處理的礦物為原料，經混練、成型及燒成等過程後製得陶瓷坯體。傳統陶瓷常使用的原料有黏土(clay)，長石(feldspar)，及燧石(flint，SiO_2)等三種，因此，傳統陶瓷亦稱為三軸坯體(triaxial porcelain system)，三種原料的比率大致為黏土 50 wt%，長石 25 wt%，燧石 25 wt%。在燒成的過程中，傳統陶瓷的原料產生化學反應，形成新的結晶二次相或玻璃相。由於傳統陶瓷所用原料的成份雜質高，又不均勻，在燒成後有複雜的顯微結構。

　　精密陶瓷則使用高純度原料，製造具有特殊功能的陶瓷坯體。陶瓷原料粉末已具有所需的結晶構造，大部份的精密陶瓷在燒成過程中其原料並不產生複雜的化學反應，而只有晶粒成長的物理現象。亦有部分的精密陶瓷係以玻璃與結晶陶瓷或玻璃陶瓷為原料製造出具有特殊功能的多相陶瓷體，在其燒成的陶瓷坯體內則同時具有玻璃相與結晶相。藉由原料純度與製程變數的調控，精密陶瓷坯體所需的成份與顯微結構，乃得以完成。

表 12-1　傳統陶瓷與精密陶瓷的類別與應用

項目	類別	應用
傳統陶瓷	黏土製品	排水管、建築用磚
	水泥	波特蘭水泥、高鋁水泥
	耐火材料	爐壁、隔熱磚、耐火磚
	陶瓷器	陶器、瓷器、餐具
	玻璃	容器、絕緣材料、窗玻璃
	研磨材料	砂紙、砂輪、噴砂材料
精密陶瓷	構造(機械)陶瓷	車刀、剪刀、陶瓷引擎、汽車渦輪轉子、軸承
	生醫陶瓷	人工關節、人工牙齒
	能源陶瓷	燃料電池、離子導體
	電子陶瓷	藍芽模組、壓電變壓器、濾波器、基板材料
	感測陶瓷	氧氣感測器、氣體感測器、
	光電陶瓷	光柵、顯示器、影像儲存器
	磁性陶瓷	電感、變壓器、天線、資料儲存磁片、微波裝置
	高溫超導體	核磁共振、極低磁場感測器
	絕緣耐熱陶瓷	火星塞、耐熱板、陶瓷基板

▶12.2　陶瓷結構

● 12.2.1　陶瓷之穩定結構及配位數

陶瓷為離子鍵與共價鍵共存的結晶體，在結晶構造中分別有陽(正)離子及陰(負)離子存在，陽離子(cation)半徑通常較陰離子(anion)半徑為小，依據鮑立(Pauling)規則在陰離子周圍需環繞著陽離子，陰離子周圍所環繞的陽離子數目稱為配位數(coordination number，

CN)，配位數愈高愈穩定。晶體內離子鍵或共價鍵的比例取決於陰陽離子電負度的差，當陰陽離子電負度相差愈大時，其所形成的陶瓷體愈具有離子鍵的特性，如：NaCl；當電負度相差較小時，其所形成的陶瓷體具有較高程度的共價鍵特性，如：SiC。陶瓷結構可視為是將陽離子填入陰離子所形成之最密堆積的縫隙中，在填入時若陽離子能將陰離子撐開則可以形成穩定的結構，如圖 12-1 所示。陶瓷晶體結構的穩定性必須考慮離子的電荷價數及其半徑大小比值。

不同陰陽離子半徑比所造成的結構與其在陽離子周圍之陰離子的配位數如表 12-2 所列。當陽離子半徑(r_c^+)與陰離子半徑(r_a^-)的比率($\frac{r_c^+}{r_a^-}$)小於 0.155 時，陽離子的配位數為 2，其結構為線狀構造。當 $\frac{r_c^+}{r_a^-}$ 等於 0.155 時，陰離子形成一正三角形結構，陽離子位於正三角形的中心且正好將陰離子撐開形成如圖 12-1 所述的穩定構造。此一陽陰離子的半徑比率，0.155，為形成正三角形結構的關鍵係數(critical value)，此一結構中離子的配位數為 3。陽離子半徑增加時，正三角形的尺寸變大，陰離子間的距離亦增加，此時結構仍屬於一穩定構造。當 $\frac{r_c^+}{r_a^-}$ 為 0.225 時，陽離子與陰離子的結構形成另一較高配位數的正四面體穩定結構，此時的離子配位數為 4。在 $\frac{r_c^+}{r_a^-}$ 為 0.225 時，正三角形與正四面體結構皆為穩定狀態，然而正四面體具有較高的配位數，其所形成的結構較正三角形為穩定，陰陽離子所形成的結構體以較高配位數的結構較為穩定。在離子晶體中，陰陽離子的配位數由其幾何形狀及價數所決定。

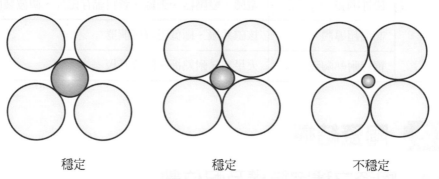

穩定　　　　　　　　穩定　　　　　　　　不穩定

圖 12-1　陰陽離子所形成的穩定及不穩定結構

表 12-2　$\dfrac{r_c^+}{r_a^-}$、配位數與陽離子填入孔洞型態的關係

Coordination Number(CN) 配位數	Cation-Anion Radius Ratio $(\dfrac{r_c^+}{r_a^-})$ 陽陰離子半徑比	Coordination Geometry 配位幾何形狀
2	<0.155	
3	0.155-0.225	
4	0.225-0.414	
6	0.414-0.732	
8	0.732-1.0	

例題 12-1　陶瓷晶體為離子結構，陽離子填充於陰離子所形成的孔隙中。陰陽離子的半徑比將可決定陽離子填充的方式及晶體構造。試證明(a)當陽陰離子半徑比的關鍵係數為 0.155，其所形成的穩定結構為正三角

形(triangle)，(b)陽陰離子半徑比的關鍵係數為 0.225，其所形成的
穩定結構為正四面體(tetrahedral)。

解

(1) 當陰離子形成正三角形結構時，陽離子正好填充於三角形所形成的縫隙中，與
三個陽離子相接觸且撐開陽離子使之成為穩定的正三角形結構。正三角形的邊
長為二倍的陰離子半徑長度，$2r^-$，三角形中心點至三角形的頂點為陰離子與
陽離子的半徑和，$r^- + r^+$，如下圖所示。

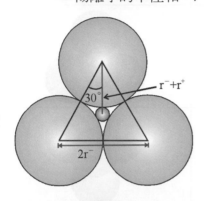

$$\frac{r^-}{r^- + r^+} = \cos(30°)$$

$$r^-(1 - \cos(30°)) = r^+ \cos(30°)$$

則

$$\frac{r^+}{r^-} = \frac{(1 - \cos(30°))}{\cos(30°)} = \frac{\left(1 - \dfrac{\sqrt{3}}{2}\right)}{\dfrac{\sqrt{3}}{2}} = \frac{2}{\sqrt{3}} - 1 = 1.155 - 1 = 0.155$$

(2) 當陰離子成為正四面體結構時，其所形成的結構如下圖所示，陰離子佔據一正
立方體的四個角，陽離子位於正立方體的中心。正立方體的邊長為 a，其面對
角線的長度為 $\sqrt{2}a$，亦為陰離子半徑長度的二倍，$2r^-$。立方體的體對角線長
度為 $\sqrt{3}a$，亦為陰離子與陽離子半徑長度和的二倍，$2r^- + 2r^+$。將正立方體的
體對角線長度除以面對角線長度可得到下列結果

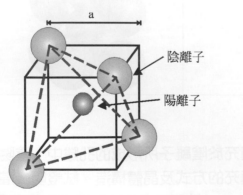

陰離子

陽離子

$$1 + \frac{r^+}{r^-} = \frac{\sqrt{3}}{\sqrt{2}}$$

則

$$\frac{r^+}{r^-} = \frac{\sqrt{3}}{\sqrt{2}} - 1 = 0.225$$

例題 12-2　試計算離子晶體(a)MgO，(b)Cr_2O_3，及(c)K_2O 的陰陽離子配位數。已知，$r(Mg^{2+}) = 0.066$ nm，$r(Cr^{3+}) = 0.063$ nm，$r(K^+) = 0.138$ nm，及 $r(O^{2-}) = 0.132$ nm。

解

(1)　MgO 的結構，由陽陰離子的半徑比可知 $\dfrac{r(Mg^{2+})}{r(O^{2-})} = \dfrac{0.066}{0.132} = 0.5$，其穩定結構為

正八面體，陽離子的陰離子配位數($CN(Mg^{2+})$)為 6。由於鎂離子與氧離子的電子價數比為 $1:1$，因此陰離子的陽離子配位數($CN(O^{2-})$)亦為 6。

(2)　Cr_2O_3 的結構，由陽陰離子的半徑比可知 $\dfrac{r(Cr^{3+})}{r(O^{2-})} = \dfrac{0.063}{0.132} = 0.477$，其穩定結構

為正八面體，陽離子的陰離子配位數($CN(Cr^{3+})$)為 6。由於鉻離子與氧離子的電子價數比為 $3:2$，因此陰離子的陽離子配位數($CN(O^{2-})$) $= (\dfrac{2}{3})(CN(Cr^{3+})) = 4$。

(3)　K_2O 的結構，由陽陰離子的半徑比可知 $\dfrac{r(O^{2-})}{r(K^+)} = \dfrac{0.132}{0.138} = 0.957$，其穩定結構為正

八面體，陰離子的陽離子配位數($CN(O^{2-})$)為 8。由於鉀離子與氧離子的電子價數比為 $1:2$，因此陽離子的陰離子配位數($CN(K^+)$) $= (\dfrac{1}{2})(CN(O^{2-})) = 4$。

12.2.2　AX 型晶體構造

　　最常見的陶瓷結晶構造為具有相同數目之陽離子(A)與陰離子(X)，結構名稱亦以最常見的化學組成命名之。

(一) 岩鹽結構

　　最常見的 AX 結構為氯化鈉(NaCl)或稱為岩鹽(rock salt)結構。鈉離子與氯離子的半徑分別為 0.102 及 0.181nm，其半徑比為 0.56，介於表 12-2 中的 0.414 及 0.732 之間，因此需填入正八面體的孔隙，其結果如圖 12-2 所示。在此結構中，陰離子形成 FCC 結構，陽離子位於 FCC 的中心及立方體十二個邊的中心，另外可發現陽離子亦形成 FCC 的結構。具有與此結構相同之材料皆有 MgO、MnS、LiF 及 FeO 等。

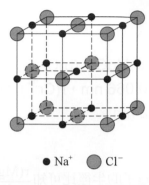

● Na⁺　◯ Cl⁻

圖 12-2　岩鹽(NaCl)結構

(二) 氯化銫結構

　　氯化銫(cesium chloride, CsCl)為具有配位數為 8 的結構，氯離子與銫離子各自形成簡單立方體的結構，銫離子位於氯離子所形成之立方體的中心，而氯離子則位於銫離子所形成之立方體的中心，如圖 12-3 所示。由於氯化銫結構中含有氯離子與銫離子，因此不能稱為體心立方(BCC)結構。

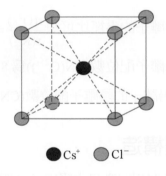

● Cs⁺　◯ Cl⁻

圖 12-3　氯化銫(CsCl)結構

(三) 閃鋅礦結構

　　在 AX 型態結構中，陽離子的陰離子配位數為 4 時，陽離子恰位於由陰離子所形成的正四面體中心，此類結構稱為閃鋅礦(zinc blende)結構，其名稱由硫化鋅(ZnS)礦而得。在硫離子所形成的立方體(FCC)的結構中共有 8 個正四面體的空隙，結構中有 4 個硫離子，因此只有 4 個正四面體空隙將由正價電荷的鋅離子所填充，如圖 12-4 所示。具有與此材料相同結構者有 ZnTe 及 SiC 等。

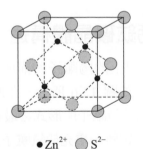

•Zn^{2+}　⬤S^{2-}

圖 12-4　閃鋅礦(ZnS)結構

12.2.3　A_mX_p 型晶體構造

　　若是陽離子與陰離子所帶的電荷量不相同，其化學成分方程式可寫為 A_mX_p，其中 m 與(或)p 不等於 1，例如：CaF_2 (fluorite，螢石)。在 CaF_2 的結構中，$\dfrac{r_{Ca}^{2+}}{r_F^-}$ 約為 0.8，屬於 $CN(Ca^{2+})$ 為 8 的立方體結構，如圖 12-5 所示，然而 Ca^{2+} 與 F^- 的電價比為 2：1，即在每二個 F^- 所構成的立方體中只能填入一個 Ca^{2+} 離子，CaF_2 的單位晶格包含八個 F^- 所構成的立方體，Ca^{2+} 離子填入其中的四個立方體。在正價陽離子的填充過程中，陽離子進入可使結構體呈現共用點結構者最為穩定，而共邊結構之穩定度則次之，如圖 12-5 所示，至於呈現共面結構的機率則非常低。

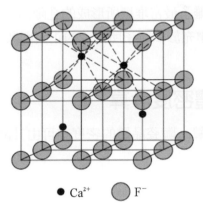

⬤ Ca^{2+}　　◯ F^-

圖 12-5　螢石(CaF_2)結構

●12.2.4　$A_mB_nX_p$ 型鈣鈦礦晶體構造

陶瓷的晶體構造亦可由二種以上的陽離子所構成，介電材料中常使用的鈦酸鋇，$BaTiO_3$，即屬此類的鈣鈦礦結構，如圖 12-6 所示。在此結構中之鈦離子與氧離子的離子半徑比為 0.49，故而鈦離子應填充於氧離子所形式之最密堆積中的正八面體孔隙。而鋇離子與氧離子的離子半徑比為 0.97，鋇離子填充於氧離子所形成的立方體中。

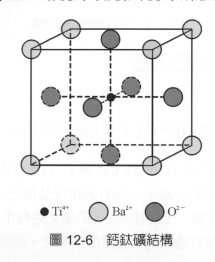

● Ti^{4+}　◯ Ba^{2+}　◯ O^{2-}

圖 12-6　鈣鈦礦結構

其他的陶瓷結構種類可由上述的原則獲得，即陰離子形成最密堆積，陽離子依據陽陰離子半徑比的原則填充於陰離子最密堆積所形成的孔隙內。如由鎂、鋁、氧離子所形成的尖晶石(spinel)結構，鎂離子填充於氧離子所形成的正四面體孔隙內，鋁離子則填充於氧離子的八面體孔隙內。

●12.2.5　陶瓷晶體密度計算

如同金屬晶體的密度計算，陶瓷晶體的密度亦可由其晶格常數及結晶構造，利用式 (12.1)加以計算

$$\rho = \frac{n(\sum A_C + \sum A_A)}{V_C N_A} \tag{12.1}$$

式中

n = 單位晶格內所含分子數目

$\sum A_C$ = 單位晶格內所含陽離子的原子量總合

$\sum A_A$ = 單位晶格內所含陰離子的原子量總合

V_C = 單位晶格體積

N_A = Avogadro 常數

例題 12-3　由 X-光繞射結果得知，$BaTiO_3$ 的結構為立方晶系，其晶軸的長度為 a=4.005Å，試計算其理論密度。

解

在 $BaTiO_3$ 單位晶格內含有一個 $BaTiO_3$ 的分子，其分子量為 233.21 g/mol。由陶瓷晶體密度的計算公式可知

$$\rho = \frac{n\left(\left(A_{Ti}+A_{Ba}\right)+A_0\right)}{V_C N_A}$$

$$= \frac{1\left[\left(137.33 \text{ g/mole}+47.88 \text{ g/mole}\right)+48 \text{ g/mole}\right]}{\left(4.005\,\text{Å}\right)^3 \times 6.02\times10^{23} \text{ mole}^{-1}}$$

$$= \frac{233.21 \text{ g/mole}}{\left(6.424\times10^{-23} \text{ cm}^3\right)\times 6.02\times10^{23} \text{ mole}^{-1}}$$

$$= \frac{233.21 \text{ g/mole}}{38.67 \text{ cm}^3/\text{mole}} = 6.03 \text{ g/cm}^3$$

▶12.3 矽酸鹽(silicate)結構

　　地表含有豐富的矽及氧，而矽酸鹽為火成岩的主要構成礦物，其中的黏土、石英、及長石礦物為傳統陶瓷所使用的三軸坯體原料，很早就被使用於陶瓷的製造。矽酸鹽礦物晶體構造依據 SiO_4^{4-} 單體結合方式的不同大致可分為如表 12-3 所列的六大類。由於 Si-O 鍵具有顯著的共價鍵特性，矽酸鹽類的結構通常並不被視為離子鍵的化合物。

表 12-3　矽酸鹽內 SiO^{4-} 單體的結合方式

分類	SiO^{4-} 單體結合方式	Si：O	範例
島狀	單一 SiO^{4-} 與不同陽離子結合	1：4	鎂橄欖石，Mg_2SiO_4
雙島狀	二個 SiO^{4-} 單體共用一氧離子	2：7	碳矽鈣石，$Ca_5Si_2O_7(CO_3)_2$
環狀	由幾個 SiO^{4-} 結合成封閉式環狀結構單元，每個 SiO^{4-} 單體與其他單體共用二個氧離子	1：3	重晶石，$Be_3Al_2Si_6O_{18}$
鏈狀	單鏈狀，由 SiO^{4-} 結合成單鏈狀結構，每個 SiO^{4-} 單體與其他單體共用二個氧離子	1：3	薔薇輝石，$MnSiO_3$ 矽灰石，$CaSiO_3$
	雙鏈狀，由 SiO^{4-} 結合成雙鏈狀結構，每個 SiO^{4-} 單體與其他單體共用二或三個氧離子	4：11	透閃石，$Ca_2Mg_5Si_8O_{22}(OH)_2$ 陽起石，$Ca_2(Mg・Fe)_5SiO_{22}(OH)_2$
片狀	由 SiO^{4-} 結合成片狀結構，每個 SiO^{4-} 單體與其他單體共用三個氧離子	2：5	高嶺石，$Al_4Si_4O_{10}(OH)_8$ 滑石，$Mg_3Si_4O_{10}(OH)_2$
架狀	SiO^{4-} 結合立體架狀結構，每個 SiO^{4-} 單體的氧原子皆與其他單體共用	1：2	石英，SiO_2 鈉長石，$NaAlSi_3O_8$

　　石英(quartz)為由 SiO^{4-} 單體所結合而成的立體架狀結構，如圖 12-7 所示，結構中的每一個 SiO^{4-} 單體的氧離子皆與其他的 SiO^{4-} 單體共用，為成份與結構較簡單的矽酸鹽類礦物，其化學分子式為 SiO_2。與其他礦物相相似，石英具有許多的同素異型體(polymorphs)結構，其中有些無法以穩定的礦物相存在，低溫石英相(α–quartz)為最穩定存在 SiO_2 的結晶相，其他較常見的 SiO_2 結晶相有鱗石英(tridymite)與白矽石(cristobalite)等。

　　高嶺土為典型的黏土礦物，其結晶係由一層氧化矽(silica layer，SiO_2)與一層水礬土(gibbsite layer，$Al(OH)_3$)構成如圖 12-8 所示之 1：1 的層狀礦物(one to one layer mineral)。氧化矽層與水礬土層經由強的離子鍵結合，而單層結構間則藉由微弱凡得瓦力結合。氧化矽的四面體層與水礬土的八面體層間的六角形構造生成高嶺土六角形的晶體。葉蠟石為二比一的三層結構，含有兩層氧化矽與一中間水礬土層，為細微狀的鱗片晶體。滑石亦和葉蠟石具有相同的結晶構造，只是葉蠟石中的 2Al 為 3Mg 所取代。

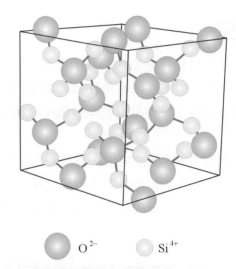

O^{2-}　　Si^{4+}

圖 12-7　由 SiO_4^{4-} 單體所結合而成的石英(quartz)立體架狀結構

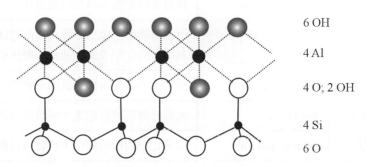

6 OH

4 Al

4 O; 2 OH

4 Si

6 O

圖 12-8　由一層氧化矽與一層水礬土所構成高嶺土層狀結構

▶12.4　陶瓷製程

　　傳統陶瓷與精密陶瓷利用相似的製程步驟，其基本的成型步驟包括：粉體製程，生坯成型，緻密燒結，及修整工作。將粉末狀原料以不同成型方法製成所需的形狀坯體，在未燒成前稱為生坯(green body)，生坯經乾燥後成為一具有特殊形狀的粉末聚集體(powder compact)。乾燥後的生坯須經過一特殊的熱處理步驟，方可將生坯轉化成為具有基本機械強度的熟坯(sintered body)，此一熱處理的過程稱為燒結(sintering)。燒結後的熟坯具有由其成份與結構所顯現的基本特性，經由後續的加工處理即可成為所需的產品。

12.4.1　粉體製程

　　準備陶瓷原料時，將主要原料與其他添加劑及溶劑混合，並投入研磨機中進行研磨。研磨同時有將粒子磨細與混合等功能，經研磨後的原料形成均勻混合泥漿。可直接應用於濕式的陶瓷製程，或利用噴霧乾燥作業將泥漿乾燥成為小粒徑的顆粒粉末，以提供乾式陶瓷製程之用。

　　精密陶瓷所使用的原料對純度有較高的要求，其原料粉體製備的目的在於製造高純度的陶瓷粉體，表 12-4 列出幾種重要的陶瓷粉體之製備方法，例如：混合／煅燒法、共沉法、水熱法、有機金屬化合物分解法，及碳化合物分解法等，能製造微奈米粒徑且不凝聚的粉末為粉體製造時的主要目標。

表 12-4　高純度陶瓷粉體的製備方法

方法	粒徑	備註
混合／煅燒法	0.1 μm~100 μm	雜質來自起始原料及研磨過程
化學共沉法	研磨後大約為 0.5 μm	可能有陰離子(如 Cl 等)殘留，低雜質，較難控制所需的化學成份，通常須要再研磨
水熱法	nm~50 μm	高純度的單晶粉體，低內部缺陷
有機金屬化合物分解法	50~350 Å	大部分雜質皆可避免，可製成高純度的粉體
碳化物還原熱分解法	0.1 μm~100 μm	由氧化物與碳粉混合，須要再研磨

　　混合/煅燒法為一直接且經濟的粉體製造法，其製程係將預定成份的粉末混合，煅燒至所需相的生成溫度，再將煅燒粉體經由研磨過程細磨。由於粉末經由高溫煅燒後極易產生凝聚現象，因此須以研磨的過程，將凝聚體打散。但在研磨過程中所產生的污染，除極易使產品在燒成的過程中生成缺陷外，在粉體中過多的雜相也使燒成品難以達成均勻性、化學計量式(stoichiometry)之成份及所需的生成相。

　　共沉法是將所需物質的化學成份以金屬鹽類配製成均勻的溶液，再以氫氧基或酸根使之形成金屬鹽類的共沉物，再將共沉物煅燒後，製成所需的結晶相粉末。與混合煅燒法比較，以共沉法所得的粉末具有極佳混合均勻度(以分子大小混合)，其所須的煅燒溫度較低。

　　水熱法(hydrothermal)是在高溫(＞100℃)下，於一高壓容器內製造陶瓷粉末。此法的優點有：(1)可製成含結晶相的粉末及(2)粉末的凝聚現象可以避免。

　　金屬的有機化合物因水解(hydrolysis)而產生的膠質溶液(colloid solution)，簡稱溶膠(sol)，粒子的大小約為 1~100 nm。溶膠經膠化(gelation)作用而產生金屬氫氧基的化合物膠質沉澱，並產生三度空間的結構，稱爲凝膠(gel)。有機金屬化合物分解法係利用金屬的烷氧化合物溶液，改變其酸鹼性使產生水解及膠化的作用，造成金屬的氫氧化物或水合物作爲陶瓷的基本原料。有機金屬化合物分解法亦可用以製備非氧化物的粉體。由此法所得之粉體須再經煆燒後方能獲得所需之結晶相。有機金屬化合物分解法的最大優點爲可控制粉體的化學組成及純度。

　　碳化物還原熱分解法使用在非氧化合物的粉體，如碳化矽之製造。此法係將碳粉與氧化矽混合，於低氧含量之氣氛，進行還原性的熱處理。碳化物還原熱分解法特別適用於碳化物及氮化物粉體的製造。

12.4.2　成型法

　　生坯成型爲陶瓷製造過程中的關鍵步驟，成型法的採用依坯體的幾何形狀及其應用而定，陶瓷常用的成型法如表 12-5 所列。

　　單軸粉壓法爲最常用的陶瓷成型法，先將陶瓷粉料與黏劑、潤滑劑及其它添加劑均勻混合後再倒入鋼模內，藉由單軸的壓力將粉體壓成所需的形狀。本法所得之生坯通常具有簡單及均勻的外觀，如地磚等。圖 12-9 顯示乾壓成型的製程步驟：(1)先將乾燥原料粉末倒入金屬模體中，(2)利用上下沖頭將粉末壓縮成爲乾壓坯體，(3)將上沖頭移出模具並以下沖頭將乾壓坯體頂出模具，以完成退模的動作。

　　較複雜外形的坯體則可藉由均壓成型法製得，將陶瓷粉體倒入一可變形的橡皮模內，以油等液體爲媒介將壓力等向施於橡皮模上，製成一乾壓坯體。均壓成形可分爲乾袋法(dry bag)及濕袋法(wet bag)二種，如圖 12-10 所示。

　　乾袋法是將粉末倒入橡皮壓縮袋內，利用上下沖頭的正向壓力與壓縮袋的側面壓力將粉末壓縮成爲坯體，壓縮的過程中見不到壓縮的液體。濕袋均壓法係先將粉末倒入橡皮壓縮袋，再將壓縮袋投入一高壓的容器內，利用等向的液壓將壓縮袋內的粉末壓成所需的坯體，壓縮的操作過程中可見到壓縮的液體。由均壓法所製得的坯體，其密度除較單軸乾壓法所得之坯體均勻且緻密外，比較不會形成瑕疵，可用以製造火星塞、磨球等產品。濕袋均壓法無法像單軸粉壓法以自動化方式生產，但可生產形狀較爲複雜的坯體。

表 12-5　陶瓷常用的成型法

生坯成型法	幾何形狀	備註
單軸粉壓法 (uniaxial pressing)	外觀簡單、均勻	容易自動化生產
冷均壓成型法 (cold isostatic pressing)	外觀簡單、均勻，但可能較單軸法所形成坏體複雜(如：火星塞)	生產自動化程度依生坯外觀而定
膠體鑄造法 (colloidal casting)	簡單至複雜之外形，可多層鑄造及生坯黏合	可製作非常均勻顯微結構的坯體，且無粉體凝聚現象
薄帶鑄造法 (tape casting)	二度空間薄片，最薄之厚度為 80 μm (~3 mils)	製造大面積、薄片、高平坦度之陶瓷坯片
擠出成型法 (extrusion)	管狀坏體或二度空間薄片，最薄之厚度為 80 μm(~3 mils)	可生產陶管、介電陶瓷、電子用多層陶瓷基板、觸媒轉化器用蜂巢結構
射出模造法 (injection molding)	可製造複雜外形且截面積小的坏體	模具費用高

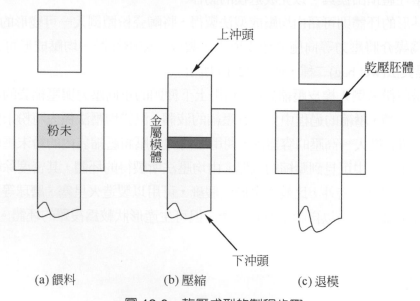

(a) 餵料　　　　　(b) 壓縮　　　　　(c) 退模

圖 12-9　乾壓成型的製程步驟

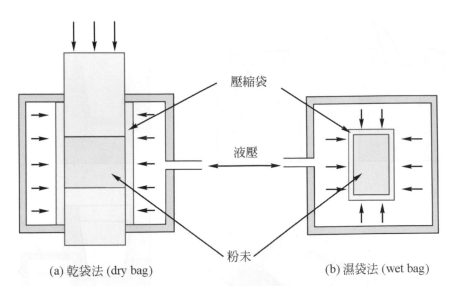

(a) 乾袋法 (dry bag)　　　　(b) 濕袋法 (wet bag)

圖 12-10　均壓成形法

　　在傳統陶瓷中，注漿或膠體成型法係用以製造外觀複雜的坯體。注漿成型製造時，將原料粉末均勻分散於溶劑中形成泥漿，再將泥漿注入多孔的模具中，泥漿中的溶劑被模具的孔隙所吸收，而在模具壁上形成具有一定厚度的泥壁，於泥壁形成後將多餘的泥漿倒出模具，待泥壁乾燥具有基本的機械強度時即可將坯體取出，如圖 12-11 所示。膠體鑄造可得強度極佳的生坯，膠體鑄造成型法的製造原理與注漿成型法相同，所產製的生坯密度可達 60%相對密度，因為硬凝聚體可藉由粉末的選擇與泥漿研磨的步驟除去。但以此方法所得之生坯不易乾燥，且厚度大於 1.25 cm(0.5 in)的生坯即不易由此方法製得。

　　薄帶鑄造法亦稱為刮刀成型(doctor blading)法，為一重要的陶瓷製程，廣泛應用於造紙、塑膠、及油漆等工業。Glenn Howatt 在 1947 年首先將此方法應用於陶瓷製程上，從此以後刮刀成型法即成為製造大面積、薄片、高平坦度陶瓷片的主要方法。發展至今，薄帶的厚度可達 5 μm，一般常用的乾燥生坯薄帶的厚度則介於 0.025 mm 至 1.27 mm 之間。在陶瓷製程中，注漿成型法與薄帶鑄造法皆需準備陶瓷漿料，薄帶鑄造法的漿料可為非水基(以有機溶劑配製漿料)或水基(以水為主要溶劑)漿料。薄帶鑄造法所得的陶瓷生坯薄帶即為製造多層陶瓷元件與基板的主要原料。圖 12-12 為玻璃板薄帶鑄造法，當刮刀座由前方向後移動，黑色陶瓷漿料經過刮刀座底部的細縫沉積於玻璃板上，經乾燥後形成陶瓷薄帶。薄帶的厚度可由刮刀座底部細縫的高度所決定，而細縫高度則可藉刮刀座上的螺旋調整之。

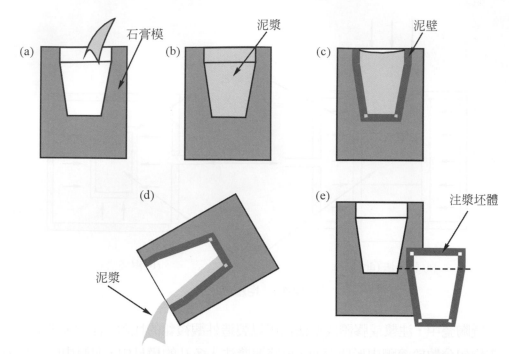

圖 12-11　注漿成型法的製程步驟：(a)泥漿注入多孔的模具中，(b)泥漿中的溶劑被模具的孔隙所吸收，(c)模具壁上形成泥壁，(d)多餘的泥漿倒出模具，(e)取出坯體

　　擠出成型法是將塑性物料自有通孔的模具擠出，通孔的大小與形狀即為物件的截面，將物件切割成所需的長度即為成品。塑性物料的黏結性可藉由黏土或(及)有機黏劑的添加而成。塑性土的擠出可用活塞擠出機或螺桿擠出機，而擠出的成品可為直徑 1.52 mm~91.44 cm 的管件或薄片。塑性物質的成份可為氧化物及碳化物或氮化物等非氧化物陶瓷。圖 12-13 為以擠出成型法製造薄片，將原料調製成高塑性的土料，以擠出成型機將塑性土自一模具擠出，而形成薄片。

　　射出成型法適合用以量產小件複雜外觀及小截面積(＜1.0 cm)的坯體。使用此方法時，將粉體與熱塑性高分子及其他有機添加劑混合。成型時，陶瓷粉體及溶融的塑性高分子混合物注入冷卻模具內，得到所要的坯體。坯體內的有機物質可在坯體的燒成過程中燒除。製造過程中剩餘的高分子塑料或碎片可以再加熱回收。

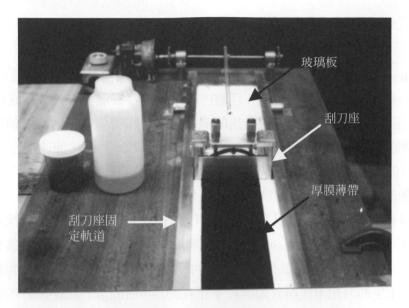

圖 12-12 玻璃板薄帶鑄造法

圖 12-13 擠出成型法製造陶瓷薄片

◯12.4.3　燒結

　　燒結(sintering)為固態多孔質物體的熱處理過程，經由燒結過程後生坯內的粒子緊密結合在一起，坯體變成一堅固的固體。坯體內粒子的相互接觸與成長，乃成為坯體燒結時所產生的最明顯現象。燒結現象開始產生的溫度大約為物質熔化絕對溫度值的一半。將冰塊置於一冷凍庫內，經過數天後即可發現冰塊連結在一起，乃因冷凍庫溫度比冰熔點之絕對溫度的一半仍高出許多，因此冰塊在冷凍庫內產生燒結的作用。一般陶瓷體亦須經由高溫熱處理而變成日常生活所使用的陶瓷器具。

　　陶瓷材料在燒結過程中可視其內部液相量出現的多寡而分為固相燒結(solid state sintering)、液相燒結(liquid phase sintering)、及玻璃化(vitrification)三種。在玻化的過程中，坯體產生約 40 vol%的液相以填充於坯體內的孔隙。為使燒結後的坯體能達到緻密的效果，坯體內所產生的液相須能與其固態粒子相互潤濕(wetting)，且液體量亦須足以填充坯體內的孔隙。在液相燒結的過程中，所產生的液相量如小於 40 vol%，並不足以填充坯體內的孔隙，為達到坯體緻密化的效果，坯體內粒子的形狀在燒結過程中需加以改變。固相燒結時，坯體內並無液相產生，燒結的緻密化過程係以粒子形狀改變而達成。

　　在固態燒結過程的起始階段，粒子接觸面積快速增加，而使原有之粒子表面積大幅降低，如圖 12-14(b)所示。當坯體內的孔隙變成圓化及粒子接觸面積增多後，即開始進行如圖 12-14(c)所示之燒結的中間階段。在燒結中間階段，坯體內的圓形的孔隙仍藉由粒子間的間隙相互連接且直通表面，孔隙內的氣體即由此管道而排出坯體外。在此階段坯體內物質經由擴散作用進行晶粒間的物質傳輸，將物質傳遞至坯體內的孔洞，造成晶粒的重新排列、變形、與成長的效應。坯體緻密化的效應在燒結中間階段最為明顯，其密度可達理論密度的 90~95%，此過程亦可造成晶粒表面能的降低。當坯體內孔隙收縮成獨立孔隙而不與表面相通後，坯體即進入如圖 12-14(d)所示之後段燒結作用。

　　液相燒結則藉由坯體在熱處理的過程中所產生的液相而使坯體內的粒子重新排列及液相再析出而達到緻密化的效果。當液相產生且粒子重新排列之作用開始，即液相燒結的起始階段。液相開始再析出之作用則為液相燒結的中間階段，若液相經由再析出作用而轉化成固相則代表燒結過程已進入最後階段。液相燒結時之坯體緻密化的程度則受液相與固相間溶解度的影響。當液相對固相具有高溶解度但固相對液相之溶解度低時，則最高密度的液相燒結體即可製得。

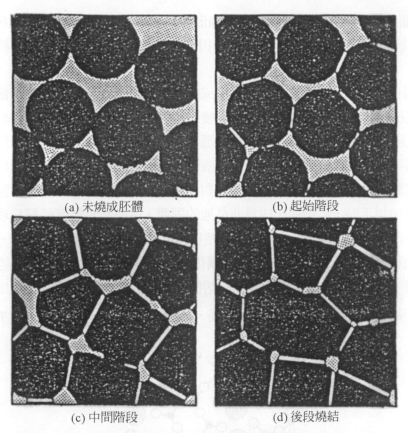

(a) 未燒成胚體　　　　　　　(b) 起始階段

(c) 中間階段　　　　　　　(d) 後段燒結

圖 12-14　固態燒結中，晶粒及孔隙在各燒結階段的變化情形

▶12.5　玻璃(glass)及其形成條件

　　熔融陶瓷材料經由快速冷卻過程，熔體內的陶瓷分子無法在短時間內形成結晶體，而使熔體固化後的結構成為一非晶體(non-crystalline)狀態。美國國家研究委員會(The U.S. National Research Council)對玻璃廣泛的定義為：玻璃是一種在 X 光鑑定下呈現非晶質(amorphous)相的固體。相較於晶體材料，玻璃不具有長序化(long range order)的結構，但可能具有短距離的短程規律(short range order)。最常見的玻璃為矽酸鹽玻璃(silicate glass)，玻璃內以 SiO_4^{4-} 正四面體為結構單元而行隨機無方向性的分佈，各個 SiO_4^{4-} 正四面體以共角方式相連接，鹼金屬與鹼土金屬離子分佈於結構中使得 SiO_4^{4-} 正四面體產生連續隨機分佈網狀結構，如圖 12-15 所示。利用 X 光繞射分析可鑑別物質為晶體或非晶狀態，圖 12-16 顯示 Li-Al-Si-O(LAS)玻璃及其熱處理後形成β-鋰霞石(β-eucryptite)的 X 光繞射圖譜。當 LAS 維持在非晶質狀態時，其 X 光繞射圖譜於繞射角 20~30°間呈現一寬廣的繞射峰。於非晶質結構中，原子或分子沒有規則排列的特性，無特定距離的晶面存在，因此於

其 X 光繞射圖譜中無明顯尖銳的繞射特徵峰形成。當 LAS 玻璃經由熱處理後，β-鋰霞石晶相於 LAS 玻璃基材中生成，其繞射圖譜中即有尖銳的繞射峰生成於特定繞射角的位置上。

　　熔體在固化過程中，可能產生結晶行為或維持其非晶狀態而形成玻璃。當熔體固化產生晶體，其體積在固化溫度時產生不連續的變化，熔體的體積在此溫度因為晶體的生成而急速減小，此結晶固化溫度亦為晶體的熔化溫度，如圖 12-17 中的 T_m。當熔體冷卻的速率過快，熔體內不產生結晶行為，而形成過冷液體。隨著溫度的繼續降低，過冷液體的黏度增加，致使熔體內之原子的擴散移動變得相對困難，阻礙熔體產生結晶化。當溫度下降至某一臨界溫度值以下時，熔體固化成為非晶態的固體。這個臨界溫度值稱為玻璃轉化溫度 (T_g)，經由玻璃轉化溫度所形成的玻璃其體積與溫度間的變化率與晶體相同。熔體固化形成玻璃的現象稱為玻璃化(vitrification)，玻璃化之難易程度與其在 T_g 溫度附近的黏度值有關。一般而言，在 T_g 溫度附近黏度愈高的熔體玻璃化愈容易。玻璃轉化溫度與熔體的冷卻速率有關，冷卻速率愈快者其 T_g 溫度愈高，T_g 溫度的範圍一般約在 $\frac{1}{2} \sim \frac{2}{3} T_m$。

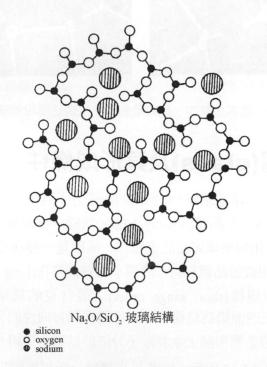

Na₂O/SiO₂ 玻璃結構

- ● silicon
- ○ oxygen
- ⊕ sodium

圖 12-15　鈉金屬離子分佈於 SiO_4^{4-} 網狀結構所產生的非晶質構造

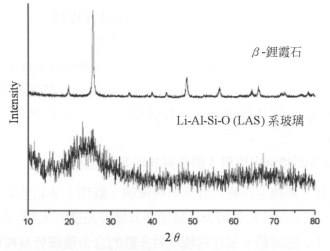

圖 12-16　Li-Al-Si-O(LAS)系玻璃及熱處理後形成β-鋰霞石的 X 光繞射圖譜

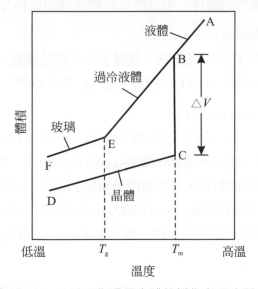

圖 12-17　熔體固化過程中體積變化與溫度關係

　　玻璃與晶體之主要差異在於晶體結構具有規則性及長程有序化；而玻璃結構則缺乏長距離之規則性。玻璃之內能較晶體者為高。若玻璃和晶體的內能差愈小，則愈容易形成玻璃。由於玻璃比同組成之晶體具有較高之能量，故有轉變成晶體以降低能量之趨勢。若結晶機構受動力學的限制而無法達成，則玻璃可以長時間保持穩定。形成玻璃的情況為：

1.　在熔點時有足夠大的黏度。

2.　低於熔點後，其黏度隨溫度之降低而急速增大至 10^{12} 泊(poise，P)以上，使材料內部的離子不易重新排列，而維持散亂的形態，即成玻璃。對氧化物而言，若要形成玻璃，則需要符合 Zachariasen 所提出的玻璃形成四條件：

(1) 一個氧離子不能與多於二個陽離子(M)相連結。

(2) 包圍陽離子(M)的氧離子數目必須愈少愈好，通常為 3 或 4。

(3) 以陽離子(M)為中心的氧多面體(oxygen polyhedra)，僅能以共角(corners)，而不能共邊(edges)或共面(faces)，方式構成三次元的網狀組織(3-dimensional network)。

(4) 每一個氧多面體至少須用 3 個角與其他多面體連結。

3. 具有玻璃轉化點。無機非晶態可分為無機玻璃、凝膠、非晶態半導體、無定型碳及合金玻璃等。上述非晶態物質可分為玻璃與其他非晶態二大類。所謂玻璃即具有『玻璃轉化點』的非晶態固體。氧化物玻璃與多數的合金玻璃皆具玻璃轉化點。

依據 Zachariasen 所提出的條件，可以將氧化物玻璃的原料分為下列三類：

1. 玻璃形成物(glass former)

滿足 Zachariasen 四條件的氧化物，其離子小、配位數較少、鍵結強度高、具有形成玻璃的能力，如 SiO_2、GeO_2、P_2O_5、As_2Se_3 及 B_2O_3 等。

2. 網狀修飾物(network modifier)

在成份之中添加一些鹼金族氧化物(如：Na_2O、K_2O、Li_2O 等)，可以使玻璃的網狀結構遭受局部破壞，產生不連續的斷橋(nonbridge)現象。添加網狀修飾物可降低玻璃黏度，有助於玻璃的熔鑄，但卻會降低玻璃的化學抗蝕性，並使軟化溫度及使用溫度下降。例如：在研究 Na_2O-CaO-SiO_2-P_2O_5 系列時，Na_2O 的添加是為了降低整體的黏度，增加熔融玻璃的流動性。其它如 K_2O、Li_2O 等亦皆有此功能。

3. 中間物(intermediates)

本身難以形成玻璃，主要作用是取代玻璃結構中的玻璃形成物成為玻璃網絡中的一部分。由玻璃形成的觀點而言，中間劑在玻璃結構中的作用功能介於玻璃形成物與修飾物之間。一般而言，中間物與其取代的形成物有類似的離子電荷及配位數，另一方面，中間物亦可強化玻璃結構之連結。常見的中間物有：Al_2O_3、TiO_2、ZrO_2、PbO_2 等。

玻璃實際應用的項目繁多，從簡單的容器玻璃至光學或電子用玻璃，表 12-6 所列者為一些不同成份的玻璃及其功能與用途。

表 12-6　不同成份的玻璃及其功能與用途

項目	玻璃成分	用途
構造玻璃	SiO_2	石英玻璃、光纖玻璃
	SiO_2-Na_2O-CaO	平板玻璃、容器玻璃
	SiO_2-Al_2O_3	水銀燈玻璃、燃燒管
	SiO_2-Na_2O-B_2O_3	Pyrex®耐熱玻璃 多孔石英玻璃及 Vycor®耐熱玻璃
	K_2O-CaO-SiO_2，K_2O-PbO-SiO_2	水晶玻璃
	SiO_2-Na_2O-ZrO_2-Al_2O_3	水泥強化用玻璃纖維
光學玻璃	SiO_2+SiO_2-B_2O_3，SiO_2-GeO_2	光通訊纖維玻璃
	SiO_2-Na_2O-Al_2O_3-B_2O_3+鹵化銀晶體	眼鏡用變色鏡片
	Al_2O_3-B_2O_3- SiO_2	LCD 顯示器彩色濾光片
	Al_2O_3-B_2O_3-Yb_2O_3-P_2O_5	雷射玻璃
電子玻璃	B_2O_3-SiO_2-PbO	厚膜混成電路用玻璃
	SiO_2-BaO-PbO	CRT 映像管
	AgI-Ag_2O-P_2O_5	導電玻璃
高強度玻璃	SiO_2-MgO-Al_2O_3	絕緣體、IC 基板
低熱膨脹玻璃	SiO_2-Li_2O-Al_2O_3，SiO_2-TiO_2	電暖氣、反射鏡

▶12.6　玻璃陶瓷

　　玻璃陶瓷(glass-ceramics)為含有玻璃相的多晶固體材料,其製造由玻璃熔解開始,經由玻璃熔鑄成型,再施予控制結晶(controlled crystallization)熱處理,使其結晶化而成為多晶固體材料。其既具有玻璃成型法製程的彈性,又具有陶瓷較佳性質的優點。優良之玻璃陶瓷材料必須能控制結晶,使玻璃內部形成多量且均勻分佈的結晶核,並於其後進行晶體成長,形成粒度均一、微細、均勻,且無孔隙之陶瓷。如同其名稱所代表的意義,玻璃陶瓷可被歸類為介於陶瓷與玻璃間的材料,坯體內可以是高度結晶化的結構或具有殘留玻璃相的結構。玻璃陶瓷在結晶化時,其晶體是在玻璃基地中形成,且改變殘留玻璃相的組成。玻璃陶瓷材料可經由化學組成與結晶熱處理的調整,以控制結晶相的種類及其顯微結構,並配製出性質寬廣且優異的材料,例如超低或特定的熱膨脹性、易加工性,以及特殊的光電特性等。

　　若將玻璃置於合適的溫度下加熱,則玻璃會產生結晶或失透(devitrified)。圖 12-18 為玻璃成核與成長速率與熱處理溫度之關係的示意圖。當玻璃熱處理溫度逐漸增加時,在玻璃內的成核速率隨著熱處理溫度的增加而增加,直到某一溫度時達到結晶速率的極大值,若熱處理溫度繼續增加,其結晶成核及成長速率將隨著溫度的增加而下降,如圖 12-18 中曲線 a 所示。結晶成長溫度高於結晶生成溫度,其成長速率亦隨著熱處理溫度增加而逐漸增加,直到其到達一極大成長速率,持續增加熱處理溫度將使結晶成長速率下降,當熱處理溫度達到玻璃的介穩定溫度區時,結晶的成長速率趨近於零,如圖 12-18 中曲線 b 所示。

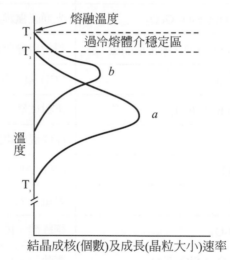

圖 12-18　玻璃之 a 成核與 b 晶體成長速率與熱處理溫度關係的示意圖

　　玻璃以往都被認為是均質的材料,不過由於電子顯微鏡及 X 光繞射技術的發展,已確定玻璃實際上均具有某種程度的相分離現象(glass-in-glass phase separation),亦即分成兩種成份不同且不互溶(immiscibility)的玻璃相區。此種相分離或不互溶的現象隨玻璃系統之不同而異。在高溫熔融時,玻璃產生不互溶的液相分離,形成兩個液相,稱為穩定性相分離。若在高溫熔融時為一均勻的熔體(液體),但在冷卻過程中,或在形成玻璃後於再加熱至某一溫度範圍,才逐漸產生相分離的現象,則稱為介穩性相分離。玻璃陶瓷系統中所遭遇者一般均為後者,此種介穩性液相分離只產生於一特定之溫度及成分區域內,稱為不互溶區。在此區域內之成份及溫度下,玻璃產生不互溶之相分離。開始時,玻璃內相鄰部分產生些微的成份差異，繼而此成份差異逐漸增大，直至成為兩個不同固定成份之液相。相分離後，玻璃乃成為兩種不同成份的非晶相，但此結果對後續熱處理之結晶過程造成巨大的影響。分相玻璃在局部區域先行凝聚而為成份固定，且大小都超過臨界尺寸的粒子，即為成核。未達此臨界尺寸之粒子可能再變小甚至不見，而僅有達到此臨界尺寸之粒子才能持續變大，即為成長。

　　當第二相在玻璃基地中形成時，即所謂相分離，繼而凝聚成核，最後的晶體則在核上生長。若成核作用是在純物質中發生，則稱之為同質成核(homogeneous nucleation)，反之若核之形成是由於雜質或構造缺陷等因素而導致，則稱之為異質成核(heterogeneous nucleation)。玻璃陶瓷的製作過程中，先將玻璃原料熔融並急速冷卻成為固態玻璃，再經熱處理形成穩定晶核的成核階段與晶體在晶核上成長的兩階段，如圖 12-19 所示。選擇成核速率最快的溫度為成核溫度，並於該溫度持溫一段時間。成核完成後，將熱處理溫度升高至最快結晶成長溫度進行結晶化的處理。藉由成核與成長條件之設定即可控制玻璃陶瓷的顯微結構，進而控制玻璃陶瓷的性能。

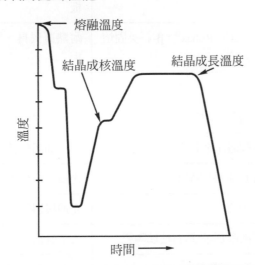

圖 12-19　玻璃陶瓷製程中，玻璃之熔融及熱處理兩階段溫度與時間關係圖

　　玻璃陶瓷可具有低熱膨脹係數、可加工性、顯微結構可控制性、電氣絕緣等特性而可有不同的用途。表 12-7 列出商用玻璃陶瓷的特性、組成及其應用項目。

表 12-7　商用玻璃陶瓷的特性、組成及其應用項目

項目	商品及組成	用途
結構功能	康寧 9606 董青石玻璃陶瓷	飛機或飛彈雷達鼻罩
	Fotoform® 玻璃及 Fotoceram®($Li_2Si_2O_5$)玻璃陶瓷	微機電元件、噴墨印表機噴頭、磁紀錄頭墊片、微光學與積體光學系統、壓力感測器及耳機用基板材料
	MACOR® 可 加 工 性 玻 璃 陶 瓷 ，($KMg_{2.5}Si_4O_{10}F_2$)	太空梭門窗用墊圈及鉸鏈、眞空儀器、焊接設備、生醫儀器等
	康寧 spinel-enstatite 玻璃陶瓷	磁記錄片基板
	Neoceram N-0，SiO_2-Al_2O_3-Li_2O 玻璃陶瓷	液晶顯示器彩色濾光片
消耗性	康寧鍋 9608、Neoceram N-11，β-鋰輝石玻璃陶瓷	耐熱震餐具、微波爐內襯、電磁爐耐熱板
	Vision®、Keraglas®、Robax®，β-石英固熔體相透明玻璃陶瓷	耐熱震餐具、微波爐內襯、電磁爐耐熱板
光學功能	Zerodur® 玻璃陶瓷	望遠鏡鏡片
	富鋁紅柱石(Cr 添加)玻璃陶瓷	太陽能聚光板
	透明 LaF_3 玻璃陶瓷(稀土元素添加)	無線通訊信號放大
	SiO_2-Al_2O_3-Li_2O 系玻璃陶瓷	光纖布拉格光柵
	β-鋰輝石玻璃陶瓷	光連接器箍
生醫功能	CERABONE® 磷酸鈣-矽輝石玻璃陶瓷	人工骨骼
	DICOR® 雲母質玻璃陶瓷	人工牙齒
電氣功能	SiO_2-Al_2O_3-PbO 系玻璃陶瓷	絕緣電子陶瓷
	董青石、B_2O_3-CaO-SiO_2 系玻璃陶瓷	微電子構裝及高頻通訊陶瓷基板
建築功能	Cryston® 矽輝石玻璃陶瓷	建築用內牆及外牆外裝

習 題　EXERCISE

1. 解釋下列名詞：(1)陶瓷，(2)傳統陶瓷，(3)精密陶瓷，(4)生坯，(5)溶膠，(6)凝膠，(7)燒結，(8)玻璃，(9)玻化，(10)玻璃陶瓷。

2. 傳統三軸陶瓷內的主要三種組成及其功能為何？

3. 傳統陶瓷與精密陶瓷在其成分、功能、及應用上有何不同？

4. 試証明配位數為 6 時，陽離子和陰離子最小半徑比為 0.414。

5. 試証明配位數為 8 時，陽離子和陰離子最小半徑比為 0.732。

6. 計算氯化銫(CsCl)晶體結構的原子堆積係數。

7. FeO 具有岩鹽的晶體結構且其密度為 5.70 g/cm^3，試計算其晶格常數。

8. 在 BCC 結構中，八面體與四面體孔隙的尺寸為何？何者較大？

9. 玻璃與陶瓷材料的區別為何？

10. 玻璃轉換溫度與玻璃熔點有何差別？

11. 試解釋玻璃陶瓷在製造過程中產生不透明的原因為何？

13

陶瓷材料之特性

▶13.1 陶瓷之機械性能

◐ 13.1.1 陶瓷之強度

陶瓷材料係由離子鍵與共價鍵所構成,鍵結具有明顯的方向,而其晶體結構亦較金屬材料複雜且具有較低的表面能。因此,陶瓷材料的強度、硬度、耐磨性及耐熱性皆優於金屬材料,但塑性、韌性、加工性及抗熱震性等則較金屬材料為差。

在室溫下,陶瓷材料因滑移或差排移動的困難,難以產生塑性變形,而呈現脆性破斷。破斷可能發生於陶瓷製造或加工過程時坯體內所形成的孔洞、裂縫、雜相(或二次相)位置,這些缺陷的尺寸大小不一,造成陶瓷體的機械強度分佈寬廣,破斷時從二平面所構成的裂縫尖端開始而向內延伸。於室溫下陶瓷材料在斷裂前幾乎沒有經過塑性變形,陶瓷材料在達到其破斷強度σ_f時即產生斷裂,其應力－應變曲線如圖 13-1 中曲線 1 所示。在金屬材料的應力-應變曲線中則有降伏強度與最高強度的呈現,如圖 13-1 中曲線 2 及 3。由此可知,陶瓷材料的室溫強度為其彈性變形抵抗的極限,當變形量達其極限時即發生斷裂。

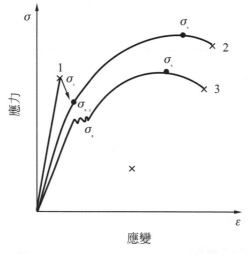

圖 13-1　陶瓷材料(曲線 1)與金屬材料(曲線 2 及 3)之應力-應變關係曲線比較

◐ 13.1.2 陶瓷之脆性

英國物理學家 A. A. Griffith 發現陶瓷等脆性材料在斷裂時,其斷裂強度遠低於其理論強度。Griffith 認為脆性材料的斷裂,實際上並非由原子鍵破斷斷裂所造成,而是由材料內既存小裂縫的擴張連接所造成。脆性材料受力時,材料內部微小裂縫的存在使得應力在裂縫的尖端放大或集中,這種放大的效應受到裂縫方向及幾何形狀影響。在裂縫擴張的過程中，材料內部所儲存的彈性應變能釋放，提供裂縫新的表面產生所需的表面能。微裂縫持續的擴張為脆性材料破斷造成的原因。若裂縫為橢圓形狀，且其擴張方向與應力垂直，則其斷裂應力為

$$\sigma_c = \left(\frac{2E\gamma_s}{\pi c}\right)^{\frac{1}{2}} \tag{7.4}$$

其中，E 為材料的彈性模數，γ_s 為比表面能，c 為裂縫長度的一半。

造成材料產生脆性破斷的內部微裂縫為因製造過程或表面修整時所產生的孔洞(pore)、裂痕(crack)或夾雜物(inclusion)，而不是於第三章所討論的缺陷。陶瓷材料抵抗裂縫擴張的能力不足，材料在強度測試時呈現脆性破斷。脆性材料內部的微裂縫尺寸大小不一，造成其強度呈現發散分佈方式。

實際上，材料微裂縫可能非常微小，為肉眼所無法觀察到，且在裂縫的二端為微尖銳的頂端，為應力集中所在。應用線性彈性破斷力學(linear-elastic fracture mechanics，LEFM)原理可知材料於破斷時可能有如圖 7.9 所示之三種模式。第 I 型與脆性材料破斷時的現象最為接近，亦最常使用於陶瓷脆性材料強度的分析。

當陶瓷材料以圖 13-2 所示之第 I 型的方式受力，在裂縫的頂端前所得到的應力為 $\sigma_x + \sigma_y$，應力作用方向平行 xy 平面。在裂縫前端之應力分佈狀況為

$$\sigma_x = \frac{K_I}{\sqrt{2\pi r}} \cos\frac{\theta}{2}\left(1 - \sin\frac{\theta}{2}\sin\frac{3\theta}{2}\right) \tag{13.1}$$

$$\sigma_y = \frac{K_I}{\sqrt{2\pi r}} \cos\frac{\theta}{2}\left(1 + \sin\frac{\theta}{2}\sin\frac{3\theta}{2}\right) \tag{13.2}$$

$$\tau_{xy} = \frac{K_I}{\sqrt{2\pi r}} \sin\frac{\theta}{2}\cos\frac{\theta}{2}\cos\frac{3\theta}{2} \tag{13.3}$$

在試片表面處，$\sigma_z = 0$，在厚度夠厚的試片中，$\sigma_z = v(\sigma_x + \sigma_y)$。在上述公式中 K_I 為應力強度因子(stress intensity factor)，此因子受施力大小、裂縫尺寸大小，及測試樣品的形狀所影響，其大小可由式 7.6 表之。

$$K_I = \alpha\sigma\sqrt{\pi c} \tag{7.6}$$

　　試片寬度對於所測得的應力強度因子值有一定影響，當寬度超過某一值後，應力強度因子即不隨著厚度而變化，達到一穩定值。當裂縫尖端應力強度因子因試片厚度增加達到某一臨界值時，試片因裂縫擴張而斷裂，此時的臨界應力強度因子稱為破斷韌性(fracture toughness)，K_{IC}，其大小可由式 7.10 表之

$$K_{IC} = \sigma\sqrt{\pi a} \quad \sigma：施加應力大小，a：表面裂縫長度一半 \tag{7.10}$$

表 13-1 所列者為常見之一些陶瓷材料的破斷韌性值。

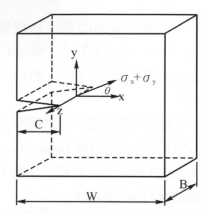

圖 13-2　陶瓷材料以第 I 型方式受力時，裂縫的頂端前的應力分佈狀況

表 13-1　常見陶瓷材料之破斷韌性值

材料種類	$K_{IC}\left(\text{MPa}\cdot\sqrt{\text{m}}\right)$
混凝土	0.25~1.57
Al_2O_3	4~4.5
$Al_2O_3\text{-}ZrO_2$	4~4.5
$ZrO_2\text{-}Y_2O_3$	6~15
$ZrO_2\text{-}CaO$	8~10
$ZrO_2\text{-}MgO$	5~6
Si_3N_4	5~6
SiC	3.5~6
WC-3%Co	11.6

13.1.3 陶瓷韌化

脆性為陶瓷在機械應用的致命弱點，以致大幅限制陶瓷的實際應用，如何增加陶瓷材料的韌化特性逐為其在機械應用應用時首須考慮者。在目前以陶瓷相增加陶瓷體的韌化機構主要有：(1)相變韌化，(2)微裂縫韌化二種。

相變韌化是利用氧化鋯(ZrO_2)從正方晶系(t-ZrO_2)至單斜晶系(m-ZrO_2)的相變化過程所產生的體積膨脹以吸收能量，且對裂縫產生壓應力作用，阻礙裂縫的擴張，降低裂縫尖端的應力強度因子，亦即相對提高了材料的破斷韌性。相變韌化作用使得陶瓷體內的裂縫停止擴張，欲使裂縫再繼續擴張則須增加應力。隨著應力的增加，裂縫尖端 $t{\rightarrow}m$ ZrO_2 相變化隨著裂縫的擴張不斷發生，圖 13-3 顯示轉變區之裂縫尖端擴張的示意圖。

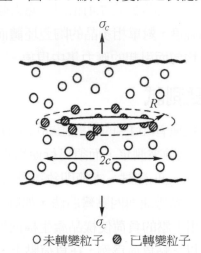

○ 未轉變粒子　◍ 已轉變粒子

圖 13-3　裂縫尖端 $t{\rightarrow}m$ ZrO_2 相變化示意圖

在 ZrO_2 陶瓷體在燒結後的冷卻過程中，$t{\rightarrow}m$ ZrO_2 相變發生使得坯體內形成微小裂縫，這些微裂縫在行進擴張過程中產生裂縫鈍化的現象，吸收裂縫的前進能量，使得裂縫擴張的阻力增大，因而提高陶瓷體的破斷韌性，此現象即為微裂縫韌化機構(microcrack toughening)。在微裂縫不相連接的條件下，微裂縫吸收的能量，隨著微裂縫密度的增加而升高。若在陶瓷坯體內所形成的微裂縫相互連接，則將導致坯體的斷裂韌性下降。

陶瓷材料的強度除受成份的影響外，內部的顯微結構對其機械強度也有顯著的影響，其中以孔隙率與晶粒尺寸的影響最大。孔隙為陶瓷材料在製造過程中所形成的主要結構缺陷之一，孔隙除降低陶瓷的荷重截面積外，亦引起應力集中。由 Ryskewitsch 所提出之式(13.4)顯示，當陶瓷材料內之孔隙率約為 10%時，其強度為完全緻密坯體的一半

$$\sigma = \sigma_0 \exp(-aP) \tag{13.4}$$

其中，P 為孔隙率，σ_0 為完全緻密坯體($P = 0$)的強度，a 為常數，其值介於 4~7 之間。由此可知，位了獲得高強度的陶瓷坯體，應製造完全緻密無孔隙的坯體。

陶瓷材料的強度隨著晶粒尺寸的減小而增加，此結果與金屬材料有相似的規律，即符合 Hall-Peitch 的關係式

$$\sigma_f = \sigma_0 + kd^{-\frac{1}{2}} \tag{3.21}$$

此式與 Griffith 斷破應力計算公式(公式 7.4)相似，應力強度與 $c^{-\frac{1}{2}}$ 成比率。陶瓷坯體內之晶粒形狀亦可影響坯體的強度，對單相多晶的陶瓷坯體而言，晶粒形狀最好為均勻的等軸狀，以防止因晶粒變形不均勻而引起的應力集中現象。

◎ 13.1.4 陶瓷之強度測試

陶瓷材料屬脆性材料，即使僅有 0.1%的應變值亦可能使其產生破斷。因此，陶瓷材料的應力-應變行為不易由拉伸試驗來測定，而須另行使用它法。最常使用之陶瓷強度的測試方法為彎曲強度(bending strength)測試。本節即敘述彎曲強度的測試方法及其行為。

彎曲測試所使用的方法有三點彎曲與四點彎曲法，如圖 13-4 所示。測試時，將試棒置於距離為 L 的支撐點上，利用下壓的負荷使樣品產生橫向彎曲應變而破斷，所使用的試棒截面形狀可為圓形或矩形。以三點負荷為例，在負荷點上，樣品的上面受到壓縮應力之作用，而樣品的底部則承受張應力。應力在測試樣品內的分佈與樣品厚度、彎曲力矩、截面慣性力矩有關，最大的拉伸應力發生在荷重點的樣品底面，此位置即為樣品在彎曲測試時產生破斷的位置。由於陶瓷的拉伸強度約為壓縮強度的十分之一，因此，彎曲測試可作為陶瓷材料拉伸強度的參考。

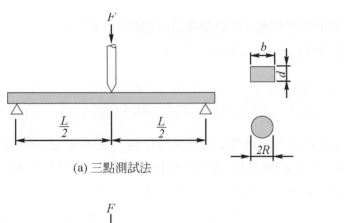

(a) 三點測試法

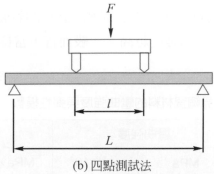

(b) 四點測試法

圖 13-4　三點彎曲與四點彎曲測試法示意圖

　　彎曲測試所得的應力值稱為撓曲強度(flexural strength)、斷裂模數(modulus of rupture)、破斷強度(fracture strength)、或彎曲強度，為陶瓷材料的重要機械性質參數。對於矩形截面樣品，三點測試法所得彎曲強度σ_f 等於

$$\sigma_f = \frac{3F_f L}{2bd^2} \tag{13.5}$$

其中，F_f為樣品破斷時的負荷，L 為支點間的距離，b、d 分別為樣品的寬度與厚度。當使用四點彎曲法測試時

$$\sigma_f = \frac{3F_f(L-l)}{2bd^2} \tag{13.6}$$

l 為上支撐點的距離。

若以三點彎曲法測試截面為圓形的樣品時，其彎曲強度為

$$\sigma_f = \frac{F_f L}{\pi R^3} \tag{13.7}$$

其中 R 爲樣品截面的半徑值。在彎曲測試的過程中，於彈性模數區域內所產生的變形量稱爲材料的撓曲模數(flexural modulus，E_{bend})

$$E_{bend} = \frac{L^3 F}{4bd^3\delta}$$ (13.8)

其中，F 爲施加的負荷，δ 爲樣品於測試時在施力點所產生的折曲(deflection)。

表 13-2 所列者爲數種常見之陶瓷材料的彎曲強度與彈性模數。因試樣於彎曲測試時受到壓縮和拉伸二種應力之作用，故其彎曲強度大於拉伸破斷強度。而在體積較大的試樣中因含有的裂痕較多，將會降低樣品彎曲強度的測試值。試樣的表面粗糙度亦將影響強度的測試值，表面越光滑之樣品所測得的強度越高。一般而言，當樣品的表面粗糙度低於 0.8μm 即可達到最高的彎曲強度值。

表 13-2　常見陶瓷材料的彎曲強度與彈性模數

材料	彎曲強度		彈性模數	
	MPa	psi×10³	MPa×10⁴	psi×10⁶
碳化鈦(TiC)	1100	160	31	45
氧化鋁(Al₂O₃)	200～345	30～50	37	53
氧化鈹(BeO)	140～275	20～40	31	45
碳化矽(SiC)	170	25	47	68
氧化鎂(MgO)	105	15	21	30
尖晶石(spinel，MgAl₂O₄)	90	13	24	35
熔融石英	110	16	7.5	11
玻璃	70	10	7	10

▶13.2 介電性質

● 13.2.1 極化量與介電位移

將具高電阻值的絕緣陶瓷材料置於電場中，陶瓷分子將產生不同程度的極化(polarized)現象，而極化的作用使得陶瓷材料內部產生電偶極(electrical dipole)效應，此現象稱爲介電

(dielectric)效應。材料內部產生電偶極數量的大小可以介電常數爲其指標，具高介電常數的材料即具有高電偶極密度。由於介電材料具有電偶極，將介電材料加入電容器平行金屬板內可增加電容器的電容值。電容器的基本結構由二片平行的導電電極板所構成，對兩電極板施加電位差，使得電荷儲存於電極板上，電容器即以儲存電荷的方式儲存能量。當電容器平行電極間無任何物質，且放置於一眞空系統中時，其電容值(C_0)爲

$$C_0 = \varepsilon_0 \frac{A}{t} \tag{13.9}$$

其中，ε_0 爲眞空狀態下的電滲透率，其值爲 $8.85 \times 10^{-12}\,C^2/(\text{J-m})$，$A$ 爲電極板面積，t 爲電極板間的距離。

當介電材料置入電極板間的間隙時，介電材料內的電偶極吸引較多的電子儲存於電容器中，以增加電容器內的電荷儲存量，而達到提升電容器之電容值的作用。此時在電容器內有二種不同型態的電荷，一爲可自由移動的自由電荷，另一則爲受電偶極吸引且固定的束縛(bounded)電荷，如圖 13-5 所示。

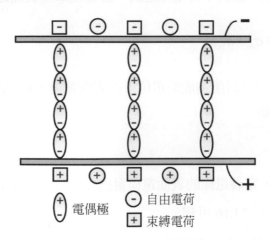

圖 13-5　電容器內自由電荷與束縛電荷作用之分佈示意圖

束縛電荷的量與陶瓷體內電偶極的密度成正比，與電容器的電容值亦呈現正比關係。將介電材料置於電容器的平行電極之間，其電容值(C)可表爲

$$C = \varepsilon \frac{A}{t} \tag{13.10}$$

材料與眞空狀態下的電滲透率比值爲材料的相對介電常數(relative dielectric constant)，可表示如下

$$k' = \frac{\varepsilon}{\varepsilon_0} \tag{13.11}$$

結合式 13.10 與式 13.11 可得下列關係

$$C = k'\varepsilon_0 \frac{A}{t} = k'C_0 \tag{13.12}$$

電容器內所儲存的電荷量為

$$Q = CV \tag{13.13}$$

將式 13.12 與式 13.13 結合，於真空狀態時，在施加電場下，電極單位表面之電荷量為

$$\sigma_0 = \left[\frac{Q}{A}\right]_0 = \frac{\varepsilon_0 V}{d} = \varepsilon_0 E \tag{13.14}$$

而將介電陶瓷加入電容器的平行電極之間，其電極單位表面之電荷量為

$$\left[\frac{Q}{A}\right] = \frac{\varepsilon_0 K'V}{t} = \sigma_0 + \sigma_{pol} \tag{13.15}$$

其中，σ_{pol} 為介電陶瓷材料所造成的單位束縛表面電荷，σ_{pol} 亦等於介電陶瓷材料的電極化量(polarization)P，即

$$P = \sigma_{pol} \tag{13.16}$$

在電磁學的原理中，定義電極的表面電荷量為介電位移(dielectric displacement)D，即 $D = [\frac{Q}{A}]$。從式 13.15 與式 13.16 可知

$$D = \varepsilon_0 + P \tag{13.17}$$

且

$$P = (k'-1)\varepsilon_0 E = \chi\varepsilon_0 E \tag{13.18}$$

其中

$$\chi = \frac{\sigma_{pol}}{\sigma_0} \tag{13.19}$$

χ爲介電材料的敏感度(suscepitibility)。

13.2.2 極化機構

　　介電材料的極化機構可分爲四種類型，分別爲電子極化、離子極化、方向性極化、及空間電荷極化，其示意圖如圖 13-6 所示。電子極化爲原子在電場的作用下，使得原子內的正、負電荷中心改變位置，即原子核周圍的電子雲發生變形導致電荷中心偏離，形成電偶極。離子極化爲陶瓷坯體內正、負離子受到電場的作用而沿著電場的方向形成電偶極。方向性極化爲非對稱偶極於電場作用下沿著外加電場趨向一致的方向而產生的極化現象。空間電荷極化則是多晶陶瓷體在電場中，空間電荷在晶粒內和電場中移動，聚集於邊界和表面所產生的極化現象。陶瓷材料的極化現象爲上述四種極化現象的加成，而此四種極化現象在發生時都需經過一段時間方能達成，稱爲弛緩現象(relaxation)。

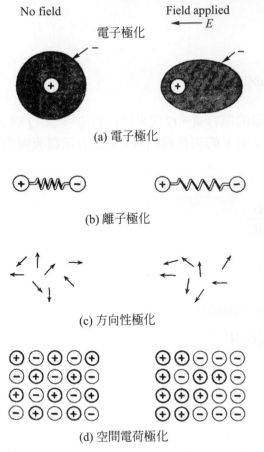

圖 13-6　介電材料的(a)電子極化，(b)離子極化，(c)方向性極化，及(d)空間電荷極化等四種極化機構示意圖

　　由於介電材料的極化需要時間達成，因而造成介電材料內之電位的相位落後施加電場相位差δ，使得通過電容器的總電流不再落後電壓 90°，即存在一定的弛緩時間(relaxation time)。由上述相位差所造成的能量損失稱為介電損失(dielectric loss)。

　　當電容器以頻率為f的交流電壓充電時，其內部的交流電壓為

$$V = V_0 \exp(i\omega t) \tag{13.20}$$

所產生 90°滯後充電電流為

$$I_C = i\omega C V \tag{13.21}$$

損失電流為

$$I_l = GV \tag{13.22}$$

總電流則可表為

$$I = I_C + I_l = (i\omega C + G)V \tag{13.23}$$

　　其中，C代表電容器的電容量，G代表材料的電導率。I與I_C之夾角，δ，即為介電損失角，如圖 13-7 所示。I與 V的夾角為相角ϕ，即表示電流與電壓的夾角。損失角的正切值為

$$\tan\delta = \frac{|I_l|}{|I_C|} = \frac{G}{\omega C} \tag{13.24}$$

則總電流可以表示為

$$\begin{aligned}
I &= \left(i\omega\varepsilon_r' C_0 + \omega\varepsilon_r' C_0 \tan\delta\right)V \\
&= \left(i\omega\varepsilon_r' C_0 + \omega\varepsilon_r'' C_0\right)V
\end{aligned} \tag{13.25}$$

則

$$\tan\delta = \frac{\varepsilon_r''}{\varepsilon_r'} \tag{13.26}$$

損失角的正切值，其中，ε_r'' 表損耗的介電常數。tan δ為介電材料的交流特性參數。品質因素 Q 為損失角正切值的倒數，即 $Q = \dfrac{1}{\tan \delta}$，亦為電容器重要的特性參數之一。品質因素愈大，介電損耗愈小。

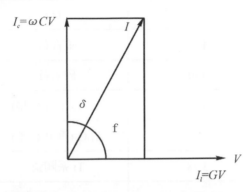

圖 13-7　電容器中 I 與 I_c 之介電損失角 δ

13.2.3 介電常數

電容器中介電材料的介電常數亦受使用頻率的影響，即頻率愈高介電材料的極化機構愈少，因而使得材料的介電常數變小，如圖 13-8 所示。

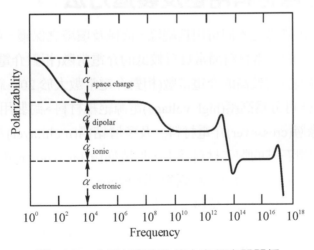

圖 13-8　介電材料極化能力與頻率間關係

介電常數為材料儲存電荷能力的指標，乃絕緣材料所具有的特性之一。電子基板材料的介電常數不可過高，因基板材料若有高的介電常數時，在基板上的電子線路易有寄生電容的效應出現。一般而言，材料的介電常數大於 15 則屬於介電材料，介電常數低於 15 則屬於絕緣材料。表 13-3 列出常見的介電陶瓷及其相對之介電常數值。

表 13-3　常見的介電陶瓷及其相對介電常數值(k')

材料	κ'	材料	κ'
LiF	9.0	雲母	5.4~8.7
MgO	9.65	滑石	5.5~7.5
KBr	4.90	董青石	4.1~5.4
TiO_2(平行 C 軸)	170	矽灰石	6.6
TiO_2(垂直 C 軸)	85.5	Al_2O_3(平行 C 軸)	10.55
BaO	34	Al_2O_3(垂直 C 軸)	8.6
石英玻璃	3.78	Ti 系陶瓷	15~10000
鈉玻璃	6.9	PLZT 系陶瓷	300~7000
高鉛玻璃	19.0	$Pb(Mg_{\frac{1}{3}}Nb_{\frac{2}{3}})O_3$	~15000

▶13.3　介電材料用途及製造方法

　　介電材料依其介電常數之不同可用爲絕緣、機械及環境之保護、可儲存電荷的電容器等用途。作爲絕緣功能的介電材料通常具有較低的介電常數(相對介電常數小於 15)，用爲儲存電荷的電容材料則具有較高的介電常數(相對介電常數大於 20)。絕緣性介電材料以低介電常數的材料爲主，可分爲高壓(high voltage)電源絕緣材料、封裝用玻璃(sealing glasses)介電材料、覆蓋絕緣層(crossover)介電材料、及多層結構(multilayer)介電材料。高壓電源絕緣材料以黏土基與滑石基的陶瓷材料爲主，形成崩潰(breakdown)電壓高於 3 MVm^{-1} 的絕緣材料，可作爲高壓電傳輸使用的陶瓷絕緣礙子(porcelain insulator)。封裝用玻璃絕緣材料用以隔絕元件與外在環境以防止機械、化學、與環境的破斷行爲。覆蓋層介電材料用以隔絕相互疊層的導體材料，以防止電子短路的現象發生。介電層的介電強度及其與導體層的反應或擴散能力爲此材料的指標。作爲多層結構的介電材料，則以基板的低介電常數陶瓷材料爲主，如氧化鋁(Al_2O_3)、氧化鈹(BeO)及氮化鋁(AlN)等。

　　介電材料的另一主要用途爲電容材料使用，其介電常數值可從＞20 的雲母至 10000 的鈣鈦礦(perovskite)相鐵電材料，而電容的外觀結構則可爲混層電路用的單層結構或晶片式元件的多層結構。常用的鈣鈦礦相材料主要有 $BaTiO_3$(BT)及 $PbTiO_3$(PT)，其介電常數可藉由添加劑的不同而改變。鈦酸鋇的鈣鈦礦結構，其 Ba^{2+} 位於立方體的 8 個角落，O^{2-} 位於面心中央，Ti^{4+} 則位於體心中央，如圖 13-9 所示。純鈦酸鋇在 130℃ 以上為立方體(cubic) 結構，0~130℃ 為正方體(tetragonal)結構，−90℃~0℃ 為斜方體(orthorhombic)結構，−90 ℃ 以下為菱方體(rhombohecdral)結構。在正方體結構時，Ti^{4+} 由於受到 O^{2-} 的擠壓，略偏 離中心點，如圖 13-10，產生自發性極化(spontaneous polarization) ，且其極化方向可因外 加電場方向而改變，形成一強介電性質，稱為鐵電性(ferroelectricity)。室溫下鈦酸鋇陶瓷 材料的相對介電常數(ε_r)可達 5000 以上。當鈦酸鋇加熱高於 130℃ 時，晶體結構轉變成立 方體，晶格內各個離子位於晶胞內的對稱位置上，結構自發性極化現象消失，即材料內鐵 電行為消失，此溫度稱為鈦酸鋇相轉換時的居禮溫度(Curie temperature)。

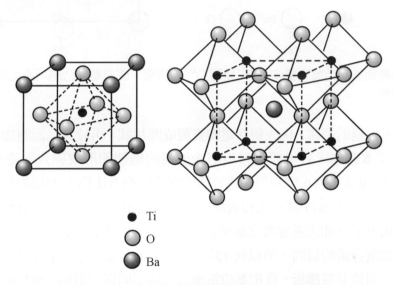

● Ti

◯ O

◯ Ba

圖 13-9　鈦酸鋇的鈣鈦礦(perovskite)結構

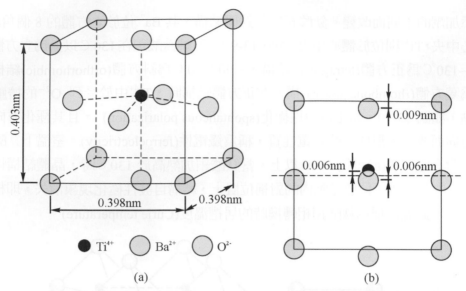

圖 13-10　鈦酸鋇的正方體結構中，Ti^{4+}受到 O^{2-} 的擠壓，略偏離中心點所產生自發性極化效應

　　傳統陶瓷電容器的製法，係先將介電陶瓷製成圓片狀，再於其二面施加導體電極後即形成電容器的基本結構，經導線連接與絕緣塗料的施加即形成碟式陶瓷電容器，如圖13-11(a)所示。依據式 13-10 可知增加電容器的電容值的方法為：(1)增加材料的介電值，(2)增加電容器之面積，及(3)減小電極板間的間距。對由任一介電材料所製成的電容器，其電容值的增加方法為加大電容器之面積與減小電極板的間距。當電容器維持一定的小尺寸時，欲達增加電容值的目的，須以圖 13-11(b)之所示之多層電容結構為之。在多層電容器之介電層的二面皆有電極板，且相鄰的電極層連接不同端的電極，使其結構形成許多並聯的小電容，而其電容值則為並聯小電容之電容值的總和。

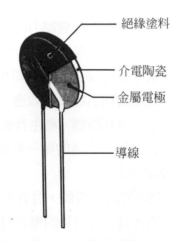

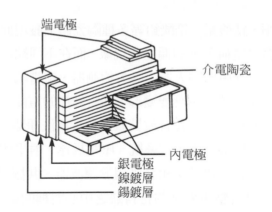

(a) 碟式電容　　　　　　　　　　　　(b) 積層電容

圖 13-11　(a)碟式陶瓷電容器，(b)多層陶瓷電容結構

例題 13-1　有一 PLZT(9/65/35)碟式陶瓷電容器，其電容值(C)為 20,660 *pF*，其陶瓷體的直徑為 20 mm，而厚度為 0.8 mm，(1)試求此 PLZT 陶瓷材料的相對介電常數為何？(2)若以此介電材料製造層數為 50 層的積層電容器，其面積及介電層厚度分別為 1 mm^2 與 25 μm，試問此電容器的電容值為何？

解

(1) 依據公式 13.12，$C = k' \varepsilon_0 \dfrac{A}{t} = k' C_0$，可得

$k' = \dfrac{C \times t}{\varepsilon_0 \times A}$，其中，$A = \pi r^2 = 3.14 \times (0.01 \text{ m})^2 = 3.14 \times 10^{-4}$

因此，$k' = \dfrac{20660 \times 10^{-12} \text{ F} \times 0.8 \times 10^{-3} \text{ m}}{8.854 \times 10^{-12} \text{ F/m} \times 3.14 \times 10^{-4} \text{ m}^2} = 5945$

(2) 若以此介電材料製造層數為 50 層的積層電容器，則其電容值為

$C = k' \varepsilon_0 \dfrac{A}{t} \times n = 5945 \times 8.854 \times 10^{-12} \text{ F/m} \times \dfrac{1 \times 10^{-6} \text{ m}^2}{25 \times 10^{-6} \text{ m}} \times 50$

$= 1.05 \times 10^{-7} \text{ F} = 0.105 \ \mu\text{F} = 105\text{nF}$

▶13.4　壓電效應

　　壓電(piezoelectricity)效應於 1880 年由 Pierre Curie 及 Jacques Curie 二兄弟於研究石英、閃鋅礦、電氣石、及羅雪鹽等單晶體在受壓狀態時的反應首先發現的。其後，又在鈦

酸鋇、鈦酸鉛、鋯酸鉛等多種陶瓷體上發現此種現象。上述的陶瓷體在受到壓力時,其結構發生電荷分佈的偏極化現象,而在不同端則具有不同的表面電荷,此現象稱為正壓電效應,可應用於點火器、應力偵測器、壓電觸摸開關等裝置。若在壓電陶瓷體加上電位差,則使陶瓷體產生應變變形,即將外加的電能轉換成機械能,此現象稱為逆壓電效應。逆壓電效應可應用於超音波裝置如超音波洗淨器、魚群偵測器、超音波診斷機、產生音波的蜂鳴器,精密位移定位系統、壓電馬達、噴墨印表機噴頭等裝置。除了上述的單一效應外,亦可將正、負效應組合應用於濾波器、共振器、及壓電變壓器等裝置。

　　具有壓電效應的材料缺乏中心對稱的結構,故必須是絕緣體或半導體,且在其晶體結構內須有帶正電荷和負電荷的離子或離子團。表 13-4 所列者為一般常見的壓電材料。其中,羅雪鹽(Rochelle salt)具有高的壓電常數,但容易潮解與低的居禮溫度為其缺點,因而限制其應用的範圍。石英為天然壓電材料中使用溫度最高者,具有良好的頻率穩定性,但其機電耦合係數和介電係數較小。石英晶體主要用於濾波器或震盪器,較少應用於機械 – 電器之間的能量轉換。羅雪鹽與石英為單晶壓電材料。具有鈣鈦礦結構的陶瓷材料,如;鈦酸鋇($BaTiO_3$,BT)、鈦酸鉛($PbTiO_3$,PT)、鈦酸鉛鋯($PbZrTiO_3$,PZT)、及鈦酸鉛之其他固溶體等,具有良好之化學穩定性、操作溫度範圍寬、介電常數及耦合因素高等優點,而為常用之壓電陶瓷材料。

表 13-4　常見的壓電材料及其壓電特性。

壓電材料	介電常數	機-電 耦合係數 k	壓電常數 $d(d/nt\times10^{12})$	居禮溫度 T_C
酒石酸鹽(羅雪鹽)	444	0.78	435	~24
石英	4.06	0.137	2.4	—
鈦酸鋇	1700	0.34	78	120
$Pb(Zr_{0.55},Ti_{0.45})O_3$	500~850	0.51-63	116~223	350
$(Pb,Sr)(Zr,Ti)O_3$	1105	0.51	116	265

▶13.5　陶瓷的導電性

　　在一般印象中陶瓷為電的絕緣體,主要為其電子能階中的導電帶與價電帶的能隙過大,電子無法在二個能階中游走,而產生導電效應。但若在陶瓷中摻雜一些物質,在導電帶與價電帶之中形成施體或受體能階,減小能階的間隙,而成為半導體陶瓷,並使得陶瓷體導電。半導體陶瓷的電阻率約在 $10^{-3} \sim 10^{6}$ Ω-cm 之間。電導率則受到物質的能帶結構、晶格缺陷、雜質含量及種類的影響。半導體陶瓷依其傳導型式可分為 p 型、n 型及本質型三種。p 型利用缺陷中的電洞傳導電流,n 型則利用缺陷中的自由電子傳導電流。目前使用的陶瓷半導體材料有:$BaTiO_3$、$SrTiO_3$、V_2O_5、ZnO、SiC 及其他過渡金屬的氧化物等為主。由於溫度可影響半導體陶瓷體的電阻值,故半導體陶瓷材料可應用於偵測溫度、溫度控制器、發熱體、及吸收突波的變阻器等用途。

　　陶瓷感測器可偵測周圍環境氣體成份或溫度的變化。由於某些氧化物陶瓷於氧化及還原氣氛具有特殊的敏感性,因而可用於偵測特殊的氣體成份。例如:ZrO_2-Y_2O_3 陶瓷體因坯體內氧濃度的不同,而使其氧孔隙之缺陷濃度改變,並進而影響其導電度,利用此原理即可偵測汽車排氣的氧氣濃度,如圖 13-12 所示。焦電陶瓷則是利用溫度改變而變化其自發性極化量的特性,而做為輻射計、火警預警器、紅外線防盜器等之用。其他尚有許多由陶瓷材料所製成的檢測器已應用於汽車、工業、農業、醫學、家庭生活等。

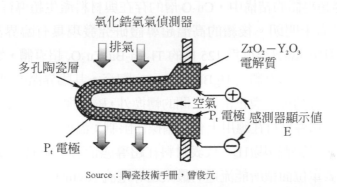

Source:陶瓷技術手冊,曾俊元

圖 13-12　ZrO_2-Y_2O_3 陶瓷之氧濃度檢測器結構與檢測方式

▶13.6　陶瓷高溫超導體

　　超導體為在電流通過時不產生電阻的材料,電流經由零電阻材料傳輸,電能不會損耗,故可應用在電子、能源、醫療及交通等工業上。1911 年,荷蘭物理學家歐尼斯(H. Kamerlingh Onnes, 1853~1926)首先發現超導現象,他利用液態氦冷卻高純度金屬水銀,發現水銀的電阻在絕對溫度 4.15 K(等於攝氏零下 269 度)時突然降為零,這個電阻突然降至零的狀態即稱為「超導性」(superconductivity),從一般導體狀態轉換成超導態的溫度稱為超導臨界轉換溫度(critical temperature,T_c)。高於臨界溫度時超導材料的超導現象會突然消失,亦即超導現象只有在溫度低於 T_c 時才出現,高於 T_c 時則轉變成電阻不為零的正常態。其他具有超導現象的金屬與合金尚有 Nb(9.3 K)、Pb(7.2 K)、Ta(4.5 K)、Ta-Nb(6.3 K)、Pb-Bi(8 K)、Nb_3Sn(18 K)、Nb_3Ge(20.9 K)等。

　　一般而言，陶瓷大都是氧化物而且不導電，因此常做為絕緣材料之用。含有 Ba 或 Ca 的非化學劑量式 $SrTiO_{3-\delta}$陶瓷於 1966 年發現具有超導特性，其臨界溫度為 0.55 K。$SrTiO_{3-\delta}$ 為具有鈣鈦礦結構之陶瓷。雖然其臨界溫度非常低，但卻開啓了陶瓷超導體的研究工作。在 1979 年，同樣具有鈣鈦礦結構的 $BaPb_{0.75}Bi_{0.25}O_3$ 在 13 K 溫度下發現具有超導狀態。Bednorz 及 Muller 二位物理學者於 1986 年發表臨界溫度為 35 K 的$(La, Ba)_2CuO_4$ 超導陶瓷，此陶瓷材料具有 K_2NiF_4 的層狀鈣鈦礦結構。此發現亦為二位物理研究者贏得諾貝爾獎。1987 年，由朱經武及吳茂昆二位博士所領導的研究團隊才開啓了科學史上的新頁：發現了臨界溫度在 90 K 以上的釔鋇銅氧化物(Y-Ba-Cu-O)，並將此類釔鋇銅氧化物超導體稱為「高溫超導體」，以與先前的「低溫超導體」有所區隔。

　　在 $YBa_2Cu_3O_{7-x}$ 高溫超導體的結構中，如圖 13-13 所示，Cu-O 離子所形成的平面為高溫超導體結構的特色，每二層 Cu-O 平面為一層含有釔(Y)離子與氧空隙缺陷的平面所分隔。在 CuO 系高溫超導體的結構中，Cu-O 層的存在與材料產生超導行為有密切的關係，然而其超導機構仍尚未明朗。後續的高溫超導體研究發現具有臨界溫度為 110 K 的 $Bi_2Sr_2Ca_2Cu_3O_x$ 超導體與臨界溫度為 125 K 的 $Tl_2Ca_2Ba_2Cu_2O_x$ 超導體，然而 Tl 具有毒性。目前所得到高臨界溫度的超導體為 $HgBa_2Ca_2Cu_3O_9$ 陶瓷，其臨界溫度可達 166 K。

　　除了溫度可以造成超導態與正常態之間的轉換外，磁場與電流的變化亦會造成超導與正常態的轉換。因此超導材料在應用上有三個操作限制：溫度、磁場及電流，其臨界值分別稱為臨界溫度(T_c)、臨界磁場(H_c，代表材料在超導態情形下所能忍受的最大磁場)及臨界電流密度(J_c，代表單位面積所能流通的最大超導電流 A/cm^2)。

　　一般而言，超導態具有下列兩種現象，其一為零電阻：超導現象最重要的就是零電阻，即完全沒有電阻，因此，電流不會有所損耗，而成為永久電流；另一則為、完全反磁性：超導體的內部磁通量為零，磁力線無法進入超導體，這個性質又稱為「麥士那效應」(Messiner effect)，如圖 13-14 所示。這種現象產生係因當超導體放入磁場中時，超導體和一般導體一樣會產生感應電流，而超導體的電阻為零，因此只要有磁場存在，電流就能一直流動，而形成「屏蔽電流」。屏蔽電流在超導體周圍產生與外部磁場方向相反的磁場，因而阻擋外部磁場進入，磁浮現象即是利用此原理的典型範例。

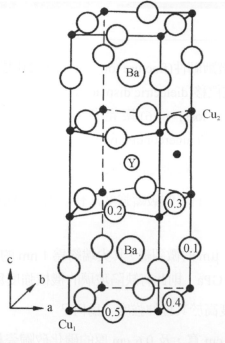

圖 13-13　YBa$_2$Cu$_3$O$_{7-x}$ 高溫超導體的結構示意圖

圖 13-14　磁鐵穩定地磁浮在高溫超導體之上，顯示高溫超導體的「麥士那效應」(陳引幹，成功大學)

習 題 EXERCISE

1. 解釋下列名詞：(1)破斷韌性(fracture toughness)，(2)相對介電常數(relative dielectric constant)，(3)介電電位移(dielectric displacement)，(4)弛緩時間(relaxation time)，(5)介電損失(dielectric loss)，(6)鐵電性(ferroelectricity)，(7)居禮溫度(Curie temperature)，(8)超導態(superconductivity)，(9)麥士那效應(Messiner effect)。

2. 試論述為何陶瓷材料通常較金屬硬但較脆。

3. 試解釋為何量測的陶瓷材料的破斷強度常有很大的偏差，且其強度測試值會隨樣品的尺寸增加而減小。

4. 有一玻璃其表面有 1 μm 的微裂縫，其尖端約為 1 nm 的大小；此種玻璃於無缺陷的狀態下的強度為 8.0 GPa，則此有缺陷玻璃的機械強度為何？

5. 陶瓷材料的壓縮強度高於其拉伸強度，為何？

6. 有一 10 cm 長，1.5 cm 寬，及 0.6 cm 厚的碳化矽陶瓷材料，置於一間距為 7.5 cm 的三點彎曲測試實驗中。當測試棒產生 0.09 mm 的撓曲時，樣品產生破斷而斷裂。樣品的彎曲模數為 480 GPa。試計算施力的大小及樣品的撓曲強度為何？

7. 有一安定化氧化鋯陶瓷體在四點彎曲測試結果中具有 12.5 Mpa·$\sqrt{m}$ 的破斷韌性，則坯體之最大裂縫長度為何？

8. 差排在金屬材料的塑性變形中有顯著的影響力，但在陶瓷材料中此影響力並不顯著，為什麼？

9. 敘述陶瓷體內的空孔(pore)及晶粒大小對其機械強度的影響機構。

10. 試述介電材料之用途及其對介電常數之需求？

11. 試述正壓電及逆壓電之意義及用途。

12. 何謂介電行為？產生介電現象的機構有幾種？

13. 高電容值及小型化為目前製造電容元件的趨勢，試問如何增加電容器的電容值，並可兼顧小型化的要求。

14. 使用介電常數為 1700 的鈦酸鋇陶瓷材料製造間距為 2mm 的電容器，若改用介電常數為 100 的氧化鈦製造相同電容值的電容器，其導電平板間的間距應為何？

15.　有一介電材料放置於 2000 V/m 的電場中，產生 5×10^{-8} C/m^2 的極化率。試計算此材料的介電常數。

Chapter

14

高分子材料

■ **本章摘要**

▶14.1 高分子材料的定義與分類

(一) 高分子材料的定義

　　高分子材料主要是由許多分子藉共價鍵而形成分子量很大的化合物($10^4 \sim 10^7$ g/mole)，所謂共價鍵結是由兩個原子藉由共用電子的方式而達成的電子組態，所以發生鍵結的兩原子以電負性(陰電性)相近為佳，在週期表上之碳(C)及氫(H)是最佳的拍檔，因而就高分子材料而言，即以碳氫化合物所組成的材料為主，除共價鍵外，高分子材料內有時會摻雜一些離子鍵，或含有未配對的電子，而使高分子材料趨於多元化。

　　高分子材料在形成鍵結時，碳與碳之間以電子共用方式連接而成，稱為主鏈(main chain)，其長度除與高分子之分子量有密切關係外，亦影響該材料的物理性質，欲獲得完全相同分子量的高分子材料雖然幾乎不可能，但仍可在製程中控制其分子量的分佈。就同一類的高分子材料而言，其鏈長分佈越長者之分子量亦越大，而其機械性質以及軟化點也越高。但對不同類之高分子材料則不能僅以分子量之大小來比較其物理性質，因分子結構有時較分子量之影響更大。

(二) 高分子材料的分類

　　高分子材料以其來源之不同可區分為天然高分子與人工合成的高分子兩大類；若以彈性及用途而分，則可分為塑膠與橡膠兩大類。塑膠的彈性模數較大($10^8 \sim 10^9$ Pa)，使用於一般容器、汽車零組件及電器用品外殼等較不需要變形者，橡膠的彈性模數較小($10^6 \sim 10^7$ Pa)，可用於形變量較大，如汽車輪胎及 O 型環等。而在新近的高分子材料應用，如某些可撓式基板及塗料開發，常會在塑膠材料中摻雜橡膠以增加彈性，使高分子材料的應用更為廣泛。

　　就高分子材料的熱行為而言，則可分為熱塑性及熱固性兩種。所謂熱塑性是指在常溫時為固體，加熱則軟化變形，但經冷卻後又回復固體的材料，如常用塑膠中之聚乙烯樹脂(polyethylene，PE)、聚丙烯樹脂(polypropylene，PP)及聚氯乙烯樹脂(polyvinyl chloride，PVC)等，熱塑性的特點是分子結構中的鏈較長，分子量大，而呈現如圖 14-1(a)所示之線型纏繞的結構；而熱固性為聚合後即使再加熱亦不再軟化變形，如環氧樹脂(epoxy resin，EP)、不飽和聚脂(unsaturated polyester，UP)及酚醛樹脂(phenol formalde resin，PF)等皆屬之，其分子因在聚合過程產生架橋作用而變成巨大的網狀分子結構如圖 14-1(b)所示，分子量大，熱固性高分子在受熱過程中不會變形乃因其架橋網狀結構並不因溫度而解離所致，因此熱固型塑膠一旦定型後，就不再改變其形狀，尺寸安定性比熱塑性塑膠為佳。

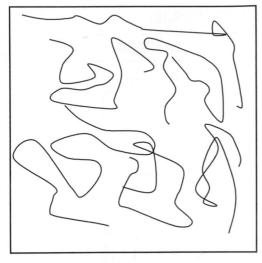 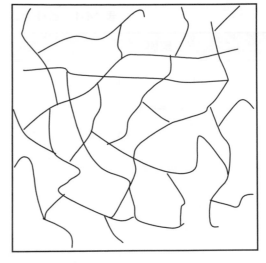

(a) 線型分子(一般為熱塑性高分子)　　　(b) 三度空間網狀交聯(一般為熱固性高分子)

圖 14.1　高分子材料的結構

(三)　單體

　　所謂單體就是高分子材料在聚合前之最小單位的有機分子，表 14-1 所列者為常見的單體與以其為單體聚合而成的高分子結構。有機低分子量的物質作為高分子聚合物的單體，必須有適合的聚合方式。其聚合方式大致可分為聚加成反應(poly-addition reaction)與聚縮合反應(poly-condensation reaction)兩大類。聚加成反應所需的單體必須有不飽和鍵(如：乙烯、苯乙烯等)，俾以在聚合反應時，其多出的電子對可與鄰近之分子形成共價鍵，而形成鏈的主體。另外如環氧乙烯等環狀的單體分子，亦因為開環反應，使得在開環兩側之不成對電子對與鄰近分子間之不成對電子以共價鍵結合，進行聚加成反應的單體是由具雙鍵的分子或環狀分子所構成。反之進行聚縮合反應時，其單體之兩側邊須與其他分子連接，因而所用的單體必須有二元的官能基，如：二元醇類及二元酸類等，方能在聚合反應過程中將醇類及酸類互相接合而形成聚酯高分子。

表 14-1　各種單體與其高分子之結構

單體	高分子結構
$\begin{array}{ccc} H & & H \\ | & & | \\ C & = & C \\ | & & | \\ H & & H \end{array}$ 乙烯	$\left[\begin{array}{ccc} H & & H \\ | & & | \\ -C & - & C- \\ | & & | \\ H & & H \end{array} \right]_n$ 聚乙烯

表 14-1 各種單體與其高分子之結構(續)

單體	高分子結構
氯乙烯	聚氯乙烯
丙烯	聚丙烯
苯乙烯	聚苯乙烯
醋酸乙烯	聚醋酸乙烯
丙烯腈	聚丙烯腈

表 14-1　各種單體與其高分子之結構(續)

單體	高分子結構

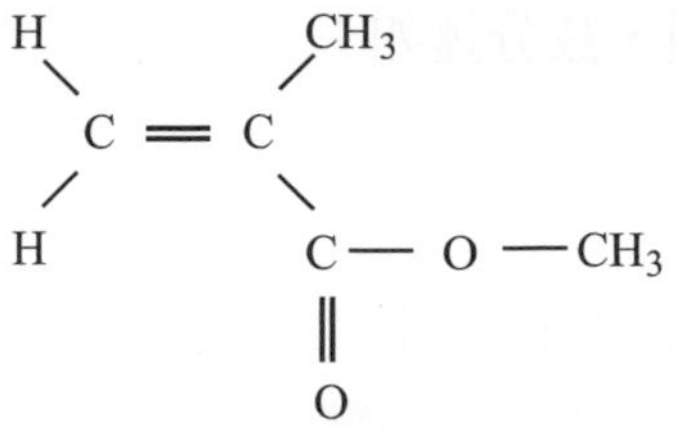

甲基丙烯酸甲酯

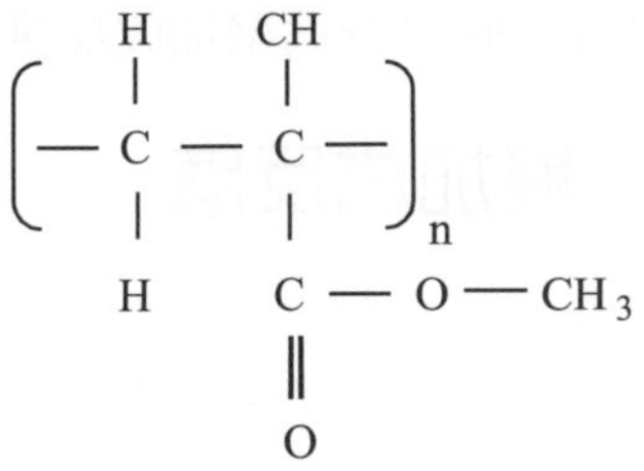

聚甲基丙烯酸甲酯

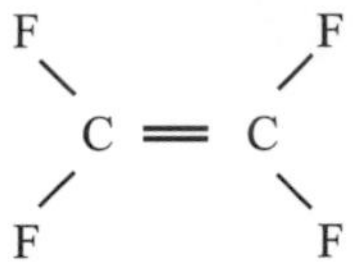

全氟乙烯

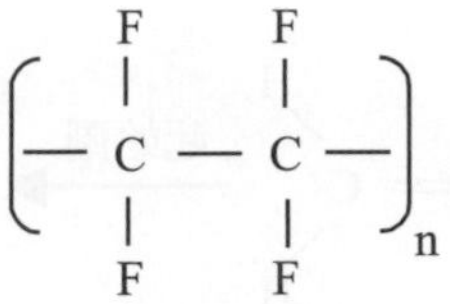

聚氟乙烯

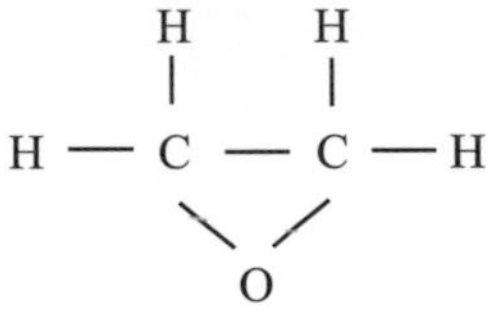

環氧乙烯

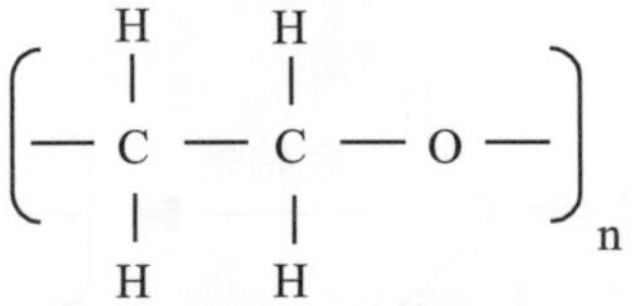

聚環氧乙烯

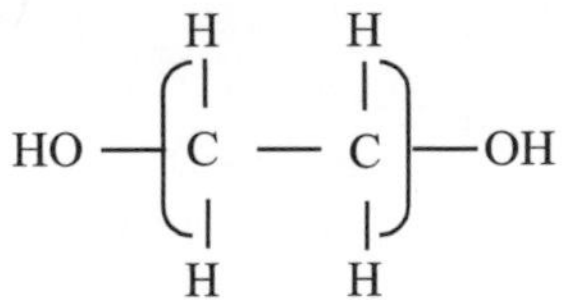

乙二醇

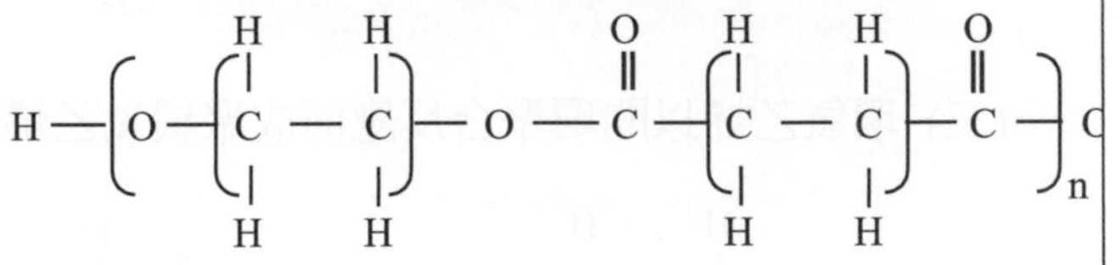

聚乙酸乙酯

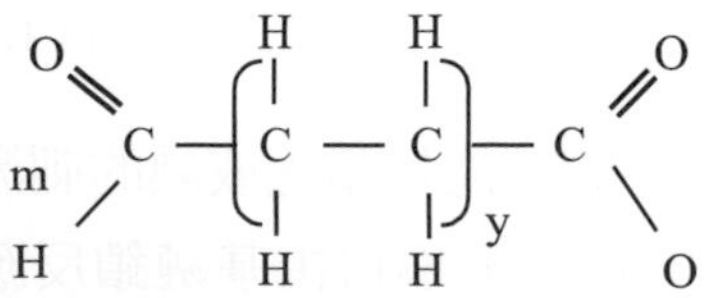

乙二酸

▶14.2　單體之聚合反應

單體之聚合反應可分爲聚加成反應與聚縮合反應兩種，茲分述如下：

14.2.1　聚加成反應

聚加成反應又稱爲鏈聚合反應(chain polymerization)，是藉由不飽合鍵單體之雙鍵的解開形成，或環狀單體的開環，產生聚合作用，而成長爲高分子。其特點爲聚合物之組成與單體相同，而主鏈則大部分由碳所構成。如式(14.1)~(14.3)所示者，爲常見的聚合反應。

(一) 乙烯單體經解開雙鍵聚合而成聚乙烯

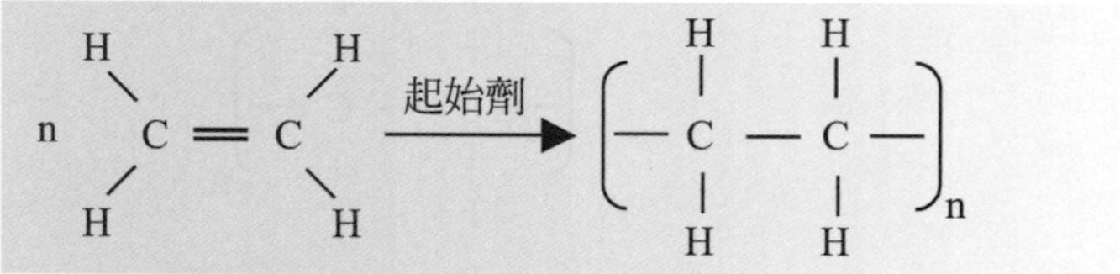

$$(14.1)$$

(二) 苯乙烯單體經解離雙鍵聚合而成聚苯乙烯

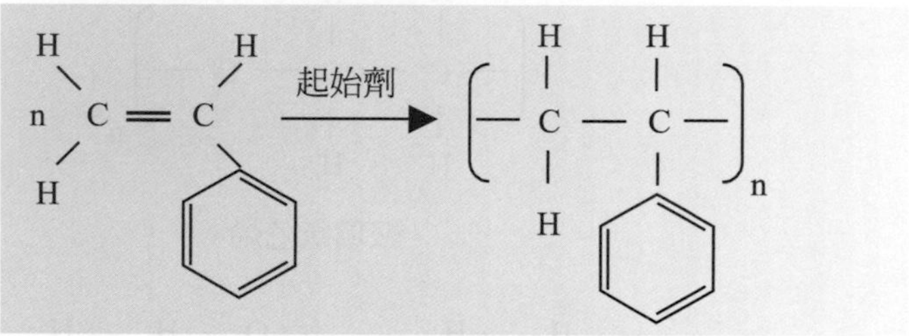

$$(14.2)$$

(三) 環氧乙烯以開環聚合反應而成聚環氧乙烯

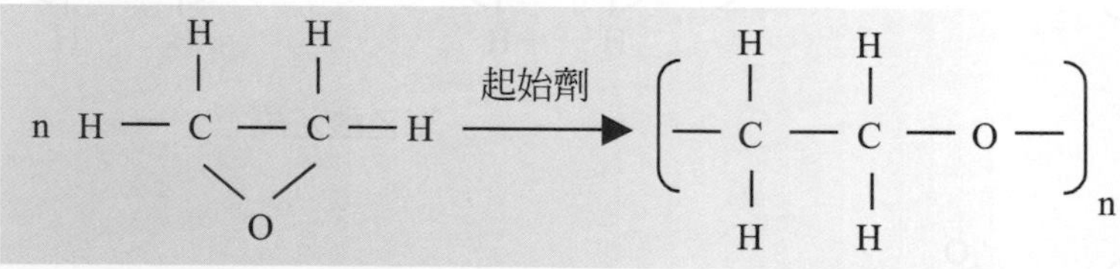

$$(14.3)$$

在聚加成反應中，於反應之初必須加入起始劑，其主要的功能是藉光或熱的刺激，使起始劑活化或產生自由基，因自由基的產生而開始聚合的反應稱爲自由基鏈鎖反應(free radical polymerization)。

常用的起始劑有：偶氮類起始劑(R-N = N-R)，過氧化物起始劑($R\overset{O}{\overset{\|}{C}}OO\overset{O}{\overset{\|}{C}}R$)，無機起始劑(M·$S_2O_8$ 及 H_2O_2)或氧化還原類起始劑(ROOH + Mn^{2+} → OH$^-$ + RO· + Mn^{4+})等，其鏈鎖反應可表示為

起始反應	起始劑 → R· (自由基)	(14.4)
成長反應	R· + M → RM·	(14.5)
	RM· + M → RMM· → RMMM· →	(14.6)
終止反應	RM$_x$· + RM$_y$· → RM$_{x+y}$R	(14.7)

　　由自由基引發的鏈鎖聚合反應之主要控制變數為起始劑濃度與單位濃度，其與所得之聚合物的鏈長及聚合速度都有密切的關係。此外，溫度及引發起始劑分解的光能亦是鏈鎖聚合反應的控制變因。

　　若鏈鎖反應的起始劑並非自由基，而是以起始劑的陽離子或陰離子促使反應進行之方式，則稱為離子型聚合(ionic polymerization)，若以觸媒吸引單體間之雙鍵而活化單體並使之產生聚合者，稱為配位聚合(coordination polymerization)。以陽離子為例，起始劑可能為質子酸(如：H_2SO_4、HCl 等)，有機金屬(如：Al(C_2H_5)$_3$)等，其聚合反應如下

起始反應	始劑 HA → H$^+$ + A$^-$(解離成酸根離子)	(14.8)
成長反應	H$^+$ + A$^-$ + M → HM$^+$A$^-$	(14.9)
	HM$^+$A$^-$ + M → HM M$^+$A$^-$ → HMMM$^+$A$^-$ →	(14.10)
終止反應	M$_x^+$A$^-$ + XB → RM$_{x+y}$B + XA(XB 終止劑)	(14.11)

　　由於陽離子聚合反應在最終所得的聚合物離子會互斥，而無法像自由基鏈鎖反應由兩個自由基互相碰撞而終止反應，所以必須加入如水，醇類，酸類等終止劑以終止反應。

14.2.2 聚縮合反應

　　所謂聚縮合反應，為不同單體間的官能基相互作用，逐步反應而形成聚合物者。在聚縮合反應發生時，會有副產品的產生，因而此種聚縮合反應又稱為逐步成長聚合反應

(step-growth polymerization)，如二元醇與二元酸反應而生成聚酯，而 H_2O 為副產品，即為一例。

例題 14-1 說明一二元醇 $HO-\left[\begin{array}{c}H\\|\\C\\|\\H\end{array}-\begin{array}{c}H\\|\\C\\|\\H\end{array}\right]_x-OH$ 與二元酸

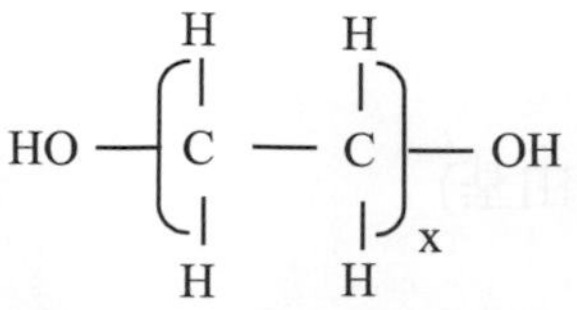

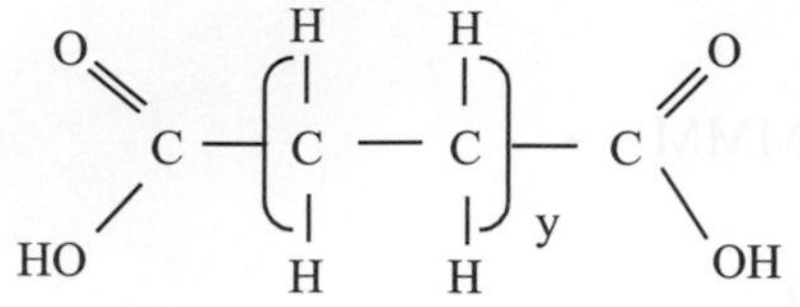

$\begin{array}{c}O\\\|\\C\end{array}-\left[\begin{array}{c}H\\|\\C\\|\\H\end{array}-\begin{array}{c}H\\|\\C\\|\\H\end{array}\right]_y-\begin{array}{c}O\\\|\\C\end{array}$ 聚縮合成聚脂的反應。

HO   OH

解

反應式如下

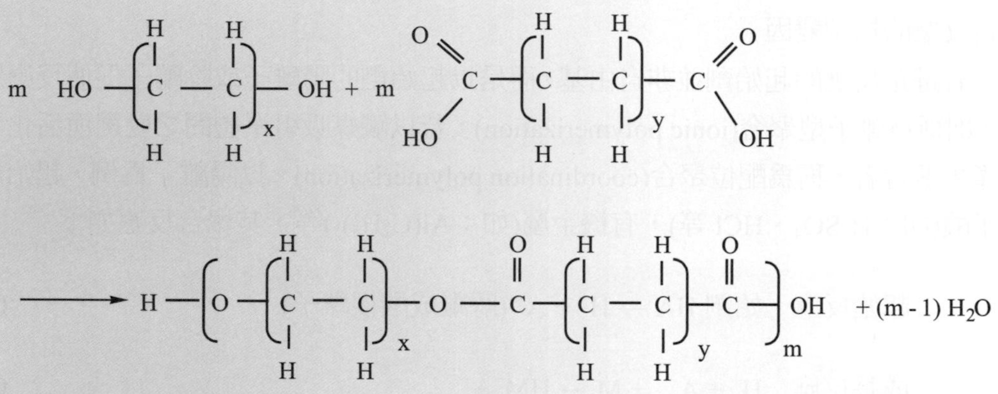

$$(14.12)$$

所得之聚縮合反應的副產品為 H_2O。

H_2O 的產生乃為醇與酸，分別提供的 H· 基與 OH· 基反應所得，又如二元胺與二元酸聚合反應時脫水而得聚醯胺。

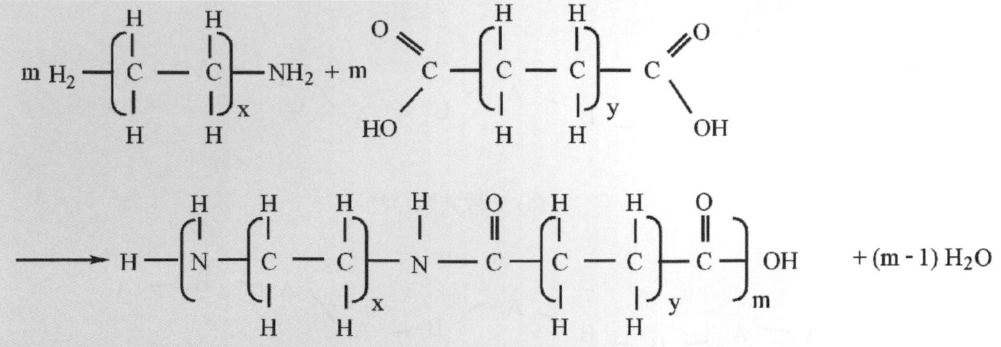

$$\text{(14.13)}$$

通常可提供聚縮合反應所需之官能基者有：$-COOH$、$-OH$、$-COOR$、$-NH_2$、H、Cl、$COCl$、SO_2Cl 等，可能形成不同單體間之鍵結有：$-O-$(醚)、$-COO-$(酯)、$-HNCO-$(醯胺)、$-SO_2-$(碸)以及$-HNCOO-$(氨酯)等，而這些官能基反應所得的副產品包括：H_2O、ROH、NH_3、HCl 等，在聚縮合反應中，若相異之兩種單體都僅有二個官能基，則聚合所得的高分子大都爲線形聚合物，但若單體存在二種以上的官能基，則在反應過程中會發生分支反應，而有機會形成交聯(cross linking)的結構，如：丙三醇及苯酚等。

聚縮合反應的控制方法除反應溫度外，尚可添加莫耳數配比相當的兩種單體參與反應；而爲控制高分子之分子量，即可加入僅含單一官能基的單體以調節聚縮合反應的速率，或添加催化劑以控制反應的方向而減少副產品的產生，此外適度排出低分子亦有助於提高聚合體的分子量。

◐ 14.2.3 共聚合高分子材料

兩種或兩種以上單體參與聚合反應者稱爲共聚合反應(copolymerization)，兩種單體的共聚反應稱爲兩元共聚，而由多種單體的共聚反應則稱多元共聚。共聚元的性質可以因爲適當的組合，而改善聚合物之機械性質，電及熱性質等。如苯乙烯，丙烯腈與丁二烯三元共聚所得之的共聚體俗稱 ABS，爲非常有名的工程塑膠，爲台灣奇美公司重要產品。

共聚合物的種類可分爲交替共聚合物，不規則共聚合物，崁段共聚合物及接枝共聚合物，如圖 14-2 所示。

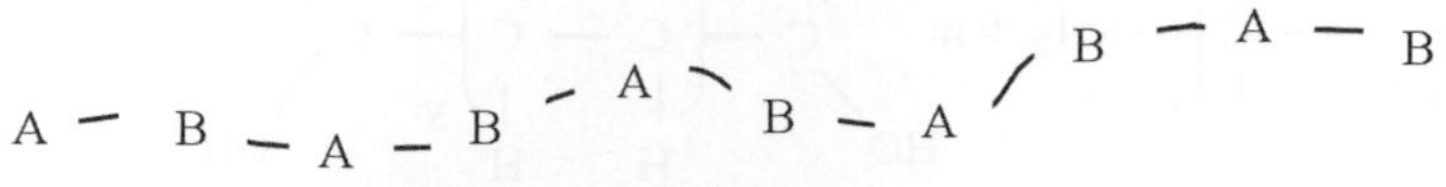

(a) 交替共聚合物

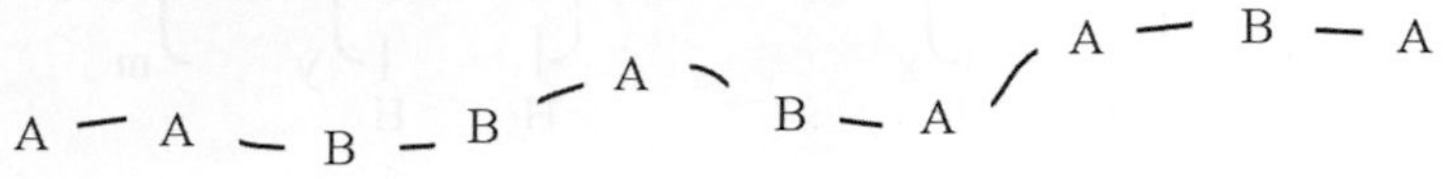

(b) 不規則共聚合物

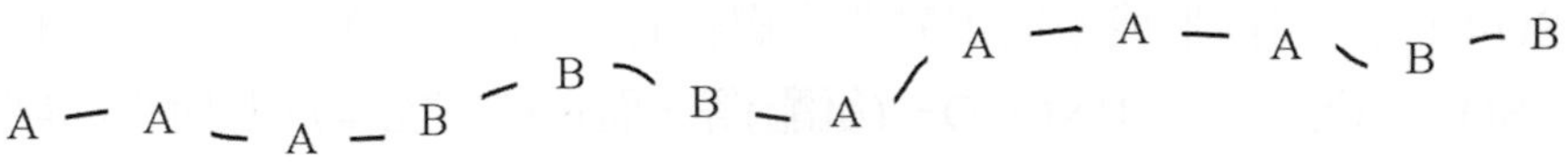

(c) 崁段共聚合物

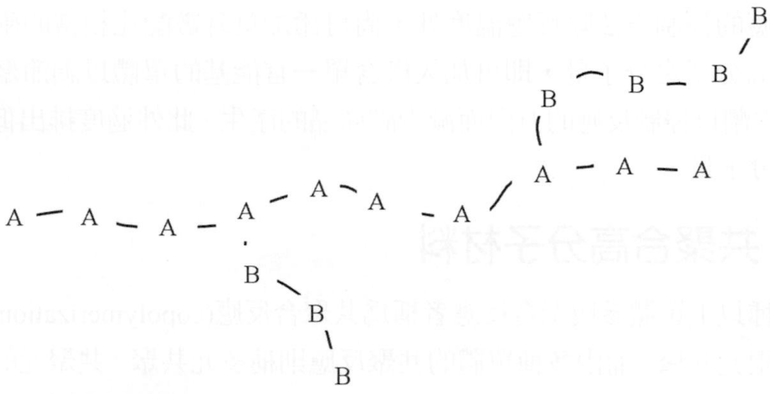

(d) 接枝共聚合物

圖 14-2　共聚合物的種類

● 14.2.4　高分子的分子量

　　由於高分子材料之性質受分子量的影響甚巨，因而高分子材料之分子量的調控攸關材料製程的好壞，因高分子材料是由不同分子量的分子混合而成，其分子量具有如圖 14-3 所示之分佈性，故高分子材料的分子量可視為這些不同的分子量的平均值。 欲討論高分子之分子量必須同時考慮此高分子材料的平均分子量及其分佈。

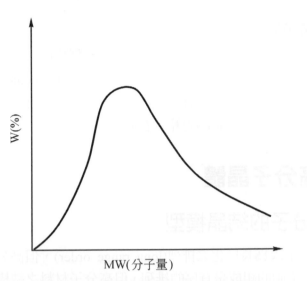

圖 14-3　高分子材料的分子量分佈曲線

　　高分子的分子量可分為數目平均分子量($\overline{M}_n$)以及重量平均分子量($\overline{M}_w$)，其定義分別如下

$$\overline{M}_n = \frac{\text{高分子材料之總重量}}{\text{高分子材料之總莫耳數}} = \frac{\sum N_i M_1}{\sum N_i} = \frac{\sum W_i}{\sum \left(\dfrac{W_i}{M_i}\right)} = \frac{N_1 M_1 + N_2 M_2 + N_3 M_3 + \cdots\cdots}{N_1 + N_2 + N_3 + \cdots\cdots}$$

(14.14)

$$\overline{M}_w = \frac{\sum N_i M_i^2}{\sum N_i M_i} = \frac{\sum W_i M_i}{\sum W_i} = \frac{W_1 M_1 + W_2 M_2 + W_3 M_3 + \cdots\cdots}{W_1 + W_2 + W_3 + \cdots\cdots} \quad (\text{註}：W_i = N_i M_i)(14.15)$$

　　就平均分子量之定義而言，若一高分子之組合分子皆有相同的分子量，則 $M_1 = M_2 = M_3 = \cdots\cdots$，則數目平均分子量等於重量平均分子量，即 $\overline{M}_N = \overline{M}_w$，若高分子材料組成分子之分子量不相同，則 $\overline{M}_w > \overline{M}_n$。

　　分子量的另一種表示方法為聚合度 n(degree of polymerization)其定義如下

$$n_n = \frac{\overline{M}_n}{m}$$

(14.16)

$$n_w = \frac{\overline{M}_w}{m}$$

(14.17)

m 代表單體的分子量。

聚合度的物理意義爲平均單一高分子所聚合的單體數目。

高分子材料之分子量的測定可分爲絕對測量法(absolute method)以及相對法(relative method)，係利用一些高分子的特性如黏度或末端基等的特性而量測其分子量的分佈，相關方法可參考有關高分子物性分析的書籍，在此不予贅述。

▶ 14.3 高分子晶體

◯ 14.3.1 高分子的結晶模型

結晶在材料上的定義爲長序化之排列(long range order)，但高分子之碳鏈並非直線，雖然在聚合反應時，單體的組成是有序的排列，但高分子材料之結構卻不若結晶之金屬及陶瓷材料般之長程有序的排列，然而在部份高分子材料的顯微結構中仍能發現較規則的部份，亦即在高分子材料中似乎有某些結晶型態。 高分子材料的結晶型態直接影響其性能，尤以機械性質爲最，高分子材料的結晶與模式相當複雜，在此僅介紹雙相模型(two phase model)，與摺疊鏈模型(folded chain model)，茲分述如下：

(一) 雙相模型

一般認爲高分子材料的晶體是由約 10 nm(100Å)之微晶所構成，而非結晶部分則由聚合之線型分子相互纏繞，亦即一個高分子材料之晶體是由一群非結晶的分子纏繞包圍部分的微晶所成，而且每個線型分子亦可能貫穿不同的結晶體而達到相互纏繞的作用，如圖 14-4 所示者爲雙相模型。

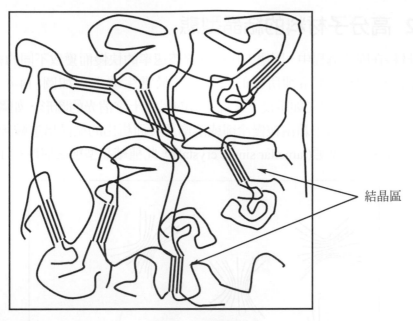

結晶區

圖 14-4　雙相模式

(二) 摺疊鏈構造模型

此模型是由 Keller 等人於 1957 年以極慢的冷卻速率在聚乙烯與二甲苯溶液中成長出厚度約 10 nm 之聚乙烯單晶體，發現高分子材料具有摺疊鏈的構造。此種構造，在很多其他高分子材料中亦曾發現，圖 14-5 所示者爲摺疊鏈模型示意圖。

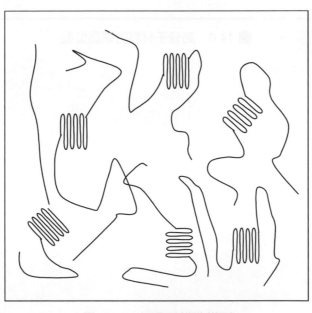

圖 14-5　摺疊鏈構造模型

14.3.2 高分子材料的結晶型態

　　高分子材料在固化過程中，因應力作用或成核速率的快慢而獲致不同的結晶型態，由濃度高之溶液或從熔體中冷卻所得的高分子，最常生成者爲如圖 14-6 所示之球晶 (spherulites) 的構造，在偏光顯微鏡下呈現特有的黑色十字消光的圖形，如圖 14-7 所示。高分子材料是在稀薄溶液中藉由緩慢冷卻或溶劑蒸發而析出的結晶構造較接近如圖 14-8 所示之層狀的薄片單品型態(lamellar single crystal)，此種結晶型態之層厚約 10 nm。

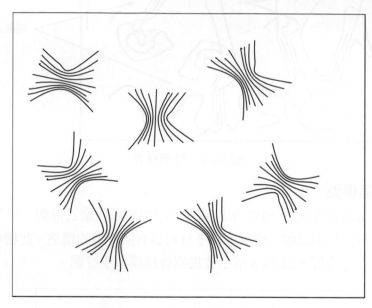

圖 14-6　高分子材料的球晶型態

圖 14-7 偏光顯微鏡下聚對苯二甲酸乙二醇酯高分子材料的球晶體型態

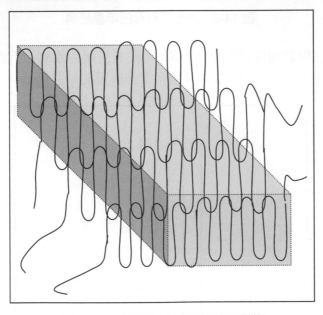

圖 14-8 高分子材料層狀單品型態

高分子材料在一般的冷卻過程中,都會形成層狀的結晶構造,但若在固化過程中受到應力作用,則其結晶方向可能隨著應力之方向而有如圖 14-9 所示之 Shish Kebab 結構。此種結構是由垂直與層狀折疊兩種方式所組成,對機械性質與化學性質有增強作用。此外,亦因應力的作用而形成機械強度的異方性,對高分子纖維的應用扮演相當重要的角色。

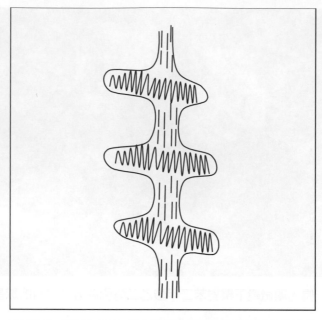

圖 14-9　高分子材料的串晶結構

　　高分子在結晶過程若施以相當的應力時，可使其主鏈由原來之折疊鏈型態變成與應力同方向的伸直鏈型態，而形成如圖 14-10 所示之伸直鏈的結晶構造。

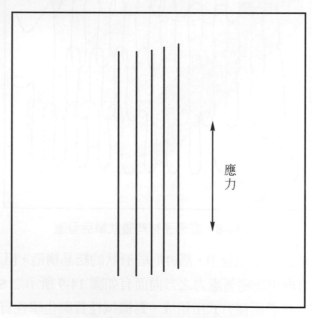

應
力

圖 14-10 高分子材料之伸直鏈示意圖

▶ 14.4 高分子材料之製程

● 14.4.1 高分子材料的合成方法

　　高分子材料的合成可分為總體(bulk)聚合、溶液(solution)聚合、懸浮(suspension)聚合及乳化(emulsion)聚合等方式，可根據高分子材料的型態與應用而選用合適之聚合方式。

(一) 總體聚合法

　　總體聚合是單體經過光或熱之激發而聚合的方式，其特點為產品直接由單體聚合產生，不加其他的溶劑或添加劑，故其反應較單純且易控制。但也可能因反應物之純度過高，使得聚合反應過速，產生太多的熱量，造成散熱不易而引起結構崩解，因而對聚合時之反應速率的控制格外重要。

(二) 溶液聚合法

　　此法是將單體溶於溶劑中再進行聚合反應。由於溶劑的存在，使散熱的問題得到改善，也因溶劑的作用，而使聚合度無法提高，即無法獲得分子量很高的高分子材料，此外，聚合反應後須將溶劑從產品分離，成本較高為其另一個缺點。

(三) 懸浮聚合法

　　此法之原理為非極性單體與懸浮劑在極性之水中經由攪拌的過程，而形成大小在 1 μm 左右的懸浮性單體，再添加起始劑使之聚合，可獲得珍珠狀之聚合物，故此法又稱為珍珠聚合法(pearl polymerization)，由於懸浮聚合將單體打散成如液滴般的顆粒再進行總體聚合，故此方法在本質上屬於總體聚合，因而聚合度高，加以有水的存在，不致有如總體聚合之散熱不易而發生崩解的問題。此方法在聚合時因無溶劑之干擾而不致降低其聚合度，故所得高分子材料之分子量較溶劑聚合為高，然而懸浮劑對聚合物的污染為不可避免的問題。

(四) 乳化聚合

　　乳化聚合主要原料包括單體、水及乳化劑。利用油與水不互溶的原理形成穩定的液滴，再經過聚合反應而形成大小約 1 nm 到 1 μm 間之圓形高分子顆粒。因形成穩定的乳化溶液故在聚合後可成為乳膠，而直接作為塗料之用，以此法所得之聚合物除分子量較高之外，亦為穩定的乳膠系統，其乳膠顆粒大小呈現較窄的分佈。

14.4.2　高分子加工

　　高分子材料在應用上，為發揮其特性或增其性能，有時須添加適當的添加劑(additives)或與不同的材質混合，並經過各種加工程序而製得產品，此加工程序，稱為高分子加工(polymer processing)。

　　高分子加工所用的添加劑主要有：改質劑(modifier)、安定劑(stabilizer)與填充料(filler)或補強物(reinforcement)等三大項目，而每一項目所涵蓋的種類，如表 14-2 所列。

表 14-2　添加劑的項目與種類

項目	種類
改質劑	可塑劑、抗靜電劑、色料、阻燃劑、耐衝擊劑、潤滑劑……
安定劑	熱安定劑、抗氧化劑、紫外光吸收劑、抗菌防黴劑……
填充料或補強物	碳酸鈣、雲母、黏土、玻璃纖維、合成有機纖維……

　　常用的高分子加工方法有擠出成型(extrusion molding)、射出成型(injection molding)、吹塑成型(blowing molding)、熱壓成型(thermoforming)、發泡成型(foam process)、壓延加工(calendaring)、塗佈(coating)……等，在此僅介紹射出成型、熱壓成型及壓延成型。

(一) 射出成型

　　此法是將粒狀或丸狀的高分子材料加熱熔融後，射入一中空的模具中，在高壓下冷卻固化後形成與模穴同一形狀成品的成型方法。因而一般的射出機也有與押出機相似的螺桿設計。有時為了使高分子材料與添加劑達到更佳的混練效果，可先用單螺桿或雙螺桿押出機，將高分子材料與添加劑加熱熔融摻混，經冷卻造粒，再以適當的射出成型機將摻混好的粒狀塑料，射出所需要的規格產品。圖 14-11 為射出成型機的示意圖。

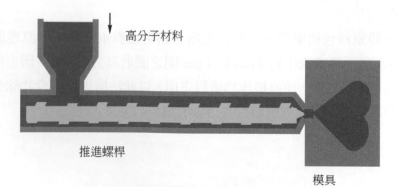

高分子材料

推進螺桿

模具

圖 14-11　射出成型機構造示意圖

　　射出成型的過程將塑化、充模、保壓、冷卻及脫模等步驟結合成為一個生產流程而製得所欲之成品。

(二) 熱壓模成型(thermoforming)

　　熱壓成型法如圖 14-12 所示，係在母模內填充高分子材料再經過加熱加壓而獲得所要的成品，在模板內由於壓力使填充材料與模具完全密合，待冷卻退模即可獲得製品。熱壓成型亦可配合其他強化材之使用而做成複合材料，以增加成品的強度。

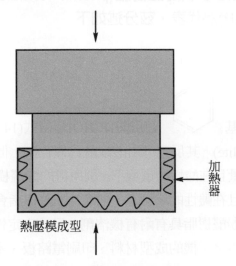

熱壓模成型

加熱器

圖 14-12　熱壓模成型示意圖

(三) 壓延成型

　　壓延成型是將塑化(軟化)的高分子材料藉由熱輥筒的壓製而使厚度減小但長度及寬度增加的方法，主要用以生產板材或薄膜。壓延機為本法的關鍵設計，其熱輥筒可有多種形式，亦可在最後通過雕花輥筒而製得花面板材，圖 14-13 所示者為壓延成型之示意圖。

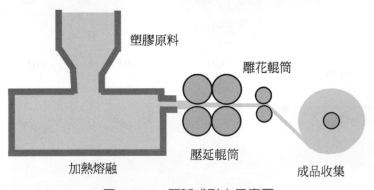

塑膠原料

雕花輥筒

壓延輥筒

加熱熔融

成品收集

圖 14-13　壓延成形之示意圖

▶ 14.5 高分子材料的應用與展望

● 14.5.1 高分子材料的應用

高分子材料依其應用可分爲泛用型高分子以及具特殊功能的耐熱型高分子,並依其性質分爲熱固性及熱塑性兩類。

(一) 泛用型熱固性高分子以酚醛樹脂(phenol formalde resin,PF)及環氧樹脂(epoxy resin,EP)為代表,茲分述如下

1. 酚醛樹脂

酚醛樹脂是由酚基 及甲醛(HCHO)經由式(14.18)之脫水聚合反應而成者,又稱爲電木(bakelite)。其反應可用酸或鹼爲催化劑,但兩者之生成物在結構上頗有差異,若是酚過量且在酸性的環境下,則所得的酚醛樹脂較賦有熱塑性高分子的特性,但若醛過量且在鹼性的環境下,則線性酚醛樹脂會被甲醛交聯,而呈現熱固性高分子的特性。酚醛樹脂具有耐有機溶劑、尺寸安定性、耐熱性、剛性、難燃性等優點,可用於汽車/電機的成型材料、印刷電路板、木材接著劑、建材、汽車及飛機等之裝潢材料等。

(14.18)

2. 環氧樹脂

環氧樹脂係因其分子內含有 2 個以上的環氧基 $\overset{H_2C \,-\!\!\!-\, CH}{\underset{O}{\diagdown \diagup}}$ 而稱之，雖種類繁

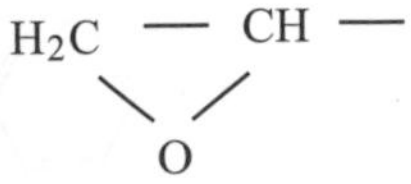

多，但一般所用的環氧樹脂 $HO-\langle\bigcirc\rangle-\overset{R}{\underset{R}{\overset{|}{C}}}-\langle\bigcirc\rangle-OH$ 乃以圖 14-14 所示之含雙

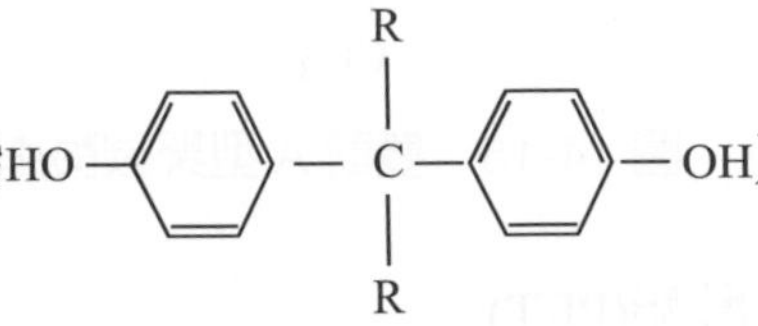

酚基的雙酚型環氧樹脂居多。

主要的優點為接著性、耐水性、耐藥性及尺寸安定性皆佳，且電器性能優良。

環氧樹脂可用於半導體之封裝材料，電子產業的印刷電路板，電器用接著劑，構造
用接著劑，地板被覆塗料等，亦可添加各種助劑以增加其機械性質及韌性。

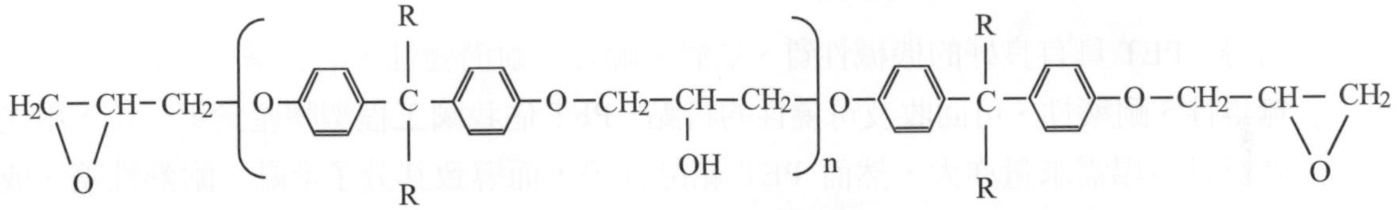

$$H_2C-CH-CH_2\left[O-\langle\bigcirc\rangle-\overset{R}{\underset{R}{\overset{|}{C}}}-\langle\bigcirc\rangle-O-CH_2-\underset{OH}{\overset{|}{C}H}-CH_2\right]_n O-\langle\bigcirc\rangle-\overset{R}{\underset{R}{\overset{|}{C}}}-\langle\bigcirc\rangle-O-CH_2-CH-CH_2$$

圖 14-14 雙酚型環氧樹脂

(二) 泛用型熱塑型高分子以聚碳酸樹酯(Polycarbonate，PC)及聚對苯二甲酸乙二醇酯(polyethylene glycol terephthalate，PET)為代表，茲說明之

1. 聚碳酸酯

聚碳酸酯是由 $\left[-ORO-\overset{O}{\overset{\|}{C}}-\right]$ 經縮合聚合而得到的一種聚酯，可藉光氣法(phosgene

process)與熔化法(melt process)製得，其中之 R 可為芳香族或脂肪族，最常用者為
如圖 14-14 所示之雙酚 A 型高分子，聚碳酸酯具有剛性、尺寸安定性、韌性、電絕
緣性及透光性。但耐鹼與耐溶劑性較差、高溫水解、耐磨性及耐疲勞性差，所以在
使用時應有無機保護膜以減少刮傷為佳。

聚碳酸酯在光學、電子材料、機械及醫療器材上都有很好的用途，尤其高透明及耐
撞的性質，更可作為高速鐵路的防撞玻璃及軍事用途的防彈材料之用。聚碳酸酯以
其質輕但卻有高的機械性質及透光性，而使其與聚對苯二甲酸乙二醇酯(PET)都可
能成為玻璃基板的替代材料而作為大尺寸顯示器，可見聚碳酸酯在光電產業的重要
性是不容忽視的。

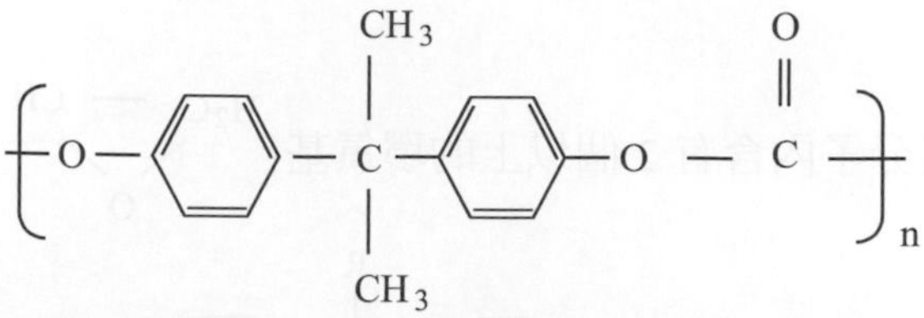

圖 14-15　雙酚 A 型聚碳酸脂結構式

2. 聚對苯二甲酸乙二醇酯(PET)

PET 是由對苯二甲酸()與乙二醇($HOCH_2CH_2OH$)經式(14.19)之聚縮合反應

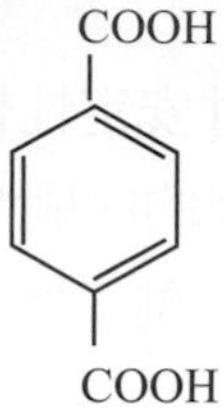

而得。PET 具有良好的機械性質、氣體阻隔性、耐潛變性、耐衝擊性、高透明度、無毒性、耐藥性、可回收及可撓性的特點，PET 佔我國工程塑膠產量第一位，用途廣泛且市場需求量亦大，然而 PET 結晶性差，而導致其分子紊亂、耐熱性差、成型性及尺寸安定性差等缺點，須添加其他纖維方能彰顯其優點。目前在台灣塑膠工業發展中心有針對 PET 的回收料再添加其他強化改質劑以增加 PET 韌性(如表 14-3 所列)並擴充其應用範圍。PET 可應用於電子及汽車零件，而因其耐藥性及無毒性可代替 PVC 而成為食品及藥物的容器，汽水寶特瓶及各式包裝材料等。

PET 具有高透明度與可撓性，對日後可能發展的大型可撓性顯示基板而言，PET 將是相當具有潛力的材料，雖因耐熱性不佳，而使其作為基板的加工製程受到限制，但 PET 在透明基板之應用是眾人所矚而平添 PET 在光電領域發展的想像空間。

$$(14.19)$$

表 14-3 增韌 PET 與一般 PET 之機械性質比較

材料物性	超韌 PET	PET	測試方法
拉伸強度(kg/cm^2)	360	640	ASTM D-638
伸長率(%)	140	17	ASTM D-638
拉伸彈性係數(kg/cm^2)	16114	31700	ASTM D-638
抗折強度(kg/cm^2)	370	725	ASTM D-790
抗折彈性係數(kg/cm^2)	14180	23655	ASTM D-790
衝擊強度(kgf・m/cm^2)(常溫)	100	3	ASTM D-256

(三) 耐熱型熱固性高分子以聚醯亞胺脂(polyimide，PI)與矽氧樹脂(silicone，SI)為代表，茲分述如下

1. 聚醯亞胺脂(PI)

   PI 因在聚合物之主鏈上有醯亞胺官能基 $\left[\begin{array}{c} O\ \ \ \ \ \ O \\ \| \ \ \ \ \ \| \\ -C-N-C- \end{array}\right]$ 而得名，為雙酚雙酐與雙胺類以式(14.20)之脫水縮合反應而成。PI 具有熱固性故一般需以熱壓模成型，或以浸鍍或懸轉塗佈進行薄膜被覆，PI 之耐熱溫度高達 260℃~300℃，而電性優良，耐酸、耐鹼、耐溶劑性佳，耐磨性亦優，此外 PI 可由製程之控制而得到完全透明的材料。

PI 之使用以軟性電路板、電線包覆材、飛機構造材、中低介電係數材料居多，此外透明之 PI 因比 PET 材料耐熱性佳，而成爲在可撓式顯示器基板具有潛力的材料之一。

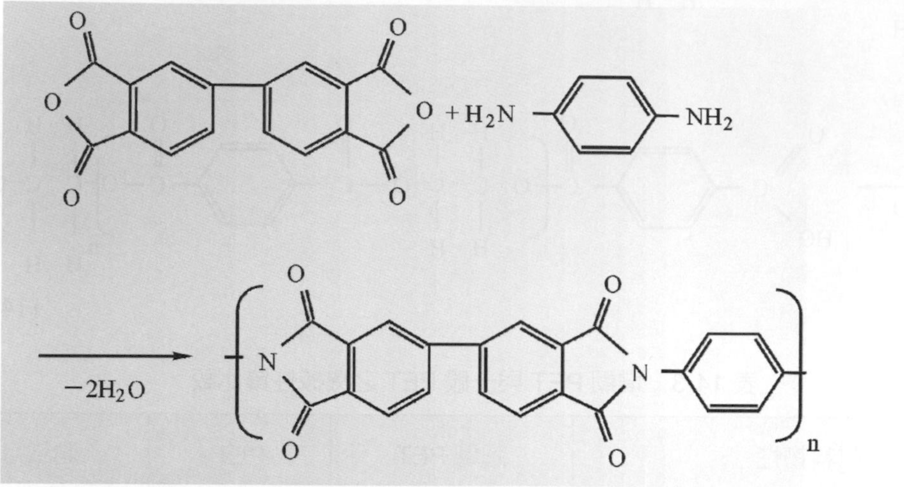

$$(14.20)$$

2. 矽氧樹脂材料(silicone resin，SI)

SI 是由矽醇類以式(14.21)之脫水聚合而得者，其形貌隨著R的不同而異，SI 在受熱後之線型分子結構因交聯固化而具有熱固性。因 SI 是由無機的 Si 取代有機的 C 而使其耐熱性增加，可作爲高溫用途。其優點爲：耐冷熱性佳、不透水、具撥水性、無毒性、電絕緣性佳、介電係數低、不易沾附、可撓性及耐候性佳，可作爲金屬模具之離型劑、半導體封裝材料、墊片、絕緣材料及潤滑油脂。

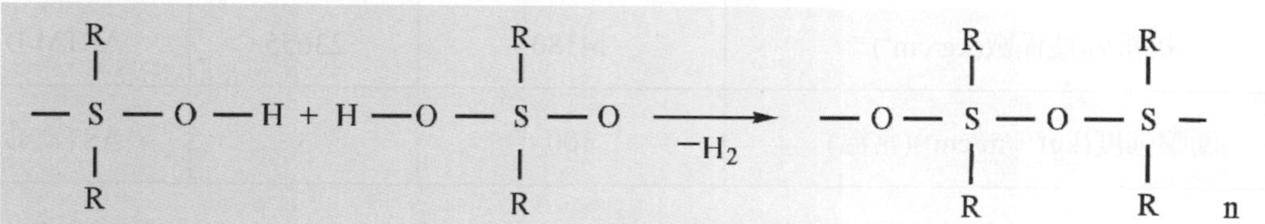

$$(14.21)$$

(四) 耐熱型熱塑性高分子代表之聚碸樹脂(polysulphone resin，PSU)與氟碳樹脂(fluricarbon resin，FC)，茲說明如下

1. 聚碸樹脂(PSU)

聚碸係由雙酚 A (bisphenol A)和 4，4'-二氯二苯(DCDPS)在二甲基亞(DMSO)之溶劑中縮聚而得，其分子結構如圖 14-16 所示，是由(碸)基 $-O=S=O-$、苯基 ⟨◯⟩、

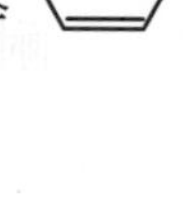

醚基(−O−)及異丙基−CH$_3$−C−CH$_3$− 所組合而成。其中之苯基與碸基可提供足夠的熱穩定性及抗氧化性,而提高 PSU 之耐熱性,其優點為尺寸安定性佳、耐潛變、美觀、難燃、耐強鹼,且長時間在−140℃之低溫仍有良好的性質,故可作為精密電子用之電路板、連接器、襯套、照相機零件及牙科器具等之用。

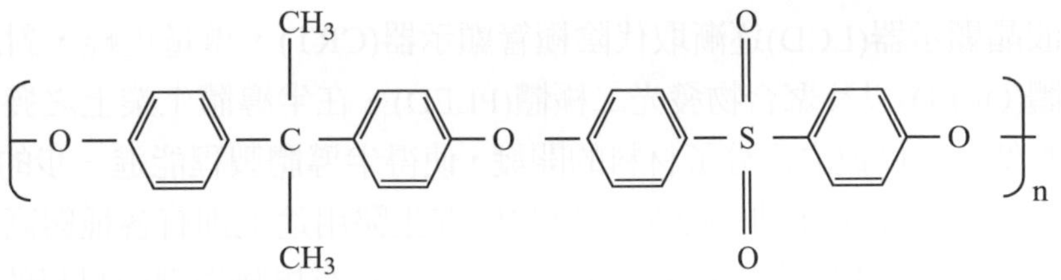

圖 14-16　碸樹脂的結構式

2. 氟碳樹脂(FC)

由含有氟原子的單體所構成的聚合物總稱為氟碳樹脂(FC),最常用的 FC 為俗稱鐵氟龍 (teflon) 的聚四氟乙烯 (polytetrafluoroethene , PTFE) ,是由四氟乙烯

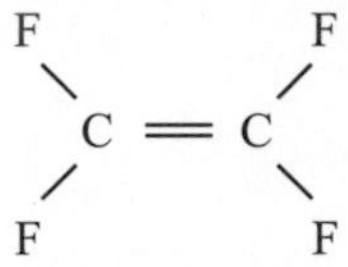

單體經自由基反應聚合而成。PTFE 結構類似聚乙烯,其差異僅在於

聚乙烯中的氫原子為氟原子所取代而成為 PTFE,故 PTFE 的比重較聚乙烯高,且無熔融狀態,因而無法以一般高分子之加工方式成型,PTFE 之加工係以預先合成的粉狀樹酯,經 "成型" 及 "燒結" 而成。其優點為耐熱性可達 260℃,機械性能優良,耐化學腐蝕性佳,耐有機溶劑,為一種非常良好的化學品容器,且 PTFE 表面不易沾附其他雜質,以其當容器污染性較低。而其缺點則是價格貴且熱傳性差,所以雖是很好的耐蝕耐熱容器,但很少用為反應器,一般對耐蝕性要求較高之處,可於表面被覆一層 PTFE 以增強金屬反應器之耐蝕性。

PTFE 主要應用有:潤滑軸承、活塞環、密封圈、醫療用品器具、人造器官、脫模劑以及家庭用品炊具如不沾鍋等。

◯14.5.2　高分子材料的展望

　　由每天所用的塑膠袋及塑膠容器，到高鐵的車體，高分子材料可謂是與民生用途最貼近的材料。雖然高分子材料的機械性能不若金屬與陶瓷材料，但隨著各種功能性高分子的開發，使高分子材料在高科技領域上扮演不可或缺的角色，如光電方面發展有：液晶高分子的應用，液晶顯示器(LCD)逐漸取代陰極管顯示器(CRT)，重量更輕，對比度更佳的有機發光二極體(OLED)以及聚合物發光二極體(PLED)。在半導體工業上之發展則有，以聚醯亞胺為主的低介電係數之高分子材料的開發，使得半導體製程能進一步的推展。聚醯亞胺因耐高溫也是目前最受重視的軟性電子基材。在生醫用途上則有各種與高分子有關的仿生材料的開發，預期未來將會帶給人們更多的幸福；在有機無機混成材料的開發應用，高分子也扮演很重要的角色，如各種高性能塗料的開發使得很多高分子材料應用更加多元化。

習 題　　　　　　　　　　　　　　　EXERCISE

1. 說明高分子材料的聚縮合反應。

2. 說明高分子材料的聚加成反應。

3. 說明聚乙烯，聚丙烯及聚氯乙烯的製程及應用。

4. 說明高分子晶體中的雙相模型？

5. 說明有哪些應用是屬於高分子壓延加工後的產品？

6. 說明高分子材料的射出製程？

7. 高分子材料中何謂球粒晶？

參考文獻：

1. 高分子材料／周宗華，新文京開發出版有限公司。

2. 高分子物性／李育得、顏文義、莊祖煌，高立圖書有限公司。

3. 複合材料／周森，全威出版社。

4. 創造無限可能的高分子材料／陳澄河，高分子科學發展月刊(2003)。

5. "Fundamentals of Materials Science and Engineering", William D. Callister. Jr., John Wiley & Sons, Inc.

6. 塑膠研究發展中心網站 http://home.pidc.org.tw/PIDC2003/doc/PIDC2003-200.htm

複合材料

▶15.1 緒論

　　無論是金屬材料、陶瓷材料或高分子材料，每種材料皆有其優缺點，例如：金屬材料具導電與導熱性、強度大、有延展性及韌性，但密度大、高溫易軟化；陶瓷材料則具有高強度及硬度但易碎、不具韌性、耐高溫，通常不具導電性、導熱性亦不佳；高分子材料則具有質輕，成型容易及價廉之優點，唯不耐高溫且強度較金屬與陶瓷差。在材料的選用上，經常會面臨一些與材料性質有關的抉擇，例如希望所選擇的材料具有陶瓷的耐磨及耐高溫之特性，但又需具有金屬的韌性；或希望能獲得質輕、成型容易且強度高的材料。為達成對材料多方面性質的需求，複合材料乃因應而生。複合材料乃兩種以上性質互補且會產生加成性質，或有更佳特性產生的材料。就材料觀點而言，使用單一之金屬、陶瓷或高分子的材料乃應用其材料本質的特性。如金屬用於導體，陶瓷用以隔熱，高分子材料質輕等皆以其為基礎而加以應用，然而複合材料則是以各類材料的特性為基礎，再加上材料設計觀念，使其性質發揮各材料之長，所以複合材料的重點在材料設計上，通常是先有需求，而後再據以設計。例如：用於製造高速鐵路車廂之材質需輕且耐撞，故針對該需求乃將纖維材料加以運用。另外，並非將兩種異類的材料結合在一起就可達到各取所長的目的，因兩種異類材料的結合會衍生材料新的界面，若複合材料的界面強度很差，則可能在此界面產生缺陷，而成為破斷的起始點，造成整體材料性質的劣化。反之若兩種材料所形成的界面良好，則可提供強化，所得之複合材料的性質亦較原來的個別材料為佳。有關複合材料的探討通常是強化材、基材與複合的界面三者為討論之重點。

▶15.2 複合材料的分類

　　複合材料通常可依基材或強化材之不同而分類，纖維強化材料可分為：纖維強化塑膠(fiber reinforced plastic，FRP)、纖維強化金屬(fiber reinforced metal，FRM)與纖維強化陶瓷(fiber reinforced ceramic，FRC)，此種分類較盛行於日本系統。反之若是以基材分類可分為塑膠基複合材料(plastic matrix composite，PMC)、金屬基複合材料(metal matrix composite，MMC)以及陶瓷基複合材料(ceramic matrix composite，CMC)此種分類法則以美國為主。

▶15.3 強化材(reinforced materials)

　　強化材是在複合材料中扮演機械性質的加強者，亦即其機械性質較基材為高。強化材的材質種類可分為高分子、金屬以及陶瓷三種；若以型態來分，強化材最常見者為纖維，

其次是微粒，而今在奈米科技的應用上，零維奈米粒子及一維的奈米線或奈米纖維更廣泛
應用於高科技，茲以纖維、與奈米級氧化矽爲例，說明複合材料中強化材的製造與應用。

(一) 玻璃纖維的製作

　　玻璃纖維的製造係將玻璃原料如：矽砂、石灰石、氧化鉛、硼砂，及碳酸鈉等調和經
過熔解使之玻璃化再拉成長纖及短纖，所得之玻璃纖維如欲與塑膠摻混，則纖維需行改
質，一般是以矽烷類偶合劑進行表面改質，使其由極性親水表面改變成非極性疏水表面，
方能在塑膠基材中得到良好的分散與界面，其改質的反應如圖 15-1 所示。有關玻纖之製
作流程則如圖 15-2 所示，先將玻璃熔成液態，經抽絲冷卻，所得之玻璃纖維經上膠器中
之矽烷進行表面改質後，最後再捲取收集整理成束。

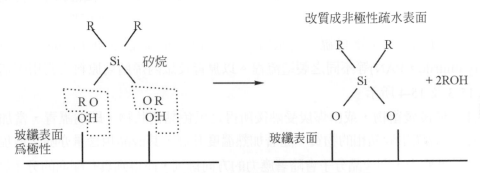

圖 15-1　玻纖表面非極性疏水化改質示意圖

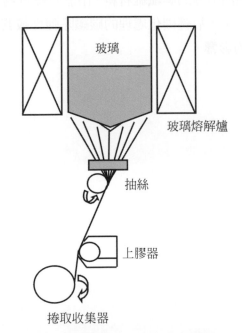

圖 15-2　玻璃纖維製造流程示意圖

　　玻璃纖維之製造及性質依其成分之不同而異,含鈉量較高者其熔點較低,較易製作,且成本較低,反之含鈉量較低者,則熔點較高,不易製作,但成品之化學抵抗力佳,耐熱性亦較高。

(二) 碳纖維的製作

　　碳纖維亦是複合材料常用之的強化材之一,通常可分為高強度的石墨碳纖維及一般的碳纖維,主要的差別為石墨碳纖維因含有石墨的結晶相,雖然在石墨層間的碳碳間只有凡德瓦力存在,但在石墨晶相的每一面上卻是碳的共價鍵結構,可以維持一定的強度,再配合複合材料的特殊方向優選性,使得石墨纖維的優點可以完全發揮。而一般之碳素纖維的碳碳間雖由共價鍵組成,但因較不具結晶性,故其物理性質較石墨纖維為差。然而此兩種碳纖維製程,除石墨碳纖維多一項高溫結晶化的製程外,其餘的製程都一樣。

　　碳纖維依原料區分有瀝青(pitch)木質素(lignin)螺縈纖維(rayon)及聚丙烯腈(polyacrylonitrile,PAN)等不同之製造流程。以瀝青及聚丙烯腈為原料之常用製造流程分別如圖15-3及15-4所示。

　　煉油的最後殘留物,或由煤炭受熱後所得之黑色黏稠狀物,即為瀝青,當加熱超過350℃時瀝青會產生液晶相的物質,隨著加熱溫度升高,其液晶相含量亦隨之增加,若在此時施以拉伸應力,則液晶分子會隨著應力的方向排列,而得到具有配向的分子結構,再經碳化處理後,就可得到高強度的碳纖維材料,由於以瀝青為主的碳纖維在低溫未經碳化時即有類似石墨之結構生成,故經碳化處理的碳纖除彈性較其他材料為高外,其機械性質亦受液晶相瀝青之含量的影響。

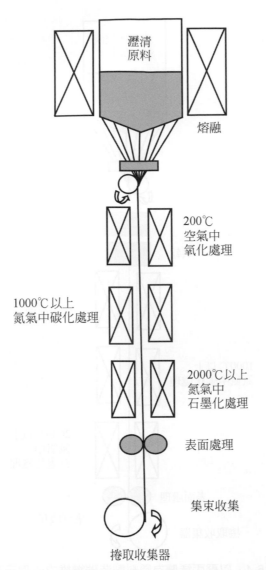

瀝清
原料

熔融

200℃
空氣中
氧化處理

1000℃以上
氮氣中碳化處理

2000℃以上
氮氣中
石墨化處理

表面處理

集束收集

捲取收集器

圖 15-3　以瀝青為原料製造碳纖維之流程示意圖

　　而以聚丙烯腈為原料之碳纖維的製造流程如圖 15-4 所示，利用溶劑先將聚丙烯溶成溶液，經抽絲烘乾後，再行熱處理而得到碳纖維，熱處理時，需先在空氣中於 200℃ 氧化熱處理，以燒除溶劑或少量易揮發物質，而後於無氧的環境下進行高溫熱處理，即可獲得碳纖維。高溫熱處理時，為避免碳與氧產生燃燒反應而燒掉碳，因而無氧氣氛之熱處理對碳纖維製造非常重要。

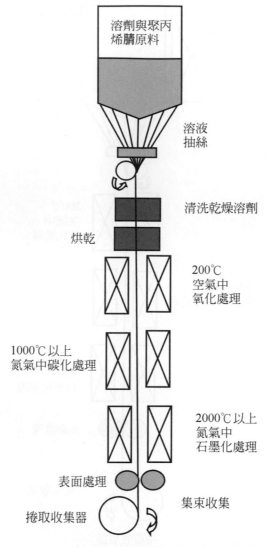

溶液抽絲

清洗乾燥溶劑

烘乾

200℃
空氣中
氧化處理

1000℃以上
氮氣中碳化處理

2000℃以上
氮氣中
石墨化處理

表面處理

集束收集

捲取收集器

圖 15-4　以聚丙烯腈為原料製造碳纖維之流程示意圖

　　若製造一般碳纖維，則可略去圖 15-3 及圖 15-4 中的石墨化處理，惟雖可減少製造成本，但所得產品的機械性質較差。

(三) 克維拉纖維的製作

　　美國杜邦公司以 PPTA (如圖 15-5 所示)為製造克維拉纖維(Kevlar)之原料，乃因 PPTA 能溶於高濃度的硫酸，且當硫酸的濃度高於某定值時(約 8 wt%)，溶液具有光學異方性，這種異方性與上述瀝青加熱所形成的液晶態物質很類似，溫度越高，異方性越明顯，在承受應力時，異方性會順著應力方向排列，以增加纖維的強度。PPTA 製作可克維拉纖維的製程類似溶液紡絲，所拉出來的纖維要先將高濃度的硫酸洗掉，纖維才會固化成型，其製程示意圖如圖 15-6 所示。

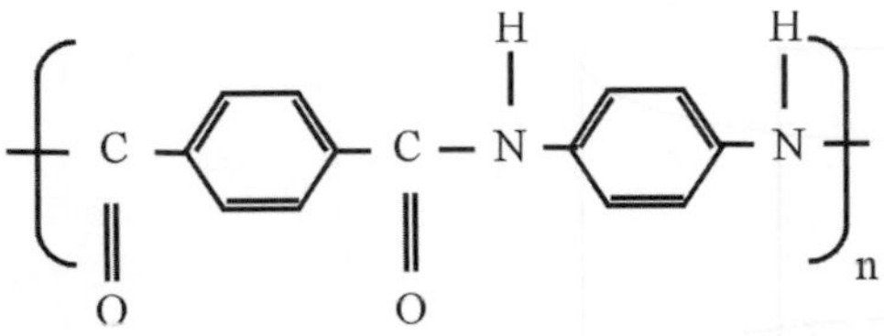

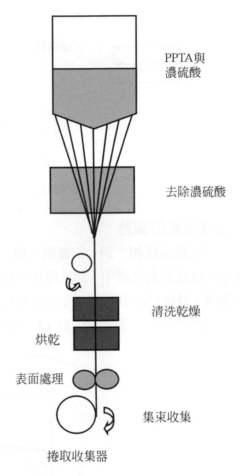

圖 15-6　克拉維纖維的製造流程

右側標示（由上至下）：
PPTA與
濃硫酸

去除濃硫酸

清洗乾燥

烘乾

表面處理

集束收集

捲取收集器

圖 15-5　PPTA 纖維之化學式

(四) SiC 鬚晶的製造

陶瓷纖維可以 SiC 或硼纖維為代表，在此僅介紹 SiC 纖維的製造方法。SiC 纖維亦稱為 SiC 鬚晶，在 1990 年代曾在學術界引領過一股風潮，後來則因實用性及毒性在這方面之研究之熱潮逐漸冷卻。隨著奈米材料的開發，或許在不久的將來 SiC 的鬚晶會開發出更新的用途及更具安全性，而成為一個不可忽視的強化材。

一般製造 SiC 鬚晶是以 CVD(chemical vapor deposition)的方式在鍍有金屬觸媒(一般為鎳)的基板上成長。所添加的觸媒會因為受熱熔融而形成液相，由氣相經過液相吸附後再析出成固相。由於氣體在觸媒液滴本體的擴散速率大於在基材表面，因而在觸媒顆粒表面可快速成長，而形成鬚晶，　這種成長機構稱爲 VLS(vapor-liquid-solid)機構。SiC 鬚晶成長示意圖如圖 15-7 所示。

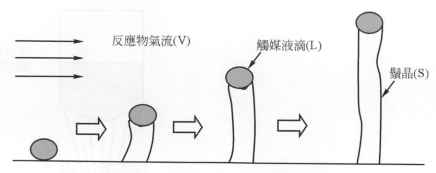

反應物氣流(V)　　觸媒液滴(L)　　鬚晶(S)

圖 15-7　SiC 鬚晶之成長機構示意圖

(五) 金屬纖維的製造

一般金屬纖維如：銅、不鏽鋼、鎢、鋇、鉬、鈷、鎳等可以熔融紡絲法，或電鍍的方式製造，而在奈米技術中，則以陽極處理的基板爲電極，再以電鍍的方式先將金屬沉積於奈米洞內，最後以蝕刻法將氧化鋁模板移除，而製作出奈米金屬線，其製程裝置如圖 15-8 所示，所得奈米線外觀型態如圖 15-9 所示。

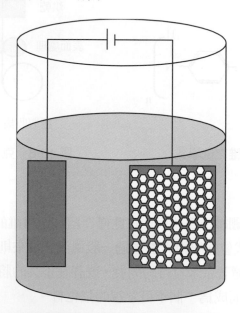

圖 15-8　以氧化鋁模板製造奈米金屬纖維之裝置示意圖

30kV　X 30.000 ——————— 0.5μm

圖 15-9　以氧化鋁模板所成長之金奈米線

(六) 奈米陶瓷顆粒

1. 煙霧狀二氧化矽之製造

   煙霧狀二氧化矽是在塑膠基材或橡膠基材中常見的顆粒狀強化材，可增加塑膠的硬度與耐磨性，亦可增加此等高分子材料的抗氧化性，是使用非常廣的顆粒強化材。煙霧狀二氧化矽的製備裝置如圖 15-10 所示，在氫氧焰燃燒的過程中加入反應物 $SiCl_4$，利用燃燒所產生的產物 H_2O 與 $SiCl_4$ 產生水解反應，並在火焰的高溫下，先形成 SiO_2 蒸氣再經過成核凝集而得到煙霧狀的二氧化矽，其合成反應機制如下所示

$$2H_{2(g)} + O_{2\,(g)} \rightarrow 2H_2O_{(g)} \tag{15.1}$$

$$SiCl_{4(g)} + 2H_2O_{(g)} \rightarrow SiO_{2(g)} + 4HCl_{(g)}\uparrow \rightarrow SiO_{2(s)} \tag{15.2}$$

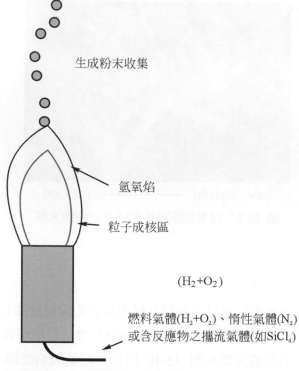

生成粉末收集

氫氧焰

粒子成核區

(H_2+O_2)

燃料氣體(H_2+O_2)、惰性氣體(N_2)
或含反應物之攜流氣體(如$SiCl_4$)

圖 15-10　以燃燒法合成煙霧狀 SiO_2 之示意圖

2. 矽酸膠之製造

　　另外一種顆粒狀強化材為最近經常用於奈米透光複合薄膜的矽酸膠，基本上矽酸膠亦為 SiO_2 的顆粒，所異者僅是其在溶液中形成，而且在與塑膠基材摻混時也保持溶液狀態。由於矽酸膠顆粒是在溶液中合成，故顆粒中仍夾帶水氣，且因未經乾燥，故顆粒可以保持如圖 15-11 所示之無凝聚體的單一分布，矽酸膠顆粒除可作為光電透光，及功能性塗料配方用途外，可將其表面改質而作更廣泛的應用，乃是一種古老但又被賦予新功能的奈米材料。

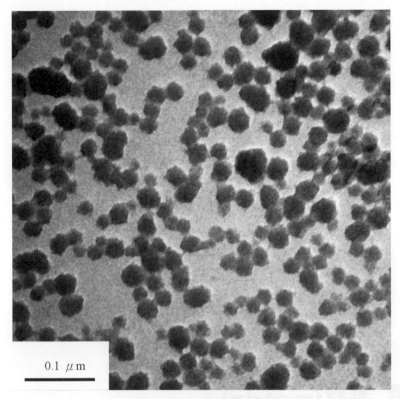

0.1 μm

圖 15-11　矽酸膠顆粒

　　矽酸膠的製造以水玻璃為原料，所謂水玻璃乃矽砂溶於高濃度的鈉鹼溶液所成者，故又稱為矽酸鈉，欲從水玻璃中形成矽酸膠顆粒需降低水玻璃中的鈉濃度，使矽酸過飽和析出矽酸膠。通常利用離子交換法，將鈉離子與氫離子交換，使矽酸鈉水溶液變成矽酸，再使其成核長大而成矽酸膠，其製程如圖 15-12 所示。杜邦公司另利用礦物酸與矽酸鈉反應產生沉澱後，將沉澱物清洗以除去鈉，再將之在水熱的環境養成矽酸膠顆粒，但這種產品因顆粒大小分布範圍較廣，並不適合在光電之用途。

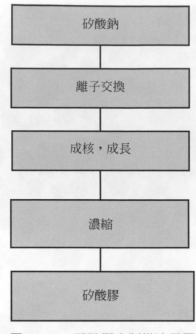

圖 15-12　矽酸膠之製備流程圖

▶15.4　基材(matrix)

　　複合材料之基材有高分子、金屬與陶瓷三種，扼要介紹高分子金屬與陶瓷基材的特性如下。

(一) 金屬基材

　　由於金屬基複合材料在製程中，需要經加熱的步驟，故其基材需具有下述之性質，方適合使用：(1)在使用溫度內不能發生相變化；(2)基材與強化材要有匹配之熱膨脹係數，尤其以纖維為強化材時，因其膨脹並不等向，更須注意避免發生殘留應力而有害複合材料的強度；(3)金屬基材需具備良好之耐蝕性及耐候性。

　　由於在實用上皆希望能獲得質輕且強度高的複合材料，故就金屬基材的選用，亦以獲得輕量化為目的，熱製程所需之加熱溫度不要太高，以減少製造過程的殘留應力，故質輕或熔點低的金屬如：鋁、鎂、鈹、鈦、鋯等都是常見的金屬基材。

(二) 陶瓷基材

　　陶瓷材料在本質上可視為一種廣義的複合材料，因其在使用時，為增加其機械性質，光學性質或電氣性質常會添加其他的陶瓷，經混合共燒而成，其中以氧化鋁、與氧化矽為常見的基材，陶瓷材料是以該混合物陶瓷中成分最高者為基材。此外，也有將混合氧化物製成玻璃態(如：矽酸物、硼酸及磷酸之混合物者)，而將其作爲陶瓷高溫黏結劑，或將此玻璃態陶瓷作爲基材，雖具有低的軟化溫度，但卻可降低燒結溫度。

(三) 高分子基材

高分子材料的特性爲質輕，加工性良好，價格便宜，用途很廣。但其缺點爲機械強度較低，在工程上使用時，常需要加入強化材，成爲複合材料，以增加其強度。

常用的高分子基材有熱塑性和熱固性二種，其中熱塑性塑膠在常溫爲固體，加熱則軟化變形，強度較低，但可回收重熔再利用，爲綠色環保材料，而熱固性塑膠在加熱聚合後即成固體，再加熱亦不再軟化，其機械強度較高。

高分子基複合材料有很多用途，如火箭、遊艇、汽車等。

▶ 15.5　基材與強化材的界面(interface)

(一) 界面強度的定義

界面區域是強化材與基材兩相間以化學力或機械力結合的區域，其型態係由基材漸進轉變至強化材的範圍。

複合材料的強化效果，取決於界面強度。若強化材與基材具有足夠的界面強度，則有助於增強複合材料之強度。反之，若界面強度低，則會在強化材與基材之間形成微裂縫而降低複合材料的強度。然而由於強化材的性質通常與基材相差甚多，如在疏水的塑膠基材中添加親水的陶瓷顆粒；又如在混凝土中添加塑膠顆粒，以降低隔間牆之單位體積的重量。因而在實際應用上強化材需經表面處理，才能產生足夠強度的界面。

(二) 界面的接著機構

有關於強化材與基材之間的接著機構，大概可分爲如圖 15-13 所示之五種模式：(1)吸附與濕潤，(2)相互擴散，(3)靜電吸引，(4)化學鍵結及(5)機械崁合；茲分述如下：

1. 吸附與濕潤可使強化材的表面改質而與基材的表面同質，使其避免因親疏水性之不同而引起界面分離，造成破裂的現象，所以界面的潤濕是形成穩定界面的第一要務，一般偶合劑的添加皆有助於兩個不同性質的界面相互潤濕。

2. 相互擴散是在高溫下，藉由異質成分擴散產生擴散接合作用而形成足夠強度的界面。

3. 靜電吸引是使強化材與基材表面分別帶有不同性質的電荷，使其在接觸過程中，因靜電吸引而產生較強的界面。

4. 化學鍵結爲偶合劑與強化材及基材都形成鍵結，通常如偶合劑的疏水基是烷基類，則可提供潤濕的表面，若是烯類或炔類等存在不飽和鍵時，偶合劑除可與高分子基材形成共價鍵之聚合反應而提供足夠強度的穩定界面外,偶合劑的烷氧基亦可與強化材表面的氫氧基形成脫水聚合而鍵結。

5. 機械崁合是將強化材做成某種形狀,使其在基材混合時因形狀的關係而使界面不易滑動,以增加界面的強度。

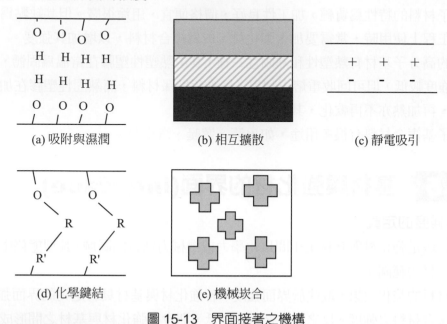

(a) 吸附與濕潤　　　　　(b) 相互擴散　　　　　(c) 靜電吸引

(d) 化學鍵結　　　　　(e) 機械崁合

圖 15-13　界面接著之機構

由上述的結果可知複合材料所要者並不只是鍵結很強的界面,而是希冀有一可連結強化材與基材間的橋樑,緩衝此兩種材質在組合時因性質之差異所導致的破壞,以增加此兩種材質的相容性。

(三) 複合材料的其他添加助劑

為增進複合材料的加工性質,除偶合劑外需要使用其他如:成膜劑、可塑劑、潤滑劑、抗靜電劑等添加劑,成膜劑最主要的功能是將抽絲的細絲纖維先集結成股以增加其應用強度。可塑劑則是為了調整纖維尤其是玻璃纖維等硬質纖維的柔軟度,增加其彎祈性,熱可塑性及熱流動性,亦可避免起毛球。潤滑劑可保護纖維不受磨損,特別是在加工或成型過程。抗靜電劑則可避免纖維因製造或加工過程中的摩擦生電而糾結在一起,或易沾附於器具表面而難加工。這些纖維處理劑在使用時:須配合各成份間的反應性以免因發生反應致使添加劑成為可能的破壞者。此外添加劑的使用溫度與酸鹼度及使用時間亦需配合複合材料的加工製程,才能獲得功效。

▶15.6　複合材料的強度基本性質

○ 15.6.1　比拉伸強度與比彈性模數

在複合材料中，強化材的含量與分佈影響複合材料的性質甚鉅，為便於各種複合材料之強度與彈性模數的比較，乃定義比拉伸強度與比彈性模數以取代一般的拉伸強度與彈性模數。

比拉伸強度是指在同樣荷重下的棒或板的重量比較，亦即在承受相同拉力時，若材料所需的重量越輕，即表其比拉伸強度越高，就不同型式的複合材料而言，僅需知其比拉伸強度即可明瞭此材料機械性質之優劣。

定義：　　σ：一般之拉伸強度(應力)　　L：工件長度

　　　　　A：受力的垂直面之截面積　　P：拉力

　　　　　ρ：密度　　　　　　　　　　W：重量

　　　　　ε：彈性應變　　　　　　　E：彈性模數

則根據定義

$$W = \rho LA \tag{15.3}$$

$$P = \sigma A \rightarrow A = \frac{P}{\sigma} \tag{15.4}$$

$$W = \rho L(\frac{P}{\sigma}) = \frac{PL}{(\frac{\sigma}{\rho})} \tag{15.5}$$

$\frac{\sigma}{\rho}$ 為比拉伸強度，即為一般的拉伸強度除於複合材料的密度所得之值。

$$又 \quad \sigma = E\varepsilon \tag{15.6}$$

根據比拉伸強度的定義則

$$(\frac{\sigma}{\rho}) = (\frac{E}{\rho})\varepsilon \tag{15.7}$$

$(\frac{E}{\rho})$ 即為複合材料的比彈性模數。

當兩個大小相同的複合材料(L 固定)，在承受相同之拉力 P 時，所需的重量 W 與($\frac{\sigma}{\rho}$)、($\frac{E}{\rho}$)皆成反比，即在承受相同拉力時，($\frac{E}{\rho}$)越高則所需的重量越輕，亦即材料的機械性質越佳。

對於複合材料的強度須注意者為對同體積與同形狀的一般材料及複合材料而言，複合材料的強度未必較一般材料為佳，但若是在承受相同應力時，則複合材的使用可大幅降低材料的重量，而達到輕量化的目的，例如在相同應力下，使用碳纖複合材所需之重量僅為一般碳鋼材的 19%。

此外，對於複合材料機械性質的討論亦可利用個別材料的彈性模數計算複合材料的混合彈性模數，以下分別就纖維複合材料在固定應變及固定應力之型態予以探討：

(一) 固定應變型態

如圖 15-14 所示者，固定應變之受力型態的應力與纖維方向平行。在此情況下，整體材料的應變皆相同，即強化材與基材的應變相同，且等於整體材料的應變。

設基材與強化材所受的應力分別為 σ_m 與 σ_r，而應變為 ε_m 與 ε_r，若兩種材質之體積分率分別為 V_m 與 V_r，而兩種材質之個別彈性模數為 E_m 與 E_r，則因應變相同；所以

$$\varepsilon_T = \varepsilon_m = \varepsilon_r \tag{15.8}$$

$$\frac{\sigma_T V_T}{L} = \frac{\sigma_m V_m}{L} + \frac{\sigma_r V_r}{L} \quad (\frac{V}{L} = A，且 V_T = 1) \tag{15.9}$$

即　$\sigma_T = \sigma_m V_m + \sigma_r V_r \tag{15.10}$

因為　$\varepsilon_T = \varepsilon_m = \varepsilon_r \tag{15.11}$

故　$(\frac{\sigma_T}{\varepsilon_T}) = (\frac{\sigma_m}{\varepsilon_m}) V_m + (\frac{\sigma_r}{\varepsilon_r}) V_r \tag{15.12}$

且　$E = \frac{\sigma}{\varepsilon} \tag{15.13}$

得　$E_T = E_m V_m + E_r V_r \tag{15.14}$

上述中的 E_T 即為複合材料的混合彈性模數。

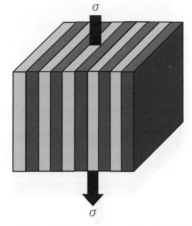

圖 15-14　固定應變之型態，應力與纖維方向平行

(二) 固定應力型態

　　如圖 15-15 所示為固定應力之型態，即所受的應力與纖維方向垂直。當材料承受此種應力時，整體材料的應變總和為強化材與基材在垂直受力方向的應變總和，但其個別材料在垂直方向所承受的應力相等。

所以　　$\sigma_T = \sigma_m = \sigma_r$ 　　　　　　　　　　　　　　　　　　　　　　　(15.15)

$\varepsilon_T = \varepsilon_m V_m + \varepsilon_r V_r$ 　　　　　　　　　　　　　　　　　　　　　　　(15.16)

因為　　$\varepsilon = \dfrac{\sigma}{E}$ 　　　　　　　　　　　　　　　　　　　　　　　(15.6)

所以　　$(\dfrac{\sigma_T}{E_T}) = (\dfrac{\sigma_m}{E_m})V_m + (\dfrac{\sigma_r}{E_r})V_r$ 　　　　　　　　　　　　　　(15.17)

因為　　$\sigma_T = \sigma_m = \sigma_r$ 　　　　　　　　　　　　　　　　　　　　　　　(15.18)

同時消去 σ 得　　$(\dfrac{1}{E_T}) = (\dfrac{V_m}{E_m}) + (\dfrac{V_r}{E_r})$ 　　　　　　　　　　　　　　(15.19)

即　　$E_T = \dfrac{(E_m E_r)}{(V_m E_r + V_r E_m)}$ 　　　　　　　　　　　　　　　　　　(15.20)

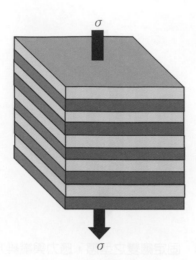

圖 15-15　固定應力之型態為應力與纖維方向垂直

例題 15-1 有一纖維複合材料是由 60 vol% 彈性模數 $E_r = 20 \times 10^6$ psi 的纖維及 40 vol% 彈性模數 $E_m = 0.5 \times 10^6$ psi 的塑膠基材組成，此複材若纖維平行應力方向受力，試計算在此方向的混合彈性模數為多少？

解

纖維平行應力的方向，為等應變形態

所以　$E_T = E_m V_m + E_r V_r$

且　$V_r = 0.6, V_m = 0.4$

$E_T = 0.5 \times 10^6 \times 0.4 + 20 \times 10^6 \times 0.6 \text{(psi)}$

$= 12.2 \times 10^6 \text{(psi)}$

混合彈性模數為　12.2×10^6 psi

例題 15-2 同上題，但此材料的受力方向是垂直纖維排列的方向，則此複合材料的混合彈性模數為何？

解

應力方向與纖維排列方向垂直，所以不管是纖維或基材應該都承受同樣的應力，即為固定應力型態，故

$$E_T = \frac{(E_m E_r)}{(V_m E_r + V_r E_m)}$$

$$E_T = \frac{(0.5 \times 10^6 \times 20 \times 10^6)(\text{psi})^2}{(20 \times 10^6 \times 0.4 + 0.5 \times 10^6 \times 0.6)(\text{psi})} = 1.20 \times 10^6 (\text{psi})$$

Chapter

15

所得混合彈性模數為1.20×10^6 psi。

　　由上述之例可知雖是相同的複合材料，受力的方向不同，強度的表現也會改變，以纖維與應力相同的混合彈性模數較纖維與應力垂直的混合彈性模數大了將近一個級數，可見在複合材料中之強化材與基材的分佈對性質的影響非常大，在上述之例題中係假設纖維在橫方向與縱方向的彈性模數皆相同方才成立，但實際上除了微粒強化材之外，一般纖維，奈米碳管等皆為具有異方性的強化材，彈性模數亦因方向之不同而異，通常平行纖維方向的彈性模數更高，所以上述計算值與實際的差異將會更大，亦即對添加具有異方性質之強化材的複合材料，其應力方向對混合彈性模數的影響非常大。

15.6.2　纖維複合材料的破斷機制

　　纖維複合材料的破斷機制，為在纖維垂直方向受一剪力作用時，複合材料因產生裂縫而破斷。由於不同複合材料的強化材與基材在破斷時界面強度不同，可呈現相異的破斷行為，故可藉由對纖維複合材料的破斷面分析，瞭解其界面性質。

　　如圖 15-16 所示者為纖維複合材料主要的破斷型態：(1)纖維與基材的破斷面平齊或幾乎平齊(如圖 15-16(a)所示)。此乃表示破斷發生時，纖維與基材是一起被裂縫貫穿而產生破斷。纖維產生破斷乃因應力大於纖維的強度，才引起纖維與基材破斷。然而若纖維與基材間的界面強度夠大，則應力並不使界面產生破斷，而是直接通過基材進而延伸至整個工件以致破斷。(2)纖維被拔出基材的破斷，當纖維與基材之界面強度不夠時，應力穿過基材後先將纖維拔出並進而發生纖維斷裂以致破斷。在圖 15-16(b)中的破斷面有一些被拉出的纖維及纖維被拉出後的洞。(3)當所受之應力並不足以破斷纖維，但因纖維與基材之界面強度太弱，以致在低應力的情況下，亦可使纖維與基材發生剝離的現象(如圖 15-16(c)所示)。

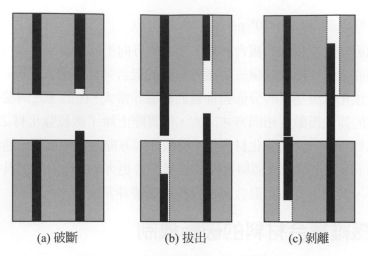

(a) 破斷　　　(b) 拔出　　　(c) 剝離

圖 15-16　纖維複合材料之破斷型態

▶15.7　纖維強化塑膠複合材料的加工

(一) 預型體的製作

所謂預型體是將基材樹脂，纖維與填充材等製作形成半固化狀態，可分為熱塑性基材與熱固性基材兩種。在熱塑性基材中，強化材與基材的混合方式有：(1)基材溶於溶劑的溶液含浸法；(2)基材加熱熔融成液態再含浸的溶融含浸法；(3)基材先製成粉末並混在水中，再將強化材浸泡於水中，使粉末被覆其上的粉末含浸法；及(4)分別將基材與強化材做成纖維，再以經線及緯線之方式編織的混織法，示意圖如圖 15-17 所示。

在熱固性基材中，除可將基材與強化材直接混合加熱硬化外，也可將基材與強化材先形成預型體，且在不讓基材完全硬化的程度下先降溫儲存，至欲製作成品時，再將預形體成形後升溫一段時間，使熱固性高分子充分反應而完全成型為止。

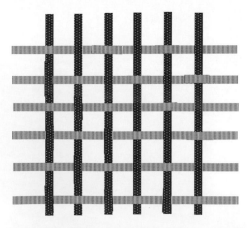

圖 15-17　強化材與基材混織法之示意圖

(二) 手工積層法(hand lay-up method)

　　如圖 15-18 所示者為手工積層法，簡稱為手積法，係以黏結劑為基材，先做成模型，並貼上離形膜，而後將片狀的預形體利用手工的方式，以滾筒將之貼到模型上所得之複合塊材，此法為最原始之複合材料加工方式。手積法之優點為簡單，可控制複合層的厚度，亦可製作複雜形狀的工件。但因純屬手工製作，所以精度較差，產量也低。一般而言，少量訂做或剛開始開發的原形設計，或是較大的工件且不需高精度者，都以手積法製作，如船艇、桶槽、浴缸與浪板等不需高精度的用途，手積法為適用之方法。

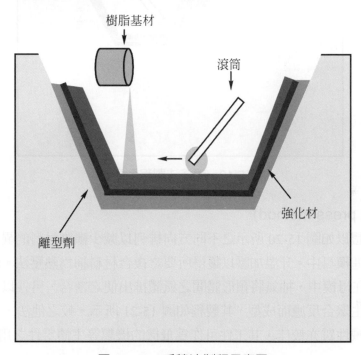

圖 15-18　手積法製程示意圖

(三) 噴塗法(spray up method)

　　噴塗法主要是將連續纖維以噴槍噴出並以切割器切成小纖維股，把樹脂基材與其他助劑或起始劑同時噴入與纖維股相混後，再以滾筒將混合物中的氣泡壓出，並將基材與強化材物壓實，圖 15-19 為其示意圖。噴塗法是將手積法改良而成，此法之速度雖較手積法快，但纖維切斷後會有很多飛屑而影響工作環境。此外噴塗法雖是手積法的改良，但因其積層速度太快，若工件之精密度需求較高或較複雜，或體積較小的工件，即不適合以噴塗法施工。

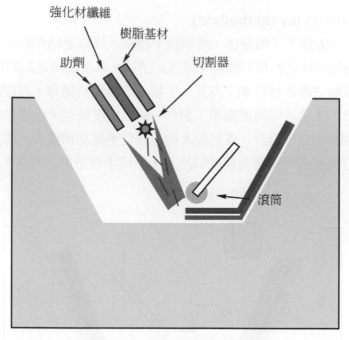

強化材纖維

樹脂基材

助劑

切割器

滾筒

圖 15-19　噴塗法製程示意圖

(四) 熱壓法(hot press method)

　　將多片預型體以如圖 15-20 所示之不同方向排列以減少纖維材料的異方性，並將堆疊完成的預型體送進模具中。升溫加壓以獲得所要之複合材料稱為熱壓法。模具可分為公模與母模，預形體在母模中，抽氣將預形體間之氣體排出使之密合，另外以熱壓的方式，使堆疊的預型體產生聚合反應而成型，其製程如圖 15-21 所示。較之他法，熱壓法所得之工件較為緻密，機械性質亦較佳，其工件可作為飛機的機翼等主體零件之用。

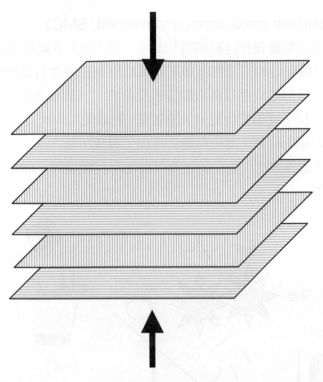

圖 15-20　不同方向纖維之預型體在熱壓中的排列

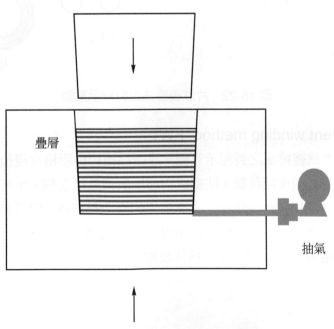

疊層

抽氣

圖 15-21　熱壓法製程示意圖

(五) 片狀模造法(surface mold compound method, SMC)

片狀模造法是先以切斷器把連續纖維切成小股後,於上下兩層之連續離型模上添加樹脂基材,而後利用類似夾心的方式將所切下的纖維股夾在兩含有樹脂的離型模上,再經進一步加壓加熱成型,所得之成品以捲取滾筒收集而成,其製程如圖 15-22 所示。

片狀模造法比手積法或噴塗法更易大量製造,對需使用板材之汽車車身及引擎蓋等都可先以此法生產大面積的模板,而後再進一步加工製成所要之產品。其優點為:形狀不受限制,表面平滑,成型效率高,能自動化及可以使用長纖維等,而缺點則是強度低,纖維排列散亂,較不耐用。

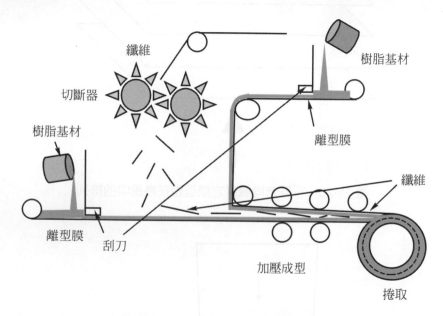

圖 15-22　片狀模造法之製程示意圖

(六) 纏繞法(filament winding method, FW)

圖 15-23 所示者為纏繞法之製程示意圖。連續纖維經樹脂槽含浸後,繞在等速迴轉的鐵芯上,纏繞時鐵芯必須來回移動,使纖維均勻地散佈於鐵芯軸,至所需之厚度後,進一步將工件加熱硬化並脫模。此法除可生產高強度的複合材料外,尚可自動化生產,且可控制內面尺寸精度及纖維排列方向。但此法僅限於具對稱面者,因外表不平整,其纖維之層間接著性及垂直纖維方向之拉伸強度差為其缺點。

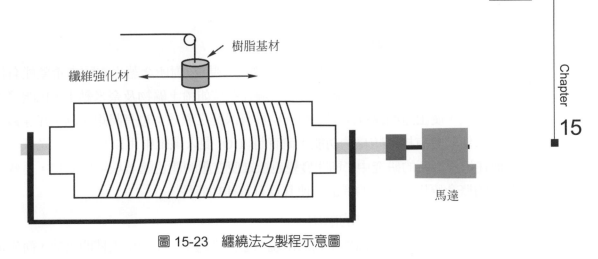

圖 15-23　纏繞法之製程示意圖

▶15.8　複合材料的應用與展望

　　複合材料自初始以樹脂摻混稻草作爲防水布之用，至今日作爲高級工業材料之用，其用途之廣可謂無遠弗界且與日俱增。廣義而言，大部分的先進工業產品皆是應用複合材料或其概念，發展高科技，複合材料在光電產業及生物科技產業中扮演非常重要的角色，茲介紹幾種以複合材料之概念爲基礎的先進應用。

(一) 光電產業用塑膠基板開發

　　從前眼鏡片，是以玻璃爲主要材料，此種眼鏡非但重，且在運動中亦可能會弄破眼鏡而刮傷眼睛。而今以聚碳酸脂或壓克力(CR-39)爲基材之塑膠基複合材料的鏡片已逐漸取代傳統的鏡片，因其非但質輕且耐撞，此乃拜塑膠所賜。以往使用不久即會在表面有刮痕的鏡片，於今已不太容易出現刮痕，此乃以奈米透光的陶瓷顆粒被覆於塑膠鏡片的表面，使塑膠鏡片具有彷如陶瓷的表面而可以防刮所致，其示意圖如 15-24 所示。

　　而在未來的光電產業，隨著面板尺寸的增大，玻璃基板的重量亦隨之而增，但因玻璃易碎，故以塑膠基板取代玻璃幾乎是未來重要的趨勢，此外由於塑膠基板另具有可撓式的優點(如 PET 基板)，因而亦對未來之光電顯示器的產品型態增添想像的空間，故對具透光性，功能性的塑膠基複合塗料亦必將成爲光電產業的重點發展項目之一。

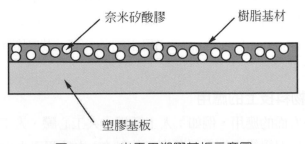

圖 15-24　光電用塑膠基板示意圖

(二) 多功能纖維的應用

　　保健的觀念隨著生活品質的提昇越來越受重視，故對所穿著之衣物亦希望能有保健的功效。因而一些含有遠紅外線輻射功能的陶瓷顆粒如稀土礦物及奈米黏土，也開發添加於塑膠纖維內，使由這些纖維所製成的衣物具有保健之療效；也有將銀、銅、鋅等錯合物與纖維混合使其具有抗菌防臭的功能；尚有將 TiO_2 混入纖維中用以吸收紫外光減少皮膚發炎，而在近代最新的研究中，則開發變色纖維使衣服的顏色隨著環境而變化，這些都將複合材料的概念應用於先進的織品，使其具有各種功能性。

(三) 複合材料在現代建材的應用

　　台灣因地狹人稠故超高建築物之出現乃必然之趨勢，如 101 大樓的落成，而先進複合材料在現代建築物中即扮演不可或缺之角色，試想就如此高的建築物而言，若在上層之建材過重將會使整體建築物的重心升高，而發生傾倒的危險，因而輕質建材於建物上層的使用非常重要，質輕本為複合材料的特色之一，故以樹脂為基材的混凝土大量取代較重的砂石以減少的上層結構的重量，而使建築物重心下降。另外，目前正發展中的自潔玻璃，即是在玻璃表面被覆一層 TiO_2 以進行光觸媒反應而去除玻璃上污物，亦屬複合材料在建材上的應用。

(四) 複合材料在交通工具的應用

　　精密陶瓷在發展之初，以陶瓷引擎汽缸為發展的主軸，但因陶瓷的易碎及不易加工的特性，終使其在汽車引擎之發展受限，但隨後開發在金屬引擎室內壁被覆陶瓷的複合式引擎，可大幅提升引擎內壁的耐磨性，而提升交通工具的性能，另外在車窗材料方面，也因光致色或電致色材料(如：V_2O_5 與 WO_3)的開發，而可阻絕紫外及紅外光，達到節省能源的功效。除此之外，對於高鐵所用之車廂或車窗等，為了克服高速振動之需求，亦使用以塑膠基為主的複合材料。

(五) 複合材料在軍事用途的應用

　　科技的發展幾可決定國家軍事的強弱，例如：美國所發展的隱形戰機，因塗有阻絕雷達波反射之磁性塗料，幾乎癱瘓了敵對國家的空防，也成為世界各國軍事上競相開發的首要目標。另外就防彈背心而言，傳統是以金屬纖維為主，重量較大致使行動力受到阻礙。而以碳-碳複合材料(carbon-carbon composite)為主的防彈背心則因質輕，可避免行動受阻及減少子彈貫穿的機會。

(六) 複合材料在生物科技上的應用

　　複合材料在生醫方面的應用，例如：人工牙根、人工心臟、人工關節等由來已久，而目前則利用膠原蛋白摻混纖維來作為覆蓋傷口的紗布，由於膠原蛋白具有促進組織再生的功能，可加速皮膚的再生，故亦可利用膠原蛋白製作人造皮膚以爲燒燙傷治療之用。此外以幾丁質製作之生化纖維，作爲手術的縫合線，因可被生物體吸收，而不需要拆線。

　　若以複合材料之核殼技術做成複合粉體，並將中心板模溶出而形成中空顆粒，可作爲藥物輸送載具，如圖 15-25 所示爲氧化矽的中空顆粒，藉由這些中空複合材料的開發，日後之用藥將會更精準，減少用藥量大幅降低藥物的副作用。

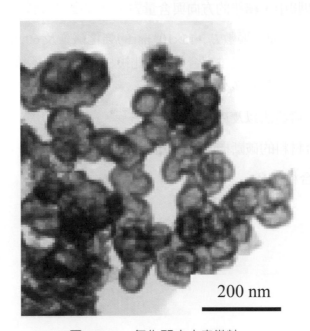

200 nm

圖 15-25　氧化矽之中空微粒

習 題 EXERCISE

1. 說明碳纖維與石墨纖維的差異性。

2. 試說明比彈性模數的意義？在等荷重下，複合材料相對於一般材料的優勢為何？

3. 在纖維強化塑膠中，纖維的方向與含量對工件強度之影響為何？試討論之。

4. 有一由 40 vol%之彈性模數 $E_r = 15 \times 10^6$ psi 的強化纖維及 60 vol%之彈性模數 $E_m = 1 \times 10^6$ psi 的塑膠基材製成纖維複合材料，此複材之應力與纖維方向平行，試計算在此方向的混合彈性模數為多少？

5. 比較手積法，噴塗法以及片狀模造法的差異。

6. 纖維強化複合材料的破斷機制為何？試說明之。

7. 何謂碳-碳複合材料？

材料之電性

■ 本章摘要

16.1 電傳導(electrical conduction)

16.2 固體能帶理論(band theory in solids)

16.3 金屬能帶結構

16.4 金屬導電特性

16.5 其他導電特性

16.6 絕緣體

16.7 半導體

16.8 離子材料的導電特性

電性是材料在外加電場下的反應，係材料的基本物理性質之一。在許多應用上，材料的電性較機械性質更為重要，例如：用於電力傳輸之電線，需有更低的電阻值，以降低因電線發熱所損失的功率，而達成高效率電能輸送的目的。同理，在電子元件中的金屬導線，亦逐漸由鋁線改成銅線，以降低電阻所產生的熱量，而提高元件的性能。另一方面，利用半導體材料電性變化的多樣性，發展出各式之電子及光電元件，亦造就了對人類社會影響深遠的資訊電子產業。

本章將由材料導電性開始，以固態物理之能帶理論(band theory)解釋電性之基礎及差異。而後對有關材料結構、製程及使用環境等對電性之影響，一併討論，以期能對材料之電性有更進一步之瞭解。

▶16.1 電的傳導(electrical conduction)

材料的導電性源自於其內部之電荷載子或載體(charge carrier)在外加電場作用下可自由移動，亦是材料最重要的一項電性質。其中，金屬材料是優良導體，其導電性約為$10^7 (ohm \cdot m)^{-1}$；與其相對的則是導電性約為 10^{-10} 至 10^{-20} $(ohm \cdot m)^{-1}$ 的絕緣體；介於兩者之間，則是半導體，其導電度約為 10^{-6} 至 $10^4 (ohm \cdot m)^{-1}$。由此可知材料的導電性是差異最懸殊之物理性質，分佈的差異超過 20 個數量級。

材料整體的導電特性，可用式(16-1)所示之歐姆定律(Ohm's law)予以描述

$$V = IR \tag{16.1}$$

其中 V 為電壓(單位為伏特，V)，I 為電流(單位為安培，A)，而 R 為電阻(單位為歐姆，Ω)。

電阻 R 是構成電路的材料特性之一，其與材料幾何結構之關係如下所示

$$R = \rho \frac{l}{A} = \frac{l}{\sigma A} \tag{16.2}$$

其中 l 為導線的長度(cm)，A 為導線的截面積(cm^2)，ρ 為電阻係數(electrical resistivity)$(ohm^{-1} \cdot cm^{-1})$，σ 為電阻係數之倒數，稱為導電率。式(16-2)亦說明，藉由導線長度或截面積的改變，可獲得不同的電阻。

歐姆定律之另一種表達形式，合併式(16-1)與(16-2)可得下式

$$V = IR = \frac{Il}{\sigma A} \tag{16.3}$$

$$\frac{I}{A} = \sigma \frac{V}{l} \tag{16.4}$$

式(16-4)中之 I/A 為單位面積通過之電流，稱為電流密度(current density，J，A/cm^2)，而 V/l 則定義為電場(electric field，ξ，V/cm)，J 與 ξ 之關係如式(16-5)所示

$$J = \sigma \xi \tag{16.5}$$

由於電流源自於電荷載子的移動，因此電流密度受載子的數目、帶電量及其移動速度所影響。亦即電流密度 J 可以如式(16-6)所示

$$J = nqv \tag{16.6}$$

其中 n 為電荷載體之平均數目(單位體積之載子數目，個／cm^3)，q 為每個載子所攜帶的電荷量(1.6×10^{-19}C)，v 則為電荷載體的平均漂移速度(cm/s)。比較(16-5)及(16-6)兩式，可獲得如下之關係

$$\sigma \xi = nqv \quad 或 \quad \sigma = nq \frac{v}{\xi} \tag{16.7}$$

$\frac{v}{\xi}$ 又稱為遷移率(mobility，μ，cm^2/V·S)，表示電荷載子移動的難易程度。

$$由 \quad \mu = \frac{v}{\xi}$$

可獲得

$$\sigma = nq\mu \tag{16.8}$$

由於載子之帶電量 q 是一常數，故檢視式(16-8)可知，藉著對材料內的電荷載子數目或遷移率之控制，即能獲得導電度。

電子爲導體(如：金屬)、n 型半導體與絕緣體內最主要的電荷載子，而離子則爲大部份離子化合物及各式溶液的主要載子。載子之移動率則受原子的鍵結、晶格缺陷、顯微組織及擴散速率(在離子化合物中)等因素所影響。

▶16.2　固體的能帶理論(band theory in solids)

原子是由中心的原子核和在外圍環繞原子核運轉的電子所構成，亦是構成材料的基本要素。若就波爾(Bohr)之原子模型而言，則電子係以行星繞恆星運行之方式在原子核外運動，且每一電子只在特定的軌道上運轉，並僅具離散的能量值。不同的軌道代表不同的能量，稱爲能階(energy level)。實際上，電子分佈於特定軌域上(orbital)，爲便於說明，乃以軌道描述之。

由鮑立(Pauli)不相容原理(exclusion principle)，可知每個能階最多只能容納 2 個電子。例如，角動量量子數爲 s 的次殼層只有 1 個能階，故最多只能容納 2 個電子；而角動量量子數爲 p 的次殼層有 3 個能階，故最多能容納 6 個電子。能階之能量隨其與原子核之距離的增加而增加，當數目龐大的原子聚集而成固體時，原子間的距離亦隨之縮短。由 Pauli 不相容原理可知在整個固體中具有相同但自旋方向相反的電子只有 2 個。但原子在相互接近時，其電子發生相互作用，大小不同之能階都能自動調整其大小。但由於原子數目相當多，而這些能階之間的能量差距卻非常小，故若將這些分開的能階視爲在容許能量內的一個連續能帶(energy band)結構將更爲合適，在能帶內電子可連續存在，但在能帶之間則無電子之存在，稱爲能隙(energy band gap)。電子塡入能帶之方式如同塡入能階一樣，係由低能量至高能量之能帶依序塡入。由於各原子所擁有的外層電子數目不盡相同，若部份能帶已被電子塡滿，而其上一層仍塡有電子，但尚未將該能帶塡滿時，則在此未完全塡滿之能帶中的電子即可自由移動，而形成所謂之導電帶或導帶(conduction band)，電子可在導電帶自由移動之材料稱爲導體。已塡滿電子的最上一層能帶稱爲價帶(valence band)，導電帶與價帶間的禁區稱爲能隙。絕緣體即是電子剛好塡滿至價帶中能量最高的位置，且在導電帶內無任何電子。此材料除在價帶中的電子無法移動外，在導電帶內亦無可自由移動的電子存在，故無導電能力。半導體導材料的導電帶與價帶間之能隙很小，其價帶中的電子可因熱運動而跳至導電帶，達到導電的目的。但在一般情況下，這類電子的數目並不多，因此導電性低，但卻又不絕緣，故稱爲半導體。此外，半導體材料之導電性可藉由不同價數之原子的摻雜而大幅改變，此乃電子元件之基礎。

▶16.3　金屬的能帶結構

🔘16.3.1　鹼金族能帶結構

　　由於金屬元素之化學組成單純，且電子結構亦較簡單。因此首先以金屬，尤其是鹼金屬元素，介紹能帶結構的觀念。位在週期表上 IA 列元素稱為鹼金族，其電子結構在最外層的 s 軌域上只有一個電子。圖 16-1 所示為鈉(Na)的能帶結構，鈉原子之電子組態為 $1s^2 2s^2 2p^6 3s^1$。在圖 16-1 中的垂直線代表在固態鈉中之鈉原子的平衡間距，而黑色區域則代表能帶中的能階完全為電子佔據的部份。鈉的 3s 能帶僅有半數被填滿；在絕對零度時，3s 能帶中只有能量最低的能階可為電子所佔有。故 3s 能帶的下半段即稱為價帶，而上半段則為導電帶。

　　當鈉的電子獲得足夠的能量而使其能佔據傳導帶時，該電子即可移動通過鈉金屬而傳導了一單位電荷。該電子移動的速度是由遷移率與電場所決定，並且朝電路正極的方向加速。

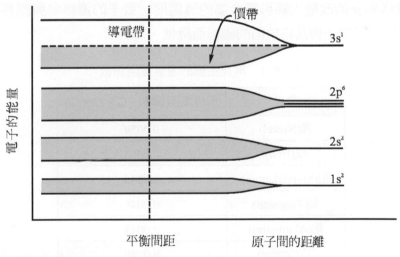

圖 16-1　鈉的能帶結構。其中 3s 能帶僅有半數為電子所填滿，此乃鈉具有傳導作用的原因

　　固體材料中的電子能量並非定值，而是呈統計分佈，一般遵循費米-狄拉克分佈函數 (Fermi-Dirac distribution or probability function)。在絕對零度時，且一個原子未獲得能量時，最高層電子所在的能階，稱為費米能階，而對應之能量即是費米能量。當溫度高於絕對零度時，費米能階為所有能階中，被電子佔據概率為 0.5 的能階。

　　利用費米-狄拉克能階分佈 $f(E)$，可說明在能帶內的某特定能階 E 為一電子佔據的概率。函數 $f(E)$ 如式(16-9)所示，其變化範圍由 0 到 1，其公式為

$$f(E) = \frac{1}{1 + \exp(\dfrac{E - E_f}{kT})} \tag{16.9}$$

其中 k 為 Boltzman's 常數(8.63×10^{-5} eV/K)。在 0 K 時，任一電子之 E 比 E_f 小之機率為 1；而 E 較 E_f 大的機率為零。

$f(E)$ 說明了當金屬內的部份電子具有高於費米能階之能量而進入導帶內，亦會在價帶內產生空的能階。在外加電壓的作用下，導帶內的電子朝正極的方向加速；而價帶內的電子則因填入空能階而朝負極的方向減速。這二種現象皆能造成淨電流，亦即得以導電。

▶16.4 金屬導電特性

金屬是電的良導體，表 16-1 所列者為常見金屬的電阻特性，其導電率為電阻係數之倒數，材料的高導電性源自於大量的自由電子被激發至高於費米能階以上的空態(empty state)。一純度高且無缺陷之金屬的導電度雖由其自身之原子的電子結構所決定，但卻可經由載子之遷移率 μ 的改變大幅影響金屬的導電度。載子的遷移率與漂移速度(v)成正比，而漂移速度則因載子與晶格缺陷的碰撞而降低。

表 16-1　常見金屬的溫度電阻係數

金屬	溫度電阻係數 ($\Omega \cdot$ cm/℃)
鎳(Nickel)	0.0059
鐵(Iron)	0.0060
鉬(Molybdenum)	0.0046
鎢(Tungsten)	0.0044
鋁(Aluminum)	0.0043
銅(Copper)	0.0040
銀(Silver)	0.0038
鉑(Platinum)	0.0038
金(Gold)	0.0037
鋅(Zinc)	0.0038

整體而言，金屬中的缺陷，扮演散射中心的角色而成為載子運動之障礙。因此缺陷濃度成為影響導電性的主要因素。理論上，若輸電是在 0 K 下進行，在無缺陷及聲子散射情

況下，則其平均自由路徑爲無限長，電阻可視爲零。然而，並無任何金屬是完美的，故電阻爲零之情況不易獲得。但某些金屬或化合物在極低溫或接近 0 K 時，電子藉由特殊的運動方式，並不需上述之條件，亦可爲零電阻，即所謂超導體(superconductor)。

就金屬材料而言，其缺陷濃度主要受溫度、化學組成及冷加工程度所影響。而研究亦指出金屬材料的總電阻(ρ_{total})主要來自熱震盪(thermal vibration)、雜質及塑性加工等。其關係如下所示

$$\rho_{total} = \rho_t + \rho_i + \rho_d \qquad (16.10)$$

ρ_t、ρ_i 與 ρ_d 分別爲熱震盪、雜質及塑性加工對總電阻之貢獻。

16.4.1 溫度影響

當溫度昇高時，熱能造成原子振動，而使原子離開其平衡位置。結果使原子與電子作用而將電子散射，導致平均自由路徑及電子遷移率的降低，而使電阻係數增大。電阻係數隨溫度而變化的關係可用下式說明之

$$\rho_\ell = \rho_r (1 + \alpha \Delta T) \qquad (16.11)$$

其中 ρ_r 爲室溫(25℃)的電阻係數，ΔT 爲量測溫度與室溫之差，而 α 爲溫度電阻率係數(temperature resistivity coefficient)，在一段很寬的溫度範圍內，電阻係數與溫度呈線性關係。

16.4.2 晶格缺陷影響

晶格缺陷可使電子散射，導致電子遷移率的降低，亦即降低金屬的導電度。缺陷的數量多則造成平均自由路徑縮短，對導電度有很顯著的影響。所謂平均自由路徑(mean free path)爲電子與缺陷發生碰撞的平均距離；平均自由路徑較長表示移動率較高，亦即導電度較高。例如：因固溶原子而造成電阻係數增大可用下式表之

$$P_d = b(1-x)x \qquad (16.12)$$

其中 P_d 表因缺陷所造成之電阻係數的增加量，x 爲固溶原子或不純物的原子百分率(at%)，而 b 爲缺陷電阻率係數(defect resistivity coefficient)。同理，其它各維度之晶體缺陷，

如空孔、差排及晶界等，也會降低金屬的導電度。每一種缺陷對金屬之電阻係數的增加皆有一定的貢獻度。因此，整體的電阻係數可表為

$$\rho_l = \rho_\ell + \rho_d \tag{16.13}$$

其中 ρ_d 為固溶原子、插入式原子、空孔、晶界及其他缺陷對電阻係數貢獻之總和，缺陷的效應與溫度無關。

16.4.3 製程與強化機構影響

　　金屬顯微組織會影響電子遷移的難易程度，因此金屬的製程與強化機構對其電性亦有相當大之影響。

　　由於金屬固溶強化時，間隙原子或置換原子的隨機分佈，將使電子的平均自由路徑變短，而對電子導行為產生相當大的影響。圖 16-2 為鋅含量及變形量對 Cu-Zn 合金的導電度之影響，由圖中可知，導電度隨著含鋅量的增加而降低。此外，無論是純銅或 Cu-Zn 合金，其導電度亦隨變形量之增加而微幅下降，但其降低幅度較 Zn 之添加為低。

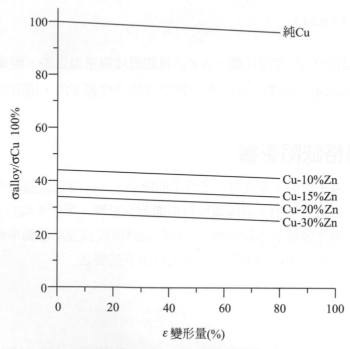

圖 16-2　固溶強化與冷作對銅的導電度之影響

　　時效硬化與散佈強化對導電度之影響程度較固溶強化輕微。表 16-2 所列者為強化機構對銅及其合金之導電度的影響。就散佈強化的合金(如共析合金與共晶合金)而言，其導電度或電阻係數可由混合法則(rule of mixture)推算之。圖 16-3 所示者為鉛-錫合金的電阻係數。由圖可知，當 Pb 或 Sn 之含量低時，電阻係數變化的幅度很大，乃固溶強化所致；當合金組成進入 $\alpha + \beta$ 兩相區內，電阻係數之變化較為緩和，亦即在 $\alpha + \beta$ 之兩相區內的電阻係數可用混合法則估算。

表 16-2　合金元素、強化機構及製程對銅及其合金之導電度的影響

合金	$\dfrac{\sigma_{alloy}}{\sigma_{Cu}} \times 100$	說明
退火純銅	101	只剩少量的晶格缺陷使電子散射，其平均自由路徑長
變形率 80%純銅	98	雖然有相當多的差排，但由於差排糾結的特性，其平均自由路徑仍長
散佈強化的銅基複合材料(Cu-0.7%Al$_2$O$_3$)	85	由於散佈相之密集度不如固溶原子，其界面整合性亦較時效硬化者低，因此對導電度的影響很小
固溶處理的銅鈹合金(Cu-2%Be)	18	由於過飽和之 Be 的少量固溶強化，導致導電度大幅降低
時效處理的銅鈹合金(Cu-2%Be)	23	Be 離開 Cu 的晶格而形成整合性析出物，對導電度的影響不如固溶原子顯著
銅鋅合金(Cu-35%Zn)	28	其導電性雖低，但仍較含 Be 者高，乃因作為固溶強化的 Zn 原子半徑與 Cu 較為接近

　　應變硬化及晶粒大小對導電度的影響較小，此乃因差排與晶界的間距遠較固溶原子為大，故有較長之平均自由路徑所致。因此，在不嚴重損及金屬電性的前提下，欲提高其強度，冷加工是一種有效的方式。此外，冷加工對導電度的降低可藉低溫回復(recovery)予以消除。如此非但能再獲得優良的導電度，且強度亦能保持。由圖 16-3 與表 16-2 可知，與固溶強化相較之下，冷加工對電性的影響幾乎可排除。

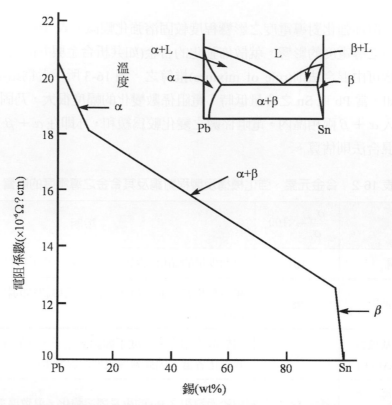

圖 16-3 錫含量對鉛-錫合金的電阻係數的影響

▶16.5 其他導電特性

◯ 16.5.1 熱電偶

在一導體內部的電子佔據能階狀況隨溫度之不同而變化，雖然費米能階為一常數，但在高溫時能階高於 E_f(費米能階)以上者將為更多之電子所佔有。此時若將導線的一端加熱，則在導線上的 $f(E)$ 將隨位置之不同而異。原來在熱端之傳導帶內的電子將往冷端移動，因而在導線的兩端產生一電壓差。熱電偶即是以此為基礎所發展的一種測溫裝置。

利用兩種均質之金屬導體 A 與 B 所製作形成之封閉迴路，如圖 16-4 所示，當兩接點之溫度分別為 T_1 與 T_2 時，若 $T_1 > T_2$ 時迴路內產生電流 i，若 $T_1 = T_2$ 時無電流產生，當 $T_1 < T_2$ 時電流 i 之方向會相反。此種現象在 1821 年由 T. J. Seebeck 發現，因此被稱之為席貝克效應(Seebeck effect)。

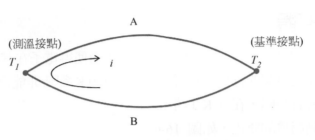

圖 16-4　熱電偶操作示意圖

當回路內之電流流動時會產生電動勢，稱為熱電動勢(thermal electromotive force，EMF)，將基準接點打開後之端子所量測之電動勢被稱為 Seebeck EMF。若將材質不同的兩條導線焊在一起，則大小不同之電流分別由熱接頭沿這兩條導線流向一電壓計，而在這兩條導線之間將產生一隨溫度昇高而增大之電位(potential)，如圖 16-5 所示。利用席貝克效應並量測兩線間之電壓，可用來測定或控制溫度之裝置稱為熱電偶(thermocouple)。

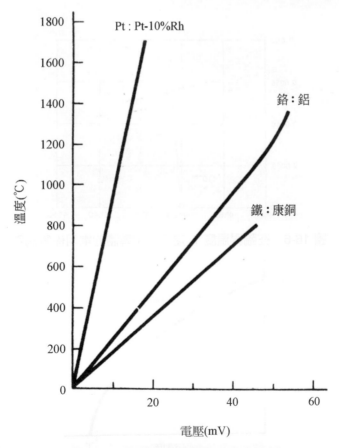

圖 16-5　熱電偶之電壓與溫度的關係

16.5.2 超導體

完美的晶體在冷卻到 0 K 時，電阻係數變為零，而使得電子在其內部運動時，不遭受任何阻力，即顯現如超導體的行為。唯完美的晶體與 0 K 卻皆非能真正達到的條件。

但有些材料即使有缺陷，在 0 K 以上卻可呈現超導行為，亦即在某一臨界溫度 T_c 時發生由正常的傳導到超導的變化，如圖 16-6 所示，此臨界溫度，T_c，與電子的磁性有密切關係。簡而言之，能量相同但自旋方向相反的兩個電子會併成電子對，且不受晶格缺陷或熱擾動之影響，因此可在幾乎不遭受阻力之下運動。

臨界溫度與加在導體上磁場的關係如圖 16-7 所示。由圖可知，磁場強度高於 H_c 後，超導性受到抑制而成為非超導性。在一磁場 H 中具有超導行為的最高溫度 T_c 由下式決定。

$$H_C = H_0 \left[1 - \left(\frac{T}{T_C} \right)^2 \right] \tag{16.14}$$

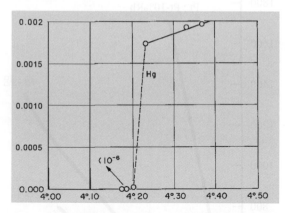

圖 16-6　在臨界溫度 T_c 之下，超導體的電阻係數為零

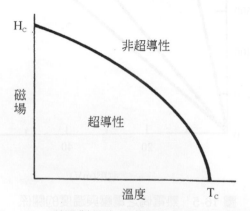

圖 16-7　磁場對發生超導行為最高溫度的影響

表 16-3 所列者為某些化合物具超導行為之臨界溫度,可見無論何種材料,需有低的
溫度來配合方能產生超導行為。若能將材料之臨界溫度提高,則超導體將有更廣泛的應用。

表 16-3 金屬與化合物具超導性之臨界溫度

材料	臨界溫度(K)
Nb_3Sn	18.05
Nb_3Ge	23.2
Nb_3Al	17.5
NbN	16.0
V_3Ga	16.5
V_3Si	17.1
$PbMo_{5.1}S_6(Pb_{0.8-1.1}Mo_{4.5-5.6}S_{5.4-7.2}$ series)	14.4
$La_{2-x}Ba_xCuO_4$	>30
Tl-Ba-Ca-Cu-O	90
$YBa_2Cu_3O_7$	120

▶ 16.6 絕緣體

　　由於 IVA 族元素係以共價鍵結合,因而在 s 與 p 軌域內的電子都被牢牢地繫住。由
共價鍵所造成的限制使能帶結構產生複雜的變化,稱為混成(hybridization)。鑽石內部碳原
子的 2s 與 2p 能階雖能容納 8 個原子,但卻只有 4 個電子可供利用。當 N 個碳原子聚在一
起形成鑽石時,2s 與 2p 之能階發生作用而產生二個如圖 16-8 所示之重疊能帶,每個混成
的能帶都能容納 4N 個電子。因為只有 4N 個電子可供使用,所以上部的能帶(即導帶)為完
全空乏。此外,有一很大的能隙 E_g,把價電子與導帶隔開。只有少數具有足夠能量的電
子能躍過此禁區(forbidden zone)而進入導帶。故鑽石是一種優良的絕緣體。表 16-4 所列者
為 IVA 族元素的電子結構與導電度,可見其導電度隨原子序之增加而增大。

　　幾乎所有共價鍵和離子鍵結之材料的能帶結構在其價帶與導帶之間都有一個能隙存
在,其能隙通常大於 2 eV,僅極少的電子能在一般室溫下被激發而越過能隙,而使此種
鍵結之材料的電性呈現絕緣體(electrical insulators)之特性。

　　表 16-4 即列出常見離子固體之導電度。絕緣體陶瓷用以隔絕與支撐電路上的電子線路、防止導體因相互接觸而產生短路的現象、固定與保護電子元件，以及提供電路的散熱功能。以陶瓷體做為電子絕緣體具有高溫穩定性、不產生有害氣體、良好化學穩定性及較高的機械強度等優點。陶瓷絕緣體在高頻的環境下操作具有較低的信號失真，亦常使用在高頻無線通訊用途上，如：短距無線通訊的藍芽模組及無線區域網路通訊上。陶瓷絕緣體亦常使用為半導體封裝用的基板材質。一般常見的絕緣陶瓷材料有滑石瓷、鎂橄欖石瓷、Al_2O_3、SiC、BeO、AlN、C(鑽石膜)及玻璃陶瓷等。

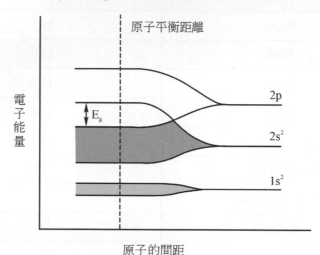

圖 16-8　鑽石之碳元素的能帶結構

表 16-4　典型固體的鍵結與導電度(25°C)

固體	鍵結型式(電子結構)	導電度(ohm^{-1} · cm^{-1})
C	共價鍵($1s^2 2s^2 2p^2$)	$<10^{-18}$
Si	共價鍵($1s^2 2s^2 2p^6 3s^2 3p^2$)	5×10^{-6}
Ge	共價鍵($4s^2 4p^2$)	0.02
Sn	金屬鍵($5s^2 5p^2$)	0.9×10^5
混凝土	離子鍵	10^{-11}
鈉玻璃	離子鍵	$10^{-12} \sim 10^{-13}$
氧化鋁	離子鍵	$<10^{-15}$
熔矽石	離子鍵	$<10^{-20}$

▶16.7 半導體

◯ 16.7.1 本質半導體(intrinsic semiconductor)

由於 Si 和 Ge 之能隙分別為 1.1 eV 和 0.7 eV，所以只要電子擁有足夠的熱能即可激發進入導帶內。被激發的電子在價帶內留下來的空能階稱為電洞(holes)。當有電壓加在該材料時，導帶內的電子朝正極的方向加速，而電洞則向負極的方向加速，此時電洞的作用有如正電的電子，其示意圖如圖 16-9 所示，藉著電子與電洞的運動就形成電流的傳導。電子之傳導僅來自熱激發的半導體材料稱為本質半導體(intrinsic semiconductors)。

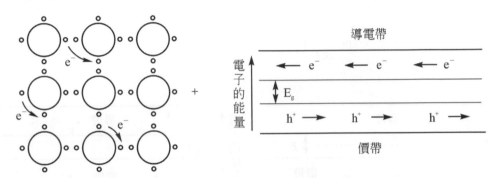

圖 16-9　當一外加電壓作用在半導體時，電子在導電帶內移動，而電洞則朝相反方向在價帶內移動

Si 與 Ge 兩種本質半導體皆為 IV A 族的元素，具共價鍵結。此外，由 III A 及 V A 族所組成的化合物如 GaAs 與 InSb 也常呈現本質半導體之特性，而稱為 III-V 族半導體。而由 II B 及 VI A 族所組成的化合物，如 CdS 與 ZnTe 亦呈現半導體特性。

本質半導體的導電度是由電子-電洞對的數目所決定，其大小可用下式示之

$$\sigma = n_e q \mu_e + n_h q \mu_h \tag{16.15}$$

其中 n_e 是在導帶內電子的數目，n_h 是在價帶內電洞的數目，而 μ_e 與 μ_h 則分別為電子與電洞的遷移率(如表 16-6 所列)。就本質半導體而言，電子數目和電洞數目相等

$$n = n_e = n_h \tag{16.16}$$

因此，本質半導體的導電度可簡化為下式

$$\sigma = nq\,(\mu_e + \mu_h) \tag{16.17}$$

在 0 K 時，如圖 16-10(a)所示，所有電子都在價帶內，故 $f(E)=1$；而所有導帶內的能階全部為空乏，即 $f(E)=0$。

當溫度上昇時，$f(E)$ 發生變化，如圖 16-10(b)所示，因此時在導帶內能階被電子佔據的機率不再是零。在導帶內的電子數目或價帶中之電洞數目，可以下表之

$$n = n_e = n_h = n_o \exp\left(\frac{-E_g}{2kT}\right)$$ (16.18)

其中 n_o 可視為由溫度所決定的常數。由於溫度愈高，就有愈多的電子可通過禁區而進入導帶，而使導電度增大，其關係如式(16.19)所示

$$\sigma = n_o q (\mu_e + \mu_h) \exp\left(\frac{-E_g}{2kT}\right)$$ (16.19)

(a)　　　　　　　　　　　　　(b)

圖 16-10　(a)0 K 及(b)較高溫度時，在價帶與導帶內電子與電洞的分佈情況

圖 16-11 所示者為半導體與金屬的導電度與溫度之關係的比較。當溫度上昇時，半導體的導電度因電荷載子數目之增多而增大，而金屬的導電度卻因電荷載子之遷移率降低而減小。

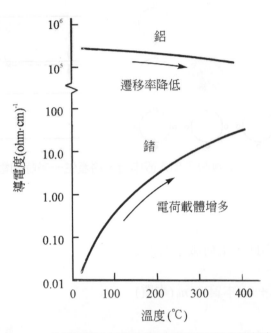

圖 16-11　半導體與金屬的導電度與溫度之關係的比較

16.7.2　雜質半導體(extrinsic semiconductor)，或外質半導體

　　在本質半導體中加入少量的雜質，即能形成雜質半導體(extrinsic semiconductor)。如在 Si 中只要原子的雜質濃度達到 10^{-14}，即可使 Si 變成雜質半導性。但一般使用之雜質半導體係由純度相當高的材料配製而得，其整體雜質濃度約爲 10^{-7} at%。雜質半導體的導電度主要由雜質原子(或稱摻雜劑(dopant))的數目所決定，且在特定溫度範圍內與溫度無關。而本質半導體在溫度略爲改變時，其導電度就有顯著的變化，故雜質半導體的導電度較易控制，以因應元件設計之需。

16.7.2.1　n 型半導體

　　若在矽或鍺中加入如磷(P)等五價的雜質原子，則磷原子除有四個電子參與共價鍵結外，有一個多餘的電子進入一個導帶下方的施體能階(donor level，E_d)，如圖 16-12 所示。由於此多餘的電子未被原子束縛住，所以只需越過一個很小能隙 E_d，就能使該電子進入導帶內。但不同於本質半導體的特性，當該施體電子進入導帶內時並不在價帶產生相應的電洞。

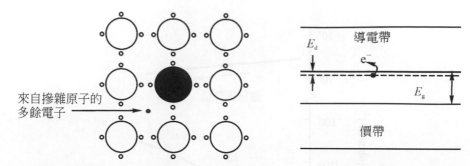

圖 16-12　當以價數高於 4 的摻雜原子加入矽中時，將產生一多餘的電子，並於禁帶中引入
　　　　　施體能階

　　但在雜質半導體中仍有本質半導體之特性發生，即少數電子可獲得足夠的能量而躍過
大能隙 E_g 並進入導帶。因此，電荷載子的總數為

$$n_{total} = n_e(雜質) + n_e(本質) + n_h(本質) \tag{16.20}$$

或

$$n_{total} = n_{od}\exp(-E_d/kT) + 2n_o\exp(-E_g/2kT) \tag{16.21}$$

　　其中 n_{od} 與 n_o 皆近於常數。由於在低溫時之本質電子與電洞的數目很少，所以導電載
子的總數可表為

$$n_{total} = n_{od}\exp(-E_d/kT) \tag{16.22}$$

　　隨著溫度的上昇，有更多的施體電子可躍過能隙 E_d，及至所有的施體電子都進入導
帶為止。此時之半導體已達到如圖 16-13 所示的施體耗竭(donor exhaustion)。因此時已無
多餘的施體電子可資利用，且溫度又低以致無法產生更多本質的電子與電洞，故此時導電
度近乎常數。亦即導電度為

$$\sigma = n_d q \mu_e \tag{16.23}$$

　　其中 n_d 為最大的施體電子數，而此數是由所加入之雜質原子數量所決定。

　　就雜質半導體而言，一般係在其耗竭溫度範圍(即圖 16-13 中的平坦段)內運作。通常
E_g 較大的雜質半導體亦具有較寬的耗竭區。

　　在高溫下，式(16-21)中之 $\exp(-E_g/2kT)$ 成為很重要的一項，因此導電度須表為

$$\sigma = qn_d\mu_e + q(\mu_e + \mu_h)\, n_o \exp(-E_g/2kT) \tag{16.24}$$

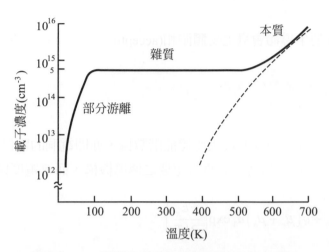

圖 16-13　雜質半導體的導電度與溫度之關係

16.7.2.2　p 型半導體

　　矽之價電子數為 4，當以三價的雜質原子如硼或鋁加入矽中時，由於雜質原子之價電子數目少於完成共價鍵結所需，因此可在價帶內產生一個電子的空缺，稱為電洞。由於電洞所扮演的角色如同接納電子的受體(acceptor)，可由價帶內其它位置的電子來填充，其能勢較一般電子略高，故相應地在稍高於價帶的能隙區域產生一個受體能階(acceptor level，E_a)。相對於電子的負電特性，電洞可視為帶正電，因此將具此種特性之半導體稱為 p 型半導體(p-type semiconductor)。

　　類似於 n 型雜質半導體，在摻雜的狀況下，電流係來自摻雜後產生之電洞及該本質半導體的電子及電洞。但在一般情況下，本質半導體的貢獻度相形之下較低。p 型半導體之電荷載體的總數可表為

$$n_{total} = n_h(受體) + n_e(本質) + n_h(本質) \tag{16.25}$$

或　$$n_{total} = n_{oa}\exp(-E_a/kT) + 2n_o\exp(-E_g/2kT) \tag{16.26}$$

在低溫下，控制電荷載體總數的主要因素是受體能階

$$n_{\text{total}} = n_{\text{oa}} \exp(-E_a/kT) \tag{16.27}$$

但在高溫時，p 型半導體會發生受體飽和(acceptor saturation)的現象，而此時之導電度為

$$\sigma = n_a q \mu_h \tag{16.28}$$

其中 n_a 為由摻雜原子引入的最大受體能階數目，亦即電洞的數目。溫度若高於發生受體飽和之最高溫後，則本質傳導成為很重要之傳導機構，而導電度則表為

$$\sigma = n_a q \mu_h + q\left(\mu_e + \mu_h\right) n_0 \exp\left(\frac{-E_g}{2kT}\right) \tag{16.29}$$

● 16.7.3 溫度對導電性影響

本質型矽及添加兩種不同硼含量之雜質型矽的電子導電度與溫度的關係如圖 16-14 所示。可以發現本質導電性，隨著溫度的上升而顯著的提高，亦即電子與電洞的數目皆隨溫度的升高而增加，此乃因熱能的增加使更多的電子從價帶激發至導帶。雖然電子與電洞的遷移率會因熱擾動所造成之散射而略微下降，但整體而言，其導電性仍隨溫度的上升而大幅提高。

此一本質導電性與絕對溫度的關係可以表為式(16.30)

$$\ln \sigma \cong C - \frac{E_g}{2kT} \tag{16.30}$$

其中 C 為與溫度無關的常數，E_g 和 k 則分別為能隙寬度與波茲曼常數。

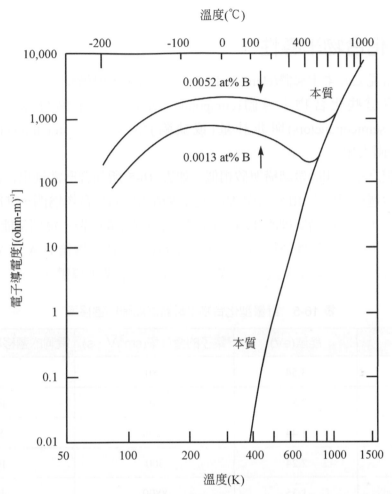

圖 16-14　本質型矽與不同硼摻雜量之雜質型矽，其導電度與溫度之關係

　　而添加 B(硼)之 p-type 雜質 Si 在低於 800 K(527℃)時，雖不能讓很多載子從價帶跨越整個能隙，且已可大量增加載子的數目。因此，即使雜質添加之濃度相當低，雜質半導性仍較本質半導性為大。

　　此外，在大約 800 K(527℃)時，添加 B 之雜質 Si 的導電性與本質導電性一致。就雜質半導體而言，幾乎所有的電洞皆由雜質所激發，亦即來自於從價帶躍遷至硼之受體能階的電子所遺留下的電洞。但就本質矽而言，其在本質價帶-導帶間躍進所造成的電子電洞數目遠大於因雜質所造成者。

16.7.4 化合物半導性

矽與鍺是常見之元素半導體(elemental semiconductor)，但仍有多種化合物具有相似的效果。一般將這些化合物半導體(compound semiconductor)區分為—計量半導體(stoichiometric semiconductors)與非計量(或缺陷)半導體(nonstoichiometric or defect semiconductors)兩大類。

計量半導體之結晶和能帶結構與矽相似。如表 16-5 所列者為常見化合物半導體之能隙及遷移率。由週期表中之 IIIA 族與 VA 族元素所組成的化合物為例，其原子平均有四個價電子。鎵的 $4p^2 4p^1$ 能階與砷的 $4s^2 4p^3$ 能階形成兩個混成能帶，每個都能容納 4N 個電子，其中隔開價帶與導帶的能隙值為 1.35eV。在 GaAs 中添加摻雜 IVA 或 VIA 族的元素能形成 n 型半導體，而摻雜 IIA 或 IVA 族元素則能形成 p 型半導體。

表 16-5　計量型化合物半導體的能隙與遷移率

化合物	能隙(eV)	電子的遷移率($cm^2/V \cdot s$)	電洞的遷移率($cm^2/V \cdot s$)
ZnS	3.54	180	5
ZnTe	2.26	340	100
CdTe	1.44	1200	50
GaP	2.24	300	100
GaAs	1.35	8800	400
GaSb	0.67	4000	1400
InSb	0.165	78000	750
InAs	0.36	33000	460
ZnO	3.2	180	
CdS	2.42	400	
CdSe	1.74	650	
PbS	0.37	600	600
PbTe	0.25	1600	600
CsSnAs$_2$	0.26	22000	250

　　非計量或缺陷半導體為含有過多之陰離子(形成 p 型半導體)或過多陽離子(形成 n 型半導體)的離子化合物，許多硫屬化合物都有這種性質。例如，將把一個多餘的鋅原子加入 ZnO 內部，則鋅原子將以 Zn^{+2} 的形態進入結構內，而釋出的兩個電子作為電荷載子。

● 16.7.5　半導體元件應用

　　經由對半導體特性的瞭解，目前已有相當多的元件發展出來，在此介紹其中常用的幾種。

熱阻器

　　如圖 16-15 所示者為 $Fe_3O_4 \cdot MgCr_2O_4$ 熱阻器(thermistors)之電阻係數與溫度倒數之關係。熱阻器是利用半導體之電阻隨溫度之上升而變化的特性所成之裝置。若知道某半導體之導電度與溫度的關係，即可利用該半導體作為測定溫度之用。除此之外，熱阻器尚可作火警感測之用，例如在火災警鈴中，當熱阻器受熱時，就讓一很大的電流通過電路而啟動警鈴。

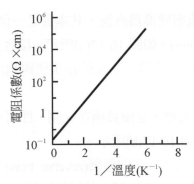

圖 16-15　$Fe_3O_4 \cdot MgCr_2O_4$ 熱阻器之電阻係數與溫度倒數的關係

磁力計

　　利用霍爾效應(Hall effect)，半導體可用以測定一磁場的強度，此種裝置稱為磁力計(magnetometers)。霍爾效應如圖 16-16 所示，在一磁場中移動的電荷載子(電子或電洞)其運動路徑在磁場中偏轉至材料的某一側，而電子被偏轉的方向恰與電洞偏轉的方向相反。因此，在材料兩側逐形成一個電壓降，而此電壓降與電流及磁場的關係如下

$$V_H = HJR_H \tag{16.31}$$

　　其中 V_H 稱為霍爾電壓(Hall voltage)，J 為電流密度，H 為磁場強度；而 R_H 為霍爾係數(Hall coefficient)。

　　若在該材料的某已知截面上施加一已知的電流，並測定電壓，即能算出磁場強度。利用霍爾效應亦能明瞭所用之半導體是 p 型或 n 型，因兩者的電壓降之正負號不同。

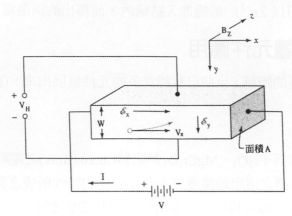

圖 16-16　霍爾效應，即利用電子與電洞為磁場所偏轉，經由電壓之量測，可決定載子種類

整流器(p-n 接面元件)

　　整流器(rectifiers)可把交流電變換為直流，其本質是一個 n 型半導體與一個 p 型半導體接合成的 p-n 接面(p-n junction)，如圖 16-17(a)所示。接合後之電子聚集在 n 型材料內，而電洞則聚集在 p 型材料內。這種電荷不平衡的結果使跨越此接面產生一個稱為接觸電位(contact potential)的電壓降。

　　若在此 p-n 接面上施加一電壓，並使負極在 n 側，即可產生一個淨電流，此種狀態稱為順向偏壓(forward bias)，如圖 16-17(b)所示。

　　若將施壓之正負極交換，則產生逆向偏壓(reverse bias)，此時電子與電洞都移動離開接面，而在接面形成一個空乏區。由於接面上並無任何載子，因而亦幾乎沒有電流之流動，此接面的作用就如同絕緣體。由於 p-n 接面只允許電流在一個方向上流動，亦即它只讓交流電的一半通過，故可產生直流電。

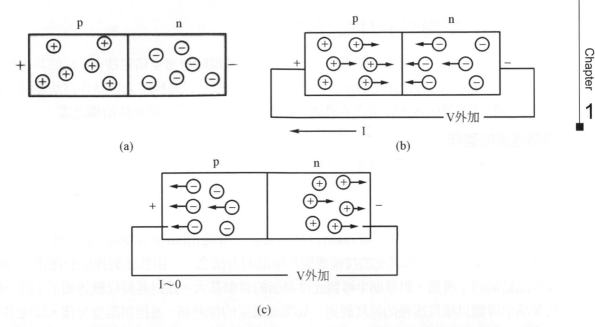

(a)　　　　　　　　　　　　(b)

(c)

圖 16-17　p-n 接面元件的行為：(a)電子聚集在 n 側，且電洞聚集在 p 側而達成平衡；(b)順
　　　　向偏壓促使電流流動；(c)逆向偏壓阻止電流流動，並在接面形成一空乏區

　　然而，當逆向電壓變得非常大時，在此接面之絕緣性障礙所流出之載子都受到顯著的
加速，並激發其他的電荷載子，而在逆方向上造成一很大的電流，形成此電流之電壓稱為
崩潰電壓(breakdown or avalanche voltage)，如圖 16-18 所示。

　　經由適當的摻雜及構築 p-n 接面，預先選定崩潰電壓，可設計由電壓控制的元件。當
電路內的電壓超過崩潰電壓時，將有大量的電流通過此接面，這些元件通稱為 Zener 二極
體(Zener diodes)，可用來保護電路以免受突發高電壓的危害。

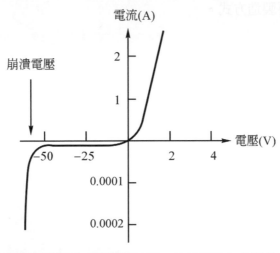

圖 16-18　p-n 接面的典型電流-電壓特性(第一象限與第二象限的座標尺度不相同)

● 16.7.6 半導體元件製作技術

　　基於元件性能之考量，半導體與半導體元件在製備時皆需要精密技術，以使其化學組成、結構及特性皆能符合預定的需求。半導體元件一般是以高純度之單晶作為基礎材料或基板，再於其上製作各式圖案之半導體、絕緣體及導體，以達成元件結構之需。

單晶基板的製作

　　單晶材料主要是利用相變化或狀態變化的過程以使材料中的原子重組，藉以形成結晶構造完整之單一晶體。目前常用的方法，包括液相凝固、氣相凝結沉積及固相結晶等，當中以液相凝固的方式最普遍，且形成的單晶尺寸亦最大。

　　利用合金元素於凝固過程的偏析行為所發展的帶純化(zone refining)是一種可將半導性材料(例如矽與鍺)加以純化的技術或製作單晶的方法之一。由於該製程便於提供高純度及單晶結構的半導體，對早期半導體元件發展的貢獻甚大。茲對其製程概述如下：將一棒狀多晶半導體以極為緩慢的速度經過一局部高溫區的加熱爐，並控制溫度分佈，以使半導體棒僅於通過該區域時才熔化，並利用在凝固時對合金雜質之有效分佈係數(effective distribution coefficient)之選擇，以使在此半導材料中溶解度很低的雜質聚集在熔化區(即液體)內。當此半導體晶棒移動並使此熔化區沿該棒移末端時，經若干次循環之後的雜質將聚集在棒的末端，而此末端最後則由該棒上切除，得到純淨的晶體。在原料棒末端加一種晶，使其導引凝固時原子的沈積，即可在加熱線圈移開時在種晶處優先沈積而成單晶。

　　另有一柴氏長晶法亦為常用方法之一，此法係將晶種(seed)浸入一經適當摻雜的液態半導體中，然後緩慢地旋轉抽出。利用表面張力可使熔融半導體附著於正在拉出的晶種並固化，如圖 16-19 所示。利用此法可以製作大尺寸的單晶材料，是目前矽晶圓及部份光電元件用基板材料之主要製造方式。

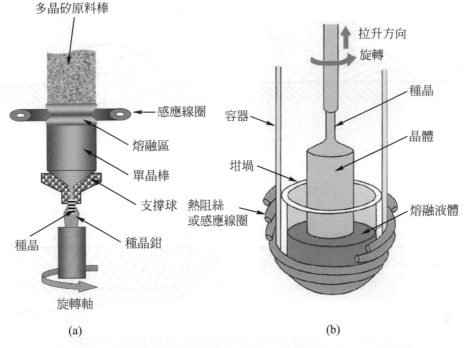

圖 16-19　半導體材料單晶棒的製作：(a)帶純化法，(b)柴氏法

接面的製作

　　以簡單二極體爲例，p 型及 n 型半導體之接面製作，是形成二極體的基礎工作，矽與鍺的單晶可作爲摻雜元素沉積的基材。以下介紹如圖 16-20 所示之合金化及擴散兩種接合製作方式。合金化接合(alloyed junction)方法(如圖 16-20(a)所示)，是將銦(In)滴在一圓盤狀的鍺之上，然後將該結合體加熱至銦的熔點之上，使鍺擴散進入銦內。再冷卻時此熔融態材料可凝固而成爲一單晶，若最初的鍺爲一個 n 型半導體，則此鍺－銦合金將爲一 p 型半導體，而產生 p-n 接面。另一種常用之方法爲如圖 16-20(b)所示之擴散接面(diffused junction)法。原 n 型矽將因銦的摻雜，故產生一層 p 型矽，於其界面處形成 pn 接面。其他更複雜之電晶體與積體電路可用層次之薄膜沉積、蝕刻、擴散(或離子佈植)等步驟，逐一完成元件之製作。

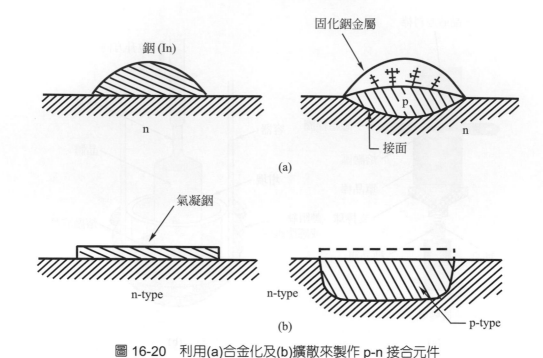

圖 16-20　利用(a)合金化及(b)擴散來製作 p-n 接合元件

▶16.8　離子材料的導電特性

在一般鹽類中，由於其組成元素之陰電性差異較大，由陰電性較小之元素將其電子轉給陰電性較大之元素，而形成帶正電之陽離子與帶負電之陰離子，即形成離子固體。由於離子固體之能隙較寬，加以由本質激發所產生的電子及電洞濃度極小，因此該類載子對離子固體導電度之貢獻可予忽略。另一方面，在離子固體之陰陽離子間具有很強的靜電吸引力，因此在室溫下之離子固體的導電率較典型金屬之導電率可低達 10^{22}。因此，大多數離子固體材料在室溫下可視為電的絕緣體。

就離子固體而言，其電荷載子(即離子)的遷移率為

$$\mu = \frac{ZqD}{kT} \tag{16.33}$$

其中 D 為擴散係數，k 為 Boltzmann's 常數，T 為絕對溫度，q 為電荷量，而 Z 為離子的電荷。

離子固體的導電率可表為

$$\sigma = nZq\,\mu \tag{16.34}$$

　　雖然離子固體中所含離子的濃度並不低，但由於離子遷移率遠低於電子，因而導電度很小。此外，離子在晶格中的運動需具備足夠能量方能克服能量障礙而跳離原晶格點，此為一熱活化過程，因此在高溫下之離子擴散速率增大，故其導電度因而增大。例如：熔融態之離子材料因離子在液體中的遷移率較大，故導電度遠高於固態。由離子傳輸機制觀之，能提供離子運動的晶格缺陷，亦能促進離子材料導電性的增加。常見的晶體缺陷，如雜質與空孔皆能增加導電度，其中空孔可提供在置換型晶格結構內擴散的必要路徑，而雜質亦能促進擴散及協助電荷的傳導。

習 題 **EXERCISE**

1. 我們希望以一直徑為 0.001 cm 的鉻線提供 500 Ω 的電阻，則該線的長度應是多少？

2. 有一長 30 cm 的銅線在 1 mV 的電壓作用下提供 0.0001 Ω 的電阻。試求：(a)該線內的電流，(b)該線的直徑，(c)假設該線被加熱到 500℃，試求此時的電阻係數和新的電阻與電流。

3. Cu-5%Al 合金之電阻係數為 9.8×10^{-6} Ω・cm。試求：(a)Al 之 at%及(b)缺陷電阻係數。

4. 試求在矽中於受體飽和時產生 3×10^{-4}ohm^{-1}・cm^{-1} 的導電度所需摻雜的鎵原子之wt%及 at%。

5. 以電子能帶結構方式討論導電度在金屬，半導體，和絕緣體的差異理由。

6. 簡述自由電子的漂移速度和遷移率之意義。

7. 室溫下 Al 的導電係數和電子遷移率分別為 3.8×10^7(Ω-m)$^{-1}$ 和 0.0012 m^2/V・s，計算：(a)室溫時 Al 每立方公尺自由電子的數目？(b)每個 Al 原子自由電子的數目？(假設密度為 2.7 g/cm^3)

8. 簡單敘述正負偏壓於 p-n 接面中，電子和電洞的運動，然後解釋這些如何整流。

9. 電晶體表現於一電子電路的兩個主要功能是什麼？

材料的磁性

■ 本章摘要

▶17.1 緒論

磁性材料的應用對人類生活影響極為深遠。人類很早以前就知道利用磁鐵來辨識方向,羅盤的發明更將航海事業推向高峰;利用鐵磁性來增進直流馬達的性能,更是工業革命之一大功臣。而利用磁性來記錄,則是現今最廣泛利用的紀錄方式之一,例如:影音視聽資訊、電腦資料,皆利用磁記錄作為長久資料的存取。除了在磁記錄方面,磁阻感測元件之應用亦極為廣泛,例如:對速度、角速度、磁場、電流的檢測所發展的近接開關、迴轉角檢出器、位置檢出計、加速度感測器、磁場探測器、電位差計等,均已大量使用於日常生活中。

儘管磁性的應用如此廣泛,但磁性材料之研究比起人工所製的奈米尺寸半導體尚落後許多,主要原因為產生磁性之電子集體磁性行為,所謂「電子交換特性長度」只有一奈米左右,比起半導體中之「載子特性長度」,約數十奈米;相差甚多且不易製造,所以在磁性材料中如想觀察新現象,則樣品製造必須達到奈米尺寸之能力,很慶幸的是人類一直到最近幾年已經能掌握奈米尺寸材料之生長以及量測方法,因而科學家才有機會突破瓶頸而研究新的磁性現象。

▶17.2 磁性起源及種類

物質的磁性起源於原子,而原子的磁矩主要來自電子的運動。電子的運動主要包含兩種方式:

1. 電子圍繞原子核的軌道運動,產生的磁矩稱為軌道磁矩。
2. 電子對自旋軸的自轉運動,產生的磁矩稱為自旋磁矩。

而另外的原子核磁矩由於相較之下很小,通常忽略不計,故原子的總磁矩可視為軌道磁矩及自旋磁矩的向量和。

磁性材料在金屬及氧化物方面,可分為:(1)軟磁材料(暫時磁性),如:Ni-Fe、Mn-Zn磁體等;(2)硬磁材料(永久磁性),如:Pt-Co、Ba-磁體等;(3)記錄材料,如:Co-Cr(垂直記錄)、Fe_3O_4(水平記錄)等。若依磁矩排列方式來分類,材料的磁性又可分為以下幾種,如圖 17-1 所示。

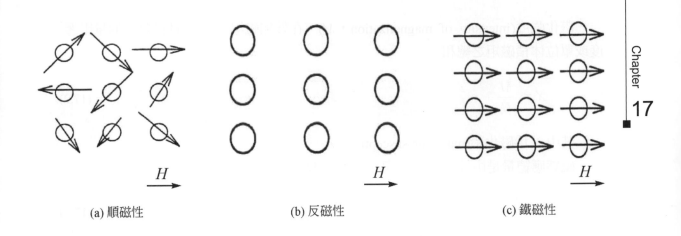

(a) 順磁性　　　　　　　　(b) 反磁性　　　　　　　(c) 鐵磁性

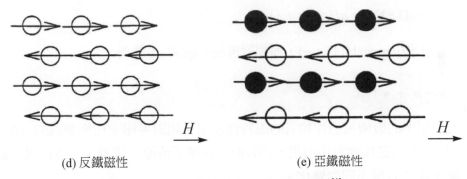

(d) 反鐵磁性　　　　　　(e) 亞鐵磁性

圖 17-1　各種磁性材料磁矩的排列方式[1]

　　磁場強度(magnetic field strength，H)，磁通密度(magnetic flux density，B)與磁化強度(intensity of magnetization，M)之定義及關係如下所述：

　　磁場強度(H)，亦稱為磁化力，即單位正極在磁場內所受力的大小，單位為奧斯特(oersted)，一奧斯特相當作用於一單位磁極產生一達因(dyne)作用力的磁場強度。

　　磁通密度(B)，為每單位面積通過的磁力線數，單位為托斯拉(Tesla)或韋伯(Weber)／平方米 Ω(Wb/m^2)。

　　磁通密度與施加磁場的關係如下

$$\mu = \frac{B}{H} \tag{17.1}$$

μ 為導磁率(permeability)，其值為 $4\pi \times 10^{-7}$ 亨利(Henry)／米・Ω[H/A]

磁化強度(intensity of magnetization，M)，在外加磁場 H 中，材料對磁通量影響之量度或單位体積磁矩之總和

$$X = \frac{M}{H} \tag{17.2}$$

其中 X 爲磁化率(magnetic susceptibility)。

磁感應總量是由外磁場($\mu_0 H$)與材料內($\mu_0 M$)之總和

$$B = \mu_0 H + \mu_0 M \tag{17.3}$$

由(17.2)與(17.3)兩式，可得

$$B = \mu_0(1+X)H = \mu H，\mu = \mu_0(1+X) \tag{17.4}$$

μ 爲導磁率(permeability，μ)，而相對導磁率(μ_r)的定義爲

$$\mu_r = \mu/\mu_0 = 1+X \tag{17.5}$$

相對導磁率的數值視磁性物質的磁特性而定，相對導磁率從極弱磁的 10^{-5} 到極強磁的 10^6 都會在不同磁性物質中出現，物質的磁性離子或原子排列、物質結構、磁矩間的作用力，使 X 產生各種不同的變化。

例題 17-1 試計算鈦與地球感應量的磁場強度。鈦的磁化率為 1.81×10^{-4}。

解

由式(17.4)的磁場強度 $\dfrac{B}{\mu_0(1+X)} = H$

代入鈦之磁化率 1.81×10^{-4}

地球之感應量及 μ_0

$$H = \frac{(6 \times 10^{-5}\, T)}{\{[4\pi \times 10^{-7}\,(T\text{-}m/A)][1+(1.81 \times 10^{-4})]\}}$$

$$= 4.77 \times 10 = 47.7 \quad A/m$$

17.2.1 順磁性(paramagnetism)

順磁物質所含之原子或離子，其磁陀(或稱之為電子自旋磁距，magnetic moment of electron spin)，與其他磁場隔離且能自由改變方向。施加外磁場後，磁陀的平均方向會稍有改變，而產生弱感應磁化平行於外加磁場。當順磁物質處在有限溫度和無外加磁場時，磁矩受到外界溫度的熱激化，其方向呈現散亂分佈，磁化率與絕對溫度成反比，此為居禮定律(Curie law)。順磁性的磁化強度 M 與施加磁場 H 成如圖 17-2 示之正比關係，其 X 的大小約在 10^{-3} 到 10^{-5} 之間。

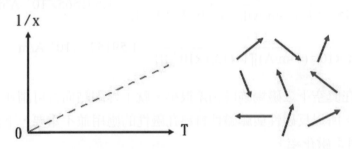

圖 17-2　順磁性物質的磁化係數與溫度的關係和磁矩排列方式

17.2.2 反磁性(diamagnetism)

反磁性是一種弱磁性，呈現的磁化方向與外加磁場方向相反，磁化率為負，X 通常約為 -10^{-5}，磁化強度與外加磁場的關係如圖 17-3。此種磁性物質在外加磁場中因磁感應使其電子繞原子核旋轉，而依據 Lenz 定律，電子運動的感應電流會產生磁通量以阻止外加磁場。此種磁性很弱，若物質中有些磁性原子顯現順磁性，則反磁性即容易被掩蓋。

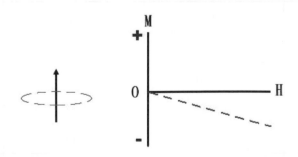

圖 17-3　反磁性物質磁化強度與外加磁場的關係

例題 17-2　試計算在真空中，Mg 和 MgO 感應 2T 磁力需要多少磁場強度，比較兩者有何不同。

解

由式(17.4)之磁場強度

$$\frac{B}{\mu_0(1+X)} = H$$ 從表 17-1 得知 $X(Mg) = 13.1 \times 10^{-6}$，$X(MgO) = -10.2 \times 10^{-6}$

因此

$$H(MgO) = \frac{(2\ T)}{\{[4\pi \times 10^{-7}\ (T\text{-}m/A)][1+(-10.2 \times 10^{-6})]\}} = 1.591565 \times 10^{6}\ A/m$$

$$H(Mg) = \frac{(2\ T)}{\{[4\pi \times 10^{-7}\ (T\text{-}m/A)][1+(13.1 \times 10^{-6})]\}} = 1.591528 \times 10^{6}\ A/m$$

Mg 與 MgO 在真空下之磁場強度相差很小，就工程觀點而言可謂並無不同(即對磁性的感應可以忽略)。所以反磁性與順磁性材料在磁性的應用並不重要，下表 17-1 分別為反磁性與順磁性材料之磁化率。

表 17-1　反磁性與順磁性材料之磁化率

反磁性		順磁性	
材料	磁化率(X) $\times 10^{-6}$	材料	磁化率(X) $\times 10^{-6}$
Al_2O_3	−37.0	Al	+16.5
CaO	−15.0	Ca	+40.0
C(石墨)	−6.0	Cr	+180
C(鑽石)	−5.9	Cr_2O_3	+1965
Zn	−15.6	Ti	+181
Si	−3.9	TiO_2	+5.9
MgO	−10.2	Mg	+13.1
NaCl	−30.3	Na	+16.0

17.2.3　鐵磁性(ferromagnetism)

　　鐵磁性物質的原子間在相臨磁陀($\mu_B = 9.27 \times 10^{-24}$ A-m^2)間強烈的正交互作用，而有較強的自生磁化性質。鐵磁物質大部份是金屬及合金，如：鐵、鈷、鎳、鐵鎳合金(又稱為高導磁合金(permalloy)，及稀土磁石(NdFeB、SmCo$_5$)等，另有少數的氧化物，如：CrO$_2$及 EuO 等。鐵磁性材料其電子自旋相互平行排列，如圖 17-4(a)所示，這是由於相鄰自旋間強烈的正交互作用所造成。當溫度升高時，自旋排列受到熱激發的擾亂，因此飽和磁化量隨溫度上升而下降，如圖 17-4(b)所示。一旦溫度高於居禮溫度(Tc)，飽和磁化量將下降至零，而此時磁化係數 X(susceptibility)的倒數則隨溫度的上升而成線性增加[2]。

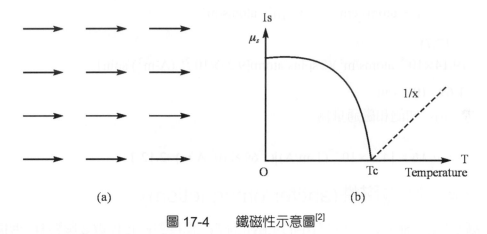

(a)　　　　　　　　　　　　　　　(b)

圖 17-4　　鐵磁性示意圖[2]

　　由於鐵磁材料之磁化率$\fallingdotseq 10^6$，使得 H<<M，故由式(17.3)得知

$$B = \mu_0 H + \mu_0 M \fallingdotseq \mu_0 M \tag{17.6}$$

　　鐵磁性之最大飽和磁性(saturation magnetization，Ms)為發生在所有原子相伴不成對內層電子旋轉聯結的磁矩。

$$Ms = NvNs\mu_B \tag{17.7}$$

　　式中：Nv 為單位體積之原子數，Ns 為每原子不成對旋轉數，μ_B(Bohr magneton)為每個電子之旋轉磁矩。

$$|\mu_B| = \frac{qh}{(4\pi m_e)} = 9.27 \times 10^{-24} \text{ A-m}^2$$

q 為電子之電荷，h 為蒲朗克常數，m_e 為電子質量。

例題 17-3 試計算 Ni 最大飽和磁性與飽和磁通量。

解

由式(17.7)之飽和磁性

$$Ms = NvNs\mu_B$$

Ni 原子不成對旋轉數為 $Ns = 2$，$\mu_B = 9.27 \times 10^{-24}$ A-m^2

$$Nv = \left(\frac{(8.91 \text{ g/cm}^3)}{(58.71 \text{ g/mole})}\right)(6.02 \times 10^{23} \text{ atoms/mole})$$

$$= 9.14 \times 10^{22} \text{ atoms/cm}^3 = 9.14 \times 10^{28} \text{ atoms/m}^3$$

代入式(17.7)

$$Ms = (9.14 \times 10^{28} \text{ atoms/m}^3)(2 \text{ spins/atom})[9.27 \times 10^{-24} \text{ (A-m}^2)/\text{spin}]$$

$$= 1.69 \times 10^6 \text{ A/m}$$

由式(17.6)可知飽和磁通量為

$$Bs = \mu_0 Ms = [4\pi \times 10^{-7}(\text{T-m/A})](1.69 \times 10^6 \text{ A/m}) = 2.12 \text{ T}$$

● 17.2.4　反鐵磁性(antiferromagnetism)

反鐵磁性是一種弱磁性，具有小的正磁化係數。溫度對磁化係數之影響有一明顯的特徵。當溫度升高時，自旋排列受到熱激發的擾亂，因此圖飽和磁化量隨溫度上升而下降，如圖 17-5(a)所示。但在其 X-T 曲線上，有一個轉折點，對應的溫度稱為 Néel 溫度，如圖 17-5(b)所示。低於此一溫度時，自旋間彼此呈反向平行，即正向與反向的自旋彼此完全抵消，如圖 17-5(b)所示。在這種反鐵磁性的自旋排列之下，外加磁場磁化的趨勢受到正反自旋間強烈的負作用力所阻，因此磁化係數隨溫度的上升而變大；而當溫度高於 Néel 溫度時，自旋呈混亂排列，此時磁化係數隨溫度增加而減小。

圖 17-6 為反鐵磁性之 γ-FeMn 的原子自旋架構，γ-FeMn 為 FCC 結構，在室溫下 Mn 所佔的原子百分比約為 30~50 at%，T_N 隨著這個比例內 Mn 原子含量的增加而升高(425 K~525 K)，大部份在使用上以 50 at%的 Mn 為主或提高 Mn 含量以提高 T_N 溫度；在反鐵磁 Fe-Mn 合金內，Fe 原子與 Mn 原子隨意的佔據結構內的晶格位置，在(0,0,0)、(0,$\frac{1}{2}$,$\frac{1}{2}$)、($\frac{1}{2}$,0,$\frac{1}{2}$)與($\frac{1}{2}$,$\frac{1}{2}$,0)位置的原子形成四面體結構，而在四個角上原子的自旋方向，為沿著<111>方向並指向四面體的中心，最後整個晶體自旋呈正反向平行而呈反鐵磁性。

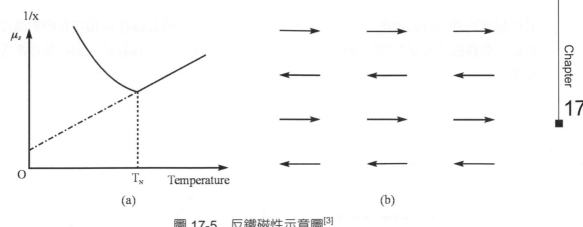

圖 17-5 反鐵磁性示意圖[3]

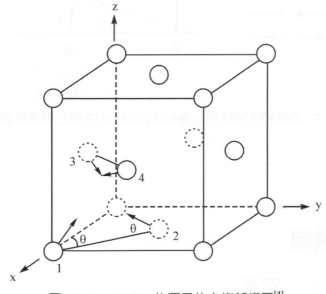

圖 17-6 γ-FeMn 的原子的自旋架構圖[4]

17.2.5 亞鐵磁性(ferrimagnetism)

亞鐵磁性係由 Néel 提出以描述鐵氧磁體(ferrite)的磁性，在這些物質中磁離子佔有兩種晶格位置：A 和 B。由於 A 和 B 位置的磁矩間有很強的負交互作用，A 位置磁矩指向正向，B 位置磁矩指向負向。因為 A 和 B 位置的磁離子數目及以及離子的磁矩大小皆不同，如此有規則的磁矩排列，產生淨磁化。此種磁化的產生並不是靠外加磁場的作用，因而稱之為自發磁化(spontaneous magnetization)。圖 17-7 為典型亞鐵磁性自發磁化與溫度關係圖，溫度升高時磁矩的排列受到熱激發作用，使得自發磁化減少，當達到居里溫度時磁矩的排列完全散亂，自發磁化隨之消失。溫度高於居里溫度則呈現出順磁性關係，1/X 隨溫度變化的曲線在高溫部分呈現很好的線性關係，直線的延長線往往相交在絕對溫度軸於負值。亞鐵磁性常見於磁性氧化物。例如：鎳鋅系、錳鋅系、鎂鋅系、鋇系及鍶系等鐵氧磁體。

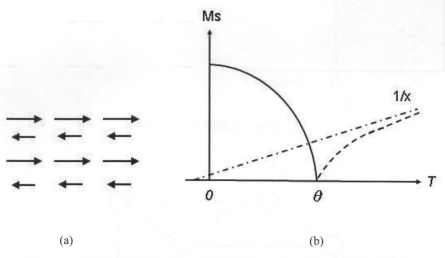

(a)   (b)

圖 17-7　亞鐵磁性物質之(a)磁矩排列和(b)自生磁化與溫度的關係

▶17.3 磁阻

◯ 17.3.1 磁阻之定義

對於薄膜而言，磁阻的變化量不僅和外加磁場強度有關，亦受外加磁場與電流方向的相對關係所影響。故按照量測方式的不同，可將磁阻分為如圖 17-8 所示之三種形式：

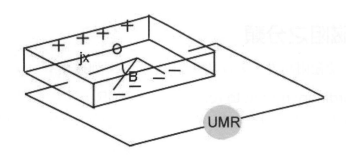

(a)　$\theta = 0°$時，量測得到縱向磁組($\Delta\rho_{//}$)；量測得到橫向磁組($\Delta\rho_T$)

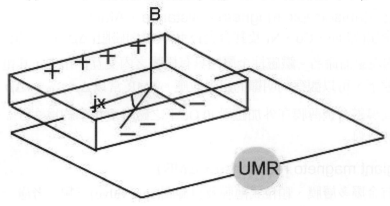

(b)　量測得到橫向磁組($\Delta\rho\perp$)

圖 17-8　磁阻量測之磁場與電流方位關係圖[5]

1. 縱向磁阻(longitudinal MR)

指當外加磁場方向與薄膜平面及電流方向皆平行時，所量測到的電阻係數變化，以符號 $\Delta\rho_{//}$ 表示。

2. 橫向磁阻(transverse MR)

指當外加磁場方向與薄膜平面平行，而與電流方向垂直時，所量測到的電阻係數變化，以符號 $\Delta\rho_T$ 表示。

3. 法向磁阻(perpendicular MR)

指當外加磁場方向與薄膜平面及電流方向皆垂直時，所量測到的電阻係數變化，以符號 $\Delta\rho\perp$ 表示。

17.3.2 磁阻之分類

依照不同材料之磁阻特性,大致又可將磁阻分為下列幾類:

(一) 一般磁阻(ordinary magneto resistance,OMR)

為自然界中所有非磁性金屬皆具有的磁阻效應,起源於磁場中運動的電子受勞倫茲力(Lorentz force)作用,運動軌跡偏折而產生。由於其電子密度高且移動率低,一般而言磁阻效應皆非常小。以金屬鉛為例,在外加磁場 10 KG 下,磁阻變化率僅 0.1%。

(二) 異向性磁阻(anisotropic magneto resistance,AMR)

由鐵磁性金屬(如 Fe、Co、Ni 及其合金),因其縱向磁阻($\Delta\rho_{//}$)為正值,而橫向磁阻($\Delta\rho_{T}$)為負值的現象而命名。鐵磁性金屬因具有極強之內交互作用力,其電子平均自由徑小,在薄膜狀態下,可以觀察到明顯的磁阻效應。AMR 常以 $\Delta\rho_{AMR} = \Delta\rho_{//} - \Delta\rho_{T}$ 來表示,如鎳鐵等高導磁合金薄膜在外加磁場 l0 Oe 下之磁阻變化率約為 2~3%,是應用於低磁場感測的主要材料。

(三) 巨磁阻(giant magneto resistance,GMR)

此種效應有金屬多層膜、顆粒式薄膜及自旋閥(spin valve)三類。考慮一個三層結構的材料,上下層皆為鐵磁性,中間層為非磁性,如圖 17-9 所示,其中傳導電子有兩種組態:即上旋(spin up)和下旋(spin down),而兩鐵磁層之磁矩指向亦會因有無外加磁場而分為反向平行(無外加磁場),圖 17-9(a),及順向平行(有外加磁場),圖 17-9(b)。當其有上旋或下旋組態的傳導電子通過時,便會產生不同程度的散射,若電子自旋與磁矩同向時,則受到的散射程度較小,此時電子擁有較長的平均自由路徑(mean free path),即電阻較低;相對的,若自旋與磁矩反向時,則散射程度較大,使得平均自由路徑縮短,因而電阻較高。

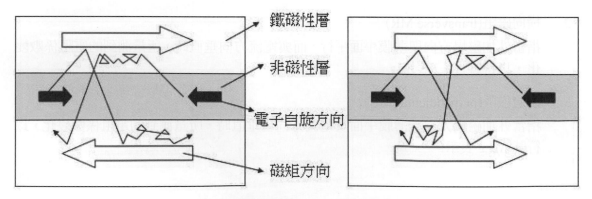

圖 17-9 巨磁阻產生機構示意圖:(a)無外加磁場,(b)有外加磁場

　　GMR 的電阻隨鐵磁層間的相對磁化方向之交角而變化，其橫向磁阻與縱向磁阻無明顯的差別，此種上下為磁性體中間為非磁性體的結構有如三明治結構層。GMR 多層膜有一個共同的性質：在零磁場下鐵磁膜間的磁矩是反鐵磁性耦合(antiferromagnetic coupling)，若在高外加磁場作用下，所有的磁矩都平行磁場方向排列。磁阻的變化就是指在這兩種狀態下的電阻差別，並且其磁阻效應與外加磁場及電流的相對方向無關且為負效應。

　　顆粒式薄膜也可以形成 GMR 效應，而這種磁化機制與三明治結構不一樣。其利用表面張力的原理將兩不互溶的磁性與非磁性金屬共同濺鍍在同一基板上，比例小的金屬在延展態下會在另一金屬的內部形成不連續的顆粒狀。在製程中讓金屬與磁性金屬顆粒之間維持自旋記憶長度。在外加磁場下，這些磁性顆粒的磁矩會平行於外加磁場，而在無外加場狀態磁性顆粒的磁矩呈現散亂分佈，如此便產生了磁阻的對比態，如圖 17-10 所示。

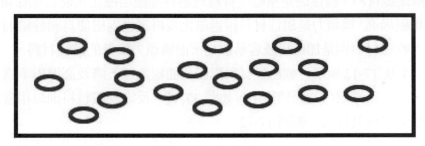

圖 17-10　具 GMR 效應之顆粒狀薄膜示意圖，圓圈表示磁性金屬顆粒

(四) 超巨磁阻(colossal magneto resistance，CMR)

　　超巨磁阻效應主要存在於鈣鈦礦結構之錳氧化物。於低溫及高外加磁場下，此類材料由電絕緣性轉換為金屬導電性，磁阻比值高達 150%，典型物系為亞鐵磁性之 La-Ca-Mn-O 薄膜。而高品質磊晶成長之單晶 La-Ca-Mn-O 薄膜其磁阻變化若取最小電阻值為參考點更可高達 10^4 Ω。此效應與巨磁阻效應相似，皆與磁場和電流間相對方向無關且為負值。但是就機制而言，卻不同於 GMR。

(五) 穿隧磁阻(tunneling magneto resistance，TMR)

　　此類磁阻也屬於無方向性的的負磁阻效應，一般結構為兩層磁性層中間夾一極薄的絕緣層。在 TMR 系列中，有自旋閥與晶粒態兩種形式。自旋閥 TMR 上，兩磁性層藉由絕緣層隔開使得磁性耦合消失，再由穿隧效應(tunneling effect)對於不同極化的影響而有巨大的磁阻變化。自旋閥 TMR 如果兩鐵磁層電極的磁化方向平行時，一磁性層多數自旋能帶的電子會進入另一個磁性層的多數自旋能帶的空態，同時少數自旋能帶的電子也將從一個磁性層進入另一個磁性層的少數自旋能帶的空態。如果兩磁性層的磁化方向相反而平行則一個電極中的多數自旋能帶電子的自旋會與另一個磁性層少數自旋能帶電子的電子平行。如此一來穿隧電子的傳輸會因兩磁性層的磁化方向不同而有差異。一般而言當兩鐵磁膜具相同磁化方向時有較低的電阻。相反方向時則電阻較大。

▶17.4 磁性功能

在我們生活中有相當多利用磁性的材料製作器械，以下介紹應用多且有發展前景的永磁功能材料、軟磁功能材料、資訊磁功能材料、多功能磁性材料。

● 17.4.1 永磁功能材料和軟磁功能材料

磁性材料依據其在磁場下的行為可分為永久磁性及軟磁性材料。永磁功能材料常稱永磁材料，又稱硬磁材料。磁性硬是指磁性材料經過外加磁場磁化後能長期保留其強磁性，其特徵是矯頑磁場高。矯頑力是磁性材料經過磁化後再經過退磁使具剩餘磁通密度或剩餘磁化強度。而軟磁材料則是加磁場既容易磁化，而矯頑力很低的磁性材料。

如圖 17-11 及 17-12 所示，軟磁性材料以磁化曲線急速下降及高導磁率為其特徵，因保磁力很低，故在磁滯環內的面積很小，如圖 17-11。反之硬磁材料則以相當大的面積，有些方形的磁滯環為其特徵，如圖 17-12。

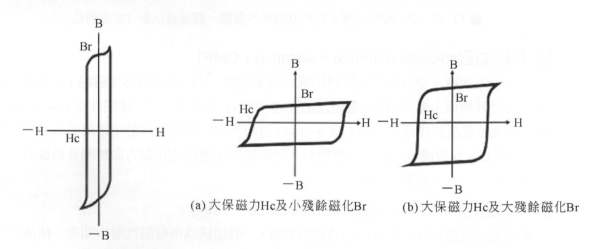

(a) 大保磁力Hc及小殘餘磁化Br　　(b) 大保磁力Hc及大殘餘磁化Br

圖 17-11　軟磁材料典型的磁
　　　　　滯環：小保磁力 Hc
　　　　　及大殘餘磁化 Br[6]

圖 17-12　永久磁性材料典型的磁滯環

常用的重要永磁材料主要有：

1. 稀土永磁材料，這是當前最大磁能積最高的一大類永磁材料，為稀土族元素和鐵族元素為主要成分的金屬化合物。

2. 金屬永磁材料。較早發展以鐵和鐵族元素為重要的合金永磁材料，主要有鋁鎳鈷(AlNiCo)系和鐵鉻鈷(FeCrCo)系兩大類永磁合金。

3. 鐵氧體永磁材料。這是以 Fe_2O_3 為主要組成的複合氧化物強磁材料。其特點是電阻率高，特別有利於在高頻和微波應用。

常用的重要的軟磁材料主要有：

1. 鐵-矽(Fe-Si)系軟磁材料，常稱矽鋼片，是電機工業廣泛使用之磁性材料

2. 鐵-鎳(Fe-Ni)系軟磁合金是磁導率 μ 和矯頑力 Hc 低性能良好的軟磁材料，有廣泛的應用。

3. 鐵氧體軟磁材料，其優點是電阻率極高，可以在高頻率和超高頻率使用，在通信和多種電子元件中有重要的應用。

4. 非晶軟磁材料和奈米晶軟磁材料，是在 20 世紀後期發展起來的新軟磁材料。非晶軟磁材料的特點是化學成分變化範圍較寬、磁性均勻和的各向性質均一性。從圖 17-13 中可以看出非晶軟磁材料的低損耗的優點。

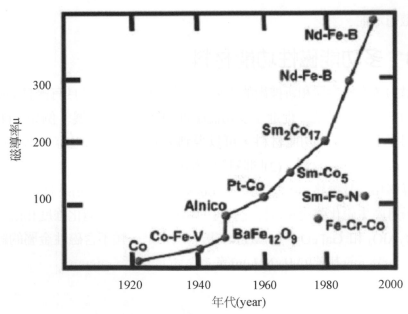

圖 17-13　非晶軟磁材料的低損耗[7]

17.4.2 資訊磁性功能材料

在當前資訊社會中，除傳統的通訊技術外，又發展了電腦、微波通訊和光通訊等新資訊技術。在這些資訊技術中需要應用多種資訊磁功能材料，主要有磁記錄材料、磁存儲材料、磁微波材料和磁光材料等。磁記錄材料是磁記錄技術所用的磁性材料，包括磁記錄介質材料和磁記錄頭材料。在磁記錄過程中，首先將聲音、圖像、數位等資訊轉變爲電訊號，再通過記錄磁頭轉變爲磁訊號，磁記錄介質便將磁訊號保存在磁記錄介質材料中。在需要取出記錄在磁記錄介質材料中的資訊時，只要經過同磁記錄過程相反的過程，即將磁記錄介質材料中的磁訊號通過讀出磁頭，將磁訊號轉變爲電訊號，再將電訊號轉變爲聲音、圖像或數位訊號。目前應用的磁記錄介質材料主要有：

1. 鐵氧體磁記錄材料，如：γ 型三氧化二鐵(γ-Fe_2O_3)等。

2. 金屬磁膜磁記錄材料，如：鐵-鈷(Fe-Co)合金膜等。

3. 鋇鐵氧體($BaFe_{12}O_{19}$)系垂直磁記錄材料等。

對磁記錄頭材料的磁特性要求主要爲：

1. 高的磁導率 μ。

2. 高的飽和磁化強度 Ms。

3. 低的矯頑力 Hc。

4. 高的磁穩定性。

17.4.3 多功能磁性功能材料

當代科學的多方向發展和新技術的需要，要求磁性材料不僅具有優良的磁性功能，而且具有優良的其他物理功能，促進了多功能磁性功能材料的發展。例如：(1)同時具有鐵磁性和鐵電性的鐵磁-鐵電功能材料，可以得到高的磁導率和電容率(介電常數)，如：$BiFeO_3(Ba,Pb)(Ti,Zr)O_3$ 系材料。(2)同時具有鐵磁性和半導體的鐵磁-半導功能材料，可以得到高的磁導率和高載遷移率，如：銪-硫(Eu-S)系和銪-硒(Eu-Se)系材料。(3)磁-電材料，是一種由磁場可產生磁化強度和電極化強度，由電場可產生電極化強度和磁化強度的磁性材料，如：$DyAlO_3$ 和 $GaFeO_3$。(4)鐵磁-有機材料，是一類不含磁性金屬的純有機化合物磁性材料，如：聚三氨基苯[$C_6H_5(NH_3)n$]等。

17.4.4　磁性材料－錳鋅鐵氧磁體

　　錳鋅鐵氧磁體(Mn-Zn ferrite)為一尖晶石結構的軟磁性材料，由於具高的飽和磁通量密度(Bs)、初導磁率(μ_i)、居里溫度(Tc)，和低的鐵損值、適當的工作溫度等特性，因此被廣泛應用在電視、電腦監視器、通訊及家電等之交換式電源供應器(SPS)、馳返變壓器(FBT)、扼流線圈(choke coil)及雜訊濾波器(noise filter)等電子零件上。而鐵氧磁體鍍膜的應用也因微機電系統(microelectromechanical system，MEMS)之發展，日益重要，其應用包含有微型馬達(micro-sized motors)、致動器(actuator)、LC 濾波器(LC-filter)、及微型幫浦(mini-pumps)等其他元件。錳鋅鐵氧磁體之磁性質主要受原料成份、添加劑及製程的影響。其傳統的製備方式首推固相法，即以球磨的方式混合 Fe_2O_3、Mn_3O_4 及 ZnO 等起始反應物，在經由煅燒或燒結的程序而得到所需的錳鋅鐵氧磁體。過去半個世紀以來，固相法是以製程原理簡單且適合商業化量產需求的絕對優勢而廣為採用，雖其合成粉體的程序簡單，卻無法避免固相反應過程中，主要成份原料的混合不均、粉體粒徑大小及形狀不易控制等之缺點。因此，使得欲單純地瞭解各個成份(主成份、添加劑、雜質)及其組成含量對錳鋅鐵氧磁體之各項物理性質、化學性質的影響，變得相當不容易，鐵氧磁體性質如下表 17-2 所示。

表 17-2　鐵氧磁體的性質[8]

性質	典型值
拉伸強度(N/mm^2)	20
壓縮強度(N/mm^2)	100
彈性模數(N/mm^2)	15×10^4
楊氏模數(Young's modulus)(N/mm^2)	80~150
維氏(Vickers)硬度(HV)(N/mm^2)	1500
密度(g/cm^3)	4.5~5.0
熱傳導係數(W/m・℃)	$11 \sim 13 \times 10^{-6}$（＋slope） $13 \sim 10 \times 10^{-6}$（－slope）
比熱(J/Kg・℃)	700~1100

　　錳鋅鐵氧磁體粉末之合成方法有水熱法、共沉法、溶膠凝膠法、噴霧乾燥法及有機金屬溶解法。曾利用水熱法於 150℃/2h~16h 條件下，可合成粒徑僅有 20~30nm 之尖晶石相的錳鋅鐵氧磁體粉末，在低於 950℃即可燒結成緻密的燒結體。錳鋅鐵氧磁體欲有較佳之磁性質，其燒結體中應具備 Fe_2O_3：$(MnO+ZnO) = 1：1$(莫耳數比)，且尖晶石相含量越高愈好。以水熱法合成粉末時，原料的起始組成對於合成錳鋅鐵氧磁體粉末之粒徑大小及磁性質影響甚巨。

習 題

EXERCISE

1. 電子的運動主要包含哪兩種方式？

2. 材料的磁性可分為哪五種？

3. 何為亞鐵磁性試述之？

4. 依照量測方式的不同，可將磁阻分為哪三種形式？

5. 依照不同材料之磁阻特性，大致可將磁阻分為哪四類？

6. 試舉出三種用於軟磁性之材料。

參考文獻：

1. 磁性物理／宛得福編著，電子工業出版社，序論，第一章(1985)

2. 磁性物理學／近角聰信・著，張煦、李學養 合譯，聯經出版事業公司，11(1982)

3. "Introduction to Magnetic Materials" B. D. Cullity, Addison-Wesley Publishing Company, 156, 1972

4. "Antiferromagnetism of γ Fe-Mn Alloys", Hiromichi UMEBAYASHI and Yoskikazu ISHIKAWA, Journal of the Physical Society of Japan, Vol.21,No7, July, 1996

5. 淺介 GMR／范文亮，工業材料，Vol.87，94-98, 1994

6. 工程材料的本質與性質／李文福譯著，THE NATURE AND PROPERTIES OF ENGINEERING MATERIALS/THIRD EDITION Zbigniew D. Jastrzebski

7. 中國科普博覽 http://www.kepu.ac.cn

8. Alex Goldman, Handbook of Modern Ferromagnetic Materials, Kluwer Academic Publishers, 1999

材料光學性質

▶18.1 光本質

光是一種電磁波,而原子、分子或晶體等各類物質有帶電體(電子或質子),故電磁波可以與它產生交互作用,例如使它加速或振動,而運動的帶電體亦能輻射出電磁波。材料的光學性質是將材料曝露於電磁輻射,特別是在可見光時,材料的反應。與此性質相關之輻射的頻率、波長及能量則由輻射源決定。例如:γ-射線是因為原子核結構的變化而產生,而 X-射線、紫外線及可見光譜等皆因原子的電子結構發生變化而產生。由原子或結晶的振動所造成的紅外線、微波及無線電波則為低能量,但波長很長的輻射,當輻射與材料相互作用時會產生吸收(absorption)、顏色、螢光(fluorescence)、熱傳導及彈性行為等不同的效應。

18.1.1 電磁波簡介

在古典物理的觀念中,電磁輻射是波的一種,因此可稱為電磁波。其電場(ε)和磁場分量(H)互相垂直,同時亦垂直方向前進,如圖 18-1 所示。光、輻射熱、雷達、無線電波和 X-光均為電磁輻射的形式,因波長範圍及產生技術而異。電磁輻射光譜的波長範圍很廣,從波長僅 10^{-12} m 的 γ-射線,到 X-射線、紫外光、可見光、紅外線以及波長為 10^5 m 的無線電波等,此一光譜所對應的波長、頻率如圖 18-2 所示。

可見光之波長範圍介於 $0.4\,\mu$m 和 $0.7\,\mu$m 之間,在此光譜範圍內,可觀察到的顏色由光之波長所決定,例如綠光和紅光分別在 $0.5\,\mu$m 和 $0.65\,\mu$m,白光是所有光線的混合。

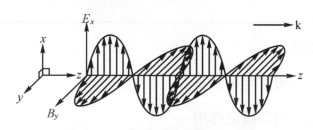

圖 18-1　電場與磁場分量及波長

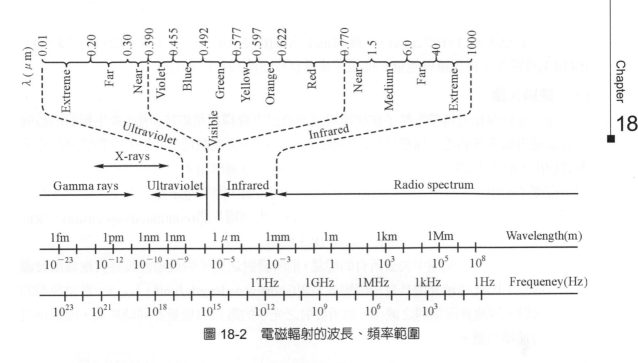

圖 18-2　電磁輻射的波長、頻率範圍

所有電磁輻射在真空中皆以相同的速度前進，即 3×10^8 m/s，在真空中之速度 C，與真空之介電率(ε_o)和真空中磁透率(μ_o)的關係為

$$C = \frac{1}{\sqrt{\varepsilon_o \mu_o}} \tag{18.1}$$

因此，光速 C 可視為係由電和磁常數結合而成。

此外，波長 λ 和頻率 ν 亦是速度的函數

$$C = \lambda \nu \tag{18.2}$$

頻率以赫茲(Hz)表示，而 1 赫茲代表每秒一循環，各種形式之電磁輻射的頻率範圍如圖 18-2 所示。

◐ 18.1.2　連續輻射與特性輻射

以量子力學的觀點探討電磁輻射時，將其視為由一群稱為光子(photon)之能量載體所組成。光子之能量 E 可量化，並具有特殊值，其關係可定義如下

$$E = h \nu = \frac{hC}{\lambda} \tag{18.3}$$

其中 C 爲光速(3×10^{10} cm/s)，h 爲 Planck 常數(6.62×10^{-27} erg・s 或 6.62×10^{-34} J・s)。由(18.3)可將光子視爲擁有能量 E 的粒子或具有特定波長及頻率的波。

(一) 連續光譜

　　從電磁原理知道當帶電粒子在加速或減速過程中會釋出電磁波，因此產生輻射的最簡單方法是用加速後的電子撞擊材料。撞擊過程中，電子突然減速，其損失的動能會以光子形式放出，形成光譜的連續部分即爲連續光譜。電子每撞擊原子一次就會釋出能量。但因電子與原子的相互作用，可能相當激烈，也可能很微弱，因而電子每次釋出的能量多寡亦不相等，故其光子的波長亦不相等。此種情況將產生連續光譜(continuous spectrum)，或稱爲白色輻射(white radiation)，其情況如圖 18-3 所示。

　　若某電子在一次碰撞中失去所有的能量，則所發射之光子的最短波長將對應該激發源的原有能量。因此連續光譜具有一個短波長限(short wavelength limit，λ_{SWL})。當激發源的能量增大時，短波長限則隨之減小，而所發射之光子的數目與能量亦同時增大，因而可獲得更強的連續光譜。

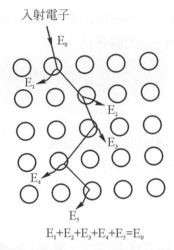

$$E_1 + E_2 + E_3 + E_4 + E_5 = E_0$$

圖 18-3　當一電子撞擊到材料並互相作用時，其能量將依序地減少。在此過程中發射由 E_1 到 E_5 等不同能量的光子

(二) 特性光譜

　　通過加大的加速電壓，電子攜帶的能量增大，就能將一個在內能階中的電子激發到較外能階上。爲回復到平衡狀態，有空缺的內層能階必須由一個在高能階的電子來彌補，而此兩個能階的能量差爲特定值。因此，當電子由較高能階落到另一較低能階時，必定會發射出具有特定能量及波長的光子。具有此種能量與波長的光子就構成了特性光譜(characteristic spectrum)。如圖 18-4 所示之特性峰。

　　茲以圖 18-3 說明在圖 18-4 中所生之特性峰，若有一電子從 K 殼層激發，則此空位將由較外側能階之電子來彌補。在正常情況下，是由最接近殼層內之電子來彌補此空位，此時，將發射出具有能量 $\Delta E = E_K - E_L$ (K_α X-射線)或 $\Delta E = E_K - E_M$ (K_β X-射線)的光子。若電子是由 L 殼層填入 K 殼層，則將會有一個電子由 M 殼層填入 L 殼層；如此產生的光子則具有能量 $\Delta E = E_L - E_M$ (L_α X-射線)，其波長較長、能量較低。一般而言，低能量激發源可產生能量較低之長波長光子的連續光譜。但當激發源的能量增大時，可發射強度較高的連續光譜。若激發源的能量繼續增高，則在連續光譜外可出現特性峰。

　　上述討論之輻射波長較短，其值位於一般 X-射線範圍。但輻射的波長可以有很寬的分佈，係依光子的來源而定。電磁輻射的整個光譜可能涵蓋波長大於激發源波長的所有輻射，因而，能產生 X-射線的激發源亦能產生紫外線。但波長較長的輻射因經常被材料吸收，而未能顯現。

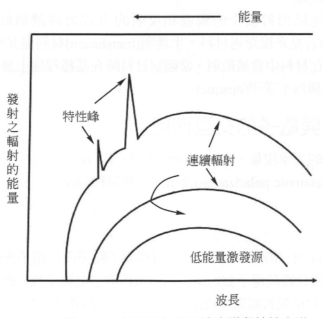

圖 18-4　材料發射的連續光譜與特性光譜

▶18.2　光與物質作用理論基礎

● 18.2.1　光和固體的交互作用

　　不論是特性光譜或連續光譜的光子，當其與材料的電子或結晶構造互相作用時可產生許多光學現象。當光由一介質進入另一介質，例如：由空氣進入固體物質時，有些輻射可穿過介質,有些則被吸收,但有些在兩介質的界面產生反射。入射到固體介質表面的光束強度(I_0),必須等於穿透強度(I_T)、吸收強度(I_A)和反射光束強度(I_R)的總和

$$I_0 = I_T + I_A + I_R \tag{18.4}$$

輻射強度以 W/m^2 表示,相當於在每單位時間所通過之單位面積的傳導能量,而此單位面積係垂直於前進方向。式(18.4)另可表為

$$T + A + R = 1 \tag{18.5}$$

其中 T、A 和 R 分別表穿透率(I_T/I_0)、吸收率(I_A/I_0)和反射率(I_R/I_0),或者是被材料穿透、吸收和反射的入射光束的部份,但其總和必須等於 1,乃因為所有入射光線僅會發生穿透、吸收及反射三種現象。

當光線在材料中能以相對較少的吸收和反射的方式來傳遞稱此材料為透明的(transparent),即肉眼能看見光線穿過材料。半透明(translucent)材料是光線在材料中以擴散方式傳導,亦即光線在材料中會被散射,當觀察材料時在某種程度上無法清楚分辨。而可見光不能穿過之材料稱為不透明(opaque)。

● 18.2.2　原子與電子的交互作用

發生於固體材料中的光學現象,諸如電磁輻射與原子、離子或電子間的交互作用相當多,當中以電子極化(electronic polarization)及電子能量轉移(electron energy transition)最為重要。

(一) 電子極化

在可見光的頻率範圍內,電磁波中的電場分量與原子路徑內之電子雲的交互作用將產生電子極化,或是電場使負電荷電子雲的中心相對偏移原子之原子核。此種極化所造成之兩種結果為:(1)某些輻射能量被吸收,(2)當光波通過介質時其速度將減緩。

(二) 電子能量轉移

電磁輻射的吸收和放射主要是藉由電子由一個能量狀態轉移到另一個能量狀態而達成。當電子與光子間發生能量轉換時,或吸收一個光子的能量,或發射出一個光子,而不能只交換一部分光子的能量;對於電子來說,從光子處吸收的能量或給光子的能量也不是任意的,而是要剛好等於材料中電子可能存在的能階的能量差。為方便討論,考慮所示之獨立原子,其電子能量如圖 18-5 所示,藉由光子能量的吸收,一個電子可由佔滿狀態的

能量位置 E_2 被激發到另一個較高能量狀態且未佔滿之位置 E_4，此時，電子的能量變化 ΔE 如下所示

$$\Delta E = h\nu \qquad\qquad (18.6)$$

式中 h 是 Planck 常數。

由於原子的能量狀態是不連續的，在能階之間有能量差 ΔE 存在，對原子而言只有頻率相當於 ΔE 的光子方能被電子的轉移而吸收。另一方面，由於被激發的電子無法永遠維持在一特定激態(excited state)，故在很短的時間內，被激發的電子會衰退而回到基態(ground state)，並伴隨著電磁輻射。

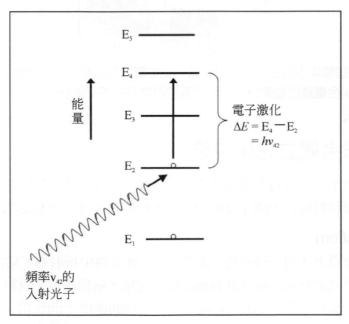

圖 18-5　電子由一個能量狀態被激發到另一個狀態並產生光子吸收的過程及其能量關係

● 18.2.3　金屬之光學性質

圖 18-6(a)和(b)為金屬的電子能帶圖，在一般情況下，高能帶只有部份被電子填滿。且在金屬中，因為價帶僅部分填滿，或其價帶與導帶是重疊的(即之間沒有能隙)，所以不管入射光子的能量多大(即不管什麼頻率的光)，電子都可以吸收它而躍遷到一個新的能階上去。金屬能吸收各種光，所以金屬是不透明的。由於金屬之吸收位在很薄的外層範圍內，只有在金屬厚度少於 $0.1\,\mu$m 時，才能讓可見光穿透。金屬吸收了可見光的全部光子，金屬理應呈黑色。但實際上我們看到鋁是銀白色的，純銅是紫紅色的，金子是黃色的。這是

因爲當金屬中的電子吸收了光子的能量躍遷到導帶中高能帶時，它們處於不穩定狀態，立刻又回落到能量較低的穩定態，同時發射出與入射光子相同波長的光子束，這就是反射光。此外，電子在衰退過程中所產生的能量，有一部份是以熱的形式散失。大部分金屬反射光的能力都很強，反射率在 0.90~0.95 之間，導致金屬本身的顏色是由反射光的波長決定的。

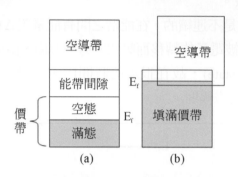

圖 18-6 0 K 時固體中不同的電子能帶結構：(a)金屬如銅的電子能帶結構，其價帶未完全填滿；(b)金屬鎂的能帶結構，其填滿的價帶和空導帶重疊

● 18.2.4 非金屬之光學性質

由於某些非金屬材料之特殊電子能帶結構，可見光可穿透過該物質，即爲透明介質。因此，對於非金屬材料而言，除了反射和吸收，折射和穿透現象也必須一併考慮。

(一) 折射(refraction)

光線從一種介質進入另一種介質，或者在同一種介質中折射率不同的部分行進時，由於波速的差異，使光的行進方向在其界面改變的現象，稱爲折射。材料之折射率(index of refraction)n，定義爲：在眞空的速度 C 與其在介質中的速度 V 的比值，即

$$n = \frac{C}{V} \tag{18.7}$$

折射率n的大小視光的波長而定。此種現象，可藉由將白色光束射入玻璃稜鏡，使其光線分離出成分顏色而獲得證實。當光線進入或離開玻璃時，因每種顏色的反射程度不同，遂造成顏色的分離。

考慮式(18.1)定義之 C 的大小，光在眞空中的速度可定義如下

$$V = \frac{1}{\sqrt{\varepsilon\mu}} \tag{18.8}$$

Chapter

18

其中 ε 和 μ 分別代表特殊物質的介電率和磁透率。由式(18.7)，可得

$$n = \frac{C}{V} = \frac{\sqrt{\varepsilon\mu}}{\sqrt{\varepsilon_0\mu_0}} \tag{18.9}$$

式中 ε_r 和 μ_r 分別為介電常數和相對磁透率。因為大部分物質的磁性很小，故 $\mu_r \cong 1$，因此式(18-9)可簡化為

$$n \cong \sqrt{\varepsilon_r} \tag{18.10}$$

式(18.10)顯示在透明材料之折射率和介電常數間存有一相關性。如前所述，對可見光而言，在相對高頻時的折射現象與電子極化亦有關聯性，因此，介電常數可以方程式(18.10)中之折射率予以量測。

電磁輻射在介質中的延遲係由於電子的極化所致，故而材料的原子或離子的大小將影響此效應。一般而言，原子或離子越大，對電子極化現象的影響亦越大，此時電磁輻射傳遞的速度越慢，折射率也越大。就普通鈉玻璃而言其折射率大約 1.5，而含大量鋇和鉛離子之玻璃，其 n 值亦越大。例如：含 90 wt%PbO 的高鉛玻璃之折射率可達 2.1。

數種玻璃、透明陶瓷和高分子的折射率，如表 18-1 所列。對折射率為非等向的結晶陶瓷而言，其 n 值為各方向之平均值。

表 18-1　常見材料之折射率

材料	折射率
矽玻璃	1.485
氧化鋁	1.76
氧化鎂	1.74
二氧化矽	1.55
鈉鈣玻璃	1.51
Pyrex 玻璃	1.47
鉛玻璃	1.65
聚乙烯	1.35
聚四氟乙烯	1.51

表 18-1 常見材料之折射率(續)

材料	折射率
聚苯乙烯	1.60
聚甲基丙烯酸酯	1.49
聚丙烯	1.49

(二) 反射

光的反射是生活中常見的現象，沙漠中有時會出現一種稱為海市蜃樓的光學幻視現象，即是一種光的反射現象。光反射是指光行進到兩種介質的界面時，有一部分返回原介質的現象。單位時間內從界面單位面積上反射光所帶走的能量與入射光的能量之比，稱為反射率。能量之比等於光強之比，故反射率即為反射光強與入射光強之比，也等於反射光與入射光的振幅平方之比。反射率 R 代表在界面被反射之入射光的分率

$$R = \frac{I_R}{I_0} \tag{18.11}$$

其中 I_0 和 I_R 分別表入射光的強度和反射光的強度。若入射光線垂直於界面，則

$$R = (\frac{n_2 - n_1}{n_2 + n_1})^2 \tag{18.12}$$

式中 n_1 和 n_2 分別表兩介質的折射率。若入射光並非垂直於界面，則反射率視入射的角度而定，當光線由眞空或空氣傳送進入固體(表之為 s)，則

$$R = (\frac{n_s - 1}{n_s + 1})^2 \tag{18.13}$$

因為空氣的折射率接近於 1。因此，固體的折射率越高，其反射率也越大。對典型之矽酸鹽玻璃而言，其反射率約為 0.05。如固體的折射率視入射光之波長而定，反射率亦隨波長之變化而改變。

(三) 吸收(absorption)

非金屬材料對可見光而言，可能是透明或不透明的，如為透明者，則通常會出現某些顏色。理論上，光線在材料中存在三種基本的吸收機制，而這些機制亦將影響非金屬材料的穿透特性。電子極化即為其中之一，因電子極化所致的吸收只有光線頻率在組成原子的

弛緩頻率(relaxation frequency)附近時方具有重要性。其他機制,包括電子的傳輸,則依材料的電子能帶結構而定。這些吸收機制之一是由電子被激發穿越能帶間隙所造成,以及與電子傳輸到位於能帶間隙內的雜質或缺陷能階有關。

　　光子的吸收可藉由電子在價帶的激發,越過能帶間隙,進入導帶範圍的空缺狀態而達成,如圖 18-7(a)所示;此種激發並伴隨著分別在導帶與價帶產生自由電子和電洞。伴隨吸收的這些激發只有在光子能量大於能帶間隙 E_g 時才會發生,亦即

$$hv > E_g \tag{18.14}$$

或以波長形式表示

$$\frac{hc}{\lambda} = E_g \tag{18.15}$$

可見光的最小波長 λ 大約是 $0.4\ \mu m$,而 $c = 3 \times 10^8$ m/s 和 $h = 4.13 \times 10^{-15}$ eV-s,因此,可見光可能吸收的最大能帶間隙 E_g 則為

$$E_g(\text{max}) = \frac{hc}{\lambda(\text{min})} = \frac{(4.13 \times 10^{-15}\ \text{eV} \cdot \text{s})(3 \times 10^8\ \text{m/s})}{4 \times 10^{-7}\ \text{m}} = 3.1\ \text{eV} \tag{18.16}$$

亦即就能帶間隙大於約 3.1 eV 的非金屬材料而言,可見光不能被其吸收。因此,這些非金屬材料若具有高純度則將出現透明或無顏色。

　　另一方面,可見光的最大波長(λ_{max})大約是 $0.7\ \mu m$;故吸收可見光的最小能帶間隙 E_g 則為

$$E_g(\text{min}) = \frac{hc}{\lambda(\text{max})} = \frac{(4.13 \times 10^{-15}\ \text{eV} \cdot \text{s})(3 \times 10^8\ \text{m/s})}{7 \times 10^{-7}\ \text{m}} = 1.8\ \text{eV} \tag{18.17}$$

　　此結果表示所有可見光皆可被能帶間隙小於約 1.8 eV 之材料藉由價帶到導帶之間的電子傳輸所吸收。因此,材料是不透明的。當可見光的一部份被能帶間隙介於 1.8 和 3.1 eV 的材料所吸收,這些材料方能出現顏色。

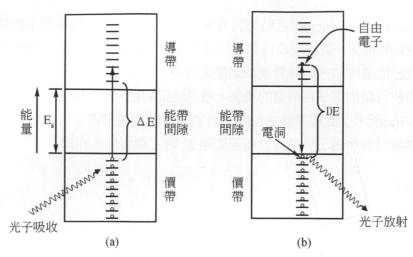

圖 18-7　(a)非金屬材料之光子吸收機制，其中電子被激發而穿過能帶間隙，並留下一電洞在價帶；(b)反之，光子藉由電子從導帶直接越過能帶間隙而放射

　　光線的吸收也存在於具有廣闊能帶間隙的介電固體內，其吸收除藉價帶與導帶間的電子躍動方式之外，如果有雜質或其它電活性的缺陷存在，於能帶間隙範圍內可引入像施體(donor)和受體(acceptor)的電子能階，其它特定波長的輻射會因電子在此陷阱能階的躍遷而產生。

(四) 穿透(transmission)

　　吸收、反射和穿透現象可應用於光可通過之透明材料，如圖 18-18 所示。強度 I_0 的入射光束進入厚度為 L 而吸收係數 β 之試片的前端表面，共於後表面的穿透強度 I_T 可表為

$$I_T = I_0(1-R)^2 e^{-\beta L} \tag{18.18}$$

其中 R 為反射率；對式(18.18)而言，可將試片前端和後端視為有相同介質。

　　因此，影響透明材料對於入射光之穿透分率而言，視吸收和反射所損失的量而定。此外，根據式(18-5)，反射率(R)、吸收率(A)和穿透率(T)的總和為 1，而 R、A 和 T 之大小，則視光的波長而定。

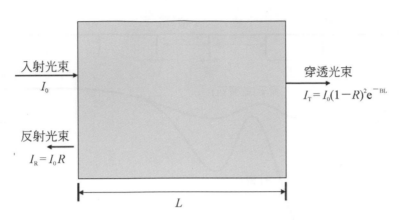

入射光束
I_0

反射光束
$I_R = I_0 R$

穿透光束
$I_T = I_0(1-R)^2 e^{-BL}$

L

圖 18-8　光線穿過透明介質，其中反射發生在前端和後端之表面，以及在介質之內產生吸收

(五) 顏色

　　對某特定波長範圍的光予以選擇性的吸收，遂使透光材料顯現不同顏色，而以肉眼觀察所見到的顏色則是穿透光之波長組合的結果。一般而言，任何選擇性的吸收是靠電子的激發所致，此種情況包括能帶間隙在可見光之能量範圍內(1.8 到 3.1 eV)的材料。因此能量大於 E_g 的可見光部份是藉由價帶與導帶間之電子躍進的選擇性吸收。而在此所吸收之部份能量，當電子回到其初始之較低能量狀態將被重新發射出來，但此重新發射的頻率並不一定會和吸收時相同。頻率和伴隨之能量釋放或許少於多重輻射或非輻射的電子躍進，因此顏色受穿透和重新發射之光束的頻率分佈而定。

　　如前所述，對絕緣陶瓷而言，特定雜質的添加也會在禁能帶間隙範圍內引進陷阱能階，此造成雜質原子或離子之電子激發，而使能量少於能帶間隙的光子被吸收。在此情況下，某些重新發射亦可能產生。例如：高純度的單晶氧化鋁或藍寶石是無色，紅寶石則具燦爛紅色，係因為在藍寶石中加入 0.5 到 2%氧化鉻(Cr_2O_3)，其 Cr^{3+}離子部分置換 Al_2O_3 晶體結構中的 Al^{3+}離子，且在藍寶石中引入位於價帶與導帶間的雜質能階所致。當電子躍遷到這些雜質能階或從這些雜質能階躍遷至其它能階，造成特定波長優先吸收。藍寶石和紅寶石之穿透率為波長的函數如圖 18-9 所示。對藍寶石而言，有兩個強吸收峰值(或最低穿透率)，一為在藍色與紫色範圍區域(約＞0.4 μm)，而另一是黃色與綠色範圍區域(約 0.6 μm)。是故，非吸收或穿透光與再發射光的混合則可說明何以紅寶石會呈現深紅色。

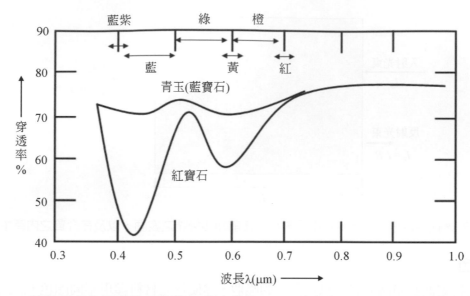

圖 18-9　藍寶石(氧化鋁單晶)和紅寶石(含有微量 Cr_2O_3 之氧化鋁單晶)之光穿透為波長函數

18.2.5　絕緣體之光學性質

　　透明、半透明和不透明之介電材料的差異程度視其內在的反射和穿透特性而定，因此很多本質上透明的介電材料因內部或表面一定程度之散射而成半透明。當散射程度非常大量時，因無入射光穿透到背面而導致不透明。如圖 18-10 所示者為拋光多晶及表面散射之多晶氧化物試片外觀，前者為透明，後者則因有表面散射導致其為半透明。

　　內部散射通常有數種不同原因，如多晶體因其折射率為非等方性，通常呈現半透明，而在晶界之反射和折射造成入射光束的轉向，此結果可歸因於在不同結晶方位之相鄰晶粒間，折射率(n)的微小差異。光的散射也存在雙相或多相材料，例如第二相很細微地散佈在基地相之內，而當此二相折射率不同時，光在通過相界時即會造成光束分散而造成散射，折射率差異越大，散射也就越大。除表面散射外，陶瓷因製程的選擇，可獲得許多以散佈孔洞形式存在的殘留孔隙，而這些孔隙也能有效將光散射。

　　對本質高分子(即沒有添加物或雜質)而言，半透明程度主要受高分子晶體之結晶程度的影響。某些可見光的散射存在於結晶和非晶質區間的界面，此亦為折射率差異所造成的結果。對高結晶度之試片而言，大量的散射將導致材料半透明，甚至不透明，而非晶質之高分子則完全透明。

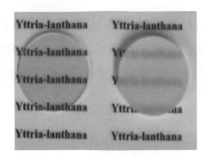

圖 18-10　兩種 Y_2O_3-La_2O_3 試片之穿透性。左：透明(緻密多晶)，右：不透明(不平整表面之多晶材料)

▶ 18.3 　各種光與物質之作用

以下將討論有關光和物質交互作用的現象，例如：X-射線、發光、熱發射、繞射等為人們所熟悉之例子。

● 18.3.1 　X-射線

X-射線是電磁輻射之一，其產生是因原子的內層電子受到入射電子激發，其中以電子填入 K 層或 L 層所產生光子，因其為最強及波長最短的 X-射線，可用來測定材料的成份，目前應用最廣泛。如果以能量很高的光子轟擊未知的材料，則該材料會發射特性光譜和連續光譜，將此發射的特性波長與已知的各種不同材料之特性波長加以對照比較，就能得知該材料的成份。此外亦可量測特性峰的強度，再將量測之結果與標準強度作比較，亦能推算出各種發射原子的數量並測知該材料的成份。

● 18.3.2 　發光

發光(luminescence)是以電磁波、帶電粒子、電能、機械能或化學能等外加能量作用到材料上而被轉化為光能的現象。不同材料在不同激發方式下的發光過程可能大不相同，但都是從高能態到低能態(特別是基態)的電子躍遷過程中釋放能量的一個方式。外加能量將電子從價帶激發進入導帶，當電子重新落回價帶時即發射出光子，若這些光子的波長落在可見光範圍內，則產生如圖 18-11 所示之發光。金屬所發射之光子的能量很小，且其價帶和導帶重疊，所以光子的波長比可見光長，故如圖 18-11(a)所示，導致金屬並不發射可見光。然而，部分陶瓷材料之價帶與導帶間的能隙範圍，可使越過此能隙的電子所產生之光子波長落在可見光範圍內，且其對應至能隙 E_g 之波長的光子所佔的比例最高。在發光材料中可觀察到螢光(fluorescence)和磷光(phosphorescence)兩種不同的效應。前者在激發源移去時發光即終止，所有被激發的電子全部落回價帶，而光子則在約 10^{-8} 秒內發射出來。然而，磷光材料因含有雜質，這些雜質會在能隙內引入施體能階，激發的電子首先落入施體能階內且拘限在其中。電子回到價帶之前要先脫離這個陷阱，因而光子的發射將落後 10^{-8} 秒以上。

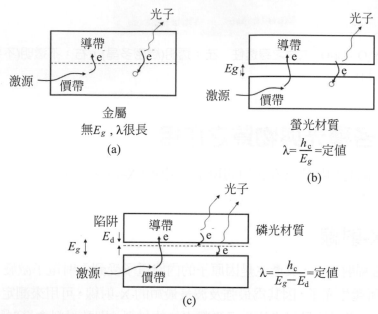

圖 18-11　(a)金屬不會發光；(b)材料有合適之能隙可能產生可見光；(c)磷光材料於禁帶中有施體能階，使光子發射可持續一段時間

● 18.3.3　熱發射

熱發射是電子躍遷導致的發光行為之一，但電子是從熱獲得能量。即當材料加熱時，電子受熱激發進入較高的能階，當這些電子落回其正常的能階，可釋出光子，且其能量對應於上述能階之能量差異。隨著溫度的上升，熱擾動增大，而發射之光子的最大能量也增大，並發射出具有連續光譜的輻射，其最低波長與強度分佈則取決於溫度。由於部分光子可能含有落在可見光譜內的波長，因此材料的顏色會隨溫度的改變而變化。一般利用高溫計(pyrometer)量測發射波長範圍的光強度，即可推算出該材料的溫度。

● 18.3.4　繞射

繞射是基礎的光學現象。在 X-射線的應用中，由於其波長和一般晶體之晶格常數相當，可產生繞射。該技術是一種非破壞性分析方法，常用於分析物質的晶體結構、化學組成及物理性質。當 X-射線與電子偶極交互作用之後，可能散射到各方向。由不同平面散射出來之 X-射線可能互相破壞，導致強度下降。但在某些特定方向，如圖 18-12 所示，散射的 X-射線亦可能會發生建設性干涉，此時即滿足式(18.11)的條件(Bragg's Law，布拉格定律)。

$$\sin\theta = \lambda / 2d_{hkl} \tag{18.11}$$

其中 θ 為繞射光與入射光之夾角的一半，λ 為 X-射線之波長，d_{hkl} 為造成該光束加強作用的平面間距。藉對 θ 角的分析可以辨認出 d_{hkl}，進一步得知晶格常數及其他有關晶體的資料。

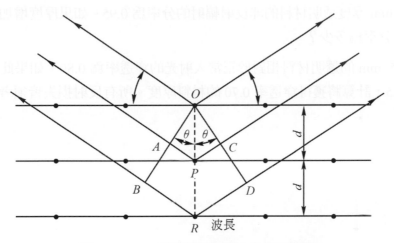

圖 18-12　X-射線繞射現象之光程示意圖

習 題 　　　　　　　　　　　　　　　　　　　　EXERCISE

1. 一顯示為橘色之可見光，其波長為 $6×10^{-7}$m，試計算此可見光光子之頻率及能量。

2. (a)藉由電磁輻射簡單描述電極化現象；(b)電磁化在穿透材料中的兩個現象為何？

3. 吾人想要光在透明介質表面正常入射的反射率小於 50%，在表 18-1 中的下列材料何者是最好選擇：鈉鈣玻璃、Pyrex 玻璃、聚苯乙烯、鉛玻璃？

4. 試簡述決定：(a)金屬，(b)透明非金屬特性顏色的因素為何？

5. 硒酸鋅能帶間隙 2.58 eV，其在整個可見光範圍是透明的嗎？

6. 穿透 5 mm 厚度透明材料的非反射輻射的分率為 0.95。如果厚度增加到 12 mm，穿透的光分率為多少？

7. 厚度 15 mm 的透明材料相對於正常入射光的穿透率為 0.80，如果此材料的折射指數是 1.5，計算將獲得穿透率 0.70 的材料厚度。所有反射損失皆須考慮。

材料光電特性

■ 本章摘要

　　電子與光子的轉換是光電科技的本質，其發展之基礎是材料，且與基礎物理及化學息息相關。在光電科技領域中，光子及電子已成爲資訊的重要載具，結合元件及系統能力，光子及電子的產生、傳輸、存儲、顯示和感測的機制與技術已成爲光電科技的核心成分。不只是高科技中重要部分，也深入我們日常生活，爲經濟發展及生活品質提昇不可或缺的要素。

　　人們不斷地探索光子及電子的本質，隨著近年來物理、化學、材料科學、微電子學、凝態物理學、磁學等學科的跨領域整合日趨廣泛深入，許多新的學科迅速發展起來，產生了諸多實用性極強的新技術。目前，台灣的光電產業已成爲產業規模龐大之火車頭工業，對國家經濟發展影響深遠。爲累積更深厚發展基礎，並提高其世界性競爭力，材料自主的重要性與日遽增，對基礎學科的紮根要求更嚴謹，但也對材料創新研發帶來前所未有的機會。

　　在本章中，將介紹光電科技中幾種常見之電子與光子轉換原理及應用。包括光子轉電子之光電傳導性(photoconductivity)及太陽能電池(solar cell)；進一步介紹電子轉光子之發光(light emitting)物理與雷射(laser)及光纖通訊的物理現象及技術，最後介紹各式光電顯示器(display)元件之原理及技術。雖然光子與電子之轉換看似簡單，但其基礎物理現象相當豐富，材料研發及應用多變，未來在基礎理論發展及產業應用上無可限量。

▶ 19.1　光電傳導性(photoconduction)

　　半導體材料的導電性視其在導帶的自由電子數目以及在價帶的電洞數目而定。晶格振動的熱能將提升電子的激發，並伴隨著自由電子和電洞的產生。光子誘發電子之躍進的結果，可能使光線被吸收產生額外的電荷載體，此種伴隨導電性的增加稱爲光電傳導性。因此，當一光電傳導材料的試樣被光照射，其導電性將增加。此種現象可使用在照相燈光計上經由量測光所引入的電流，其大小爲入射光之輻射強度或光線之光子撞擊光電傳導性材料速率的函數。若半導體是電路的一部份，則在半導體內亦可發生光傳導電。在此種情況下，受激的電子產生一電流而非發射，如圖 19-1 所示。如果入射之光子具有足夠的能量，則電子可被激發進入導帶內，並在價帶內產生電洞，而後電子與電洞就攜帶電荷通過電路。產生光導電所需的入射光子之最大波長與此半導體材料的能隙關係如式(19-1)所示

$$\lambda_{max} = hc/Eg \tag{19.1}$$

　　門開關所使用的"電眼"(electric eyes)就是這個原理的應用；當聚集在一半導體材料上的一束光線被打斷時，門的開關即爲光導電之電流所啓動而使門"開"或"關"。另外，影印機上所使用的感光鼓亦藉類似之光電傳導材料進行文字及圖案之複製。

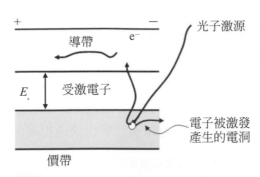

圖 19-1　在半導體內的光導電過程

▶ 19.2　太陽能電池

　　太陽能電池與一般的電池不同。太陽能電池是將太陽能轉換成電能的裝置，不需要透過電解質來傳遞導電離子，而是改採半導體產生 PN 接面(PN junction)來獲得電位。太陽能電池需要陽光才能運作，所以大多是將太陽能電池與蓄電池串聯，將有陽光時所產生的電能先行儲存，以供無陽光時放電使用。太陽能有許多優點：豐富、清潔、安全且不受任何壟斷，在石化能源逐漸枯竭的今日，被視爲是潔淨的替代能源。

　　太陽能電池係一種利用太陽光直接發電的光電半導體元件，在高純度的半導體材料加入一些不純物使其呈現不同的電性，如在矽中加入硼可形成 P 型半導體，加入磷可形成 N 型半導體，PN 兩型半導體相結合後，當太陽光入射時，產生電子與電洞，而有電流通過，產生電力，太陽能電池的基本發電原理如圖 19-2 所示。以單晶矽太陽能電池爲例，其爲單晶矽上相鄰的 p 型區和 n 型區構成的。n 區摻入施體雜質，p 區摻入受體雜質，n 型區的多數載流子是電子，p 型區的多數載流子是電洞。在二區接觸後，n 區的電子向 p 區擴散，p 區的電洞向 n 區擴散，這種電荷轉移的結果是在 n 區出現了正空間電荷，在 p 區出現負空間電荷，在空間電荷區就形成了從 n 區指向 p 區的內建電場。該電場的建立將阻止 n 區電子和 p 區電洞分別向對方擴散。當有大於能隙的光子照射這個 p-n 接面時，在 p 區、n 區和內建電場的接面區都可能產生電子電洞對，此時接面區的電子會移向 n 區，電洞會移向 p 區；p 區的電子在隨機進入接面後也進一步移向 n 區；反之，n 區的電洞隨機進入接面也進一步移向 p 區。因此 p-n 接面扮演分離正負電荷的作用。若沒有形成負載迴路，被分離的電荷將積蓄在 p-n 接面兩側,達到平衡態。若把外電路連成迴路,則電荷在負載中流動,形成了電池,可對外做功。由於單一太陽能電池所輸出的電力有限,為提高其發電量,可將許多太陽能電池串並聯組合封裝,做成模板,成為太陽能電池模板(solar cell module)。

可使用的半導體材料甚多,矽(silicon)為目前通用的太陽能電池之主要原料,而在市場上又區分為:單晶矽、多晶矽及非晶矽。目前最成熟的工業生產製造技術和最大的市場佔有率乃以單晶矽為主的光電板。原因是:一、單晶效率最高;二、非晶矽價格最便宜;三、多晶的切割及下游再加工較不易,薄膜光電池(thin film PV)如 Culn (Ga)Se$_2$、CdTe、pc-Si,和非晶矽(a-Si)的發展迅速,光電轉換效率也快速提高。

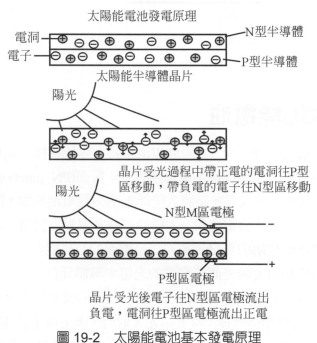

圖 19-2　太陽能電池基本發電原理

▶19.3　雷射和光纖通訊

提高材料的溫度或用光照射,材料會吸收此能量而使其電子從較低的能階躍升到某個能量較高的能階上。在此激發狀態下,原子是不穩定的。因此經過一段很短的時間之後,電子會自發地跳到較低的能階,且放出一個光子,這個光子的能量為這兩個能階的能量差,這種輻射的現象稱為「自發性輻射」。這些電子躍進的產生與另一電子並不相干,且可在任何時間發生,而產生之輻射亦非同調性的,亦即其光波與另外一個的光波並非同相。另外有一種輻射的現象稱爲「激發性輻射」。當一個電子在兩個能階中較高的能階時，若附近存在一個能量爲這兩個能階差的光子，則這個光子將會觸發這個電子從高能階跳到低能階並且發射出一個與原來光子頻率相同的光子，觸發的光子與原來的光子方向一樣、頻率一樣、而且之間的相位差(phase difference)也固定，我們稱這兩個光子之間的這種一致的情形爲「同調性」(coherence)。雷射產生的機制是利用激發性輻射，所以產生的光具有同調性，且爲方向性和強度很高之單色光。但對雷射而言，同調光是在外加作用下，藉著電子躍進的引發而產生的，而"雷射"即是"藉著輻射之受激放射使光放大"的英文字首縮寫(Light Amplification by Stimulated Emission of Radiation，即以字首 L.A.S.E.R 爲名)。

　　雷射的種類很多，但其運作原理皆可使用固態紅寶石雷射來描述。紅寶石的主要成分是單晶氧化鋁(Al_2O_3)。它的紅色來源主要是因紅寶石裡面含有鉻離子雜質(Cr^{3+})。其摻雜濃度約 0.05 % Cr^{3+}，鉻離子除使紅寶石呈現其特性紅色外，更提供了雷射運作所必要的電子狀態。紅寶石雷射是桿狀形式，其端面平整且平行，且經高度拋光。兩端鍍銀使一端產生全反射而另一端則是部份穿透。

　　紅寶石雷射和氙閃光燈之構造如圖 19-3 所示。圖 19-4 則是其能隙結構之示意圖。E1 是基態；E3 是激態，電子停在這個能階的時間非常短(10^{-8} 秒)便會躍遷到較低的能階；E2 也是激態，但電子在這個能階的時間相對的比 E3 較長(3×10^{-3} 秒)。紅寶石雷射所發射出的雷射光是從能階 E2 到基態 E1 的激發性輻射所產生的光子，利用電子處在 E2 的時間比在 E3 較長的特性，在紅寶石外圍圈上會發出接近特定波長光線的閃光燈管，處於基態電子的原子吸收這個頻率的光躍升到 E3 能階上，處於 E3 狀態的原子會快速的降遷到生命期較長的 E2 能階上，這樣便可以達到分佈反轉的狀態。分佈反轉的情形達到以後，隨時會有一個從 E2 到 E1 的自發性輻射發生，而這個光子便可以用來觸發一連串其他處於 E2 狀態的原子而產生激發性輻射。

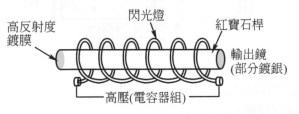

圖 19-3　紅寶石雷射之構造圖

　　激態電子可藉兩種不同的躍回路徑而回至基態。一部份是非雷射光束直接回到基態(E3→E1)，將伴隨光子發射。其他電子則衰退至準安定之中間狀態(E3→E2)，再自發性放射(E2→E1)，此類電子之激化期大約爲 3 毫秒，亦即大多數的準安定狀態可變成佔滿。如圖 19-5(b)所示者即爲此種狀況。

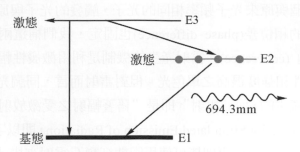

圖 19-4　紅寶石雷射的電子激發和躍回路徑及能量示意圖

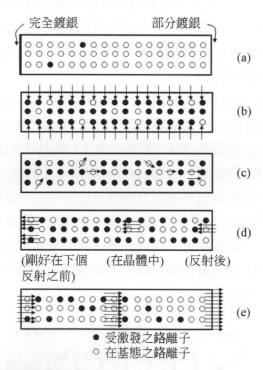

圖 19-5　紅寶石雷射受激發射和光放大示意圖：(a)激發前之鉻離子中電子狀態；(b)某些鉻離子中電子進入較高能量狀態；(c)準安定電子狀態之放射，導致光子自發性發射；(d)由鍍銀端之反射，使光子通過桿之長度時繼續激發發射；(e)整合之強烈光束最後發射通過部分鍍銀端

　　這些電子所生的初始自發性光子發射是引起準安定狀態之剩餘電子大量發射的激發者，如圖 19-5(c)所示。某些光子穿出部份鍍銀端，其他入射到全鍍銀端的光子則被反射，而未在此軸向發射的光子則消失。此光束沿著桿長度方向來回往返，當更多的發射光子受

激勵時，其強度更增加，如圖 19-5(d)所示。最後，一束高強度且具有整合性和高平行性之短暫存在的雷射光束由部份鍍銀端射出，如圖 19-5(e)所示，該單色紅色光束之波長為 694.3 nm。

　　半導體雷射(semiconductor laser)或稱雷射二極體(laser diode)具有體積輕巧、效益高、消耗功率小、使用壽命長，以及容易由電流大小來調制其輸出功率、調制頻率可達十億赫茲等特性。這些特性使它廣泛應用於資訊處理、光纖通訊、家電用品及精密測量上。砷化鎵(GaAs)亦可作為雷射之用，此種雷射已使用在雷射唱盤及現代資訊產業上。此類半導體材料要求其對應能隙值 E_g 的波長必須相當於可見光，亦即

$$\lambda = \frac{hc}{E_g} \qquad\qquad (19.2)$$

λ 必須介於 0.4 和 0.7 μm 之間。

　　將電壓加到材料使由價帶激發之電子，在通過能隙後進入導帶。相對地，在價帶上則產生電洞，此過程如圖 19-6 所示。當受激發電子和電洞發生自發性重新結合時，每一個結合將有一個由式(19-2)所給定之波長的光子發射，如圖 19-6(a)。此光子將激發其它受激電子－電洞對的再結合，而獲得如圖 19-6(b)所示之單色和同調性光束。類似圖 19-5 所示之紅寶石雷射，半導體雷射的一端是全反射，此端將光束反射回到材料因而激發額外電子和電洞的結合。雷射的另一端是部份反射，可容許某些光束逃脫。此外，半導體雷射能產生一連續光束，是因為在固定電壓下，能提供穩定之電洞和激發電子。

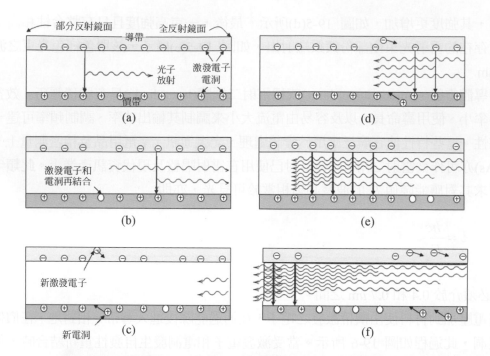

圖 19-6　半導體雷射中受激電子與電洞結合產生雷射光束之示意圖。(a)受激電子與電洞結合使能量釋放而產生光子；(b)在(a)中的光子發射激發另外受激電子和電洞的結合，造成其他光子的發射；(c)在(a)和(b)中具有相同波長且同相的兩個光子被全反射鏡面反射，回到雷射半導體；此外，藉由通入半導體之電流可產生新的受激電子和電洞；(d)和(e)前述過程使更多的受激電子-電洞再結合而受激發，可產生額外的光子，並變成單色和整合雷射光束之一部份；(f)此雷射光束的一部份經由半導體材料另一端之部分反射鏡面射出

　　半導體雷射是由數層不同成份之半導體材料、金屬導體和散熱基材以三明治方式構造而成，如圖 19-7 所示者為砷化鎵半導體雷射之構造截面示意圖。夾層的成份須適當選擇，以使激發電子和電洞，以及雷射光束能限制在中間之砷化鎵內。其中(a)是一種基本 pn 接面雷射，稱為同質接面雷射(homojunction laser)，因其於接面兩端使用相同材料。沿著垂直於<110>軸之方向劈成或拋光出一對平行面，外加適當之偏壓條件時，雷射光即可從這些平面發射出來。但二極體之另外兩面則需進行粗糙處理，以避免雷射光從兩側射出。而(b)則是屬於雙異質結構(double-heterostructure，DH)，此結構類似三明治，有一層很薄的半導體(如：GaAs)被不同組成之的半導體($Al_xGa_{1-x}As$)包覆。藉由能帶結構的差異，該雙異質結構更能有效侷限電子於中間之薄主動層材料中，有助於提高雷射效能。

　　對某些特殊材料而言，因激發源而產生的光子可進一步激發出具有相同波長的額外光子，因而造成該材料發射出的光子數目倍增。經由適當的選擇激發源及材料，可使光子的波長落在可見光譜內。雷射的輸出是一束平行的光子，這種光子具有相同的能量及同調性(coherent)。在一同調性光束內，光子的波動本質是同相，故不發破壞性干涉。雷射(lasers)在光電科技、金屬的熱處理及熔化、焊接、外科手術、繪製地圖，及其他甚多的應用都極為廣泛。

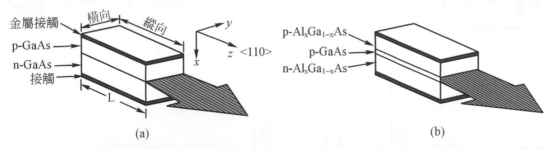

圖 19-7　砷化鎵半導體雷射之截面示意圖：(a)同質接面半導體雷射，(b)雙異質結構半導體雷射

　　使用金屬導線傳送訊號是電子式，而使用光學透明纖維的訊號傳送則為光子式，即使用電磁或光輻射的光子。目前之纖維光學系統除對傳送的速度、資料密度和傳送距離已有大幅的改善，並降低誤差率外，光纖之使用無電磁干擾的麻煩。在速度方面，光纖維在一秒內能傳送的資料等於電視節目的三齣戲。相對於資料密度而言，兩個小光學纖維 0.1 kg 就能傳送相當於 24000 Kg 銅所傳送的資料。

　　目前對光纖的處理是以光纖的特性為重心；因此，首先就傳輸系統的組件和運作方式予以簡單之論述。圖 19-8 所示者為光纖通訊系統及零組件的示意圖。電子型式輸入的訊號(例如，聲音轉成電訊號)，首先在譯碼器中數位化成位元，即 1 和 0 的形式，接著將此數位化的訊號經電／光轉換器而成為光的訊號。此種轉換器通常以半導體雷射為之，除因其能發射單色且同調光線之外，其波長在正常情況下介於 0.78~1.6 μm 之間，此範圍屬紅外線區域，而在此波長範圍內的吸收損失相當低。雷射轉換器是以光脈衝的形式輸出；高強度脈衝代表二進位之 1，如圖 19-9a)所示，而 0 則相當於低強度脈衝(或沒出現)，如圖 19-9(b)所示。再將這些光子式脈衝訊號匯入光纖並經由波導而到達接收端。就長遠傳輸而言，必需有重覆器，其作用是放大及再生訊號。最後於接收端再將光子訊號轉換成電訊號，然後再解碼。

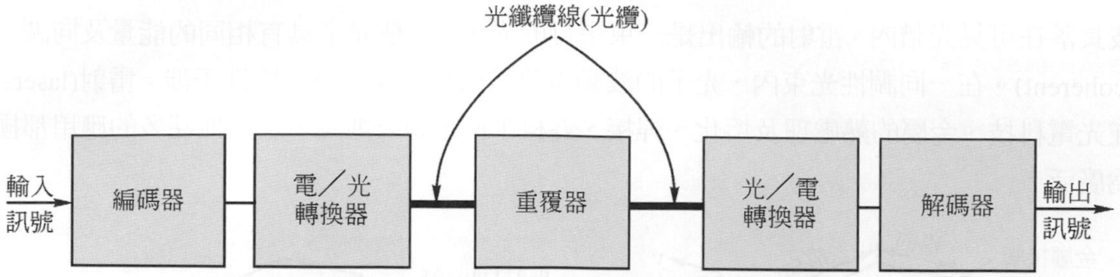

光纖纜線(光纜)

輸入訊號 → 編碼器 → 電/光轉換器 → 重覆器 → 光/電轉換器 → 解碼器 → 輸出訊號

圖 19-8 光纖通訊系統及零組件之示意圖

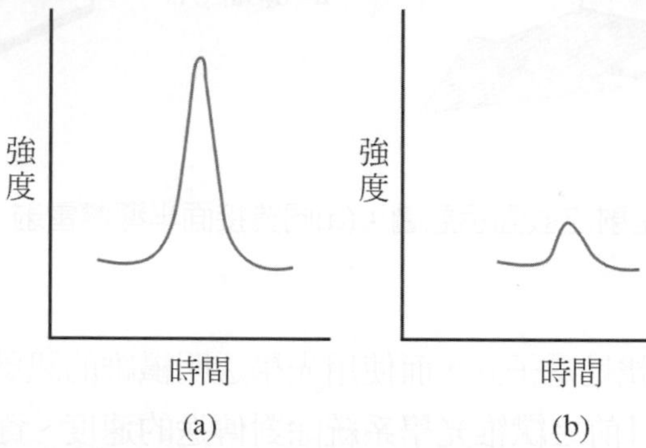

(a) 強度 / 時間

(b) 強度 / 時間

圖 19-9   光通訊之數位編譯圖形：(a)高強度之光子脈衝相當於二進位之 "1"，(b)低強度之光子脈衝代表 "0"

　　此通訊系統的核心為光纖，其須能導引光脈衝通行長距離且無嚴重之訊號損失(即衰減)與脈衝扭曲。光纖組件是由核、包層和被覆層組成，其截面如圖 19-10。訊號通過核，而圍繞之包層則限制光在核內運行。外面之被覆層可保護核和包層免受磨損和外部壓力之破壞。

被覆層
包層
核

圖 19-10   光纖之截面圖

▶19.4　發光與顯示

● 19.4.1　光源

　　傳統照明用光源的發光原理主要分成兩類：其一是使用電流通過高電阻，產生 3000
℃以上之高溫而發光，典型之應用如白熾燈(incandescent)和鹵素燈(halogen)等。另一則是
使用氣體放電(discharge)的方式，讓游離的電子撞擊管內的汞蒸汽，產生波長為 254 nm 的
紫外線，經管壁上之螢光粉吸收後，激發出特定波長的可見光譜，混色後即成白光。其過
程如圖 19-11 所示。

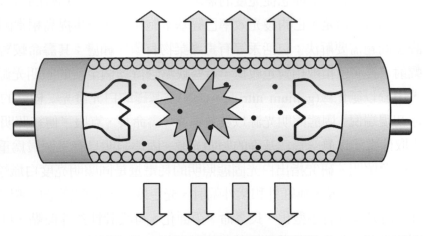

圖 19-11　螢光燈管結構及發光原理

　　發光二極體(light emitting diodes，簡稱 LED)是一種由半導體技術所製成的光源，利用
半導體中的電子和電洞結合而發出光子，較之傳統燈泡，LED 具有體積小、堅固耐震，
操作電壓及溫度低，壽命可達燈泡之 10 倍以上。LED 的發光原理，是利用半導體中的 p/n
接面(junction)，驅動 n 型半導體的電子和 p 型半導體的電洞，到達 p/n 接面並結合而發出
光子。自 1968 年 GaAsP 紅光 LED 首先商業化迄今，LED 之光電轉換效率已可達 10 lm/w
以上，且在急速提升中。效率提升之原因如下所述：1.選用直接能隙(direct band-gap)材料：
由於部份導體本身為間接能隙材料，在光電轉換中伴有聲子(phonon)之發生，轉換效率
低，因此 LED 幾乎由直接能隙的化合物半導體材料製成。2.材料製作技術之突破：p/n 接
面發出的光子，經常被晶體中的材料缺陷吸收，材料缺陷密度過高亦導致低發光效率。現
以磊晶(epitaxy)生長技術，加以精確控制多元材質之均勻度，可製作低缺陷的 LED 晶片。
3.採用異質結構：最早期的 LED 元件以最簡單的同質接面(homo-junction)結構為主，通入
電流後，p/n 接面因電子／電洞之結合而發光，其光電轉換效率極低；而使用單異質(SH：

single heterostructure)或雙異質結構(DH：double heterostructure)者可在發光的活性層周圍製造足夠高的能隙牆，將電子及電洞侷限於活性層內，因而促進電子／電洞之結合機率，提高 LED 元件之內部量子效率。

固態照明(solid-state lighting)通常是指應用全固態之半導體發光二極體產生白光，作為一般照明光源，因此有時也稱為半導體照明。照明一直與人類文明發展息息相關，愛迪生發明白熾燈泡，及至鎢絲燈泡的發明而進入實用化階段。但是，白熾燈發明也帶來了能源、環保等一系列問題，白熾燈消耗了大量能源發熱，電光轉換效率僅 15 lm/w 或 10%左右。螢光燈的發明使得發光效率得到有效的提高，半個世紀以來，其發光效率已提高到 80~100 lm/w。同時，它把人們的照明理念從亮度的需求提升到色溫、演色指數的需求，極大地提高了人們的生活品質。但是，它的發光效率已經基本飽和，進一步提高相當困難，而且螢光燈仍存在許多問題需要解決：包括汞等有毒廢棄物有環保顧慮；其壽命較短，有閃爍及紫外和紅外輻射，其演色指數相對也較低，這些缺點急待一個全新的照明光源加以解決。

近年來，由於以氮化鎵(gallium nitride，GaN)為基礎的白光發光二極體的出現，照明光源的革命才初現端倪，固態照明光源以其效率高、壽命長，克服了傳統照明光源的許多缺點，有可能取代當前以真空管為基礎的照明光源。固態照明具有三個最為重要的優點：節能、環保、綠色照明。研究指出白光固態照明的耗電量是同照明亮度白熾燈的 1/8、日光燈的 1/2。白光沒有閃爍、無紅外和紫外輻射、光色度純，這些都是白熾燈和日光燈達不到的。另外，白光還具有小型化、長壽命、平面化、可設計性強等優點。可以預期白光二極體作為照明光源，就像電晶體管取代真空管一樣，勢不可擋。

● 19.4.2 顯示器

光電是繼資訊及半導體之後的明星產業，分為光電材料元件系統、太陽能電池、平面顯示器、顯像管、光學資訊、光學元件系統等七個次產業，包含了發光二極體、平面顯示器、雷射二極體、影像元件等產品及其相關領域。近年來發光二極體及液晶顯示器在國內引起廣泛研究及生產，一般來說，平面顯示器是泛指非映像管(cathode ray tube，CRT)式的其他顯示器，包含：電漿顯示器(plasma display panel，PDP)、液晶顯示器(liquid crystal display，LCD)、有機電致發光顯示器(organic light emitting display，OLED)、真空螢光顯示器(vacuum fluorescent display，VFD)、場效發射顯示器(field emission display，FED)及微型顯示器(micro display)等多種類型。在此僅介紹目前市場主流技術液晶顯示器及深具潛力的有機電致發光顯示器兩類。

(一) 液晶顯示器

在顯示器的市場中，平面顯示器的市場佔有率已在 2002 年超越傳統的陰極射線管 CRT 顯示器，而平面顯示器中的主流技術則以 LCD 為主，液晶具有光電磁異方向性，同時具備有分子配向和流動性，當受到光、熱、電場、磁場等外界刺激時，分子的排列會隨之變化，以上述條件操作使液晶顯現明暗對比的變化或其他的特殊光電效應。目前常見的液晶顯示裝置有 TN(twisted nematic)、STN(super TN)、DSTN(double layer STN)及 TFT(thin film transistor)四種，其差異性如表 19-1 所列，其中 TN、STN 及 DSTN 操作原理相同，皆為被動式液晶矩陣，但 TFT 則為主動式液晶矩陣。圖 19-12 所示者為 TFT-LCD 面板之實體構造圖，因液晶本身並不發光，其顯現之方式是將背光模組之光源，經過偏光板將不同極性的光濾掉，產生單一極性的光，再經中間之液晶分子將光的極性改變，光才會通過另一個不同方向的偏光板而到達面板外，其中顯示電極和共同電極輸入電壓，以控制中間之液晶分子的排列，不同的排列會形成不同的穿透率，背光模組產生的光在面板前形成不同亮度的光，再藉由彩色濾光片，產生紅(R)、綠(G)、藍(B)三原色，即可合成一個像素，經由許多像素的組合即形成了影像。

表 19-1　TN、STN、DSTN、TFT 顯示裝置比較

	TN	STN	DSTN	TFT
操作原理	被動式矩陣	被動式矩陣	被動式矩陣	主動式矩陣，能讓液晶分子的排列方式具有記憶性
用途	用於基本的色彩顯示，如 V8、液晶電視、掌上型電玩	多作為黑白單色的圖案顯示，例如電子表、計算機	表現比 STN 更為出色	目前的主流，表現細膩
光源方式	反射式	反射式	反射式	背光式
價格	最便宜	便宜	便宜	較貴
視角	視角小	視角小	視角小	視角大
頻率	更新頻率慢	更新頻率慢	更新頻率慢	更新頻率快

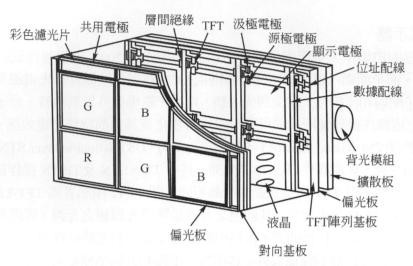

圖 19-12　TFT-LCD 面板之實體結構圖

(二) 有機電致發光二極體

在眾多平面顯示器技術競爭下，有機電致發光二極體(organic light emitting diode, OLED)具有許多平面顯示器的優點，例如：高亮度(＞100 cd/m²)、亮度效果佳(16 lm/W)、廣視角(＞160°)、低驅動電壓(3~10 V)、高應答速度(10 μs)、重量輕與厚度薄(1-2 mm)、可全彩化(full color)、製程容易、元件的自發光源特性使其不需要背光源(back light)與彩色濾光片。這些眾多優點使其成為近年來學術界與產業界熱門的研發領域。

有機電致發光(organic electroluminescence，OEL)的研究最早可追溯至 1963 年，Pope等人於 20mm 的蒽(anthracene)單晶上觀察到電致發光的現象,但由於大面積單晶成長的困難，以及需供應高電壓(＞400V)，因此在後來的二十年並未有重大發展。直到 1987 年柯達(Kodak)公司研究群的 Tang 與 Van Slyke 等人使用全新的元件製程技術，發展出具有較高的發光量子效率(＞1%)、低驅動電壓(＞10 V)以及較高穩定性發光元件。

有機電致發光顯示器主要是由玻璃基板、透明正電極銦錫氧化物薄膜(indium tin oxide，ITO)、有機發光薄膜及金屬負電極所形成。當施加電壓於此有機電致發光顯示器時，電子與電洞分別自負電極與正電極注入有機發光薄膜層，電子和電洞的結合形成激子(exciton)而釋放出光。有機電致發光顯示器因使用之有機電激發光薄膜材料之不同，可分成使用染料或顏料材料之小分子發光元件(OLED)及共軛高分子材料之高分子發光材料(PLED)。此外，有機致光顯示器依其驅動方式之不同又可區分為被動式(passive matrix)及主動式(active matrix)顯示面板。被動式面板乃是將有機發光顯示面板經由模組化外加驅動電路進行驅動。主動面板則在基板上事先製作薄膜電晶體(thin film transistor，TFT)電路，再將有機發光薄膜製作在驅動面板上，利用 TFT 直接驅動面板中每一畫素，可製作大尺寸面板。

　　小分子電激發光元件(OLED)之結構如圖 19-13(a)所示。OLED 除了正負電極膜層外，有機薄膜包含電洞傳遞層(hole-transporting layer，HTL)、電洞注入層(hole-injection layer，HJL)、發光材料層(emission material layer，EML)及電子傳遞層(electron-transporting layer，ETL)，其中發光材料層基本上由主發光體(host)及客發光體材料(guest)所組成。當施加電壓於 OLED 時，電洞和電子分別自正電極(ITO)與負電極(cathode)注入於電洞傳遞層，電子與電洞進一步被傳遞於發光材料層，在發光材料層相結合形成激子(exciton)而釋放出光，如圖 19-15(b)。在 OLED 元件中常見之電子傳遞材料如圖 19-14 所示，包含 Alq₃、PBD、TAZ 衍生物，這些電子傳遞材料主要功能是將電子自陰極導入有機膜層中並傳遞電子至發光材料膜層，其中 Alq₃ 亦常作爲 OLED 之發光膜層中的主發光材體，常見的電洞注入材料則有 CuPc、m-MTDTA，可有效地將電洞自正電極導入電洞傳遞層，可降低元件發光驅動電壓與增加元件之穩定性，其化學結構如圖 19-14 所示。

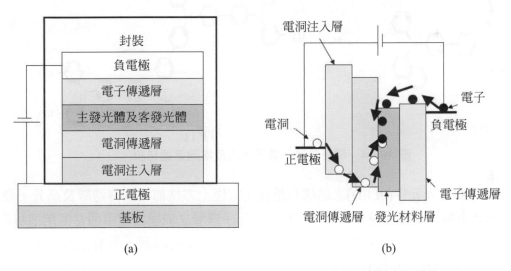

圖 19-13　小分子有機電致發光元件之結構及載子傳遞圖

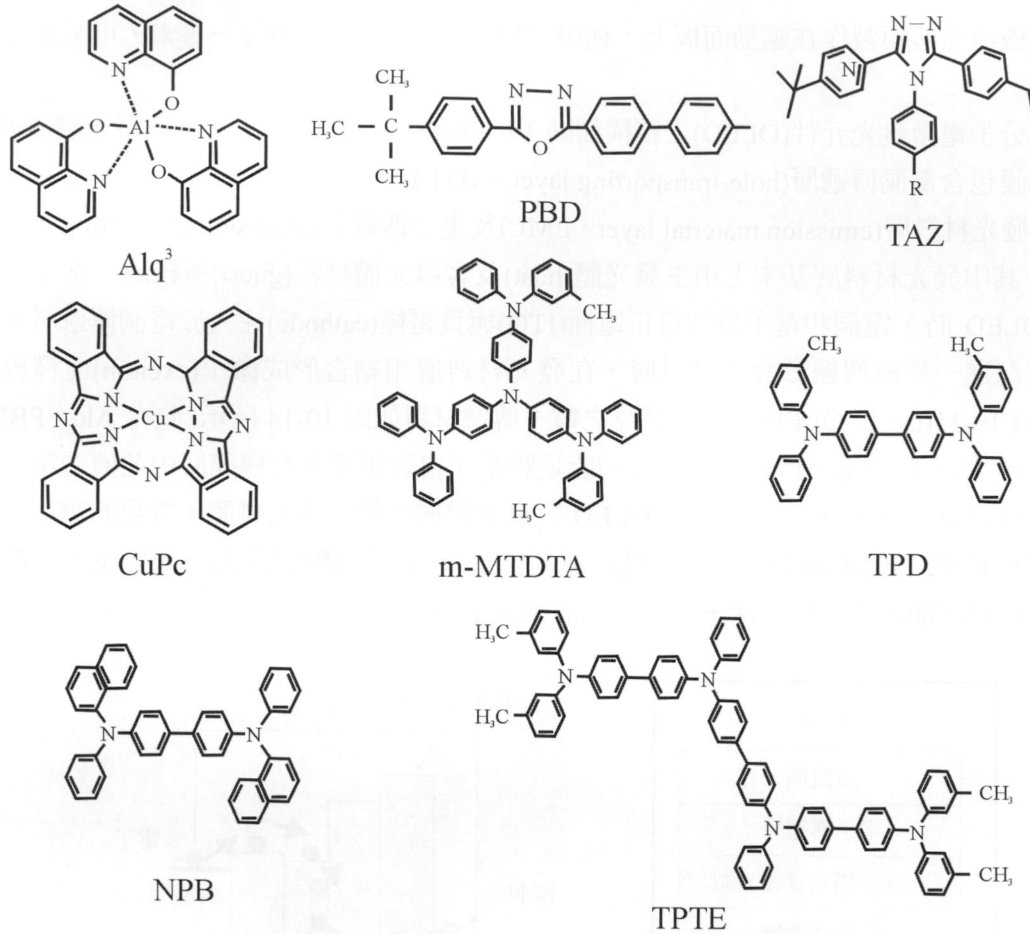

Alq³

PBD

TAZ

CuPc

m-MTDTA

TPD

NPB

TPTE

圖 19-14　電子傳遞、電子注入及電洞傳遞材料

　　高分子電致發光元件(PLED)之結構乃是在正電極上方塗佈電洞傳遞層及高分子發光層後，再蒸鍍金屬負電極完成元件製作，其中高分子膜層之成膜需經由通當溶劑溶解後，利用旋轉塗佈法(spin-coating)或噴墨列印技術(ink-jet printing)成膜。常見之高分子電洞傳遞材料有 PVK、PAN、PEDOT 等材料，其化學結構如圖 19-15 所示。電子傳遞材料將含有拉電子特性之 oxdiazole 或 triazole 基團接枝聚合或共聚合成高分子電子傳遞材料，電子與電洞傳遞材料分別將電子和電洞傳遞至高分子發光膜層，並結合形成激子而釋放出光。高分子材料化學結構之改變，影響電荷在高分子主鏈之共軛傳遞效果，改變材料及元件之發光光色與亮度、效率等特性，相對於小分子發光材料，高分子材料具有較優越之熱穩定性與成膜性，且其元件具有較低驅動電壓與較高亮度等優點，但在材料純化上，高分子發光材料有較高之製作困難度，高分子發光材料之操作壽命亦是有待克服之瓶頸。

電洞傳遞材料

PVK

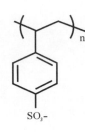

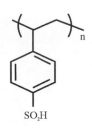

PAN

PEDOT

圖 19-15　高分子電子及電洞傳遞材料

習 題 EXERCISE

1. 試簡述光電導性現象。

2. 簡述紅寶石雷射的運作原理,其應用領域為何?

3. 試簡述太陽能電池發電之基本原理。

4. 試說明半導體雷射在導帶之受激電子與價帶之電洞受激再結合而產生雷射光束之基本原理。

5. 試簡述發光二極體之基本原理及其應用領域。

6. 試簡述現有液晶顯示裝置之類型,並比較其差異性。

奈米材料科技

▶20.1 緒論

　　一個新材料或新技術的出現，總會帶給人們無限的憧憬與期望，而目前最受科技界矚目的奈米科技就是其中的翹楚。回顧半世紀以來影響人類文明發展深遠的幾個指標性技術或產品的發展歷程，其過程大異其趣。如在二十世紀四十年代末期出現的電晶體(transistor)，在其走上舞台時並未獲得大家的注意，甚至相關之報導僅亦披露於地方性的小報上。然而在八十年代漸受矚目的微機電系統(microelectromechanical system)技術則受到相當的青睞，當第一個以微細加工方式製作的可轉動馬達出現時，各大傳播媒體競相以大篇幅報導，似乎科幻小說中的情節即將出現於日常生活中。與此相較，人們對奈米科技的發展潛力則有更高的期待。奈米科技的濫觴雖相當早，但卻直到二十世紀八十年代末期至九十年代初期，奈米科技方才逐漸成為一專門領域，尤其是在八十年代研發出來之原子尺度觀察及操縱能力，更對於奈米科技的發展扮演推波助瀾的角色。至此之後，奈米科技的發展似已達失控的地步，而各領域及行業都想涉入或和奈米一詞拉上關係，以提升附加價值及競爭力。

　　就字面而言，奈米(nanometer，nm)只是一個長度單位，其大小為 1 公尺(meter)的十億分之一、1 公分(centimeter)的 1000 萬分之一或微米(micrometer)的一千分之一。直覺上，奈米僅是一表達更細微尺寸的術語，並無特別過人之處。但若將直徑約 50 微米左右的人類頭髮與奈米科技聯想，或將可稍微想像奈米之微。廣義而言，材料或其賴以形成的建構組成單元，其三維空間的特徵尺寸中，至少有一維在奈米層次，也就是 1-100 nm 範圍內，即屬於奈米材料的範圍。而奈米科技則是進行奈米尺度下之材料、元件及系統的設計、合成、組裝、檢測及應用的一門學問，為一項典型跨領域、整合性的科技。發展至今，很多科學家甚至認為奈米科技的發展及產業化，可能主導二十一世紀的新產業革命。其對人類的影響一般預期可能超過半導體和資訊科技，奈米科技不僅對電子和資訊工業可造成重大衝擊，亦對物理、化學、生物和醫學技術造成廣泛之影響。因此各國莫不對此積極投入大量人力與經費，加速相關的研發工作。

　　奈米材料是奈米科技發展的基石，吸引材料、物理、化學、化工及生物各領域之研究人員積極投入。而奈米製造技術則是體現奈米電子、光電、機械、生物各式元件的基礎製程技術，是提高元件集積度、獲得奈米系統優越性能的前提，皆為奈米科技不可或缺的重要環節。此外，奈米製造除對傳統材料結構及製造技術微細化外，奈米材料特有的性質及奈米科技的前瞻製造方法，也讓奈米科技的發展更為多元化，並對產業化的進程產生更深遠的影響。奈米材料及奈米製造涵蓋的範圍相當廣泛，本文無法予以完整之介紹。本章主要將對兩項關鍵問題予以闡述，其一為奈米材料的性質及其合成技術，另一則為奈米製造技術，尤其對奈米製造技術所需之奈米圖案(nanopattern)。

▶20.2　奈米科技發展沿革

　　材料科學與工程領域的工作者，長期以來一直致力於材料的組成、結構、性質及性能，及上述四者之間關係的探討，以提升對現有材料的瞭解與應用，並作為提供新材料發展的基礎。事實上，材料科學與工程長久以來因應各產業的需求，提供並協助各科學及工程專業領域之元件及系統所需的原材料，扮演著支援各產業的角色。藉由各種層次之解析能力的顯微鏡所提供的協助，基礎理論的建構及製程能力的進步，材料除在結構上的發展不論在晶體結構及微觀結構的鑑定分析及進一步的設計與製造方面，皆有顯著的進步外，亦逐步實現人工砌造材料的期望。

　　將材料相關的製造、加工、組裝，系統建構及其操作能力邁向更細微的層次或更高的精密度，已是電子、光電、機械、化工等領域，近年來積極努力的目標。以電子領域為例，隨著微電子產業在微細加工能力的提升及高集積度的趨勢下，對材料及製程要求更進一步的微細化係一必然之方向，因此由微米進入奈米層次遂成為近年來的熱門話題之一。而此背後的推力一方面來自將材料的設計與製造向更微細的層次以提升元件的密度、降低單位成本，並增進元件之性能與容量。另一方面，則源自於相當多的研究顯示，當材料的特徵尺寸降低至奈米層次時，將表現出不同於塊材的性質，尤其在趨近量子效應(quantum effect)顯著的尺寸時，材料將展現迥異於傳統材料的新奇性質及更優異的性能，提供新元件設計與新應用開發的機會。因此有關奈米材料及奈米技術的研發正方興未艾，吸引各領域的研究與工程人員投入，各工程領域之研究著重於微米加工及控制的能力，經由技術及設備提升和理論架構的協助，逐步向奈米層次的加工及操作精密度邁進。但是讓奈米材料及奈米技術受到如此之重視卻須歸因於奈米材料廣泛而深遠的影響。單一學術領域在目前並不足以涵蓋奈米材料的完整發展，此外，來自物理、化學、生物醫藥領域的激盪及整合，亦提供相當大的助益。其中物理方面著重於奈米製造、材料檢測技術與原子操控(atom manipulation)；化學方面則提供由小而大、由下而上的組裝方式、合成奈米材料的各種方法；生物方面則提供仿生(biomimetic)概念與生物製造工程的奈米材料合成技術。奈米材料的發展前景除因各領域的交流激盪增添更多樣的色彩與潛力外，並使近半世紀以來一直主宰學術思潮的學術分流，為因應奈米材料的發展而朝跨領域與科際整合的方向發展。

　　有關奈米材料的相關研究，雖然可回溯至二十世紀的六十年代在奈米粒子或超微粒子的研究與開發，甚至是在十九世紀中葉關於膠體化學的研究。但真正以奈米為其命名，並使其逐漸成為材料科學與工程中一個獨立的專業領域則大約始自二十世紀八十年代。德國 Saarlandes 的 Gleiter 教授首先將奈米級的粉體在真空環境中製備及固結成奈米級晶粒的塊材，並系統性探討其結構及物化特性。於此同期，化學領域的研究人員也涉獵奈米粒子的化學合成製程與性質研究；自 1981 年掃描穿隧顯微鏡開發成功後，物理方面也積極將奈米級加工及鑑定分析與奈米材料的物理性質納入研究範圍。至九十年代，各領域的交流日益增加，無論在研究題材或研究方法學方面，對於使奈米材料成為新興且獨立的研究學門有積極的貢獻，並建立持續發展的深厚基礎，厚植發展潛力，吸引各界積極投入，亦逐步將奈米科技由單純之學術研究發展至實際的產業化生產。

截至目前為止，關於奈米材料研究開發的重要性與基本內涵雖已逐漸釐清，但對於奈米材料及其相關的奈米技術之範疇與定義卻仍存有相當大的歧異。材料領域研究人員在早期僅以奈米晶體材料涵蓋奈米材料，但日後為因應研究範圍的逐漸擴大，亦將奈米粒子與奈米元件(nanodevice)納入奈米結構化材料的範圍。但美國國家科學工程委員會在前幾年所做之大規模調查與座談，則將奈米科學與工程的內容涵蓋奈米粒子、奈米結構化材料及奈米元件。其對於奈米結構化材料的定義亦有別於早期之材料領域。而時至今日，亦逐漸將奈米結構化材料涵蓋至奈米晶體材料及奈米多孔材料，甚至包括奈米結構化表面的塊材。

由上述之發展歷程，及為因應奈米材料未來的發展彈性，並希能匯集更多元的發展，可採用較廣泛的定義，即將奈米材料定義為材料之特徵長度在 100 nm 以下者，此長度包含粒子直徑、晶粒尺寸、一維材料的直徑、鍍層厚度、電子元件中導線的寬度或孔洞尺寸等結構特徵。廣義而言，若材料或其賴以形成的建構單元，其三維空間的特徵尺寸中，至少有一維是在奈米層次，也就是 1~100 奈米範圍內，即屬於奈米材料的範圍。

▶20.3　奈米材料之基礎物理化學性質

由於奈米材料的組成粒子相當微小，其結構特徵異於傳統晶體材料之長程及短程的有序結構，而展現出不同於塊材的物理、化學性質及行為，故不能以一般缺乏長程及短程有序的 "似氣體" 結構加以描述。由於組成粒子之體積減小，除可協助減小元件尺寸，對於提升元件的密度、降低單位成本，並增進其元件性能與容量皆有相當大的貢獻。此外，由於結構上的微小化特徵，造成量子化現象，使材料的特徵尺寸降低至奈米層次時，尤其在接近特定性質(如：光學、電學、磁學等)之相關臨界尺度，其量子效應顯著的尺寸大小時，材料即展現與傳統材料迥異的新奇性質及更優異的性能。其與塊材相較，主要性質差異包括小尺寸效應、表面積效應與量子尺寸效應三方面。但由於奈米材料及相關奈米科技之發展時程尚短，至今有關奈米的大部分研發課題仍然著重於原來材料或元件的更進一步微細化，而對於達到設計新材料、開發新製程與創建新原理等成果仍屬少數。因此，就建立奈米科技穩固長遠之發展基石而言，仍有待更進一步之努力。茲將有關小尺寸效應、表面效應及量子尺寸效應的機制及其影響，分述如下。

20.3.1　小尺寸效應

當奈米粒子的尺寸減小至與傳導電子的 de Broglie 波長相當或更小時，週期性的邊界條件被破壞，致使其物理或化學性質發生很大變化。例如一般奈米金屬粉體並無塊材般的金屬光澤，而成黑色即肇因於光吸收特性顯著增加所致。此外，頗多之物理狀態亦發生轉變，如磁有序狀態轉為磁無序狀態或超導相向正常相轉變。更有甚者，一般認為材料在奈米尺度的基礎物理性質，明顯與傳統材料不同。如奈米金屬熔點的大幅降低即屬此現象之一，如圖 20-1 所示金(gold)顆粒的熔點隨其直徑之減小而降低，至小於 2 nm 附近更大幅下降至 500℃以下。

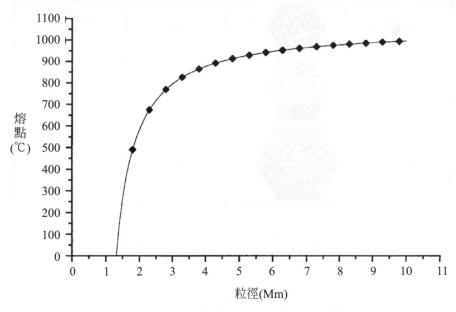

圖 20-1　金顆粒的熔點與其粒徑之關係

20.3.2　表面積效應

奈米材料表面之原子數目與該粒子總原子數的比例，隨粒徑之變小而急遽增大，並導致其性質隨之大幅變化。如表 20-1 所列，以相同大小的原子進行顆粒堆積，隨著堆積之原子總數減少，所堆積之層數亦減少，其表面原子數目佔總原子數目之比例即大幅揚升。另一方面如以相同直徑之原子堆積不同大小之顆粒，如表 20-2 所列，堆積之顆粒直徑大小不同，隨著粒徑降低，其所需原子數目減少，但表面所佔原子數目的比率卻大幅增加。由於佔據於表面的原子數目增加，其原子配位不足，而造成相當多的懸鍵，形成高表面能，導致其物理化學性質不穩定。此結果將使奈米粒子具有極強的反應性，如金屬的奈米粒子在空氣中會燃燒，而陶瓷的奈米粒子在空氣中極易吸附氣體或和氣體反應之結果皆由此現象造成。

表 20-1　以原子堆積顆粒，其堆積所用之原子總數與其表面原子所佔比例之關係

堆積層數		原子總數	表面原子(%)
1 層		13	92
2 層		55	76
3 層		147	63
4 層		309	52
5 層		561	45

表 20-2　以原子堆積不同直徑的顆粒時，其粒徑與表面原子數目所佔比例的關係

粒徑(nm)	包含原子總數(個)	表面原子所佔比例
20	2.5×10^5	10%
10	3.0×10^4	20%
5	4.0×10^3	40%
2	2.5×10^2	80%
1	30	99%

● 20.3.3 量子尺寸效應

　　以金屬粒子而言，當粒子尺寸下降至一定值時，其費米能階附近的電子能階由準連續能階變爲分立能階的現象，稱爲量子尺寸效應。二十世紀中葉，久保(Kubo)針對超微粒子的研究，提出式(20-1)之相鄰電子能階與粒子直徑的關係

$$\delta = 4/3 \ (E_F \ / \ N) \tag{20.1}$$

式中：E_F：費米能階

　　　　N：一個粒子所含導電電子的總數目

　　固態物理在討論能帶結構時，將金屬之費米能階附近的電子能階視爲準連續(quasi-continuous)，此點對於巨觀粒子而言是合理的，因其總電子數目龐大。但對僅包含有限個導電電子的奈米粒子而言，由於此時之 N 爲有限值，因此其能階不再連續，而形成分立或離散(discrete)的能階。

　　如圖 20-2 所示者爲半導體材料之能帶結構與其幾何尺寸之關係，就巨觀半導體塊材而言，其能階爲連續分佈，但隨著結構維度的降低，其電子運動方向亦受到相對之侷限，如由三維的塊材變爲二維的量子井結構、一維的量子線、準零維的量子點結構時，電子在三個維度皆受到限制，即當奈米粒子或量子點的粒子尺寸下降至一定值，其電子運動範圍亦受侷限時，費米能階附近的電子能階由準連續能階逐漸變爲離散能階的現象更加明顯，此效應稱爲量子尺寸效應。

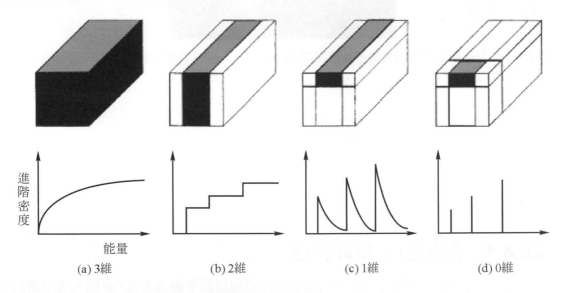

圖 20-2　半導體材料能帶結構與其幾何尺寸關係：(a)3 維，(b)2 維，(c)1 維，(d)0 維

　　由於量子尺寸效應能提供材料設計及應用的新途徑，因此在未來極可能被應用於光電或電子元件上，當中最具潛力者為奈米粒子發光性質的控制。傳統上欲使螢光材料發出不同波長顏色的光，唯有調整材料種類及結構，使其能隙寬度(energy bandgap)之大小得以變化，因此對於基本紅藍綠(RGB)三原色而言，必須尋找三種不同材料組成才能搭配其發光需求。但對奈米粒子而言，由於奈米材料的量子效應，使其能帶寬度成為奈米粒子材料直徑的函數，因此可藉由改變奈米粒子的直徑獲得不同波長的發光。圖 20-3 即為以化學溶液製程，藉由參數調整而獲得不同直徑之 CdSe 奈米粒子，在單一波長光源照射下所顯示之顏色，涵蓋短波長的藍色至長波長的紅色，已足可應用於大部份光電元件之需。未來藉單一製程及單一材料，開發不同顏色之螢光材料，將可大幅簡化材料及元件製程及相關材料相容性的問題，並能提高製程的彈性。

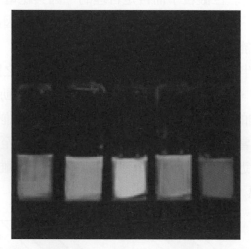

圖 20-3　以化學溶液製程獲得不同直徑之 CdSe 奈米粒子，在單一波長光源照射下顯示不同顏色

▶20.4　奈米材料及製程

　　由於奈米材料及製程涵蓋的範圍很廣，在此僅選擇部份重要項目說明。奈米材料的製作過程可依其最終應用的形態區分，在此僅討論奈米粒子、奈米結構化鍍層、奈米結構化塊材及奈米多孔材料。

◯ 20.4.1　奈米粒子及其製程

　　一般由不同製程所得的奈米粒子可直接使用或施以簡單表面改質，或加入溶劑調製成膠體懸浮液而加以利用。前者包括奈米催化劑及顏料用的奈米粒子，後者則包括化妝品用抗紫外線溶液及積體電路製程用化學機械研磨體。另外，奈米粒子亦可作爲第二相添加物，以一般複合材料的製程將其混於金屬、高分子、陶瓷材料的基材中，形成奈米複合材料，以提高其機械性質及其他物理特性。

　　由於奈米粒子及部份奈米塊材的製程及應用皆需獲得奈米級粒子之原料，因此奈米粒子的製作是相當關鍵的步驟。目前奈米粒子的獲得常由氣相凝結法、機械合金法、化學溶液合成法等三種方法製作。

20.4.2　氣相凝結法

　　氣相凝結爲最早採用之奈米材料的製作方式，可分成物理性凝結及化學性反應沉積兩大類，其中物理性凝結製程是以熱或電子束、電漿、電弧、雷射光束等高密度能源將原料於低壓的氬氣或氦氣環境中熔融蒸發，再冷凝於基材上，圖 20-4 所示者爲氣體冷凝法製作奈米粒子之示意圖。如果僅以奈米粒子的製作爲目的，至此階段即可加以利用，或再加一道表面處理步驟，以增加奈米粒子的穩定性即可。但若爲進一步製造奈米結構化塊材，則最好能在眞空系統中進行原地壓結成形，避免其曝露於大氣，受到污染，而不利於後續之製程與性質。至於化學性反應沉積法，和一般化學氣相沉積薄膜製程相似，藉由通入過飽和反應性氣源至化學氣相沉積爐中，在熱源、電漿區或光源等活化區，反應產生預期的元素或化合物奈米粒子。

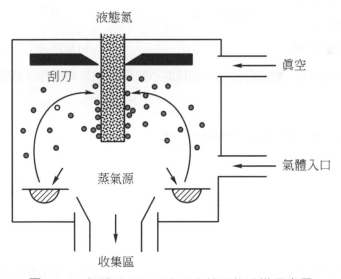

圖 20-4　氣體冷凝製法作奈米粒子的設備示意圖

20.4.3 機械合金法

　　機械合金法或相關的機械研磨法主要如圖 20-5 所示之高能量球磨方式，利用磨球將較粗大的原料粉末施以塑性變形，而至逐漸擊碎，並經由重複地焊合、破裂、再焊合等過程達到合金化的目的，並使其組成均勻。研究顯示只要球磨的時間夠長，幾乎包括純金屬、合金、介金屬、甚至原本不互溶的合金等所有材料，皆能以高能球磨方式獲得奈米粒子。而此法也是目前唯一能以經濟規模量產奈米粒子的製程，但來自磨球、球磨罐及工作氣氛等所造成的污染，為本法美中不足之處，亦因而使本方法的學術及工業應用價值大為降低。

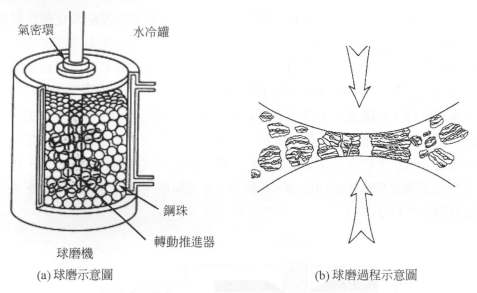

氣密環　　水冷罐
鋼珠
轉動推進器
球磨機
(a) 球磨示意圖
(b) 球磨過程示意圖

圖 20-5　機械合金法：(a)球磨示意圖，(b)球磨過程示意圖

20.4.4 化學溶液相關合成法

　　濕式化學溶液方式是製備各種微粒的有效方法，其優點在於濕式化學法能提供分子層次的化學反應及相關組成與結構的設計，因此可用於合成金屬、陶瓷、高分子、以及各種複合粒子，但量產能力及價格則是商業化需克服的問題。廣泛採用的方式包括沈澱法、溶膠凝膠法、水熱法、微乳液法、噴霧裂解法或電化學製程等。該製程共同的基本特點在於使用均勻溶液為出發點，藉由一定步驟使溶質間發生反應(或和溶劑反應)，產生奈米級產物或其前驅物的固體微粒沈澱析出，經過後處理即可獲得所要的奈米粒子。

▶ 20.5　一維奈米材料及其製程

● 20.5.1　一維奈米材料發展

　　一般材料外觀三個維度中的兩個維度降低至奈米尺度，其形態擁有較高的長短軸比值 (aspect ratio)，即形成特殊外觀的一維奈米材料。基於其外觀幾何形態的不同及內部結構的差異，一維奈米材料又有奈米纖維、奈米管、奈米棒、奈米柱及奈米線等衍生形態或名稱。其中又以 NEC 公司的研究員飯島(S. Iijima)所發現的奈米碳管最引人注意，由於奈米碳管在幾何結構上屬於準一維材料，其尺寸在量子效應顯著的範圍內，因此奈米碳管可視為一維量子線，而其多變的物理化學特性，以及深具產業應用的潛力，亦因此而開啟對於類似高長寬比的高度異向性奈米材料的研究熱潮，包括陶瓷、金屬、半導體、高分子等各式一維奈米材料皆是目前熱門的研究主題。一維奈米材料因其結構特殊、性能優異，是未來各種奈米級元件的基礎構造材料，故在此以較多之篇幅詳細介紹其發展、成長機構、性質及應用等特性。

　　傳統上，碳的同素異構體有石墨及鑽石兩種結構，而奈米碳管則是另一種新的碳結構。奈米碳管為捲取成圓桶狀之石墨層所組成之管狀纖維材料，依其石墨層的數目可分為單層奈米碳管及多層奈米碳管，圖 20-6 所示者為一典型多層奈米碳管的穿透式電子顯微鏡照片。基本上，單層奈米碳管為基礎結構單元，而多層奈米碳管係由單層奈米碳管以同軸方式堆疊而成，但每一層間自行封閉，並未和其它層接觸。一般而言，單層奈米碳管直徑分佈於 0.4 nm 至 3 nm，而多層奈米碳管則由 1.4 nm 至 100 nm。由於奈米碳管質輕、強度高，是極佳的複合材料的強化材。此外，其表面積極大，故適合用於儲氫、感測及應用於電化學儲能材料的電極上。由於奈米碳管功函數低、長短軸比極高且導電性極佳，因此可應用於場發射(field emission)電子源的發射極材料上，為真空微電子元件及場發射顯示器用之極具潛力的前瞻材料。此外，奈米碳管散熱性極佳，且其導電性質和其結構有密切關係，因此未來可做為奈米電子元件之用。目前各國之學術研究單位及產業研發單位莫不積極投入奈米碳管相關的研究，配合該材料多樣的物理化學性質，可視為奈米時代的耀眼明星，未來發展潛力無限。

圖 20-6　典型多層奈米碳管的穿透式電子顯微鏡照片

　　事實上，在奈米碳管受到重視之前，類似外觀的微米級晶體材料早已是晶體成長及應用的重要研究發展方向，大自然所孕育的天然晶體或人工所培育的晶體在適當的熱力學及動力學條件下，可能成長細長如鬍鬚般的外貌，一般稱之為鬚晶(whisker)。鬚晶材料的發現雖可追溯自數百年前，但近代的學術研究熱潮則始自五十年代，伴隨著固態物理與材料科學的成長與發展。早期對於鬚晶材料的研究，主要是著眼於其完美的晶體特性可作為基本物理化學性質量測之需和使用於材料科學或實驗固態物理的模型材料。由於鬚晶材料所具之完美的晶體特性使其有接近該材料理論之鍵結強度的機械性質，而成為強化其他材料的第二相，尤其是陶瓷材料的高強度、高剛性、低密度、較佳的化學及熱穩定性。伴隨著航太工業及其他產業對高強度及輕量化的要求，陶瓷鬚晶於複合材料的應用成為八十年代鬚晶材料的主要用途，也是推動該時期鬚晶研究與發展的最大動力。

20.5.2　一維奈米材料的應用

　　除上述之機械用途外，鬚晶材料及與其外觀相近的一維奈米晶體材料，如奈米鬚晶、奈米棒及奈米線等，在其它科學及工程領域上的功能性應用亦是近幾年來在該領域研究與發展的重要主題，其中於電子和光電方面的應用，未來可能成為一維晶體材料最主要的應用領域。而結合奈米材料的發展概念，將微米級的鬚晶材料降低外觀尺寸至奈米級，更提供一維奈米級晶體材料更寬廣的發展契機。Yazawa 及 Hiruma 等人藉由鬚晶特殊的氣液固(vapor-liquid-solid，VLS)成長機構，以有機金屬化學氣相磊晶法(organometallic vapor phase epitaxy，OMVPE)生長奈米級的三五族 InAs 和 GaAs 半導體材料及其 p-n 接面。由於材料之幾何尺度在奈米級，具有量子效應，未來可藉以製造低耗電的一維量子線高速場效電晶體及奈米級發光元件。亦有研究應用 VLS 機構在簡單的氣相傳輸及凝結製程中，於氧化鋁單晶上成長一維氧化鋅奈米線，利用氧化鋅晶體的高品質單晶特性巧妙形成共振腔。另一方面利用氧化鋅與基板界面的刻面(facet)特性而形成反射鏡面，成功地研製室溫下發出紫外光的奈米雷射。其他類似的一維奈米材料，包括氮化鎵、氧化鋅、金屬奈米線皆積極研發中。此外，由 VLS 機構所成長之不同種類及特性的鬚晶材料，以簡易的化學、電化學或離子蝕刻式，即可製備各式掃描探針式顯微鏡的細微探針，以因應不同量測的需求。由於氧化物、氮化物及硫化物等半導體或陶瓷，以及金屬及高分子等一維奈米材料，具有豐富的光學、電學、光電、磁性、電化學等物理化學性質，是未來極具發展潛力的奈米材料，勢必對奈米材料的未來發展有深遠的影響。

▶ 20.6 奈米結構化鍍層及其製程

奈米結構化鍍層的製作方式雖相當多，但通常只要將傳統鍍膜製程較嚴謹的控制即可獲得奈米結構化鍍層。奈米結構化鍍層可分成兩大類，一為單層奈米結構化鍍層或奈米複合鍍層，另一則為奈米層狀鍍層。前者係組成鍍層之顆粒或晶粒的大小為奈米級之單層膜，若其為單相則屬奈米結構化單層鍍膜，而組成材料有兩相以上者則稱之為奈米複合鍍層；後者則是由奈米級多層膜所組成之鍍層系統。就一般功能性半導體薄膜而言，奈米層狀鍍層可能是超晶格結構，但若各層材料的能帶結構配合適當者，亦可形成量子阱結構。

奈米結構化鍍層所使用之製程，包括物理氣相沉積 PVD(Physical Vapor Deposition)、化學氣相沉積 CVD(Chemical Vapor Deposition)、化學溶液製程(含電化學製程)等。其製程技術和用於一般機械性及功能性應用之薄膜製程相近，但因結構為奈米化，故需更精密的製程參數控制。就 PVD 而言，包括蒸發鍍、濺鍍、離子鍍等方式。對部份之功能性薄膜則採用更精密的分子束磊晶系統 MBE(Molecular Beam Epitaxy)及雷射蒸鍍。而 CVD 之基本特性和前述化學氣相反應製造奈米級粒子的製程相近，但需將反應條件改為形成鍍膜者。欲降低某些製程之反應溫度，則可在製程加上電漿作為輔助，而成為電漿輔助 CVD。對於功能性薄膜而言，因經常使用有機金屬為氣相反應原料，故又稱有機金屬化學氣相沉積 MOCVD(Metal-organic Chemical Vapor Deposition)。而一般功能性薄膜則常希望能成長為單晶薄膜，故又稱為有機金屬氣相磊晶法。上述之製程大部份以製作薄膜為目的，欲得較厚之鍍層則可採用噴塗或機械鍍等方式。此外，目前積極發展之中的 LB(Langmuir-Blodget)膜、自我組裝膜、及逐層堆積方式等製程則為深具潛力之非傳統性鍍層的製備方法。茲針對其中部份製程簡要介紹。

(一) 以分子束磊晶系統成長超晶格結構

超高真空分子束磊晶系統的結構如圖 20-7 所示，MBE 製程與 PVD 的真空蒸鍍類似，惟對真空度的要求更高($<10^{-10}$ torr)，在此超高真空度下，蒸發的物質係以分子束形式撞擊基板，故僅需控制各層物質之蒸發速率，即可達成奈米多層膜的要求，甚至可形成單原子層厚度的鍍膜。MBE 設備是高性能光電及電子元件製程的利器，但設備投資及操作成本較高，且量產能力較弱為其缺點。

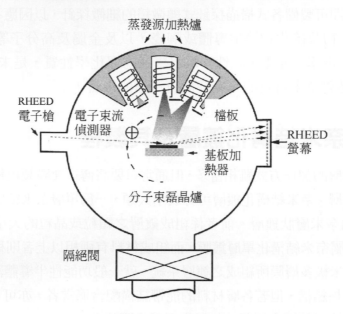

圖 20-7　超高真空分子束磊晶系統的結構示意圖

(二) 奈米結構化鍍層

就結構材料而言，同時具有高強度及高韌性者，係結構性材料的追求目標，但由材料科學中有關材料機械性質的理論可知，傳統上雖有相當多的材料強化機構可應用於提高材料的強度及硬度，但卻不易同步提升其韌性，甚至必須犧牲材料的韌性以提升其強度。而此情況直至奈米結構材料出現，對其性能的提升提供可能的解決方案。

如圖 20-8 所示，目前之結構材料仍屬於高強度低韌性的範疇內(圖 20-8(a))，未來若希望強度與韌性得以兼顧，則奈米層狀複合材料是解決的方案之一。如圖 20-8(b)所示者係由電鍍方式所得之奈米 Cu/Cr 疊層材料，藉由電鍍製程的參數控制，可將其單一鍍層的厚度控制在 10 nm 以下。由於將各層材料之厚度控制在奈米級時，差排在各層中不易萌生，亦不易傳播，更因兩種材料具有不同的機械性質，也使差排不易通過界面。此外，在垂直方向之眾多的界面亦可阻止裂縫傳播，在上述諸因素共同作用下，材料的硬度及韌性可大幅提昇。

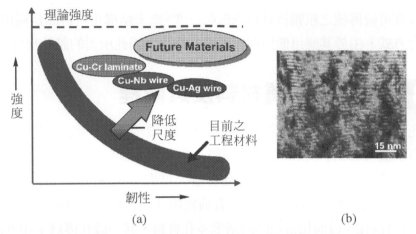

圖 20-8　(a)結構材料強度與韌性的關係，(b)電鍍金屬交替堆疊之奈米疊層(Cu/Cr)材料，其單一鍍層的厚度可控制在 10nm 以下

(三) 單層奈米結構化鍍層

　　對陶瓷材料的奈米鍍層而言，除上述各種奈米結構化的優點外，奈米晶粒亦能降低材料殘餘應力、提高鍍層緻密度、降低孔隙度，可增加鍍層總厚度而不致剝落，整體而言能提高單層奈米結構化鍍層的性能。如熱噴塗鍍層在奈米化後硬度、附著力、抗蝕能力等，皆獲得提升。

▶ 20.7　奈米結構化塊材及其製程

　　奈米結構化塊材的製程主要可區分為單一步驟及兩步驟方式，前者採用如電鍍、非晶質固體的結晶化、塑性變形等單一製程以形成具有奈米級晶粒尺寸的塊材；後者則係先製成奈米粒子，再予以固結，確保其晶粒結構於製作過程中仍維持奈米大小，以完成奈米塊材的製作。實質上，兩步驟法接近傳統的粉末冶金及陶瓷粉坯的燒結，所異者為兩步驟法使用奈米級粉末，且在固結過程中須防止晶粒成長。一般而言，以單一步驟所製得的奈米塊材，由於在臨場(in situ)直接產生奈米級粉體，並未曝露於空氣中，因此相當緻密。而利用兩步驟方式所製得的奈米塊材，因需先獲得奈米粒子，再施以加工，而粒子特性及第二階段加工特性，不易獲得緻密化的塊材，且奈米粒子小於 20 nm 者，形成孔隙的現象更為嚴重。

　　在一般結構材料及功能性系統中，奈米粒子必須經過固結或和其他材料複合才能應用，因此需先將上述奈米粒子成形加工，再以熱製程使其粒子經由擴散形成化學鍵結，才能獲得預期的性能。由於奈米粒子具有高比表面積、高表面缺陷及較短的擴散距離，故其所需的燒結溫度可較傳統之粗顆粒材料降低數百度。奈米結構化材料即是採用上述由小而大的組裝結合方式，由於其應用價值在於整體的塊材，因此所需的設計尺寸較寬鬆。

▶20.8 奈米多孔質材料及其製程

奈米多孔材料亦屬廣義的奈米結構化材料，其特徵是具有一定的孔隙率及結構，且其孔徑大小爲奈米級。因此有相當高的比表面積及充當分子篩的能力，可應用於催化、分離、感測，及在有限體積內反應的奈米級反應容器之潛力。依據國際純粹及應用化學聯盟(IUPAC)的定義，多孔質材料的孔徑＜2nm 者稱爲微孔，孔徑在 2~50 nm 者爲介孔或中孔，孔徑＞50nm 者爲巨孔。目前相當熱門的奈米多孔材料，其一般孔徑爲 1~100 nm，實係涵蓋 IUPAC 所定義的部份微孔、介孔及巨孔範疇。

奈米多孔材料的合成及應用的歷史相當久遠，從沸石材料開始，人類即從事此類材料相關之化學的研究與應用。其合成過程最重要的步驟是使用模板劑，利用特定分子或其分子集合體的幾何結構特徵，擔任多孔材料合成時的架構引導劑之用，使其形成具特殊微細構造的材料，最後再將模板除去，而形成具有一定孔隙率、孔徑大小及分佈的多孔材料。微孔材料一般是以單一分子爲模板劑，介孔及部分巨孔材料則以超分子結構爲模板劑。利用此概念可延伸而獲得模板輔助合成技術，即利用單一分子、超分子、多孔質氧化鋁、多孔質高分子或膠體陣列等模板材料，進行奈米級零維、一維材料或網絡結構材料的合成。主/客複合體相關奈米結構化組合體系的研究與開發，則是目前奈米材料領域最熱門與最具潛力的模板輔助奈米材料合成方法。圖 20-9 所示者是以超分子爲模板劑製備具六方堆積孔洞之介孔二氧化矽的步驟。作爲模板分子的界面活性劑先在適當條件下形成六方堆積的桿狀微胞，接著在微胞周圍填入二氧化矽前驅物，再以熱處理將微胞材料移除，即可獲得具六方排列的管狀多孔材料。

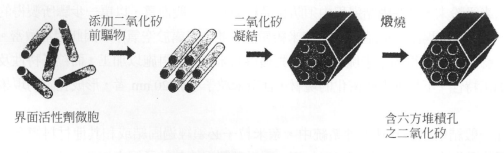

圖 20-9　超分子模板劑製備介孔二氧化矽示意圖

　　除將共聚物經由適當製程以自我組織方式形成特定幾何架構外，另一常用的多孔質模板材料則為陽極化氧化鋁膜，其具有奈米級(涵蓋數 nm 至數百 nm)的平行孔道陣列，且其孔徑及孔深度可藉由製程參數的調整，在適當的製程參數下，經由自我組織方式，形成規則排列的六方堆積孔道陣列。由於陽極化氧化鋁為陶瓷材料，因此具有較高的熱穩定性，且化學及結構穩定性亦佳，故目前普遍應用於各種金屬、陶瓷、半導體與高分子之零維奈米點陣列及一維奈米線陣列的合成。圖 20-10 所示者為陽極化氧化鋁的結構示意圖，其孔由表面垂直延伸至內部界面，且孔洞之間相互平行(圖 20-10(a))，圖 20-10(b)則是典型陽極化氧化鋁的 SEM 照片。

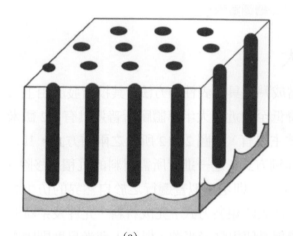
(a)

(b)

圖 20-10　(a)陽極化氧化鋁的結構示意圖，(b)典型陽極化氧化鋁的 SEM 照片

▶ 20.9　奈米製造技術

　　奈米製造技術是體現奈米材料優越性能的基礎工作，亦是降低單一元件成本必經的途徑。為製造具特定功能的元件，達成元件結構的要求，首先必須能完美轉移所設計之奈米圖案(如圖 20-11 所示)，然後再以薄膜沉積、移除、改質等方式，逐一進行各層材料的處理，最終才得以完成元件的製作。對於各式微米及奈米元件而言，其所需材料特性及架構並不盡相同，本節將僅著重於共通的奈米圖案製作技術，以利後續階段將所需的圖案轉移。

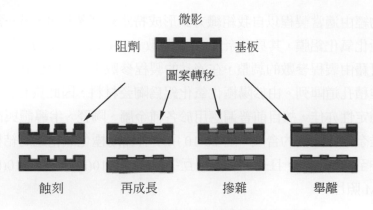

圖 20-11　微影製程及後續圖案轉移步驟

◯ 20.9.1　由大而小與由小而大

　　目前與微電子相關的微製造技術,是相當成熟且具代表性的方法,其技術發展由上二十世紀六十年代的十數至數微米大小,逐漸降低至最近各大半導體廠所普遍具有 0.2 微米的技術能力。微米及奈米製造技術的基本方式主要有,如圖 20-12 所示之兩種方式,其一如半導體製程所採用之由大而小,類似傳統雕刻方式,逐一進行所需材料的沉積、移除、改質等步驟,是目前使用廣泛的微製造技術;另一則是類似普遍行之於自然界的仿生製程,採用粒子間自我組織的作用力,而以由小而大的組裝方式,完成材料、元件及系統的製造。對於由大而小的製程而言,其圖案化過程需使用曝光光源,但進入奈米尺度則因需用到波長更短的曝光光源,而可能阻礙奈米科技的發展。對奈米科技的發展而言,類似由大而小的加工技術,將面臨技術可行性及量產能力的考驗。而由小而大之製程,因能並行處理大量物件,故可能成為更具競爭力的製程技術。

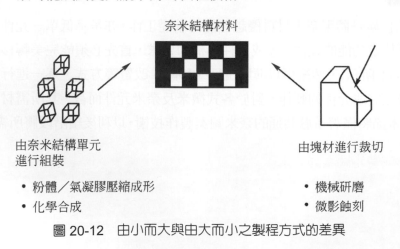

圖 20-12　由小而大與由大而小之製程方式的差異

20.9.2　傳統微影蝕刻方式

　　半導體界的摩爾定律(Moore's law)對傳統微製造的技術變化有簡要而深刻的描述。Moore 根據半導體技術發展與產業變化，提出『半導體晶片上元件的數目每十八個月將增加一倍，但價格不變』，以圖 20-13 所示之動態隨機存取記憶體(DRAM)技術發展為例，在 1970 年左右，其容量僅達 1 K，但至 1995 左右已達 256 M，且 2000 年已有廠商研發出 1 G 容量的 DRAM，同時製程技術由當年的 10 μm 左右，降至 1995 年的 0.35 μm，再降至目前的 0.1 μm 以下。除顯示微製造技術對於提高半導體元件集積度及較低元件成本的貢獻外，亦說明微製造技術難度的與日遽增，其中之關鍵即為進行圖案轉移用的微影步驟。

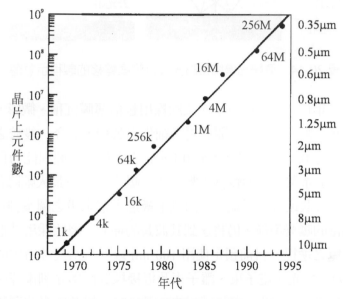

圖 20-13　動態態隨機存取記憶體晶片技術在近三十年的發展

　　如圖 20-14 所示之微製程，首先將所需圖案製作於光罩或倍縮光罩上，作為後續圖案轉移之用。接著將擔任蝕刻阻劑及形成圖案的光阻塗佈於基板上，再以配合光阻材料之光化學特性的適當光源為曝光光源，從上方以投影曝光或接觸式曝光，對光罩上有無圖案部份，分別造成光阻材料之局部化學性質的改變後，再進行顯影，俾將光罩上的圖案轉移至基板的光阻層上，至此即可進行薄膜沉積、蝕刻、改質等步驟，最後移除殘餘光阻層，達成在基板上形成特定圖案的要求。

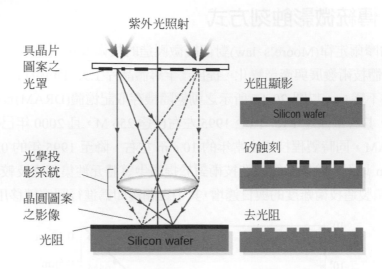

圖 20-14　傳統光學微影曝光進行圖案轉移的製程示意圖

　　自二十世紀六十年代以來，微電子產業除採用包括薄膜沉積、微影、蝕刻等微製造技術，並為因應高密度之需求，而積極開發更微細化之製程，至今一般較之先進半導體製造廠的基本製程能力已達 0.2 μm 以下，至於 0.1 μm 或更細微的製程能力目前亦已有小量生產。近數十年來微電子產業將圖形轉移步驟所需之曝光光源波長大幅降低，以免因光學繞射現象，而造成曝光失敗或圖形模糊。但由微米級進入奈米級之圖案製作，傳統的光學曝光方式即使有更精密的曝光系統，仍將達到其波長的極限。因此採用其他波長更小的光束或能量束為一不可免之途徑。目前預定使用 100 nm 以下特徵尺寸所需的光源或能量束，包括極紫外線(EUV)、X 光、電子束、離子束及近接探針微影光刻術等。但除配合曝光系統所需發展的光源(或能量束)外，與其搭配的光阻材料，以及所需的薄膜沉積技術與圖案蝕刻技術雖亦皆在積極發展中，但距離成熟階段仍有些距離。

　　圖 20-15 所示為掃描探針顯微鏡微影技術示意圖，該製程以掃描穿隧顯微鏡(Scanning-Tunneling Microscope，STM)或導電原子力顯微鏡(Atomic Force Microscope，AFM)的探針為改變局部光阻或蝕刻阻劑材料化學性質的工具，在圖 20-15(a)中以 AFM 為微影設備，除藉由細微的探針按預期路徑以序列的方式移動，而獲得預定之圖案外，並經由尖端與基板之間的電場，結合在大氣下之水分子形成的吸附水橋，造成場致氧化，而使基板或其上之蝕刻阻劑局部區域特性差異化。在圖 20-15 中，利用場致氧化，可在矽基板上形成蝕刻特性不同的二氧化矽，隨後的蝕刻製程即可因矽基板及二氧化矽之蝕刻速率差異，而在如圖 20-15(b)所示之蝕刻步驟後獲得特定的掃描圖案。

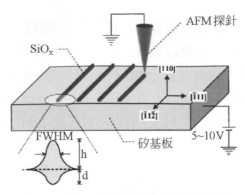

(a) 利用AFM探針場致氧化完成之圖案

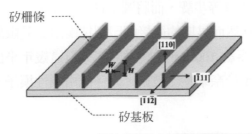

(b) 經蝕刻所得之特定圖案

圖 20-15　掃描探針顯微鏡微影技術製程示意圖：(a)利用 AFM 探針場致氧化完成之圖案，
(b)經蝕刻所得之特定圖案

　　除利用探針與基板間的吸附水橋，搭配場致氧化的機制外，對於機械性質較軟的高分子物質，甚至可以用掃描探針直接書寫，如圖 20-16 所示。在鍍有高分子的基板上形成奈米級文字或圖案，在圖 20-16 中特別於其上再加鍍一層硫醇分子，以增加其對比。

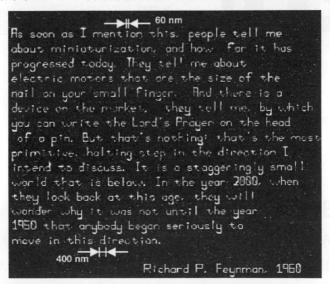

圖 20-16　在高分子基板上以掃描探針直接書寫奈米級文字或圖案

　　為因應微細加工及奈米製造之需要，需將傳統光學微影所用光源的波長降低，但因相關光源及周邊系統之價格昂貴，兼以製程速度有限，未來勢必面臨量產的困難。因此除以光學方式進行微影曝光外，回到古老工藝技術，如印刷方式，更可提供具競爭力的製程能力。在此技術中，基板上圖案的形成不再用光學方法，而改用已製成特定圖案之模子，沾黏硫醇分子而將其轉印至鍍金的基板上，或直接以較硬之剛性模子將圖案壓印在高分子蝕刻阻劑層上。如圖 20-17 所示之奈米壓印，係將完成特定圖案之模子，以壓印機將其施加於鍍有高分子蝕刻阻劑層的基板上，待高分子硬化後，移除模子，即可在光阻層形成所要之圖案，而後再進行蝕刻製程，以獲得所要的圖案。以上述兩種方法達成圖案的製作後，再完成薄膜沉積、蝕刻、改質等步驟，而將圖案轉移至基板，完成圖案轉移。兩者皆具有低成本及平行操作的特性，然而早期的微接觸印刷技術由於受限於塑膠模子特性及硫醇分子化學性質，因此僅能獲得約 100 nm 的特徵圖案，但這幾年來由於在材料及製程技術上的改進，已可達 50 nm。至於奈米壓印技術，因係使用剛性模子，因此最高之製程能力已達 10 nm 以下。

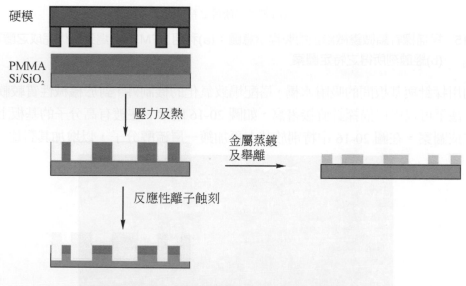

圖 20-17　奈米壓印蝕刻製程的步驟示意圖

20.9.3　由小而大及自我組裝方式

　　除由大而小的製造方式外，大自然界普遍採行的由小而大方式，則是奈米科技時代深受注目的技術，尤其奈米科技同時間處理的對象多而雜，如果僅靠由大而小的加工方式，可能力有未逮，因此突破習慣思維，或許能為奈米科技的產業化開闢一條坦途。

(一) 掃描探針顯微儀進行奈米製造

　　在二十世紀六十年代，諾貝爾物理學獎得主 R. Feynman 曾樂觀期待人類經由移動一顆顆原子的方式，而按造自己意願排列原子或分子，以創造令人驚豔的世界。直至 1981 年掃描探針顯微鏡家族的第一位成員 STM 出現，一方面協助人類直接觀察原子，另一方面也實現操縱單分子或原子，使 Feymann 之想法得以初步實現。

　　STM 係利用探針與材料表面在距離夠小時產生穿隧電流，而得以分析材料的表面狀態。而此現象亦說明 STM 需於導電性材料上方能應用。經由定電流控制即可維持探針與材料表面的距離，因此由探針掃描一定範圍後，可將其軌跡經由數據處理而成為材料表面的輪廓圖。亦可藉由電場蒸發與沉積方式進行單一原子的操縱，圖 20-18 即是利用 STM 之技術所堆積之原子圖案，在銅金屬上移動鐵原子寫出漢字"原子"。

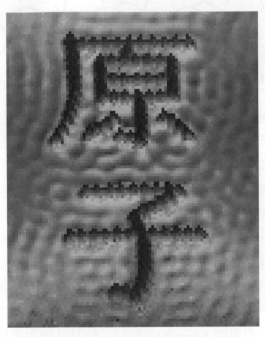

圖 20-18　以 STM 探針在銅金屬上移動鐵原子寫出的"原子"

　　為解決 STM 僅能應用於導電材料之問題，並簡化其操作性，如圖 20-19 所示之 AFM 顯微儀於 1986 年開發出來，該設備係在一懸臂樑末端裝一探針，探針與基材之間的微小作用力變化可使懸臂樑極因而改變其曲率，再經懸臂樑上方之光學系統的感測，即可分析基材之表面形態輪廓或藉以控制施加力量於懸臂上而進行奈米加工。AFM 除可應用於奈米加工外，亦可作為奈米切削，或充當奈米墨筆，沾黏分子，直接進行圖案的書寫。此外，在適當探針操作模態下，藉以移動奈米粒子，進行微小物件的奈米製造。

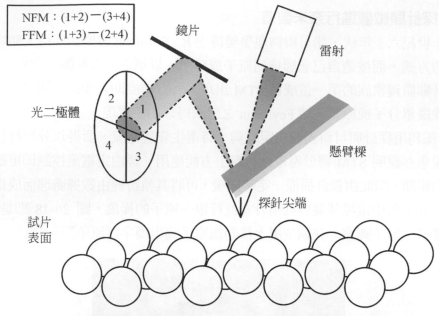

$$NFM：(1+2)－(3+4)$$
$$FFM：(1+3)－(2+4)$$

鏡片

雷射

光二極體

懸臂樑

探針尖端

試片
表面

圖 20-19　AFM 系統的懸臂樑結構、其探針及懸臂樑上方之光學量測系統

(二) 利用奈米結構自組裝進行奈米製造

　　奈米結構的自組裝體系是利用較弱鍵結或方向性較低的氫鍵、凡得瓦(van der Waals)
鍵及弱離子鍵等非共價鍵，經由整體協同作用，將原子、離子或分子連結在一起所組成的。
基於特定化學作用的影響，自組裝可控制溶液中之奈米粒子間的交互作用與結構，亦可用
以成長在氣相沉積中因晶格失配之應力所導致之量子點的形成。目前以自組裝技術由溶液
中所成長的量子點陣列，除其尺寸變異性已超過一般高解析度光學微影蝕刻術外，亦因採
用化學反應性以取代傳統蝕刻製程進行圖案製作，故能降低對元件的損傷。因此在解析
度、量產能力及適用性的考量上，自組裝技術是奈米電子、光電、生物或機械元件可選用
的製程，甚至被視為製作單電子電晶體最具競爭力的量產技術之一。

　　圖 20-20(a)所示者是利用約 5 nm 的金顆粒，於其外圍包覆檸檬酸或硫醇分子，經自
我組裝方式於碳膜上形成規則之六方形排列的單層奈米級金顆粒二維陣列。該粒子呈現刻
面狀(faceted)，其局部放大與結構示意圖分別如圖 20-20(b)及(c)所示。藉有機分子的包覆，
粒子所形成之陣列完整，甚至能切割並重新安置於其他基板上。另一方面，該陣列之粒子
間因為有機分子之存在，故可形成穿隧障礙，而作為單電子電晶體。或經由包覆分子的改
質，以作為奈米電子元件之連線。

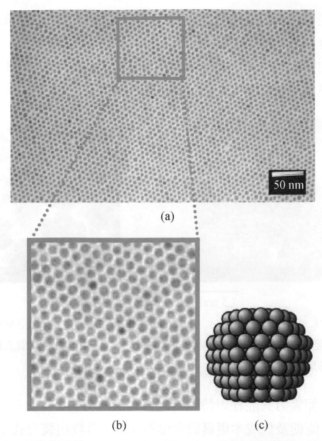

圖 20-20　(a)金顆粒以自我組裝方式所形成規則六方形排列之單層陣列，(b)二維陣列局部放
大，(c)結構示意圖

　　控制光子的運動是科學工作者多年來所努力的方向，而光子晶體即為達成上述目標的
可行途徑之一。光子在介電常數週期性變化的介質中傳播，因光子與介質間的交互作用，
形成光子能帶結構，其觀念類似電子在原子晶格中之週期性的運動，形成能帶結構。因此
光子晶體可用以製作"光的半導體"，作為控制光子傳輸行為的元件。目前光子晶體可利
用機械加工、半導體微奈米製程、雷射干涉微影製程及材料的自我組裝等方式來製造。藉
由單一直徑的高分子(聚苯乙烯、PMMA)或陶瓷(二氧化矽)微球堆積，是一種簡便的方法，
如圖 20-21(a)所示者，係以直徑約 300 nm 的聚苯乙烯微球，利用沉降法或離心法形成規
則陣列的三維蛋白石結構，即可獲得光子晶體。但為獲得具有適當光學特性的光子晶體，
必須精密控制晶格結構、晶格常數、微球與空氣折射係數比值等因素。但欲進一步獲得具
有三維方向之完全能隙的三維光子晶體，僅靠高分子或二氧化矽與空氣間之折射係數的比
例仍不夠，因此要將其他更高折射率的材料填入上述結構之間隙中，再將原微球移除，形

成逆蛋白石結構,是具有潛力的作法。如圖 20-21(b)所示,將鈦酸鋇的前驅物填入蛋白石間隙,使其水解聚合,再以氧化方式移除蛋白石即形成由鈦酸鋇組成之骨架結構。至於填入第二相材料至蛋白石間隙的製程除前驅物水解外,亦可使用電鍍、化學氣相沉積或熱解等方法,亦可依欲填入之材料特性而配合適當製程。

(a)   (b)

圖 20-21　(a)利用聚苯乙烯微球形成規則排列的三維蛋白石結構,(b)填入鈦酸鋇,再移除聚
　　　　　苯乙烯形成逆蛋白石結構

　　整體而言,自我組裝方式能在短時間內處理大量的材料,符合奈米製造的特性需求,且其製程的多樣性、簡便及低成本更具競爭優勢。但因自我組裝方式是以材料的自發性規則排列為元件組裝的基礎,並不易獲得大面積無缺陷的自我組裝結構,因此利用此製程進行元件製造時必須加上較高的容錯設計。總之,奈米製造的發展方向,可能先以成熟的半導體微製造技術,進行基礎結構的製造,再輔以局部區域自我組裝的奈米元件製造,應是未來發展奈米功能性元件較可行且具競爭力途徑。

習 題 EXERCISE

1. 請解釋何謂藍移及紅移？並說明可能之影響因素。

2. 請分析各種可用以檢測奈米粒子尺寸之方法及其可能的侷限。

3. 請說明以 VLS 機制製作奈米線之優缺點。

4. 請從光學原理說明光學微影為何不能無限制地用以製造尺寸更小之圖案。

5. 請分析各種奈米微影製程之優劣。

6. 請列舉生活常見之奈米材料或奈米結構(各 3 項)。

7. 請從奈米材料之形態及化學特性，考慮其可能對人體產生之危害。

Chapter

附錄

■ **本章摘要**

常用符號與公式

英中名詞對照

常用符號表與公式

方程式	符號說明	備註
$APF = \dfrac{原子體積}{晶室體積}$	APF：原子堆積係數	(p.2-22)
$r = \dfrac{nA}{V_c N_A}$	ρ：密度 n：單位晶胞內的原子數目 A：原子量 V_c：晶胞的體積 N_A：Avogadro 常數(6.02×10^{23} 原子/莫耳)	(p.2-23)
布拉格方程式 $l = 2d_{hkl} \sin q$	λ：X 光波長 d_{hkl}：平面間距 θ：繞射角	(p.2-29)
阿瑞尼斯方程式(Arrhenius) $N_v = N \exp\left(\dfrac{-Q_v}{RT}\right)$	N_v：每單位體積所含空位數目 N：每單位體積中晶格位置的總數 Q_v：活化能 T：絕對溫度(K) R：氣體常數或波滋曼常數	(p.3-2) 氣體常數 R=8.31 J/mol・K =1.987 cal/mol・K Boltzmann's constant 波滋曼常數 k=1.38×10^{-23} J/atom・K =8.62×10^{-5} eV/atom・K
Fick 第一擴散定律 $J = -D\left(\dfrac{\partial C}{\partial x}\right)_t$	J：原子淨流通量 D(diffusivity)：原子在材料內的擴散係數或擴散能力 $\left(\dfrac{\partial C}{\partial x}\right)$：原子的濃度梯度	(p.3-18) $D = D_0 \exp\left(-\dfrac{Q}{k_B T}\right)$ 如原子在材料內部的跳動頻率一般，原子的擴散係數與溫度、活化能及晶體結構有關。

方程式	符號說明	備註
Fick 第二擴散定律 $$\left(\frac{dC}{dt}\right) = D\frac{d^2C}{dx^2}$$		假設在一無限長的棒狀樣品中，原子擴散係數為固定的常數，不受內部原子濃度影響而改變，棒狀樣品末端的成份維持固定不變。Fick 第二擴散定律可表示為 $$\frac{C_i - C(x,t)}{C_i - C_0} = erf\left(\frac{x}{2\sqrt{Dt}}\right)$$
Hall-Petch $$s_y = s_0 + kd^{-\frac{1}{2}}$$	σ_y：降伏強度(yield strength) σ_0：常數 d：晶粒平均大小	(p.3-32)(p.6-24)(p.13-6) (p.6-27 中用此關係式描述波來鐵的降伏強度) $$s_y = s_i + k_s S_0^{-\frac{1}{2}}$$ s_y：波來鐵的降伏強度 s_i：肥粒鐵的摩擦應力 k_s：斜率 S_0：片狀波來鐵之間距
晶粒大小的測定 $$n = 2^{N-1}$$	n：在 100 倍的金相照片中每一平方英吋內晶粒的數目 N：晶粒及尺寸號碼(N 值越大表示晶粒數越多亦晶粒越小)	(p.3-32)
Clapeyron 方程式 $$\left(\frac{dP}{dT}\right)_{eq} = \frac{\Delta H}{T\Delta V}$$	$\left(\frac{dP}{dT}\right)_{eq}$：壓力-溫度所構成的相圖中相界的斜率 ΔH：相變時熱量的變化 ΔV：體積的變化	(p.4-4)

方程式	符號說明	備註
虎克定律 $s = Ee$ $t = Gu$	s：拉應力 t：剪應力 E：彈性係數或楊氏係數 e、u：分別爲拉應變與剪應變 G：剪彈性係數	(p.6-3)
使晶體發生塑性變形所需之剪應力的最低值 $t_m = \dfrac{G}{2p}$	t_m：晶體理論抗剪強度 G：剪彈性係數	(p.6-5)
彈性係數 $e_y = e_z = -ne_x = -\dfrac{ns_x}{E}$	s_x：沿 x 軸施以拉力 e_x：材料在 x 軸發生伸長應變 e_y、e_z：y 與 z 軸發生壓縮應變 n：蒲松比(Poisson's ratio) E：彈性係數	(p.6-7)
工程應力 $s = \dfrac{P}{A_0}$	s：工程應力 P：負荷 A_0：試樣原始的截面積	(p.6-12)
工程應變 $e = \dfrac{L - L_0}{L_0}$	e：工程應變 L：試樣變形後長度 L_0：試樣的原始標距長度	(p.6-12)
伸長率 $\delta = \dfrac{\Delta L_f}{L_0} \times 100\%$	d：伸長率 DL_f：破斷後試件殘餘總變形量 L_0：原始長度	(p.6-14)
斷面縮率 $\psi = \dfrac{A_0 - A_f}{A_0} \times 100\%$	y：斷面縮率 A_0：原橫截面積 A_f：破斷時橫截面積	(p.6-14)

方程式	符號說明	備註
真應力-真應變曲線 $$S = \frac{P_i}{A_i}$$	S：真實應力 P_i：瞬時負荷 A_i：瞬時截面積	(p.6-14)
拉力 F 在滑動方向的剪分應力 $$t = \frac{F\cos l}{\frac{A_0}{\cos j}} = \frac{F}{A_0}\cos j\ \cos l$$	F：軸向拉力 A_0：橫截面積 l：F 與滑動方向之夾角 j：F 與滑動面法線之夾角 $F\cos l$：F 在滑動方向的分力 $\dfrac{A_0}{\cos j}$：滑動面的面積	(p.6-20~6-21) 當 F 拉力增加，使某一滑動系統上的剪分應力達到某一臨界值，即 $\dfrac{F}{A_0} = s_s$（降伏極限）時，就會在該系統上產生滑動。將此開始滑動所需的剪分應力稱為臨界剪分應力（t_{CRSS}） $t_{CRSS} = s_s\cos j\ \cos l$
合金強度 $$s = f_a s_a + f_b s_b$$	s：合金強度 s_a 和 s_b：分別為 a 與 b 兩相的強度極限 f_a 和 f_b：分別為 a 與 b 兩相的體積分率	(p.6-26)
差排繞過第二相粒子所需之剪應力 $$t = \frac{Gb}{l}$$	t：剪應力 G：剪彈性係數 b：柏格向量 l：第二相粒子間距	(p.6-28)
理論內聚強度，裂縫尖端之最大應力 $$\sigma_{max} = \sigma\left[1 + 2\left(\frac{c}{\rho_t}\right)^{\frac{1}{2}}\right] \approx 2\sigma\left(\frac{c}{\rho_t}\right)^{\frac{1}{2}}$$	s：平均拉應力 s_{max}：理論內聚強度 r_t：薄橢圓裂縫之尖端曲率半徑 $2c$：薄橢圓裂縫之長度	(p.7-5)

方程式	符號說明	備註
理論內聚強度 $$\sigma_{max} = \left(\frac{E\gamma_s}{a_0}\right)^{\frac{1}{2}}$$	s_{max}：理論內聚強度 a_0：未應變條件下原子間距 E：彈性係數 g_s：表面能	(p.7-6)
破斷應力 $$\sigma_f = \left(\frac{E\gamma_s\rho_t}{4a_0 c}\right)^{\frac{1}{2}}$$	s_f：破斷應力 a_0：未應變條件下原子間距 E：彈性係數 g_s：表面能 r_t：薄橢圓裂縫之尖端曲率半徑	(p.7-6)
脆性破斷的 Griffith 理論 $$\sigma = \left(\frac{2E\gamma_s}{\pi c}\right)^{\frac{1}{2}}$$ $$\sigma = \left[\frac{2E\gamma_s}{(1-v^2)\pi c}\right]^{\frac{1}{2}}$$	s：垂直作用於長度 2c 之裂縫上的拉伸應力 E：彈性係數 g_s：裂縫之表面能 u：蒲松比	(p.7-6)(p.13-3)
破斷韌性，應力強度因子 $$K = as\sqrt{pc}$$	K：應力強度因子 a：與試片之裂縫有關之幾何參數 s：拉伸應力 c：裂縫外部長度	(p.7-10)(p.13-3)
裂縫成長之能量變化率或應變能釋放率 $$S_R = \frac{pcs^2}{E}$$ $$S_c = \frac{pcs_f^2}{E}$$	S_R：裂縫成長之能量變化率或應變能釋放率 S_c：臨界應變釋放率 s：拉伸應力 s_f：破斷應力 c：裂縫外部長度 E：彈性係數	(p.7-10~7-11)(p.13-4) $$K_{IC} = as_f\sqrt{pc} = a\sqrt{S_c E}$$ K_{IC}：破斷韌性 a：與試片之裂縫有關之幾何參數

方程式	符號說明	備註
熱疲勞 $\sigma_T = \alpha \cdot E \cdot \Delta T$	s_T：熱應力 a：熱膨脹係數 E：楊氏係數 DT：溫度梯度	(p.7-18)
定常潛變關係 $\dot{\varepsilon} = C\sigma^m \exp\left(\dfrac{-Q}{kT}\right)$	e：定常潛變 $C、m$：物質常數 Q：潛變之活化能	(p.7-21)
應變硬化率(冷加工率) $\%CW = \left(\dfrac{A_0 - A_d}{A_0}\right) \times 100\%$	$\%CW$：冷加工百分比 A_0：金屬變形前之原始截面積 A_d：金屬變形後之截面積	(p.8-4)
再結晶晶粒大小 $d = k(\dfrac{G}{\dot{N}})^{1/4}$	d：再結晶晶粒大小 N：成核速率 G：晶核成長之線速度 k：比例常數	(p.8-22)
陶瓷晶體密度計算 $\rho = \dfrac{n(\sum A_C + \sum A_A)}{V_C N_A}$	r：陶瓷晶體密度 n：單位晶格內所含分子數目 $\sum A_C$：單位晶格內所含陽離子的原子量總和 $\sum A_A$：單位晶格內所含陰離子的原子量總和 V_C：單位晶格體積 N_A：Avogadro 常數	(p.12-10)
彎曲強度 三點彎曲測試 $s_f = \dfrac{3F_f L}{2bd^2}$ 四點彎曲測試 $s_f = \dfrac{3F_f(L-l)}{2bd^2}$	s_f：彎曲強度 F_f：樣品破斷時的負荷 L：支點間距 $b、d$：樣品的寬度與厚度 l：上支撐點的距離	(p.13-7)

方程式	符號說明	備註
撓曲模數 $$E_{bend} = \frac{L^3 F}{4bd^2 d}$$	E_{bend}：撓曲模數(flexural modulus) F：施加的負荷 d：樣品於測試時在施力點產生的撓曲 (deflection)	(p.13-8)
電容 $$C_0 = e_0 \frac{A}{t}$$	C_0：電容值 e_0：眞空狀態下電滲透率 A：電極板面積 t：電極板間距	(p.13-9) e_0：眞空狀態下電滲透率，其值爲，8.85×10^{-12} C^2/J-m
複合材料_比拉伸強度與比彈性模數 $$W = r L(\frac{P}{s}) = \frac{PL}{(\frac{s}{r})}$$ $$s = Ee$$ $$(\frac{s}{r}) = (\frac{E}{r})e$$	s：一般之拉伸強度 ρ：密度 L：工件長度 P：拉力 W：重量 E：彈性模數 e：彈性應變	(p.14-15) $\frac{s}{r}$：比拉伸強度 $\frac{E}{r}$：彈性模數
歐姆定率(Ohm's law) $$V = IR$$	V：電壓(伏特 V) I：電流(安培 A) R：電阻(歐姆 Ω)	(p.16-2)
電阻根據材料幾何關係如下 $$R = r \frac{l}{A} = \frac{l}{s A}$$	l：導線長度 A：導線截面積 r：電阻係數 s：電阻係數倒數，稱導電率	(p.16-2)
電流密度與電場之關係 $$J = s x$$	J：電流密度 s：電阻係數倒數，稱導電率 x：電場	(p.16-3) $J = \frac{I}{A}$：單位面積通過之電流，稱爲電流密度 (current density，A/cm^2) $x = \frac{V}{l}$：定義爲電場 (electrical field，V/cm)

方程式	符號說明	備註
$sx = nqv \to s = nq\dfrac{v}{x}$ $\to s = nqm$	s ：電阻係數倒數，稱導電率 x ：電場 n ：電荷載體之平均數目 q ：每個載子所攜帶的電荷量(1.6×10^{-19} C) v ：電荷載子的平均漂移速度 m ：遷移率	(p.16-3) $m = \dfrac{v}{x}$：遷移率(mobility，cm^2/V・S)，表示電荷載子移動的難易度
溫度對電阻係數之影響 $r = r_r(1 + a\mathrm{D}T)$	r ：電阻係數 r_r ：室溫(25°C)電阻係數 $\mathrm{D}T$ ：量測溫度與室溫之差 a ：溫度電阻率係數	(p.16-7)
晶格缺陷對電阻係數之影響 $P_d = b(1 - x)x$	P_d ：因缺陷造成的電阻係數增加量 b ：缺陷電阻率係數 x ：固溶原子或不純物的原子百分率	(p.16-7)
超導體 $H_C = H_0\left[1 - \left(\dfrac{T}{T_C}\right)^2\right]$	T_C ：臨界溫度	(p.16-12)
本質半導體導電率 $s = n_e q m_e + n_h q m_h$	s ：導電率 n_e ：導帶內電子數目 n_h ：價帶內電洞數目 m_e、m_h ：分別為電子電洞的遷移率 q ：每個載子所攜帶的電荷量(1.6×10^{-19} C)	(p.16-15)
霍爾效應_磁力計 $V_H = HJR_H$	V_H ：霍爾電壓 J ：電流密度 H ：磁場強度 R_H ：霍爾係數	(p.16-23)

方程式	符號說明	備註
離子材料導電性 $s = nZqm$ $m = \dfrac{ZqD}{kT}$	s ：導電率 n ：電荷載體(即離子)之平均數目 Z ：離子的電荷 q ：電荷量 m ：電荷載體(即離子)的遷移率 D ：擴散係數 T ：絕對溫度 k ：波滋曼(Boltzmann's)常數	(p.16-28) Boltzmann's constant 波滋曼常數 k=1.38×10⁻²³ J/atom・K =8.62×10⁻⁵ eV/atom・K
$m = \dfrac{B}{H}$	m ：導磁率 B ：磁通密度 H ：磁場強度	(p.17-3)
$M_S = N_v N_S m_B$	M_S ：最大飽和磁性 N_v ：單位體積之原子數 N_S ：每原子不成對旋轉數 m_B ：每個電子之旋轉磁矩	(p.17-7)
$C = \dfrac{1}{\sqrt{e_0 m_0}}$ $C = l\,v$	C ：電磁輻射在眞空中之速度(3×10^8 m/s) e_0 ：眞空之介電率 m_0 ：眞空之磁透率 l ：波長 v ：頻率	(p.18-3)
$T + R + A = 1$	T ：穿透率 R ：反射率 A ：吸收率	(p.18-6)
$DE = hv$	DE ：電子能量變化 h ：Plank 常數 v ：頻率	(p.18-7)

方程式	符號說明	備註
折射率 $$n = \frac{C}{V}$$	n：光的折射率 C：光在真空速度 V：光在介質中速度	(p.18-8)
反射 $$R = \frac{I_R}{I_0}$$ $$R = (\frac{n_2 - n_1}{n_2 + n_1})^2$$	R：反射率 I_R：入射光強度 I_0：反射光強度 n_1、n_2：分別代表兩介質的折射率	(p.18-10)
$$l = \frac{hc}{E_g}$$	l：波長 h：Plank 常數 c：電磁輻射在真空中之速度(3×10^8 m/s) E_g：能隙	(p.19-2)(p.19-7)
久保針對超微粒子提出相鄰電子能接與粒子直徑的關係 $$d = 4/3(E_F/N)$$	d：粒子直徑 E_F：費米能階 N：一個粒子所含導電電子的數目	(p.20-7)

b：布格向量(Burgers vector)

t_{CRSS}：滑動的臨界剪分應力(critical resolves shear stress)

s_f：破斷應力(nominal fracture stress)

K：應力強度因子(stress intensity factor)

E_{bend}：撓曲模數(flexural modulus)

J：電流密度(current density，A/cm^2)

x：電場(electrical field，V/cm)

m：遷移率(mobility，cm^2/V・S)

a：溫度電阻率係數(temperature resistivity coefficient)

b：缺陷電阻率係數(defect resistivity coefficient)

英中名詞對照

A

absorption 吸收

acceptor 受體

acceptor saturation 受體飽和

activation energy 活化能

actuator 致動器

additive 添加劑

age hardening 時效硬化

aging 時效

alkaline earth metal 鹼土金屬

alloyed junction 合金化接合術

amorphous metarials 非晶質

angstroms，Å 埃

anisotropic magneto resistance 異向性磁阻

anion 陰離子

annealing 退火

annealing twin 退火雙晶

antiferromagnetic coupling 反磁性耦合

artificial aging 人工時效

Arrhenius 阿瑞尼斯

aspect ratio 長短軸比值

atomic packing factor，APF 原子堆積係數

atomic size factor 原子尺寸因子

atom manipulation 原子操控

austenite 沃斯田鐵

avalanche voltage 崩潰電壓

B

back light 背光源

bainite 變韌鐵

bakelite 電木

ball bearing 球軸承(滾珠軸承)

basal plane 基面

beach marks 海灘紋

belly 爐腰

bending 彎曲

billet 小鋼胚

biomimetic 仿生

bisphenol A 雙酚 A

bloom 大鋼胚

blowing molding 吹塑成型

body-centered cubic，BCC 體心立方

Boltzmann's constant 波滋曼常數

bonding 鍵結

boride 硼化物

bosh 爐腹

Bravais lattice 布拉維晶格

breakdown 崩潰

breakdown voltage 崩潰電壓

brittle fracture 脆性破壞

bulk 塊材

bulk modulus 體模數

Burgers vector 布格向量

Burgers circuit 布格圈，布格環路

burnt 過燒

c

calendaring 壓延加工

carbon nanotube，CNT 奈米碳管

Cartesian coordinate 卡迪扇式座標

carbide 碳化物

carbon-fiber reinforced polymer 碳纖強化高分子

cast iron 鑄鐵

cathode 負電極/陰極

cathode ray tube 映像管

cation 陽離子

cellular 細胞狀

cementite 雪明碳鐵

centimeter 公分

ceramics 陶瓷

chain polymerization 鏈聚合反應

characteristics spectrum 特性光譜

charge carrier 電荷載體(子)

chemical vapor deposition, CVD 化學氣相沉積

clam shell 貝殼紋

clay 黏土

cleavage plane 劈裂面

coating 塗佈

coherence 同調性

coherent precipitate 整合性析出物

coining 壓模印

cold rolling 冷軋

cold isostatic pressing 冷均壓成型

cold working 冷加工

colloid solution 膠質溶液

colloidal casting 膠體鑄造

colossal magneto resistance 超巨磁阻

combustion zone 燃燒帶

combined carbon 結合碳

composite 複合材料

concentration gradient 濃度梯度

conduction 傳導

conduction band 導帶

conjugate transformation 共軛相變

contact potential 接觸電位

continuous casting 連續鑄造

continuous spectrum 連續光譜

conveyer 運送帶

coordination number 配位數 (CN)

coordination polymerization 配位聚合

copolymerization 共聚合

corrosion fatigue 腐蝕疲勞

corrosion resistant steel 耐蝕鋼

Cottrell atmosphere 柯式氣團

covalent bonding 共價鍵

crack 裂痕

creep limit 潛變限

creep rate 潛變率

creep strength 潛變強度

cristobalite 白矽石

critical resolves shear stress (τ_{CRSS}) 臨界剪分應力/臨界分解剪應力

critical size 臨界大小

critical temperature 臨界溫度

cubic 立方體

compound semiconductor 化合物半導體

cupping 凹壓

Curie point 居里點
Curie temperature 居里溫度
current density 電流密度
crystallization 結晶
crystal habit 晶癖平面
crystal structure 結晶結構

D

dangling bonds 懸鍵
deep drawing 深抽
defect 缺陷
defect resistivity coefficient 缺陷電阻係數
defect semiconductor 缺陷半導體
deformation mechanism 變形機制/機構
deflection 撓曲
degree of polymerization 聚合度
devitrify cation 失透
dezincification 脫鋅
diamagnetism 反磁性
dielectric 介電
dielectric constant 介電常數
dielectric displacement 介電位移
dielectric loss 介電損失
diffraction angle 繞射角
diffusion 擴散
diffusion cofficient 擴散係數
diffusion couple 擴散偶
diffusion junction 擴散接面
diffusivity 擴散能力(擴散係數)
dimpled rupture 酒窩狀破斷
dipole 偶極
direct band-gap 直接能帶隙

discharging 放電
discrete 離散
dislocation 差排
dislocation line 差排線
dislocation source 差排源
dispersion hardening 散佈硬化
display 顯示器
divorced eutectic 離異共晶
doctor blading 刮刀成型
donor 施體
donor level 施體能階
dopant 摻雜劑
double heterostructure 雙異質結構
downcomer 降流管
drawing 抽製
drop forging 落鍛
ductile fracture 延性破裂
dynamic 動態
dyne 達因

E

edge dislocation 刃差排
elastic deformation 彈性變形
elastic limit 彈性限
elastic locking 彈性鎖住
elastic strain energy 彈性應變能
electric eyes 電眼
electric field 電場
electrical dipole 電偶極
electrical insulators 絕緣體
electrical resistivity 電阻係數
electron energy transition 電子能量轉移

electron-transporting layer 電子傳遞層

electronic polarization 電子極化

elemental semiconductor 元素半導體

eletrohydraulic forming 電力液壓成型

electrolytic iron 電解鐵

electronegativity 電負度

electropositive ionization potential 正電游離能

emission material layer 發射材料層

empty state 空態

emulsion 乳化

endurance limit 忍耐限

endurance ratio 耐久限度

energy band 能帶

energy band gap 能帶隙

enthalpy (H) 熱焓量

entropy (S) 亂度，熵

epitaxy 磊晶

epoxy resin 環氧樹脂

eutectic mixture 共晶混合物

eutectic reaction 共晶反應

eutectoid 共析

eutectoid reaction 共析反應

excited state 激態

exciton 激子

exclusion principle 不相容原理

explosive forming 爆炸成型

extrinsic defect 異質點缺陷

extrinsic semiconductor 異質半導體

extruding 擠型

extrusion 擠壓/突出/擠出

extrusion molding 擠出成形

F

faced-centered cubic，FCC 面心立方

facet 刻面

fatigue 疲勞

fatigue limit 疲勞限

fatigue strength 疲勞強度

feldspar 長石

ferritic stainless steel 肥粒鐵型不銹鋼

ferrite 肥粒鐵，鐵氧磁鐵

ferromagnetism 鐵磁性

ferroelectricity 鐵電性

ferrous alloy 鐵合金

fiber 纖維

field emission 場發射

field emission display 場效發射顯示

filament winding method, FW 長纖纏繞法

filler 填充料(物)

flanging 摺緣

flint 燧石

fluorescence 螢光

fluorite 螢石

fluricarbon resin，FC 氟碳樹脂

flux 流通量

folded chain model 摺疊鏈模型

forbidden zone 禁區

forging 鍛造

forward bias 順向偏壓

free energy 自由能

free carbon 自由碳

free radical polymerization 自由基聚合反應

fractography 斷口形態學

fracture stress 破斷應力

injection molding 射出模造法/射出成型

ink-jet printing 噴墨列印

instantaneous dipole 瞬間偶極

intensity of magnetization 磁化強度

inter-diffusion 相互擴散

interface 界面

interfacial defect 界面缺陷

intergranular 沿晶

intergranular corrosion 粒間腐蝕

intermediate 中間物

interstitialcy mechanism 間隙推填機制

interstitial solid solution 間隙型固溶體

intrinsic defect 本質點缺陷

intrinsic semiconductor 本質半導體

intrusion 凹陷/侵入

inclusion 夾雜物

ionic bonding 離子鍵

ionic polymerization 離子型聚合

isomorphous 同形

isothermal annealing 恆溫退火

J

junction 接面

K

key way 栓溝

L

lamellar single crystal 層狀單品

laser 雷射

laser diode 雷射二極體

lattice point 晶格點

ledeburite 粒滴斑鐵

lever principle 槓桿原理

lever rule 槓桿法則

light emitting diode 發光二極體

lignin 木質素

line defect 線缺陷

line-elastic fracture mechanics，LEFM 線性彈性破斷力學

lining 內襯

liquid crystal 液晶

liquid crystal panel 液晶顯示器

liquidus line 液相線

liquid state sintering 液相燒結

longitudinal 縱向

long range order 長程有序

luminescence 發光

M

magnetic field strength 磁場強度

magnetic flux density 磁通密度

magnetic forming 磁力成型

magnetic susceptibility 磁化率

magnetometer 磁力計

martensitic stainless steel 麻田散鐵型不銹鋼

martensitic transformation 麻田散鐵相變

mass effect 質量效應/效果

matrix 基地/基材

matrix phase 基地相

mean free path 平均自由路徑

mechanical twin 機械雙晶

melt process 熔化法

metastable 非平衡，介穩

metallic bonding 金屬鍵

micrometer 微米

microcrack toughening 微裂縫韌化

micro display 微型顯示

microelectromechanical system 微機電系統

micro-sized motor 微型馬達

misch metal 美鈰合金

miller indices 米勒指數

miscibility gap 混溶間隙

mixed dislocation 混合差排

mobility 遷移率

modifier 改質劑

modulus of elasticity 彈性係數

modulus of rupture 斷裂模數

monoclinic 單斜

monotectic reaction 偏晶反應

mottled cast iron 班鑄鐵

multilayer 多層

multi wall carbon nanotube，MWNT 多層奈米碳管

N

nanodevice 奈米元件

nanometer 奈米

nanopattern 奈米圖案

natural aging 自然時效

necking 頸縮

network modifier 網狀修飾劑

nitride 氮化物

noise filter 雜訊濾波器

nonbridge 斷橋

non-crystalline 非晶質/非結晶

nonferrous alloy 非鐵合金

inorganic and non-metallic 無機非金屬材料

non-steady state 非穩定態

nonstoichiometric or defect Semiconductors 非計量(或缺陷)半導體

non-stoichiometric 非化學計量式

normalizing 正常化

notching 缺口

nucleation 成核

O

Oersted 奧斯特

opaque 不透明

orbital 軌域

ordering transformation 有序相變

ordinary magneto resistance 常磁阻

organic electroluminescence 有機電致發光

organic light emitting display 有機電致發光顯示器

organometallic vapor phase epitaxy 有機金屬化學氣相磊晶

orthorhombic 斜方

overaging 過時效

overheat 過熱

oxide 氧化物

P

parent phase 母相

passive matrix 被動式

pearl polymerization 珍珠聚合

peritectic reaction 包晶反應

permalloy 高導磁合金

permanent deformation 永久變形

permanent dipole 永久性偶極

permeability 導磁率

perovskite 鈣鈦礦

perpendicular 法向

phase 相

phase boundary 相界

phase difference 相位差

phase separation 相分離

phenol formalde resin，PF 酚醛樹脂

phonon 聲子

phosgene process 光氣法

phosphorescence 磷光

photoconduction/photoconductivity 光導電性

photon 光子

piercing 穿刺

piezoelectricity 壓電

pile-up dislocation 堆積差排

pitch 瀝青

planar defect 面缺陷

plane strain 平面應變

plane stress 平面應力

plasma display panel 電漿顯示器

plastic deformation 塑性變形

plastic working 塑性加工

Poisson's ratio 蒲松比

point defects 點缺陷

polarized 極化

poly-addition reaction 聚加成反應

poly-condensation reaction 聚縮合反應

poly-crystalline 多晶(體)

polyethylene 聚乙烯樹脂

polyhedral 多面(的)

polyimide 聚醯亞胺脂

polymer processing 高分子加工

polymorphic, polymorphs 同素異型體

polymorphic transformation 複型相變

polypropylene 聚丙烯樹脂

polysulphone resin，PSU 聚石風樹脂

polytetrafluoroethene，PTFE 聚四氟乙烯

polyvinyl chloride 聚氯乙烯

porcelain 瓷、瓷器

pore 孔洞

potential 電位

powder compact 粉末聚集體

precipitate 析出物

precipitation 析出

precipitation hardening 析出硬化

pre-exponential 前指數

preferred orientation 擇優取向

primary crystal 初晶

primitive unit cell 單晶胞

proton 質子

propagate 傳播

punching 衝孔

pyrometer 高溫計

Q

quantum effect 量子效應

quartz 石英

quasi-cleavage 準劈裂

quasi-continuous 準連續

quenching 淬火

R

rare earth element 稀土元素

rectifiers 整流器

recovery 回復

recrystallization temperature 再結晶溫度

reduced unit cell 最小晶胞

reflectional symmetry 鏡面對稱

refraction 折射

reinforced materials 強化材

reinforcement 補強物

relaxation 弛緩

residual compressive stress 殘留壓應力

residual tensile stress 殘留拉應力

reverse bias 逆向偏壓

rhombohedral 菱方

river pattern 流紋

rock salt 岩鹽

roller bearing 輥軸承(滾柱軸承)

rolling 輥軋

rolling forging 軋鍛

rotational symmetry 旋轉對稱

rupture 破裂

rule of mixture 混合法則

S

scanning electron microscopy, SEM 掃描式電子顯微鏡

Schottky defect 蕭基缺陷

screw dislocation 螺旋差排

sealing glass 封裝用玻璃

seaming 摺縫

season cracking 季裂

seed 晶種

segregation 偏析

self-interstitial defect 自占間隙缺陷

semiconductor laser 半導體雷射

sensitization 敏化

shaving 刨花、刨屑

shearing force 剪力

short range order 短程規律

shot pening 珠擊

silicate 矽酸鹽

silicate glass 矽酸鹽玻璃

silicide 矽化物

silicon 矽

silicone resin，SI 矽氧樹脂

simple cubic 簡單立方體

single crystal 單晶

single-heterostructure 單異質結構

single wall carbon nanotube，SWNT 單層奈米碳管

sintered body 熟坯

sintering 燒結

slip plane 滑移平面

small angle grain boundary 小角度晶界

sol 溶膠

solar cell 太陽能電池

solidification 固化

solidus line 固相線

solid solution 固溶體

solid state lighting 固態照明

solid state sintering 固相(態)燒結法

solution heat-treatment 固溶化處理/溶解處理

solvus 固溶線

spherodizing 球化(處理)

spherulite 球晶

spin coating 旋轉塗佈

spinel 尖晶石

spinning 旋轉

spinodal decomposition 離相分解

spray 噴塗

spring steel 彈簧鋼

spontaneous magnetization 自發磁化

spontaneous polarization 自發性極化

squeezing 壓擠

stabilizer 安定劑

stacking fault 疊差/堆疊斷層

steady-state flow 穩定流動

step-growth polymerization 逐步成長聚合反應

stiffness 剛性

stoichiometric semiconductor 計量半導體

stress 應力

stress intensity factor 應力強度因子

stress ratio 應力比

stress relief annealing 應力消除退火

stretching 伸展

stoichiometry 化學計量式

substitutional solid solution 置換型固溶體

superalloy 超合金

superconductor 超導體

superconductivity 超導性

superplasticity 超塑性

surface mold compound method, SMC 片狀模造法

suscepitibility 敏感度、極化率、磁化率、磁化係數

suspension 懸浮

T

tape casting 薄帶鑄造法

teflon 鐵氟龍

temperature resistivity coefficient 溫度電阻率係數

tempering 回火

tetragonal 正方體

tetrahedral 正四面體

thermally activeted growth 熱活化成長

thermal electromotive force 熱電動勢

thermal vibration 熱震盪

thermistors 熱阻器

thermocouple 熱電偶

thermoforming 熱壓成型

thin film PV 薄膜光電池

thin film transistor 薄膜電晶體

tilt boundary 傾斜晶界

total carbon 全碳

transistor 電晶體

translucent 半透明

transparent 透明

transverse 橫向